普通高等教育“十一五”国家级规划教材

石油和化工行业“十四五”规划教材

中国石油和化学工业优秀出版物（教材奖）二等奖

化工制图

（第四版）

杨 静　赵惠清　蔡纪宁 主编

化学工业出版社

·北 京·

内 容 简 介

本书根据化工制图的特点，繁简适宜地编选了与化工制图密切相关的学科内容，包括化工制图的投影基础、化工设备常用的表达方法、化工设备常用连接方法、化工设备图的基本知识、化工设备零部件图、化工设备装配图、工艺流程图、建筑制图、设备布置图、管道布置图等。书中对各知识点进行了清晰阐述，使读者可以尽快掌握化工制图的基本要点，并在实际绘图时能够迅速、准确地完成制图工作。

本书可作为高等院校化工类专业工程制图课程教材，也可作为相关专业工程技术人员的参考用书。

图书在版编目（CIP）数据

化工制图 / 杨静，赵惠清，蔡纪宁主编. -- 4 版. 北京 ：化学工业出版社，2025. 9. --（普通高等教育“十一五”国家级规划教材）（石油和化工行业“十四五”规划教材）. -- ISBN 978-7-122-48485-7

Ⅰ. TQ050.2

中国国家版本馆 CIP 数据核字第 2025FY2920 号

责任编辑：贾　娜　　装帧设计：史利平

责任校对：杜杏然

出版发行：化学工业出版社

（北京市东城区青年湖南街 13 号　邮政编码 100011）

印　　装：河北延风印务有限公司

787mm×1092mm　1/16　印张 14¼　字数 347 千字

2025 年 12 月北京第 4 版第 1 次印刷

购书咨询：010-64518888　　售后服务：010-64518899

网　　址：http://www.cip.com.cn

凡购买本书，如有缺损质量问题，本社销售中心负责调换。

定　　价：48.00 元

前　言

随着科学技术的进步与教育理念的迭代升级，化工高等教育领域正经历深刻变革。在化工制图这一专业领域，新的设计理念、技术手段及行业标准的持续涌现，对教材内容的系统性修订提出了迫切需求。本书在前三版的基础上进行了全面优化，重点从知识框架构建、信息技术融合、内容编排与更新等维度展开修订。

在知识框架方面，本书在每章开篇增设内容提要、思维导图与章节目标。内容提要凝练核心要点，提升信息获取效率；思维导图则以图形化方式呈现章节核心逻辑与知识点关联，助力读者快速把握章节框架。此外，每章末尾增设针对性习题，通过“学习-练习-巩固”的闭环设计，强化知识记忆与应用能力。

在信息技术融合方面，本书一方面延续二维码视频功能，突破文字与静态图示的局限；另一方面新增三维动画演示，将复杂的化工工艺流程、设备装配过程转化为动态化、场景化的视觉内容，使抽象概念具象化，增强教材的互动性与直观性。

在内容编排方面，本书坚持机械制图与化工制图深度融合的原则，系统阐述了化工设备图绘制所需要的投影基础理论；针对化工行业的特殊性，详述了化工设备常用的连接方法、化工设备的相关标准及图形表达特点；讲解了化工设备零部件图、装配图的有关内容及其绘制和阅读方法；介绍了化工工艺流程图、土建图、设备布置图、管道布置图的特点及其绘制和阅读方法。

在标准内容更新方面，本书严格依据最新国家标准与行业标准，对教材中的所有相关内容进行了全面校对与修订，同时，替换和增补了部分工程实例图，选用更具代表性的现代工程设计案例，使读者同步掌握行业最新动态与表达规范。

本书适用于高等院校化工类专业的工程制图课程教学，亦可作为科研、设计及生产单位工程技术人员的参考用书。

本书由北京化工大学杨静（第六章、第七章、第八章、第九章、第十章）、赵惠清（绪论、第一章、第二章）、蔡纪宁（第三章、第四章、第五章）修订。全书由杨静统稿。在修订过程中，我们得到了许多专家学者的悉心指导与建议，在此深表感谢。同时，衷心感谢参与视频编辑、动画制作的师生团队，让教材内容更加生动直观。

由于编者水平有限，书中不妥之处在所难免，欢迎读者指正。

编者

2025 年 6 月

第一版前言

为了适应化工教育的发展，满足高等院校《化工制图》教学的需要，经化工部教育司（原）的批准和支持，1992 年由化工部所属院校组织编写了《化工制图》教材。该教材已使用多年，无论是在内容组织，还是在语言表述方面都体现出需要修改完善的必要性，特别是由于化工行业制图标准已进行了修订更新，为此，我们对该教材进行重编修订。在重编修订中，不仅对制图标准进行了更新，还对内容进行了重新组织，力求使该书更加精练、简明、易用。

本书针对化工行业的特殊性，系统阐述了“化工设备图”和“化工工艺图”这两类典型的化工工程图的图示知识及相关标准。在“化工设备图”部分重点介绍化工设备的结构特点及其表达特点，化工设备图的绘制和阅读；在“化工工艺图”部分重点介绍化工工艺图、设备布置图和管道布置图的特点、绘图和读图方法。

本书在内容安排上，既突出《化工制图》中化工设备图和化工工艺图的典型性和特殊性，还注重《化工制图》与《机械制图》基本原则的有机结合和融会贯通；书中选图注重简洁性、实用性和相关性，力求文字叙述简明扼要；书中将引用最新的国家标准、部颁标准及其他相关标准。

本书可作为高等院校中化工工艺类和化工机械类本科学生用教材，还可以作为有关科研、设计和生产单位工程技术人员的参考书。

本书由北京化工大学郑晓梅主编，经常州技术师范学院魏崇光审定。参加本书编写工作的有：郑晓梅（绪论、第一章、第二章）、刘新卫（第三章）、杨静（第四章）、赵惠清（第五章、第六章、第八章）、安瑛（第七章）、崔维娜（第九章）、郑娆（第十章）。全书由郑晓梅统稿。

在本书的编写过程中，得到北京化工大学化新教材建设基金的资助，谨此致谢。

由于编者的水平有限，错误之处在所难免，欢迎读者批评指正。

编者

2001 年 6 月

第二版前言

随着教育教学改革的不断深入，高等院校化工类图学的教学内容体系发生了较大的变化，对相关教材的需求也日益突现。本书第一版无论是在内容体系上还是在制图内容标准的更新上，都需要对其进行修订。在本次的修订中，对内容体系进行了重新组织，力求使该书更加适应当前课程改革的需要。另外，本书还配有习题集。

本书在内容安排上将机械制图与化工制图的内容融会贯通，系统阐述了化工设备图绘制所需要的投影基础理论；针对化工行业的特殊性，系统阐述了化工设备常用的连接方法，化工设备的相关标准及图形表达特点；系统介绍了化工设备零部件图、装配图的有关内容及其绘制和阅读方法；系统介绍了化工工艺流程图、土建图、设备布置图、管道布置图的特点及其绘制和阅读方法。

本书可作为高等院校化工类各学科工程制图课程的教材，也可作为有关科研、设计和生产单位工程技术人员的参考书。

本书由北京化工大学赵惠清、蔡纪宁主编。参加编写的有：北京化工大学赵惠清（绪论、第一章、第二章、第五章）、北京化工大学设备设计所蔡纪宁（第三章、第四章、第六章）、北京化工大学设备设计所杨静（第七章、第九章）、北京服装学院李杰（第八章）、北京环球工程公司管道室施文焕（第十章）。全书由赵惠清统稿。

本书的编写得到了第一版主编郑晓梅老师和工程图学教研室老师的大力支持和帮助，谨此致谢。

由于水平所限，不妥之处在所难免，欢迎读者批评指正。

编者

2008 年 4 月

第三版前言

《化工制图》第二版自2008年出版已走过十年，这十年来高等教育日新月异，化工设计所涉及的标准也有了很大的变化，所以对第二版进行修订更新就更为紧迫。在本次修订中，对全书进行了梳理，除对所有涉及的国家标准和化工标准进行了更新；还对重要的化工设备零件的加工过程进行了补充，以二维码的形式增加了零件生产加工的视频，借助新的出版方法，通过扫码观看视频，加深学习者对相关内容的理解；替换掉部分旧的工程实例图，使用了较新的工程设计图，学习时同步了解目前的设计表达方法。本书配有习题集，本次对习题集进行了同步修订。

本书在内容安排上，将机械制图与化工制图的内容融会贯通，系统阐述了化工设备图绘制所需要的投影基础理论；针对化工行业的特殊性，系统阐述了化工设备常用的连接方法，化工设备的相关标准及图形表达特点；系统介绍了化工设备零部件图、装配图的有关内容及其绘制和阅读方法；系统介绍了化工工艺流程图、土建图、设备布置图、管道布置图的特点及其绘制和阅读方法。

本书可作为高等院校化工类各学科工程制图课程的教材，也可作为科研、设计等生产单位工程技术人员的参考书。

本书由北京化工大学赵惠清（绪论、第一章、第二章、第三章第一节、第五章第三、四、五、六节、第六章、第八章），蔡纪宁（第三章第二节、第四章、第五章第一、二节），杨静（第七章、第九章、第十章）修订。全书由赵惠清统稿。本书的视频编辑和动画得到了机电学院研究生赵南洋同学的帮助，谨此致谢。

由于水平所限，不妥之处在所难免，欢迎读者指正。

编者

2019年1月

目　录

绪 论

在化工厂的建设过程中，无论是设计、施工，还是设备的制造、安装，或是生产过程中的试车、检修、技术改造，均离不开化工图样。化工制图就是专门研究化工图样的绘制和阅读的一门课程。

化工制图与机械制图有着紧密的联系，但也具有十分明显的专业特征。化工制图的投影基础和机件表达方法与机械制图相同，化工设备中常用的连接方法之一的螺纹连接也与机械制图的表达方法相同。因此本书在内容安排上，避免了两方面内容的重复，使化工类学生在学习制图时，把学习的重点放在相关内容的掌握上。

化工行业中常用的工程图样有化工机器图、化工设备图和化工工艺图。

1. 化工机器图

化工机器主要是指压缩机、离心机、鼓风机、泵和搅拌装置等机器。

化工机器图，除部分在防腐方面有特殊要求外，其图样基本上属于一般通用机械的常规表达范畴。

2. 化工设备图

化工设备是指用于化工产品生产过程中的合成、分离、干燥、结晶、过滤、吸收、澄清等生产单元的装置和设备，常用的典型化工设备有反应罐（釜）、塔器、换热器、储罐（槽）等。

化工设备与化工机器相比，无论是在结构形状，还是在制造加工等方面都有很大的不同。为了能完整、正确、清晰地表达化工设备，常用的图样有化工设备总图、装配图、部件图、零件图、管口方位图、表格图及预焊接件图，作为施工设计文件的还有工程图、通用图和标准图等。化工设备图是化工制图研究的主要内容之一。

3. 化工工艺图

以化工工艺人员为主导，根据所生产的化工产品及其有关技术数据和资料，设计并绘制的反映工艺流程的图样称为化工工艺图。化工工艺人员以此为依据，向化工设备、土建、采暖通风、给排水、电气、自动控制及仪表等专业人员提出要求，以达到协调一致，密切配合，共同完成化工厂设计。

化工工艺图主要有化工工艺流程图、设备布置图、管道布置图。化工工艺图也是化工制图研究的主要内容。

现代化工事业的发展促进了化工设计制图的进步和成熟。化工设备零部件标准化、系列化程度越来越高，使得利用标准图、通用图的比例越来越大；化工制图中对于复杂的、重复的结构做了有效的简化，大大地降低了设计绘图人员的劳动强度；化工工艺图中各种阀门、仪表、器件、装置、设备的符号化表达，使工艺图更加规范化。

M0-1 课程思政

本书在介绍化工制图投影的基础上，将重点放在介绍化工设备常用连接方法、化工设备图和化工工艺图的相关标准与规范及其绘制和阅读的基本知识上。

第一章　化工制图的投影基础

内容提要：

在现代工业生产中，无论是机器设备的制造、安装，还是工艺流程的设计、施工，或是生产过程中的试车、检修、技术改造，都离不开工程图样。图样是表达设计思想、指导生产和技术交流的重要工具。本章主要介绍绘制和识读工程图样必须掌握的基础知识。

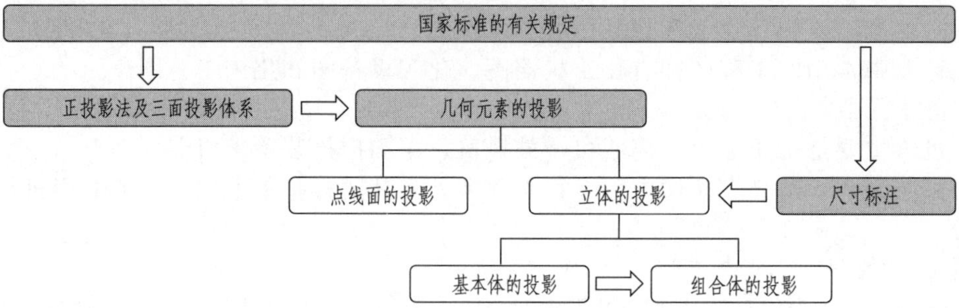

章节目标：

知识目标	★ 掌握“技术制图”和“机械制图”国家标准中有关图纸幅面和格式、比例、字体、图线及尺寸标注等基本规定。 ★ 建立投影法的概念，掌握正投影法的基本原理、正投影的基本性质和三等规律。 ★ 组合体表达方式的特点，组合体视图尺寸的种类。
技能目标	★ 能查阅制图的有关标准。 ★ 掌握常用作图工具和几何作图的方法。平面图形的线段分析和绘制，布局合理、线形均匀，字体工整，图面整洁，符合国家标准的要求。 ★ 三视图的作图方法及步骤。 ★ 掌握组合体视图的读图和尺寸标注的基本方法。
素质目标	★ 树立遵标准、守规范、重基础的学习理念。 ★ 培养严谨认真、探索创新的职业精神。 ★ 培养换位思考、全面分析的人生态度。

第一节　投影方法的基本概念

当灯光从上方照在物体上时，在桌面上就会产生该物体的影子，这种现象称为投影。根据这种现象，经过科学总结，找出了影子与物体之间的对应规律，进而形成了投影理论。投影法是在平面上表示空间物体的方法，投影法分为中心投影法和平行投影法。

一、中心投影法

空间一平面 ABC 在光源 S 的照射下，在平面 P 上得到它的影子 abc，如图 1-1 所示。其中光源 S 抽象为投影中心，光线称为投射线，平面 P 称为投影平面，平面 ABC 在平面 P 上的影子 abc 称为该平面的投影。这种投影线汇聚于有限远一点的投影方法称为中心投影法。

中心投影法具有如下投影特性：当平面 ABC 向光源方向移动时，其投影 abc 变大；当平面 ABC 向投影平面 P 方向移动时，其投影 abc 变小。总之，无论平面 ABC 是否与投影平面 P 平行，其投影 abc 均不能反映平面 ABC 的实形。用中心投影法画出的图形立体感强，常用于绘制透视图。

二、平行投影法

如果将光源 S 移至无穷远处，这时投射线就可以视为互相平行，这种投影方法称为平行投影法。根据投射线与投影面是否垂直，平行投影又分为斜投影（见图 1-2）和正投影两种。斜投影用于绘制轴测投影图。从图 1-3～图 1-6 可以发现正投影具有如下特性。

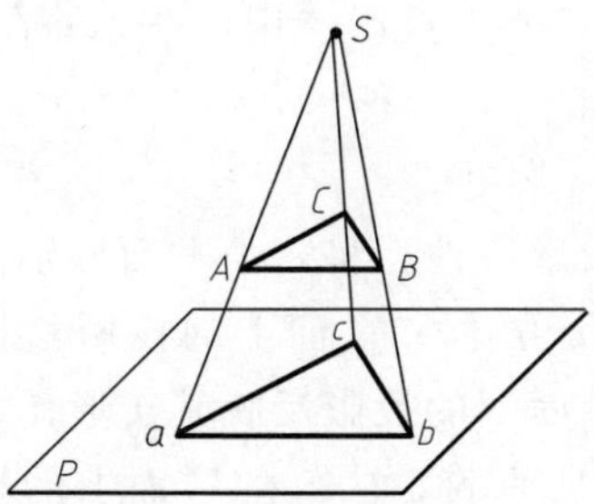

图 1-1　中心投影法

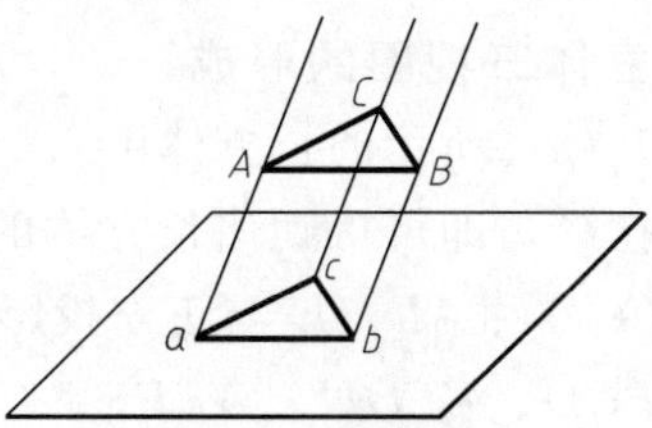

图 1-2　斜投影法

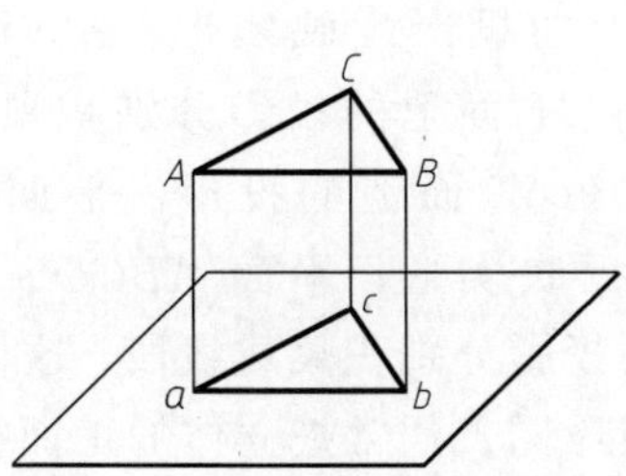

图 1-3　正投影特性一

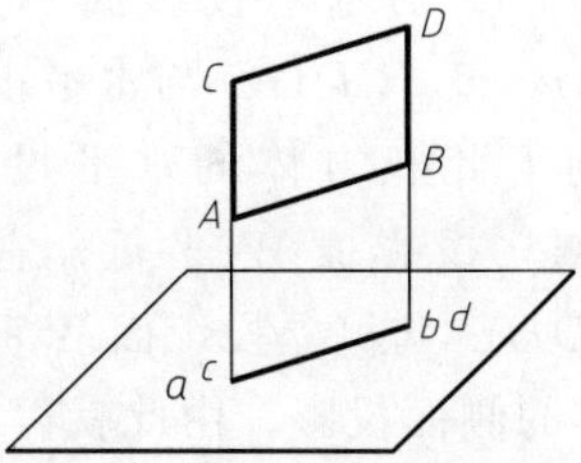

图 1-4　正投影特性二

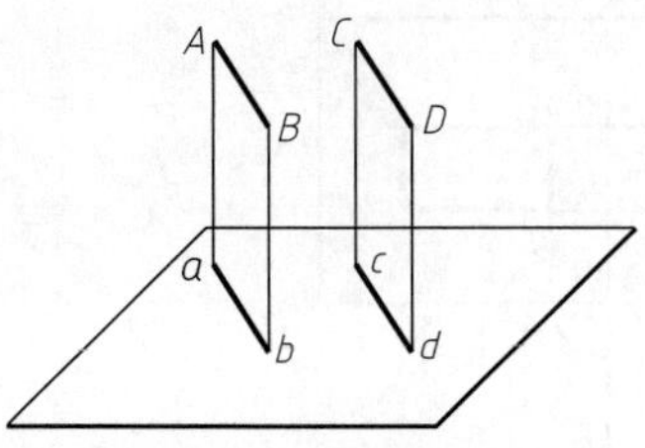

图 1-5　正投影特性三

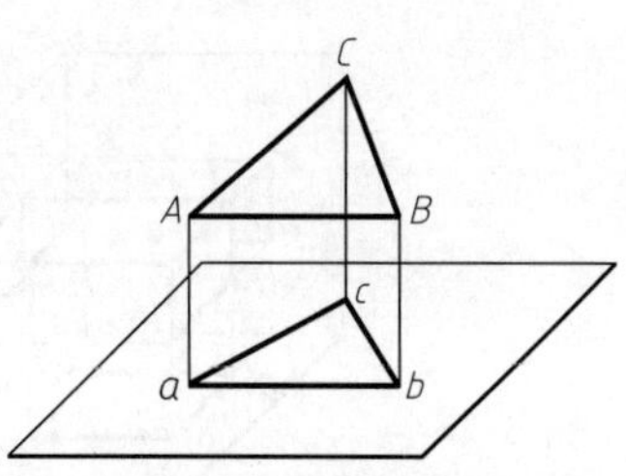

图 1-6　正投影特性四

① 当空间平面与投影面平行时，其投影反映空间平面的实形（图 1-3 中$\triangle abc \cong \triangle ABC$）。

② 当空间平面与投影面垂直时，其投影积聚为一线段（图 1-4 中 $ABCD$ 平面）。

③ 当空间线段与投影面平行时，其投影反映空间线段的实长（图 1-5 中 $ab=AB$）。

④ 当空间线段与投影面垂直时，其投影积聚为一点（图 1-4 中 AC 线段）。

⑤ 两空间平行的线段，它们的投影仍平行（图 1-5 中 $AB /\!/ CD$，$ab /\!/ cd$）。

⑥ 当空间平面与投影面倾斜时，其投影为类似形（图 1-6 中△ABC 平面）。

⑦ 当空间线段与投影面倾斜时，其投影为缩短的线段（图 1-6 中 AC 线段）。

由于正投影法具有上述特点，因此工程图样的绘制均采用此种投影法。其缺点是立体感差。

第二节　投影面体系的建立及视图的形成

一、三投影面体系的建立

为了用投影图确定空间物体的形状，引入三个互相垂直的投影面 V、H 和 W。通常，把 V 面称为正立投影面，H 面称为水平投影面，W 面称为侧立投影面。V、H 两面相交于 OX 轴，H、W 两面相交于 OY 轴，V、W 两面相交于 OZ 轴。整个空间被划分成了 8 个区域，又称 8 个象限，根据机械制图的国家标准规定，工程图采用第一角画法，如图 1-7（a）所示。空间点在投影面上的投影表示如下：空间点 A 在 V 面上投影点用 a'表示；在 H 面上投影点用 a 表示；在 W 面上投影点用 a''表示。

二、立体三视图的形成

图 1-7（a）所示的长方体由六个平面围成。根据正投影特性，将六个平面分别向三个投影面进行投影，即可得到该长方体的三面投影。先看该长方体在 V 面上的投影：长方体上的平面 $BCGF$ 和 $ADHE$ 与正立投影面 V 平行，它们在 V 面上的投影反映其实形；长方体上的平面 $ABCD$、$EFGH$、$ABFE$、$CDHG$ 与正立投影面 V 垂直，它们在 V 面上的投影分别积聚成线段，这样就得到了此长方体的正面投影。再看该长方体在 H 面上的投影：平面 $ABCD$、$EFGH$ 与水平投影面 H 平行，它们在 H 面上的投影反映实形；平面 $BCGF$、$ADHE$、$ABFE$、$CDHG$ 与水平投影面 H 垂直，它们在 H 面上的投影分别积聚成线段，这样就得到了此长方体的水平投影。最后看该长方体在 W 面上的投影：平面 $ABFE$、$CDHG$ 与侧立投影面 W 平行，它们在 W 面上的投影反映实形；平面 $ABCD$、$EFGH$、$BCGF$、$ADHE$ 与侧立投影面 W 垂直，它们在 W 面上的投影分别积聚成线段，这样就得到了该长方体的侧面投影。由此就得到了该长方体的三面投影图。通常把立体的正面投影图称为主视图，水平投影图称为俯视图，侧面投影图称为左视图。

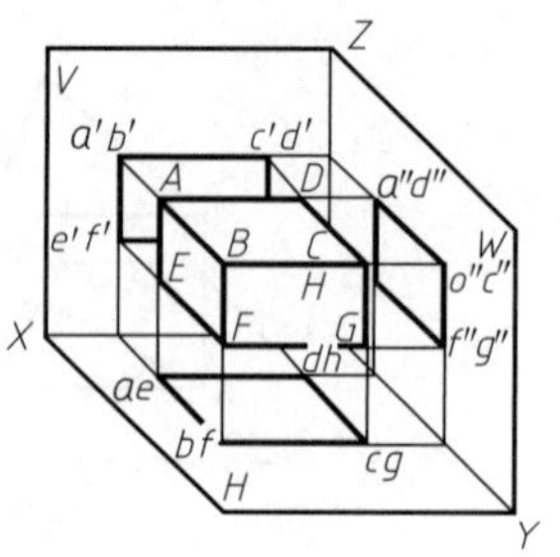

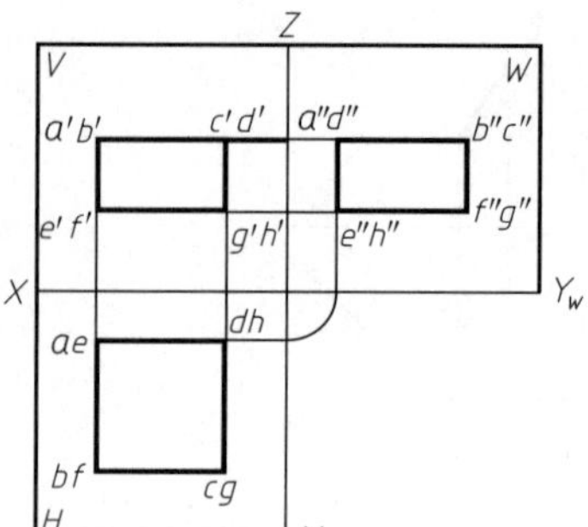

图 1-7　立体的三面投影

按图 1-7（b）所示，V 面不动，H 面绕 X 轴向下旋转 90°，W 面绕 Z 轴向右旋转 90°，即得到长方体 $ABCDEFGH$ 的三面投影图，亦即它的三视图。

为了简化作图，在画立体的三视图时，通常省掉坐标轴和投影面边界，如图 1-8 所示。

三、三视图之间的投影对应关系

1. 度量对应关系

由图 1-7（a）和图 1-8 可以看出：主视图是从前向后观察到的物体的形状，反映了物体的长和高；俯视图是从上向下观察到的物体的形状，反映了物体的长和宽；左视图是从左向右观察到的物体的形状，反映了物体的宽和高。因此，立体的三视图投影度量对应关系是：主、俯视图长度相等，长对正；主、左视图高度相等，高平齐；俯、左视图宽度相等，宽相等。这种三等关系对于立体上任一局部元素也都适用。

2. 方向对应关系

由图 1-7（a）和图 1-9 可以看出：主视图反映立体的上、下、左、右关系；俯视图反映立体的前、后、左、右关系；左视图反映立体的上、下、前、后关系。从图 1-7 可以看出，长方体上的点、线段、平面也符合三视图投影对应规律。

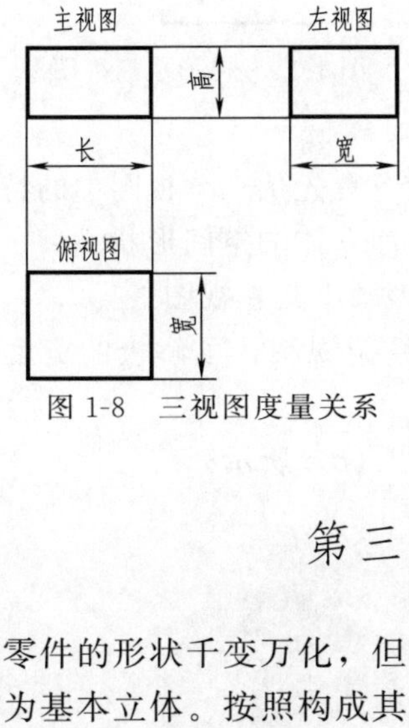

图 1-8　三视图度量关系

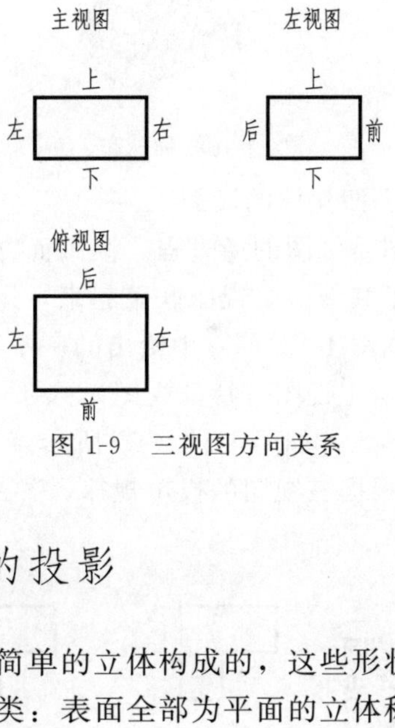

图 1-9　三视图方向关系

第三节　基本立体的投影

尽管零件的形状千变万化，但都是由一些几何形状简单的立体构成的，这些形状简单的立体也称为基本立体。按照构成其立体的表面可分为两类：表面全部为平面的立体称为平面立体，表面为曲面或既有曲面又有平面的立体称为曲面立体。

一、平面立体

1. 平面立体的三视图画法

（1）投影分析

① 主视图：从图 1-10 梯形板的前方向后看，板的侧面与正立投影面垂直，其投影积聚为线段，板上的前面（S 面）和后面与正立投影面平行，其投影反映梯形实形。

② 俯视图：从梯形板的上方向下看，板的上顶面和下底面与水平投影面平行，其投影反映实形，为矩形，左侧面和前面（S 面）及后面与水平投影面垂直，其投影积聚为线段，右侧面（P 面）与水平投影面倾斜，为类似形矩形。

③ 左视图：从梯形板的左方向右看，板的左侧面与侧立投影面平行，其投影反映实形为矩形，右侧面（P 面）与侧立投影面倾斜，其投影为类似形，其余面与侧立投影面垂直，

其投影分别积聚为线段。

根据上面分析，即可得到梯形板的三视图。在画平面立体三视图时，由于省略了坐标轴，应先选取平面立体长、宽、高三个方向的画图基准，然后画出平面立体的特征视图，再根据三视图的投影规律完成三视图。特征视图即为最能反映立体形状特征的视图，从图 1-10 可以看出，它的主视图最能反映梯形板的形状特征，故其主视图为特征视图。

（2）画三视图　画图步骤如下。

① 确定基准，选取梯形板的左面、前面、底面作为其长、宽、高的基准。

② 根据立体的长和高画出特征视图（主视图）的梯形。

③ 根据立体的宽度和投影规律，画出俯视图和左视图，如图 1-11 所示。

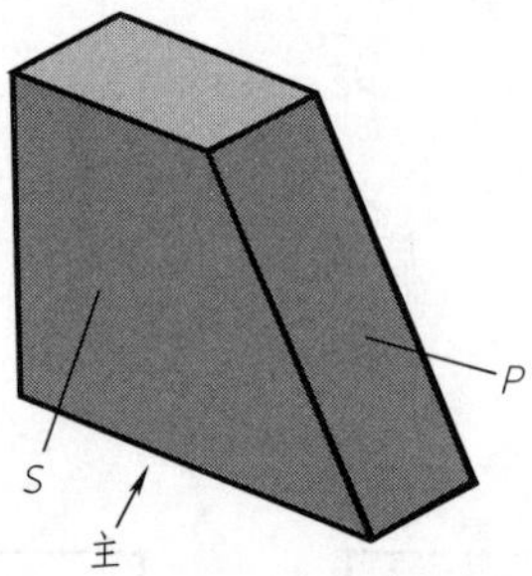

图 1-10　梯形板

M1-1 梯形板动画

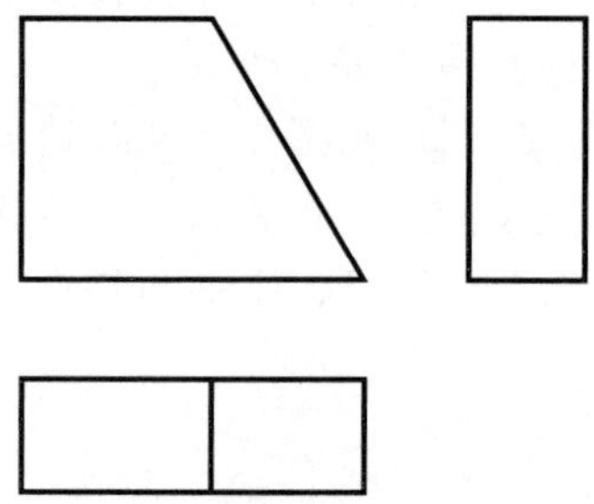

图 1-11　梯形板三视图

2. 平面立体的读图

读图是画图的逆过程。读平面立体视图的基本方法是，首先从三个视图中的特征视图入手，再把其他两个视图联系起来，运用投影规律想象出平面立体的空间形状。

根据图 1-12（a）中给出的一平面立体的主、俯视图，画出其左视图。

① 从主视图（特征视图）入手，了解板的形状，联系俯视图，了解板的宽度，构想出物体的形状，如图 1-12（c）所示。

② 根据三视图的投影规律，补画出左视图，如图 1-12（b）所示。

M1-2 平面立体动画

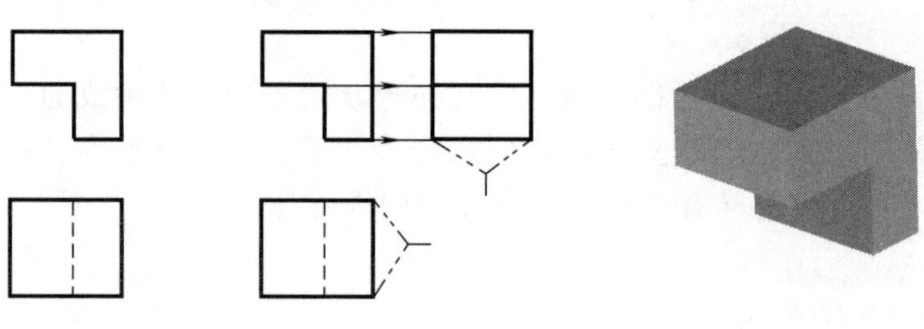

(a) 已知　　(b) 作图　　(c) 立体图

图 1-12　画出平面立体的左视图

二、曲面立体

常见的基本曲面立体有圆柱体、圆锥体、球体等。由于其圆柱面、圆锥面、球面都是由一条母线绕轴线回转形成的，称为回转面。这一类曲面立体称为回转体。

1. 圆柱体

（1）圆柱体形成　如图 1-13（a）所示，圆柱体表面由圆柱面和上、下两端面组成。圆柱面可以视为由线段 AA_1 绕与它平行的轴线 OO_1 旋转而成。线段 AA_1 称为母线，圆柱面上任意一条平行于轴线 OO_1 的直线称为圆柱面上的素线。

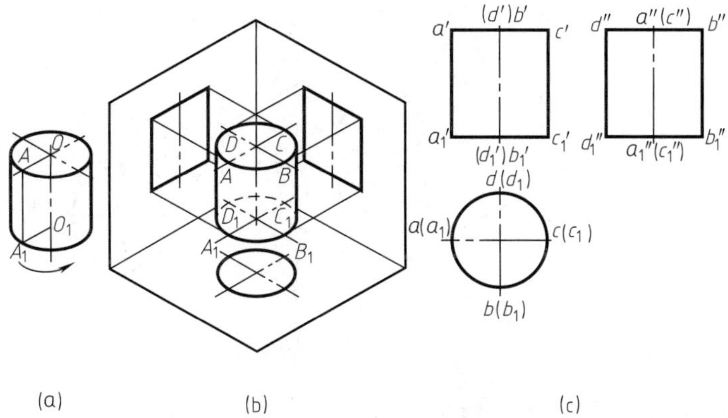

图 1-13　圆柱体的三视图

（2）圆柱体三视图的画法　如图 1-13（b）所示，当圆柱体的轴线垂直于水平投影面时，从上向下看，圆柱体的上、下端面在俯视图中为一实形圆面，圆柱面在俯视图上积聚在上、下端面的圆周上。从前向后看，上、下端面在主视图中分别积聚成线段，圆柱面在主视图中的投影范围由圆柱的最左 AA_1 和最右 CC_1 两条素线确定，投影为矩形面。这两条素线是圆柱面在主视图中可见部分与不可见部分的分界线，称为转向线。从左向右看，上、下端面在左视图中分别积聚成线段，圆柱面在左视图中的投影范围通过圆柱的最前 BB_1 和最后 DD_1 两条转向素线确定，投影为矩形面。

画图时，先画出三个方向的基准线，即轴线和对称中心线的投影，再画出特征视图即投影是圆的俯视图，然后按高度和投影规律画出其余两个视图，如图 1-13（c）所示。主视图中前半圆柱面可见，后半圆柱面不可见。左视图中左半圆柱面可见，右半圆柱面不可见。决定圆柱面主视图投影范围的两条转向轮廓线 AA_1 和 CC_1，在左视图中的投影与轴线重合，但不能画实线。同样决定圆柱面左视图投影范围的两条转向轮廓线 BB_1 和 DD_1，在主视图中的投影与轴线重合，也不能画实线。

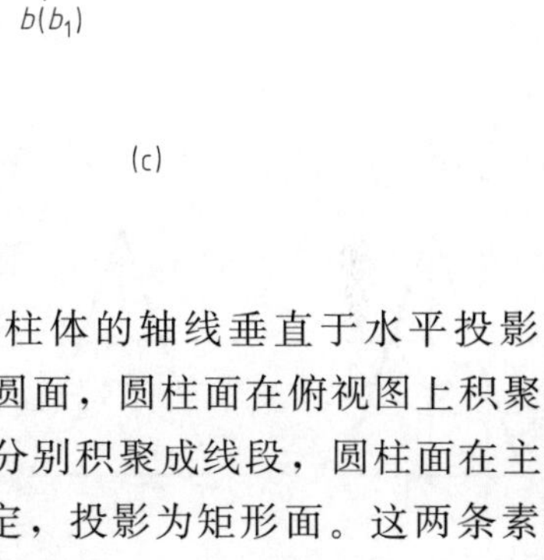

图 1-14　圆柱体表面取点

（3）圆柱体表面上的特殊点　即转向轮廓线上的点，可直接利用转向轮廓线在三视图中的位置和投影规律来求（见图 1-14）。

2. 圆锥体

（1）圆锥体的形成　如图 1-15（a）所示，圆锥体由圆锥面和底面围成。圆锥面可以视为由线段 SA 绕轴线 OO_1 旋转而成。线段 SA 称为母线，圆锥面上过锥顶 S 的任一直线称为圆锥面的素线。

（2）圆锥体三视图的画法　如图 1-15（b）所示，当圆锥体轴线垂直于水平投影面时，从上向下看，圆锥体的底面在俯视图中为一实形圆，圆锥面在俯视图上的投影范围在底面的圆周内。从前向后看，底面在主视图中积聚成线段，圆锥面在主视图中的投影范围由圆锥面上过锥顶的最左 SA 和最右 SC 两条转向轮廓素线确定，投影为三角形。从左向右看，底面在左视图中积聚成线段，圆锥面在左视图中的投影范围由圆锥面的最前 SB 和最后 SD 两条

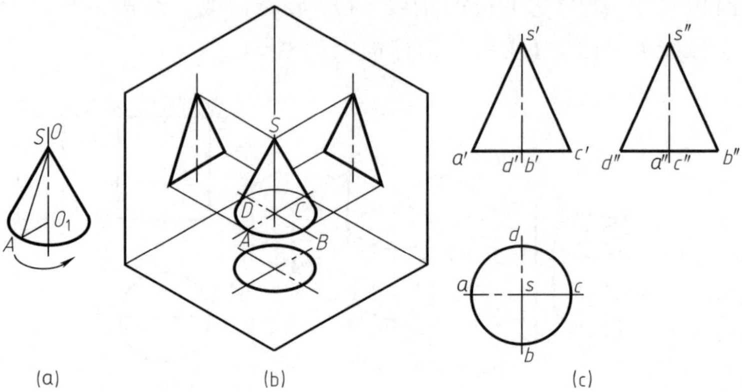

图 1-15　圆锥的三视图

转向轮廓素线确定，投影为三角形。

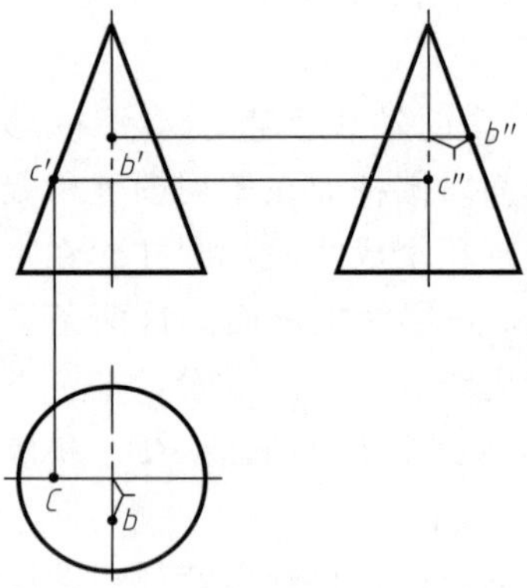

图 1-16　圆锥体表面取点

画图时，先画出中心线，再根据圆锥体底圆的直径画出投影为圆的俯视图，然后根据圆锥的高度、投影对应规律，画出主、左两个视图。图 1-15（c）中，主视图为可见的前半锥面，后半锥面不可见。左视图为左半锥面可见，右半锥面不可见。决定圆锥面主视图投影范围的两条转向轮廓线，在左视图中与轴线重合，但不能画实线。同样，决定圆锥面左视图投影范围的两条转向轮廓线，在主视图中与轴线重合，也不能画实线。

（3）圆锥体表面上的特殊点　即转向轮廓线上的点，可直接利用转向轮廓线在三视图中的位置和投影规律来求（见图 1-16）。

3. 球体

（1）球体的形成　如图 1-17（a）所示，球面可以视为一半圆母线绕与直径重合的轴线 OO_1 旋转而成。

（2）球体三视图的画法　球体的三个视图均为大小相等的圆，其直径和球的直径相同，如图 1-17（c）所示。这三个圆是分别从三个方向看球面投影范围的三个圆。主视图为可见的前半球面，后半球面不可见。俯视图为可见的上半球面，下半球面不可见。左视图为可见

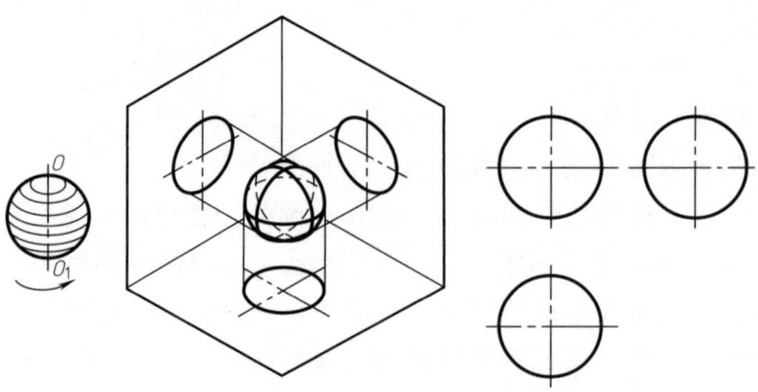

图 1-17　球的三视图

的左半球面，右半球面不可见。

（3）球体表面上的特殊点　即转向轮廓圆上的点，可直接利用转向圆在三视图中的位置和投影规律来求（见图1-18）。球面上的点 B 在球体的右下半球面，因此其在俯视图和左视图的投影 b 和 b'' 均不可见，投影加括号表示不可见投影。

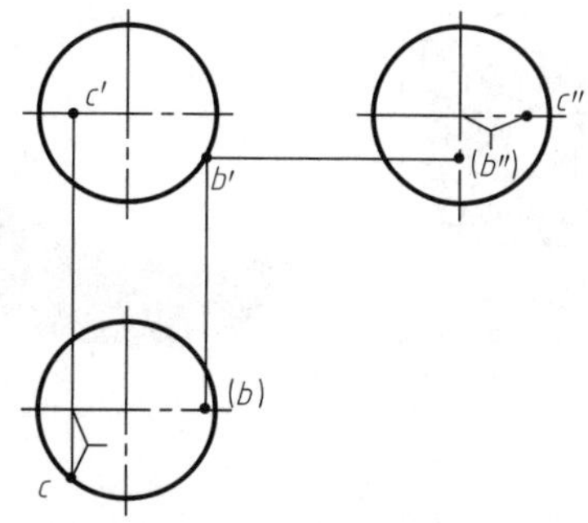

图 1-18　球体表面取点

三、化工设备上常见的曲面立体

1. 筒体——空心圆柱体

空心圆柱体是在实心圆柱体上挖一同心圆柱孔而成，如图 1-19（a）所示。在画空心圆柱体三视图时，除了要考虑外圆柱表面的投影，还要考虑内孔表面的投影［见图 1-19（b）］。内孔表面的投影在主、左视图中均不可见，故表示其投影范围的转向轮廓线用虚线表示。

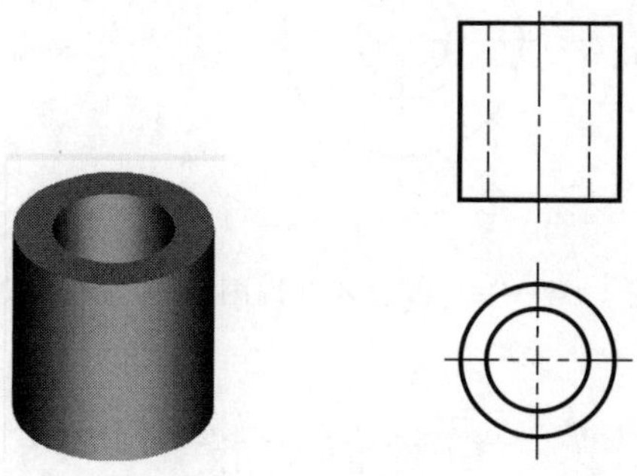

(a)　　(b)

图 1-19　筒体及其三视图

M1-3 筒体动画

2. 球形封头——空心半球体

球形封头及其三视图如图 1-20 所示。

(a)　　(b)

图 1-20　球形封头及其三视图

M1-4 球形封头动画

3. 鞍形板——部分空心圆柱体

鞍形板及其三视图如图 1-21 所示。

4. 法兰板——空心圆柱体

法兰板及其三视图如图 1-22 所示。

M1-5 鞍形板动画

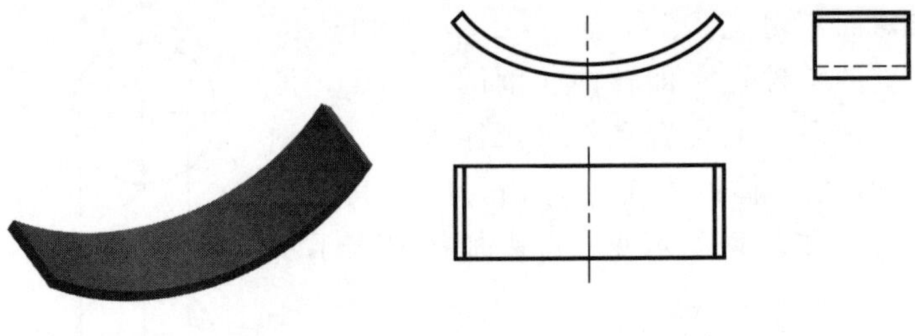

(a)　　(b)

图 1-21　鞍形板及其三视图

M1-6 法兰板动画

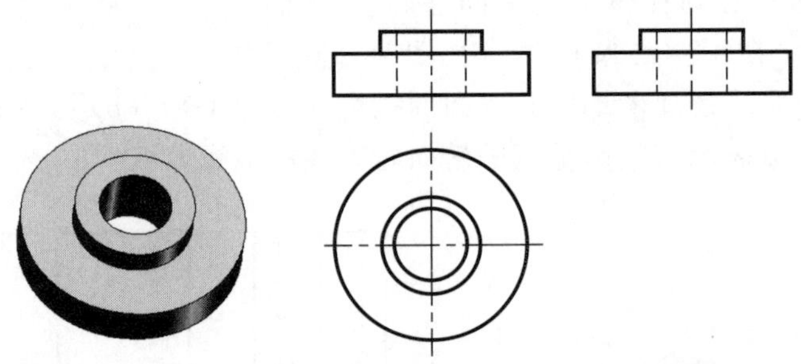

(a)　　(b)

图 1-22　法兰板及其三视图

第四节　相贯体的投影

两立体相交时，立体表面产生的交线称为相贯线，构成的立体称为相贯体。两立体相交可分为三种情况：平面立体与平面立体相交，如图 1-23（a）所示；平面立体与曲面立体相交，如图 1-23（b）所示；曲面立体与曲面立体相交，如图 1-23（c）所示。

M1-7 立体表面动画

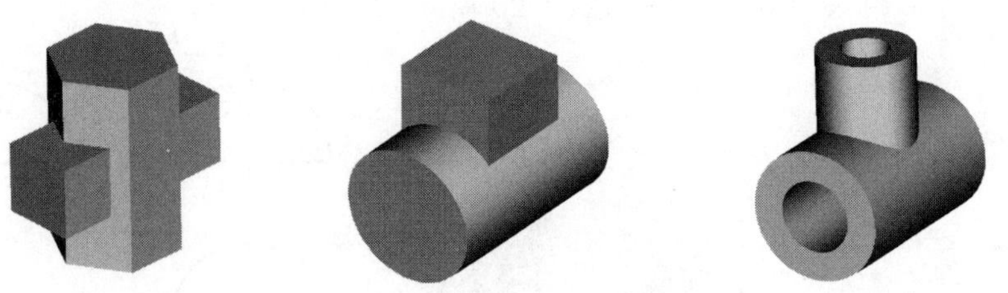

(a)　　(b)　　(c)

图 1-23　立体表面的交线

平面立体与平面立体相交的问题本节不进行讨论。本节重点讨论平面立体与曲面立体相交以及两曲面立体相交的问题。

一、平面立体与曲面立体相交

平面立体与曲面立体相交，其交线由若干直线段和曲线段组成。每一段为平面立体的一个表面与曲面立体的表面相交的交线。所以，求相贯线的实质是求平面立体与曲面立体的表面交线。

图 1-24（a）所示为四棱柱和圆柱体相交，已知俯视图、左视图，补画主视图中的相贯线。

1. 空间分析

相贯线由四棱柱四个侧棱面和圆柱面的交线组成，其中前后两个面与圆柱体轴线平行，交线为直线段，左右两个面与圆柱体轴线垂直，交线为两段圆弧。

2. 画法

四棱柱的前后两个面形状为矩形，在主视图上投影反映实形，矩形的长从俯视图上长对正，矩形的高从左视图上高平齐。左右两个面在主视图上积聚为直线段，按投影规律求得。

3. 可见性判断

同时位于两立体可见表面上的线才是可见的，因此主视图上的线均为可见。

4. 整理轮廓线

两立体相贯后即成为一个立体，所以，主视图中圆柱体最上面的处于四棱柱左右两个面之间的转向轮廓线 1′2′段不应画出，如图 1-24（b）所示。

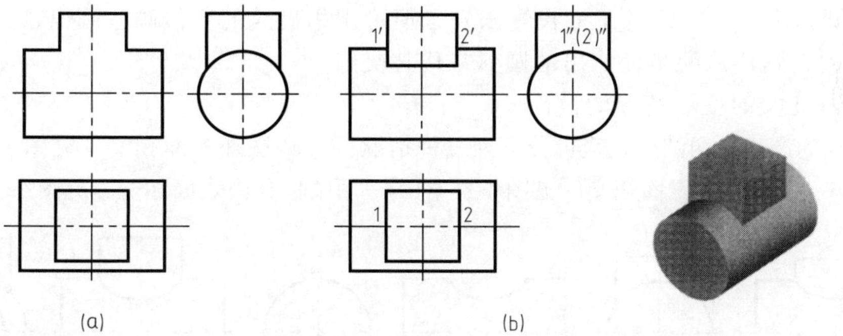

图 1-24　平面立体与曲面立体相贯体的三视图

二、两曲面立体相交

两曲面立体相交时，其表面会产生交线，在视图上表达相贯体时，通常要画出其相贯线的投影。

1. 相贯线的性质

由于组成相贯体的形体及相对位置的不同，相贯线的形式也有所不同，但任何两曲面立体的相贯线都具有下列性质。

① 相贯线是两曲面立体表面的共有线。

② 相贯线是两曲面立体的分界线。

③ 相贯线一般情况下为空间曲线，特殊情况下可能是平面曲线（椭圆、圆等）或直线。

2. 相贯线的作图

既然相贯线是两曲面立体表面的共有线，那么较精确画相贯线的方法是找到相贯线上的一系列点（特殊点和一般点），然后按顺序光滑连接。具体方法有表面取点法和辅助平面法（可参阅其他机械制图书籍）。在工程图中常采用近似画法。这里将介绍相贯线的近似画法，并重点讨论相贯线的产生及其变化等。

3. 两圆柱轴线垂直相交（正交）的相贯线

完成图 1-25 所示的两圆柱轴线垂直相交的相贯体视图。

由图 1-25 可知，两圆柱轴线分别垂直于水平投影面和侧立投影面，而两圆柱表面交线是共有线，根据圆柱面投影的积聚性，其交线的水平投影在小圆柱面水平投影积聚的圆周上，交线的侧面投影在大圆柱面侧面投影积聚的一段圆弧上，即在小圆柱体侧面转向轮廓线

M1-8　圆柱与圆柱正交动画

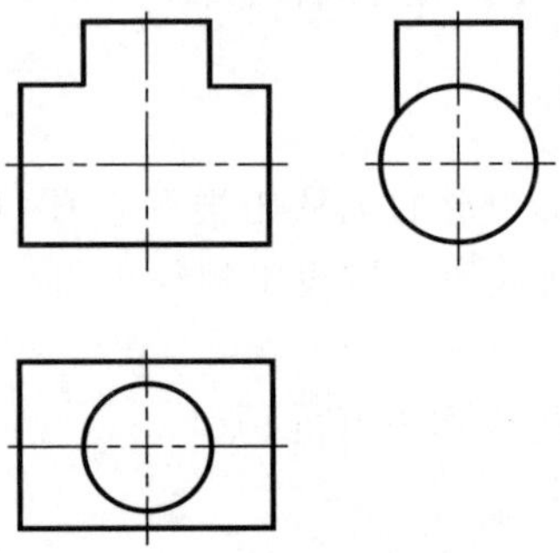

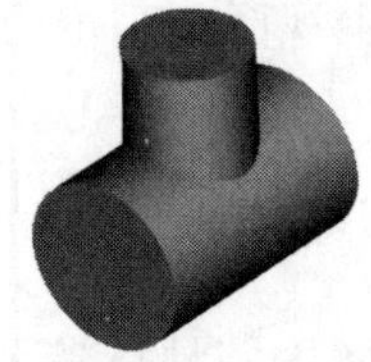

图 1-25　圆柱与圆柱正交（已知俯、左视图）

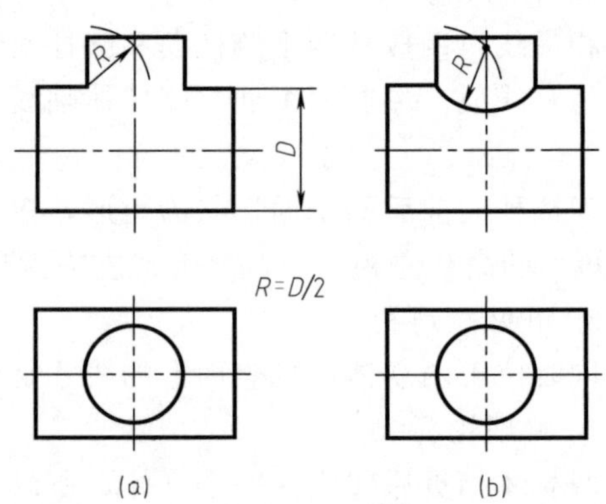

图 1-26　两圆柱正交时交线的近似画法

之内的一段圆弧上。相贯线的正面投影未知，但可用相贯线的近似画法画出，具体画法如图 1-26 所示，用大圆柱体的半径作出的圆弧来代替交线。

4. 两圆柱正交时交线情况的讨论

（1）交线的产生　两圆柱正交可分下列三种情况：两圆柱外表面相交［见图 1-27（a）］；一圆柱外表面与一圆柱孔内表面相交［见图 1-27（b）］；两圆柱孔内表面相交［见图 1-27（c）］。

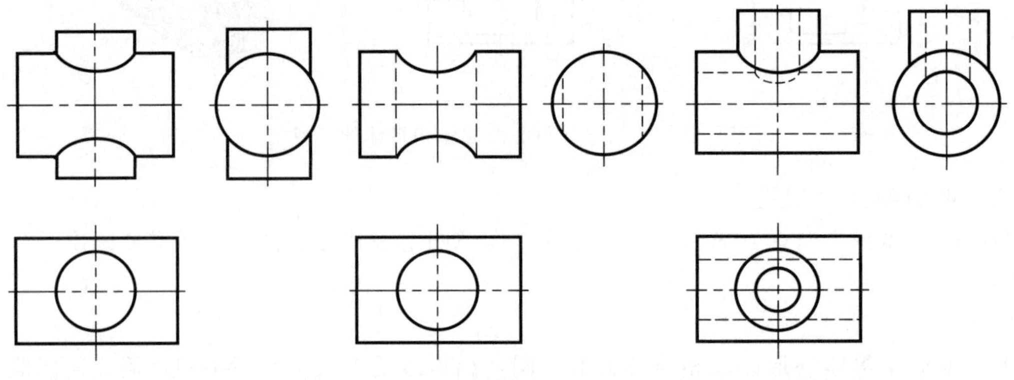

(a) 两实心圆柱相交　(b) 实心圆柱穿孔　(c) 两空心圆柱相交

图 1-27　两圆柱正交时交线产生的三种情况

从这三种情况看，有实心圆柱，也有圆孔，但它们都是圆柱面。无论其表面形式如何，只要两个圆柱表面相交，就一定有交线，且其相贯线的分析和作图方法是相同的。

将三种情况进行比较，可以看出：虽然有内、外表面的不同，但由于相交的基本性质（表面形状、直径大小、轴线的相对位置）不变，因此在每个图上，交线的形状是完全相同的。

（2）交线的变化　从图 1-28（a）、（b）可以看出，当两圆柱正交时，若小圆柱逐渐变大，则交线也逐渐弯曲，但交线的性质并没有改变，还是两条空间曲线，它们的正面投影仍然是曲线。当两圆柱的直径相等时，交线从两条空间曲线变为两条平面曲线（椭圆），它们的正面投影成为两条相交直线［见图 1-28（c）］。

5. 相贯线的特殊情况

两曲面立体表面相交，相贯线一般为空间曲线，特殊情况下为平面曲线或直线。常见的相贯线的特殊情况有以下几种。

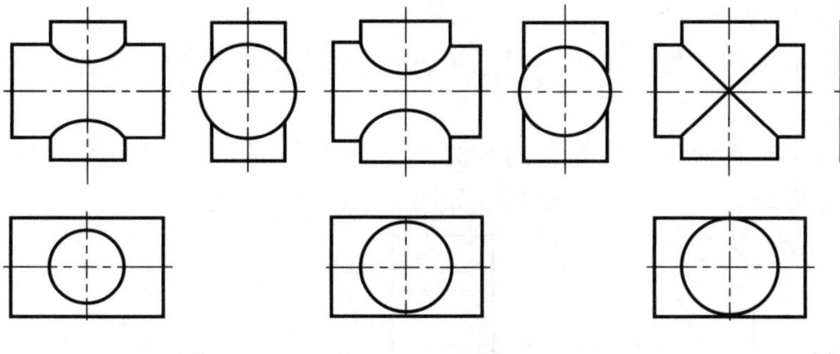

图 1-28　两圆柱正交时交线的变化

① 当两圆柱直径相等且轴线垂直相交或斜交时，两圆柱表面的交线是平面椭圆，在交线所垂直的投影面上的投影为直线，如图 1-29（a）和（b）所示。

② 当两圆柱轴线平行时，两圆柱面的交线是直线，如图 1-29（c）所示。

③ 当圆柱轴线与圆锥或球同轴时，两曲面立体表面的交线是圆，在交线所垂直的投影面上投影为直线，如图 1-29（d）所示。

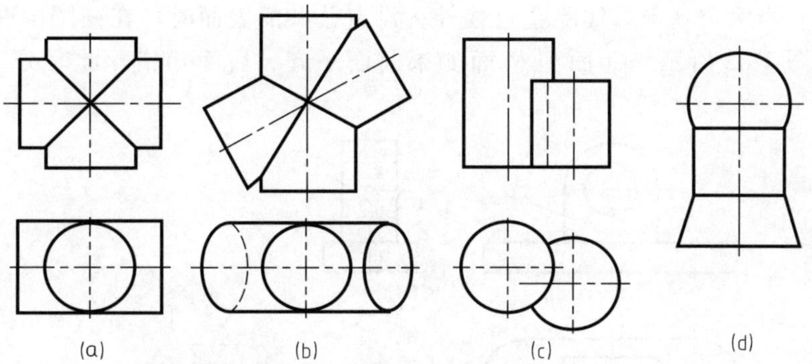

图 1-29　相贯线的特殊情况

第五节　组合体的投影

任何机械零件，从结构上分析，都是由基本的立体组合而成的。由多个基本几何形体组成的类似机械零件的形体称为组合体。组合体的组合方式有叠加、切割或两者的结合，化工设备中常见的零件基本上是以叠加方式构成的，如图 1-30 所示的鞍式支座是由底板、竖板、筋板、鞍形板叠加而成的。本节主要介绍叠加式组合体的画图、读图方法。

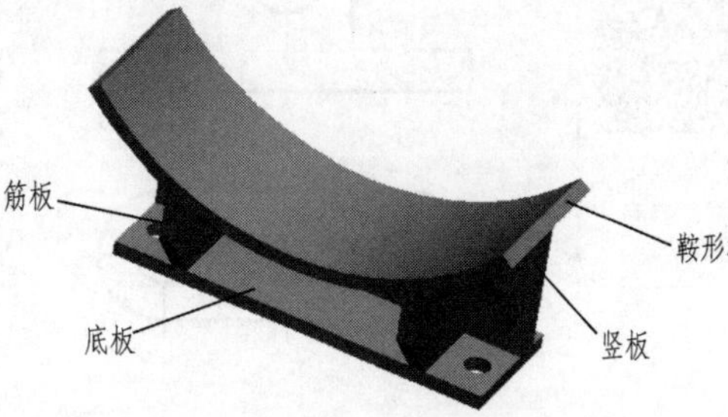

图 1-30　鞍式支座

一、画组合体的视图

画组合体三视图时主要运用形体分析法。形体分析法就是将组合体分解为若干个最简单的基本形体，并分析这些基本体的形状、相对位置及表面过渡关系，然后选择正确投影方向，进行画图的方法。

1. 组合体表面间的过渡关系

组合体上因各个基本形体相对位置不同，其表面过渡关系可分为：平齐、相错、相交和相切等。

（1）平齐　当两个基本形体具有互相连接的一个面（共平面或共曲面）时则为平齐。此时两表面间不存在分界线，视图中不应画线，如图 1-31 所示 P 面。

M1-9 表面平齐动画

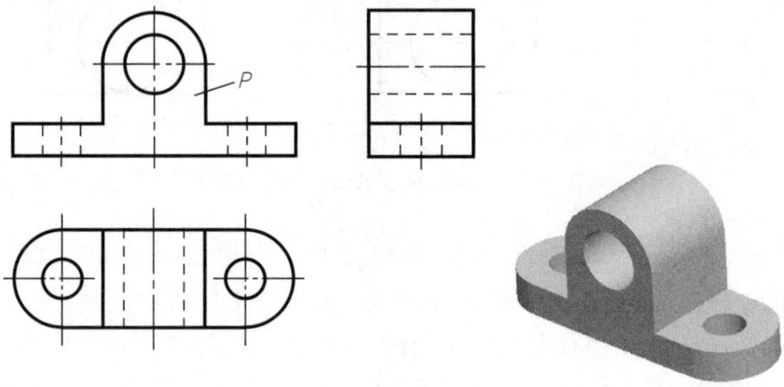

图 1-31　表面平齐的画法

（2）相错　当两个基本形体除叠合处外，没有公共的表面时，在视图中两个基本体之间有分界线，如图 1-32 所示。Q 面和 R 面如果前面平齐、后面相错，此时分界处应画虚线，如图 1-33 所示 S 面。

M1-10 表面相错动画

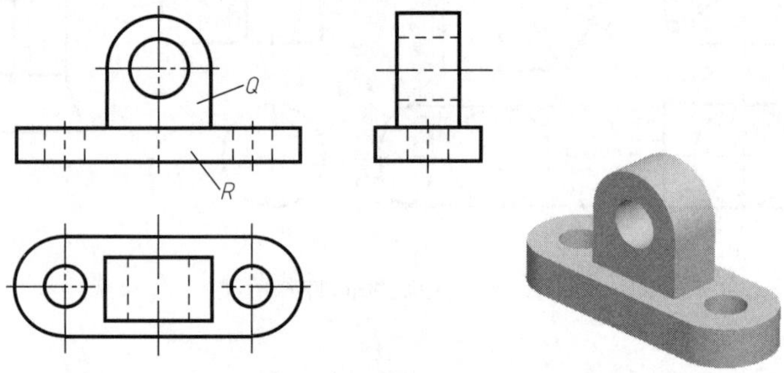

图 1-32　表面相错的画法

M1-11 前面平齐、后面相错动画

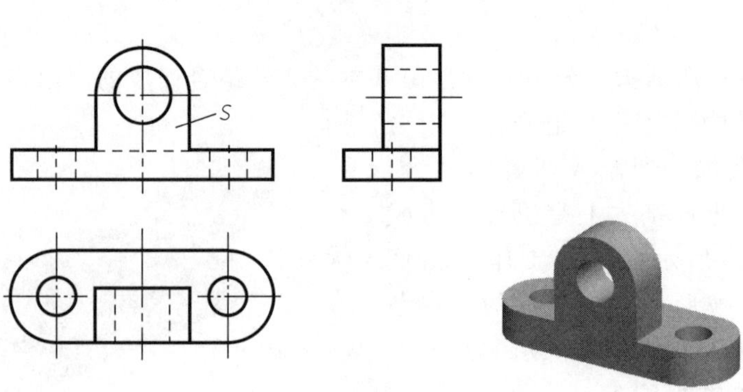

图 1-33　前面平齐、后面相错的画法

（3）相交　两基本形体表面相交时，相交处应正确画出交线，如图 1-34 所示。

（4）相切　两个基本形体表面有平面与曲面或曲面与曲面光滑连接时，即为相切。由于相切处是光滑的过渡，不存在交线，因此在投影图中不应在相切处画线，如图 1-35 所示。

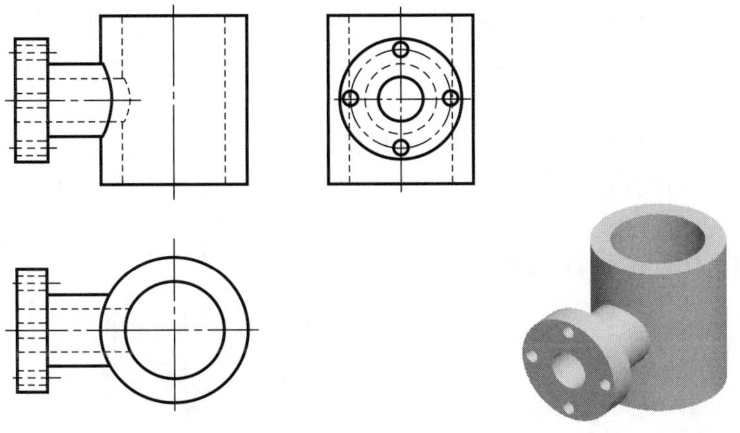

M1-12 表面相交动画

图 1-34　表面相交的画法

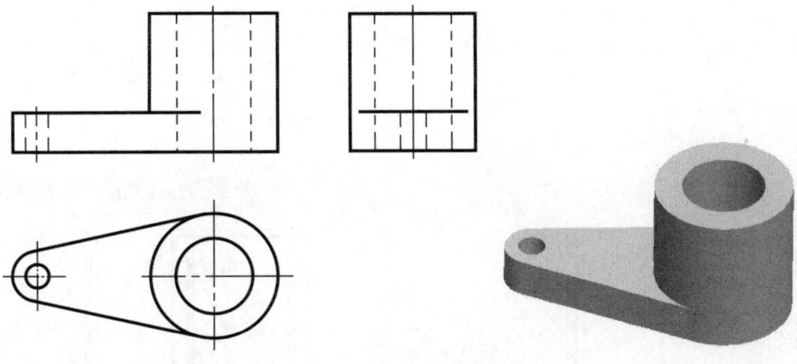

M1-13 表面相切动画

图 1-35　表面相切的画法

2. 画组合体视图的方法和步骤

（1）形体分析　如图 1-36 所示，悬挂支座可分解为底板Ⅰ、筋板Ⅱ、垫板Ⅲ。其中，底板Ⅰ是长方形板，并挖了一个小圆孔，筋板Ⅱ为梯形板，垫板Ⅲ为部分空心圆柱。

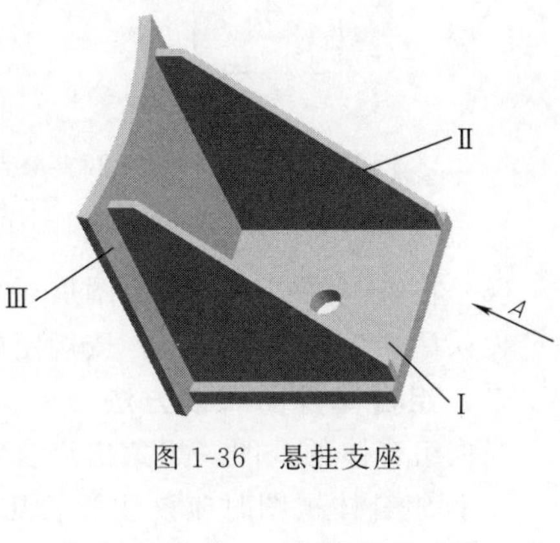

图 1-36　悬挂支座

（2）选择主视图　主视图主要由组合体的安放位置和投影方向两个因素确定：安放位置应使组合体放置平稳且便于画图；投影方向应使主视图最能反映其形状特征和各基本形体的相对位置关系，且使其他视图中虚线较少。图 1-36 中，选用箭头 A 的方向作为主视图方向较好。主视图确定后，其他视图也就确定了。

（3）确定组合体中基本体位置的三个基准　画图时，要确定组合体中基本体的位置，需要 X、Y、Z 三个方向定位，就需要有 X、Y、Z 三个方向的定位基准。组合体基准选择的原则是：当结构对称时，选择对称面为该方向的基准；不对称时，可选择某基本体的底面、端面、主要轴线等。图 1-36 所示的悬挂支座，其长度方向选悬挂支座的对称面为组合体的长度基准，宽度方向选底板前端面为组合体的宽度基准，高度方向选底板的下底面为组合体的高度基准。

（4）确定比例和图幅，布置视图　根据组合体的大小和复杂程度合理地确定画图比例并选择合适的图幅。图幅确定后，根据各视图的最大轮廓尺寸，在图纸上均匀地布置视图，两视图间的距离及视图与图框间的距离应适当。为此，应首先画出各视图的基准线，如图 1-37（a）所示。

（5）画底图　根据形体分析，先画主要形体，后画次要形体。具体画图时，先确定每一基本体相对于基准的位置，再根据基本体的大小画出其特征视图，然后按投影规律画出其余两视图。

悬挂支座的具体画图步骤如图 1-37 所示。

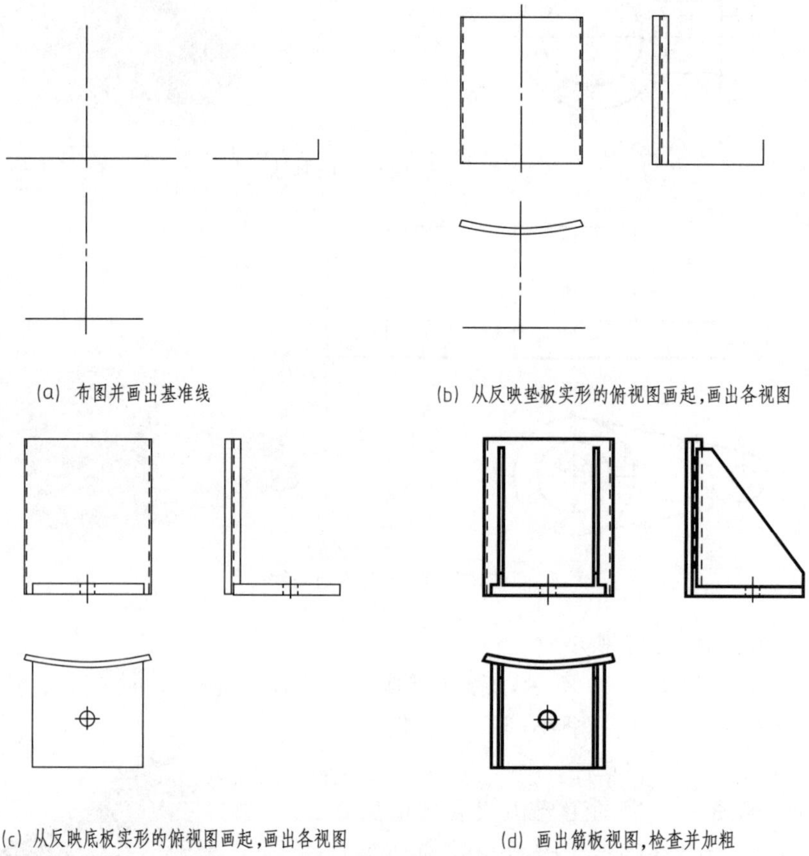

图 1-37　悬挂支座画图步骤

（6）检查、加粗　画完底图后，要仔细检查有无错误，尤其注意基本体之间的过渡处，确定无误后，擦除多余的线，按规定的线型加粗图形。

二、组合体视图阅读方法

根据组合体的视图，想象出组合体的空间形状，称为组合体读图。

1. 读组合体视图时应该注意的几个问题

（1）注意抓住形状特征视图，并把几个视图联系起来　特征视图是最能反映物体形状的视图，看图时应注意抓住其特征视图，并把几个视图联系起来，构想出每一个基本体的形状。图 1-38 所示的四组视图，它们的主视图都相同，但是表示了四种不同形状的物体，其俯视图是形状特征视图。

（2）注意位置特征视图　最能表达构成组合体的各个基本体相对位置关系的视图称为位置特征视图，看图时要注意。如图 1-39 所示，从主视图和俯视图均不能确定线框Ⅰ和线框

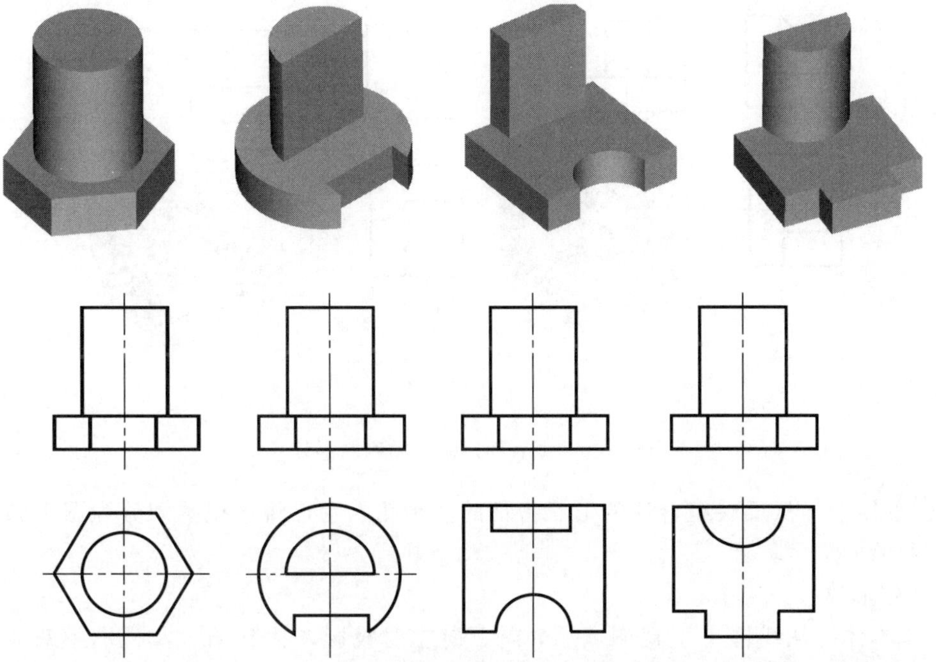

M1-14 俯视图为形状特征视图动画

图 1-38 俯视图为形状特征视图

Ⅱ哪一个是孔，哪一个是凸台，但在图 1-39（a）的左视图中很明显地表示出线框Ⅰ是凸台，线框Ⅱ是孔，图 1-39（b）的左视图表示出线框Ⅰ是孔，线框Ⅱ是凸台。因此，左视图是表达了基本体相对位置关系的位置特征视图。

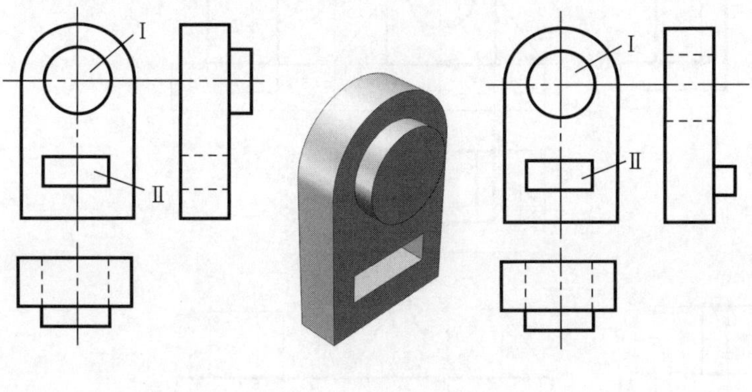

(a) (b)

M1-15 左视图为位置特征视图动画

图 1-39 左视图为位置特征视图

（3）注意视图中反映形体之间过渡关系的图线 构成组合体的各个基本体表面过渡关系的变化，会使视图中两基本体分界处的图线发生变化。图 1-40（a）中的三角形板与侧板及底板的分界处是实线，说明它们的前面不共面，因此，三角形板在底板的中间。图 1-40（b）中的三角形板与侧板及底板的分界处是虚线，说明它们的前面共面，因此，三角形板在底板的两侧。

2. 读组合体视图的方法和具体步骤

读组合体视图的基本方法是形体分析法，从反映组合体形状特征的视图入手，将组合体划分为若干个基本形体，按照投影规律，找到每一个基本形体的对应投影，逐一想象出每一基本形体的结构形状，再根据它们的相对位置综合起来想出整体形状。现利用图 1-41 所示的轴承座来说明此类组合体视图的阅读方法和具体步骤。

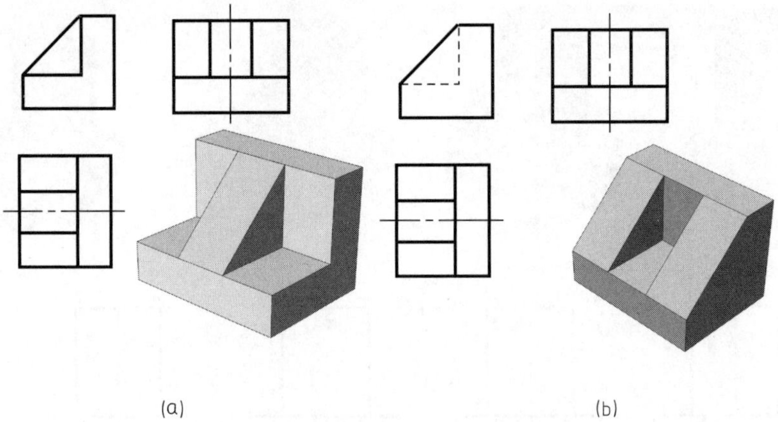

图 1-40　由表面过渡关系判断形体

(1) 看视图，分线框　从反映组合体的形状特征的主视图入手，将主视图划分为图 1-41 (a) 所示的三个封闭线框。

(2) 对投影，定形体

① 线框Ⅰ的基本体　从线框Ⅰ主视图入手，向下向左对投影，找到俯、左视图中对应的投影，如图 1-41 (b) 中的粗实线所示，其中，主视图中的半圆与俯视图中的两条实线和左视图中一条虚线相对应。此基本体的特征视图在主视图上，联系俯、左视图可以看出形体Ⅰ是一长方体，在其上面挖了一个半圆柱槽。

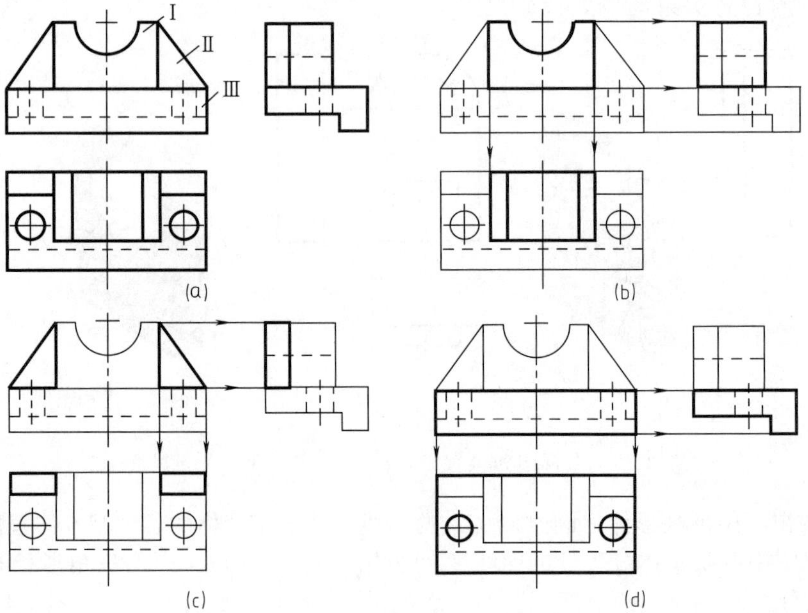

图 1-41　轴承座读图方法

② 线框Ⅱ的基本体　同样，通过对投影，可以找到线框Ⅱ的三个投影，如图 1-41 (c) 中的粗实线所示。此基本体的特征视图在主视图上，联系俯、左视图可以看出形体Ⅱ是三角形板。

③ 线框Ⅲ的基本体　通过对投影，可以找到线框Ⅲ的三个投影，如图 1-41 (d) 中的粗

实线所示，其中，俯视图中的小圆与主视图和左视图中两段虚线相对应。此基本体的特征视图在左视图上，联系俯、主视图可以看出形体Ⅲ是一块倒 L 板，板上有两个小圆孔。

（3）综合起来想整体　读懂各基本体的形状后，再分析它们的相对位置及其表面连接关系，综合想象出组合体的形状，如图 1-42 所示。

M1-17 轴承座动画

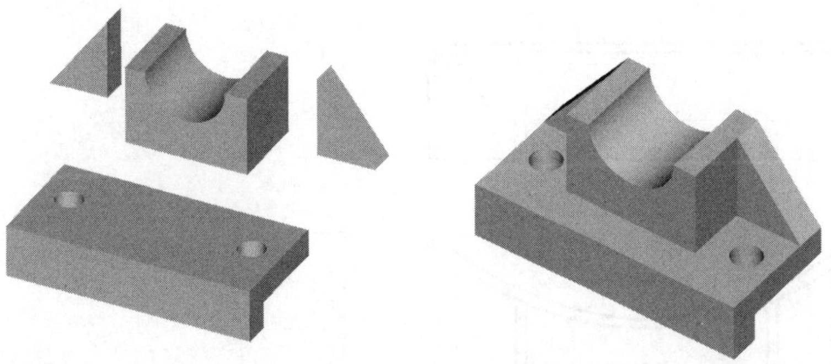

(a)　　(b)

图 1-42　轴承座的立体图

3. 举例

读懂 1-43（a）所示的鞍式支座主、俯视图，并补画出其左视图。读懂视图并补画出第三视图是画图与读图的综合过程。

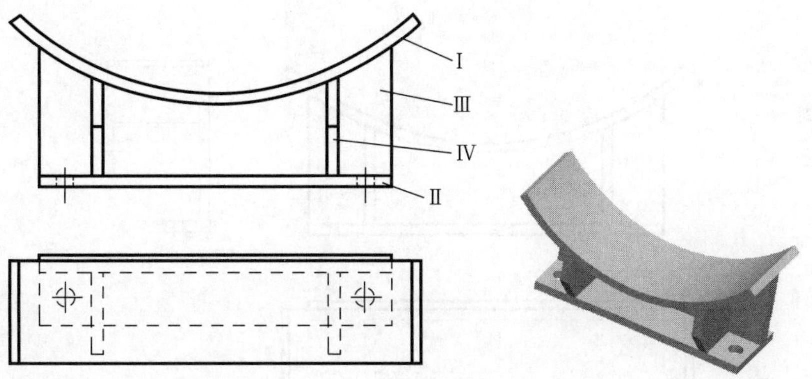

(a)　　(b)

图 1-43　鞍式支座的主、俯视图

（1）读组合体视图

① 看视图，分线框　从反映组合体形状特征的主视图入手，将主视图划分为图 1-43（a）所示的四个封闭线框。

② 对投影，定形体　线框Ⅰ为部分空心圆柱（鞍形板），线框Ⅱ为矩形板，线框Ⅲ为连接Ⅰ、Ⅱ结构的支撑板，线框Ⅳ主视图中有两条短粗实线，所以为梯形板。

③ 综合起来想整体　读懂各基本体的形状后，再分析它们的相对位置及其表面连接关系，综合想象出组合体的形状，如图 1-43（b）所示。

（2）补画左视图　读懂了组合体视图并构想出其结构形状后，按照组合体视图的画图方法，一个基本体一个基本体地补画出左视图，具体步骤如图 1-44 所示。

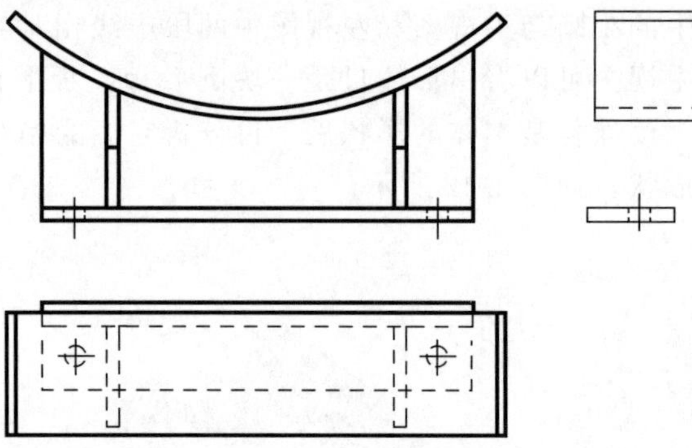

(a)

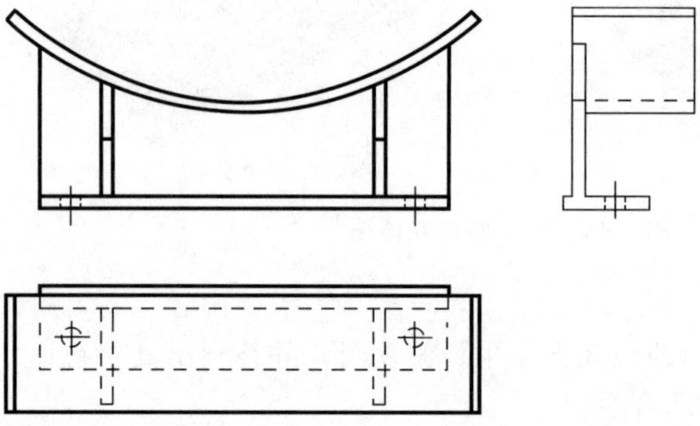

(b)

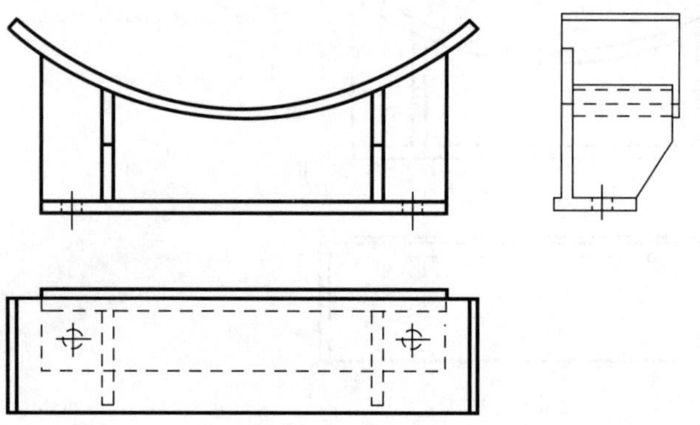

(c)

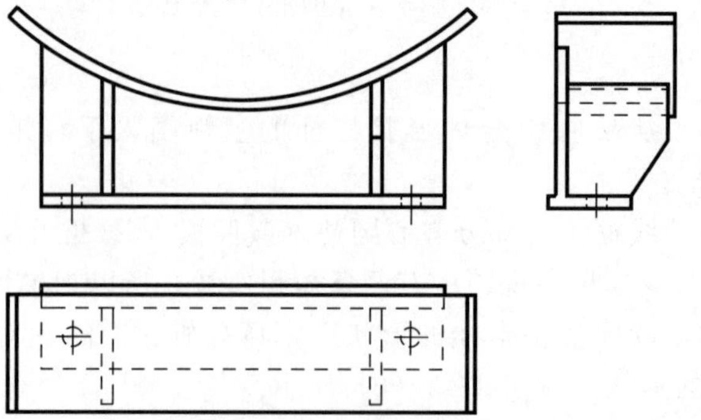

(d)

图 1-44 补画支座的左视图

第六节　尺 寸 标 注

一、尺寸标注的基本规定

在图样中，除需表达零件的结构外，还需要标注尺寸，确定零件的大小。因此，国家标准对尺寸标注的基本方法进行了一系列规定，在绘图过程中必须严格遵守。

1. 基本规则

① 图样中所标注尺寸为机件的真实大小，与绘图比例及绘图准确性无关。

② 尺寸数字以毫米（mm）为单位，且不需标注计量单位的名称或代号。如采用其他单位，则必须注明相应的计量单位或代号。

③ 图样中所标注尺寸为机件的成品尺寸，否则应另加说明。

④ 机件的每一个尺寸，在图样中只标注一次，且标注在能清晰反映该结构的图形中。

2. 尺寸的基本要素

一个完整的尺寸应包括尺寸界线、尺寸线和尺寸数字三个基本要素，如图 1-45 所示。

① 尺寸界线用细实线绘制，并应由图形的轮廓线、轴线或对称中心线引出，也可以利用它们作为尺寸界线。尺寸界线一般与尺寸线垂直，必要时才允许倾斜。光滑过渡处标注尺寸时，必须用细实线将轮廓线延长，从交点处引出尺寸界线。

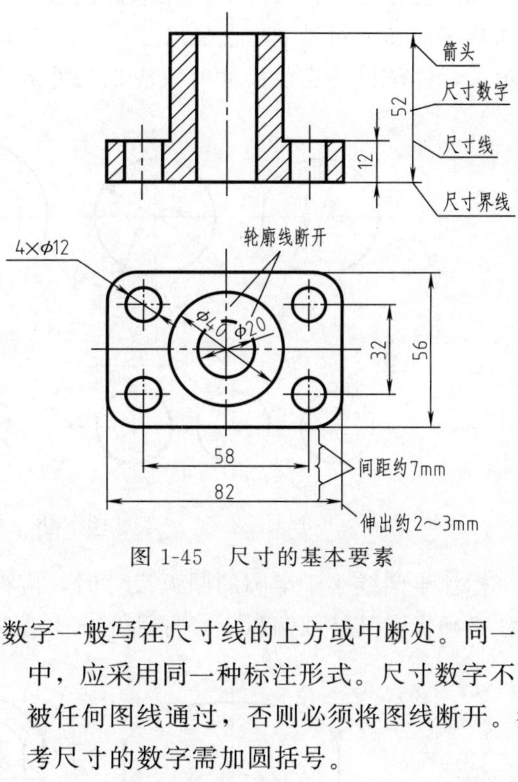

图 1-45　尺寸的基本要素

② 尺寸线用细实线绘制，且不能和任何其他图形线重合或画在其延长线上。尺寸线终端有两种形式：箭头和斜线，如图 1-46 所示。同一图样只能采用一种尺寸线终端。机械工程图样上的尺寸线终端一般为箭头。

③ 尺寸数字的书写应符合 GB/T 4458.4—2003 中对数字的规定。图样上的尺寸数字一般为 3.5 号，对 A0、A1 幅面的图可用 5 号字。尺寸数字一般写在尺寸线的上方或中断处。同一图中，应采用同一种标注形式。尺寸数字不可被任何图线通过，否则必须将图线断开。参考尺寸的数字需加圆括号。

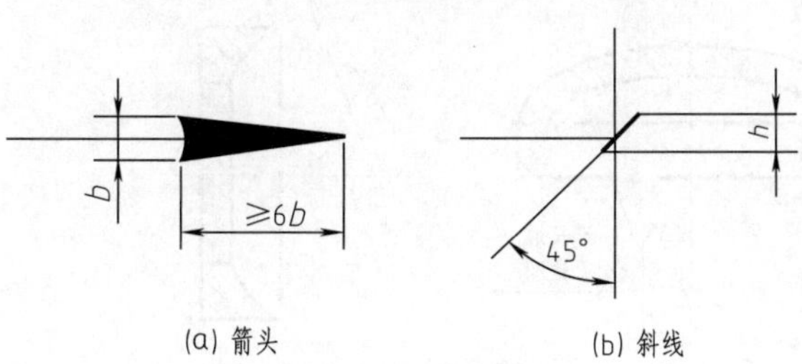

图 1-46　尺寸线终端形式

3. 基本标注方法

（1）直线尺寸的标注　水平直线尺寸的数字一般应写在尺寸线的上方，字头向上；垂直方向的尺寸数字写在尺寸线左方，字头向左［见图 1-47（a)］。对于非水平方向的尺寸，其数字可水平写在中断处时，字头向上［见图 1-47（b)］，应尽量避免在图示 30°范围内标注尺寸［见图 1-47（c)］，无法避免时，可按图 1-47（d）的形式标注。同一张图样中应采用同一注法。

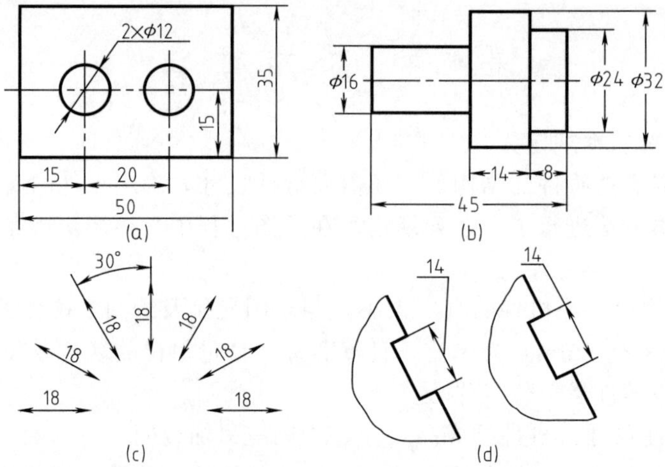

图 1-47 直线尺寸注法

（2）直径与半径尺寸的标注　标注整圆或大于半圆的圆弧尺寸时，应标注其直径尺寸，尺寸数字前加注符号 ϕ。直径尺寸可标注在其特征圆上或其非圆直径上，标注形式如图 1-48 所示。标注球体的直径尺寸时，应在尺寸数字前加符号 $S\phi$。

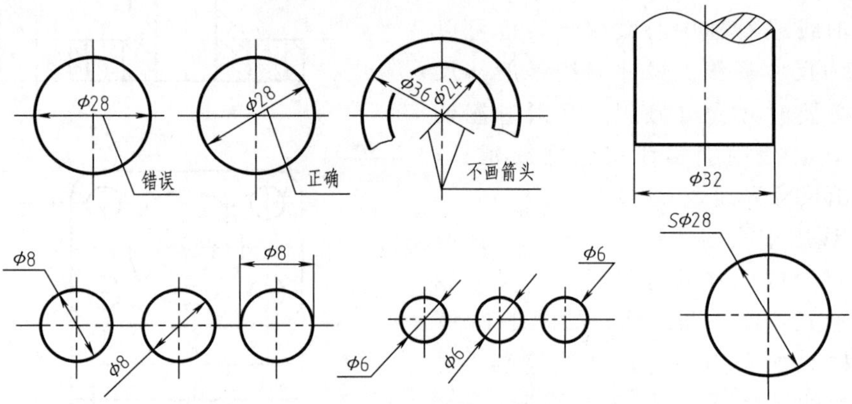

图 1-48 直径尺寸注法

标注半圆或小于半圆的圆弧尺寸时，应标注其半径尺寸，尺寸数字前加注符号 R。半径尺寸必须标在其特征圆弧上，标注形式如图 1-49 所示。标注球体的半径尺寸时，应在尺寸

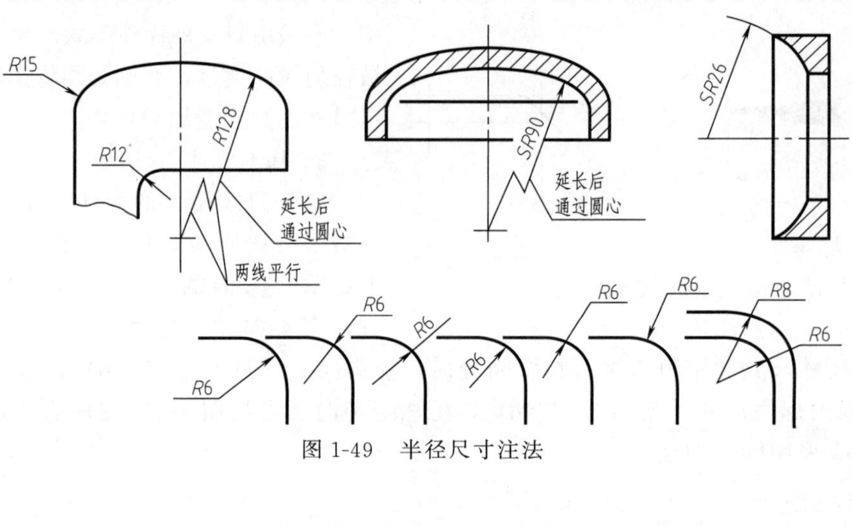

图 1-49 半径尺寸注法

数字前加注符号 *SR*。

（3）角度、弦长、弧长的尺寸标注　标注角度的尺寸界线应从径向引出，尺寸线是以该角顶点为圆心的圆弧，角度数字一律水平书写，如图 1-50（a）所示。标注弦长或弧长的尺寸界线应平行于该弦的垂直平分线，弧长尺寸数字上方加注符号“⌒”，如图 1-50（b）所示。

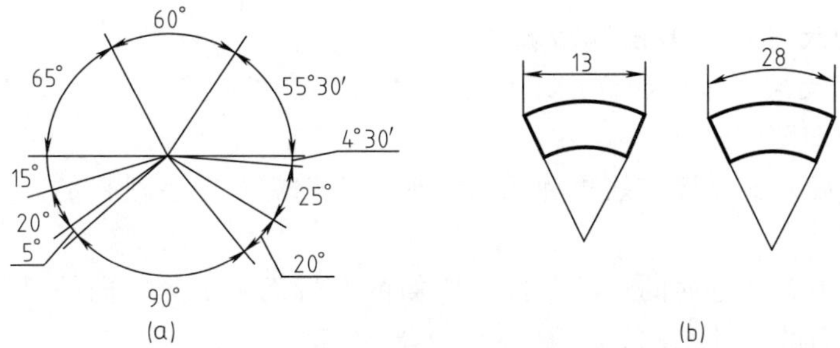

图 1-50　角度、弦长、弧长尺寸注法

二、基本体的尺寸标注

标注基本体的尺寸时，应定出基本体长、宽、高三个方向的大小，不同形状的基本体尺寸标注的个数和形式有所不同，但应尽量在特征视图上集中标注。图 1-51 所示为一些常见的基本体的尺寸标注方法。

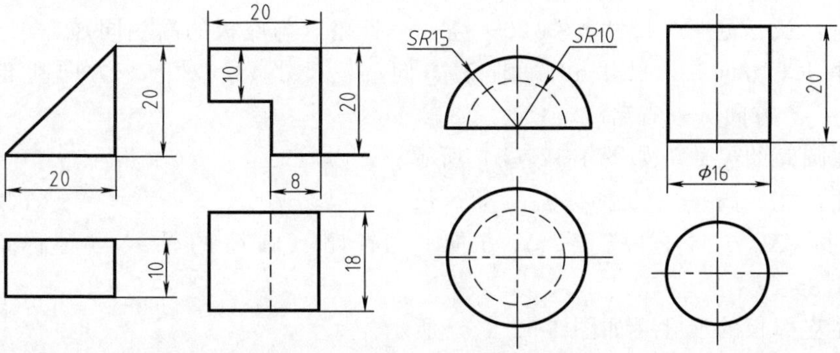

图 1-51　基本体的尺寸注法

三、组合体的尺寸标注

进行组合体的尺寸标注时，采用形体分析法，弄清楚构成组合体的各基本体形状大小和相对位置是保证尺寸标注的核心。组合体的尺寸分三类。

1. 定形尺寸

定形尺寸是确定组合体中各基本体大小的尺寸。

2. 定位尺寸

定位尺寸是确定组合体中各基本体之间相对位置的尺寸。

由于各基本体处于不同的空间位置，因此每一基本体在 *X*、*Y*、*Z* 三个方向上均需定位，这样就必须在 *X*、*Y*、*Z* 三个方向确定定位尺寸的起点，即尺寸基准。尺寸基准的选择和前面的画图基准的选择是统一的，当结构对称时，选对称面为该方向的基准，不对称时，可选某基本体的底面、端面、主要轴线等，且三个方向各有一个。

当基本体之间相对位置为叠加、平齐或处于组合体对称面上时，在相应方向不需标注定位尺寸。当基本体为回转体时，其定位尺寸必须确定其轴线位置。

3. 总体尺寸

总体尺寸是确定组合体在 X、Y、Z 三个方向上总长、总宽和总高的尺寸。

必须指出，标注总体尺寸时，如组合体的一端为曲面结构，一般不以轮廓线为界标注其总体尺寸。

四、组合体的尺寸标注方法和步骤

现利用图 1-52 支架座来说明标注组合体尺寸的方法和步骤。

1. 形体分析

该组合体由底板、支撑板、筋板和圆筒组成，它们都是前后对称的。

2. 选尺寸基准

选择底板底面为高度方向的尺寸基准，圆筒的右端面为长度方向的尺寸基准，支架的前后对称面为宽度方向的尺寸基准，如图 1-52（a）所示。

3. 标注各基本体的定形尺寸、定位尺寸以及组合体的总体尺寸

（1）标注基础底板的尺寸　如图 1-52（a）所示。

定形尺寸：长——尺寸 110；宽——尺寸 88；高——尺寸 14；圆角尺寸 $R20$。

定位尺寸：X 方向——尺寸 6；Y 方向——省略（对称面与 Y 方向基准重合）；Z 方向——省略。

（2）标注底板上四个圆孔的尺寸　如图 1-52（a）所示。

定形尺寸：长、宽——尺寸 $4\times\phi20$；高——省略（与底板的高相同）。

定位尺寸：X 方向——尺寸 58、32；Y 方向——尺寸 48（对于 Y 方向基准对称，一般标注尺寸 48）；Z 方向——省略。

（3）标注圆筒的尺寸　如图 1-52（b）所示。

定形尺寸：宽、高——尺寸 $\phi60$、$\phi32$；长——尺寸 70。

定位尺寸：X 方向——省略；Y 方向——省略（圆筒的轴线与对称面重合）；Z 方向——尺寸 84。

（4）标注支撑板的尺寸　如图 1-52（c）所示。

定形尺寸：长——尺寸 14；宽——省略（与底板的宽相同）；高——省略（与圆筒相切）。

定位尺寸：X 方向——省略（与底板 X 方向定位尺寸相同）；Y 方向——省略（支撑板的对称面与 Y 方向基准重合）；Z 方向——省略（与底板的高相同）。

（5）标注筋板尺寸　如图 1-52（c）所示。

定形尺寸：长——尺寸 46；宽——尺寸 14；高——尺寸 30。

定位尺寸：X 方向——省略（与支撑板的长相同）；Y 方向——省略（筋板的对称面与 Y 方向基准重合）；Z 方向——省略（与底板的高相同）。

（6）标注总体尺寸　如图 1-52（d）所示。

总宽——省略（与底板的宽相同）；总长——尺寸 116；总高——省略（底板底面到圆筒轴线的高度）。

4. 检查、调整

按形体逐个检查它们的定形、定位和总体尺寸，并对布置不恰当的尺寸进行调整。

最后必须强调指出：一定要先进行形体分析，然后逐个形体从 X、Y、Z 三个方向考虑标注其定形、定位尺寸，切忌一个形体没注完就标另一个形体。

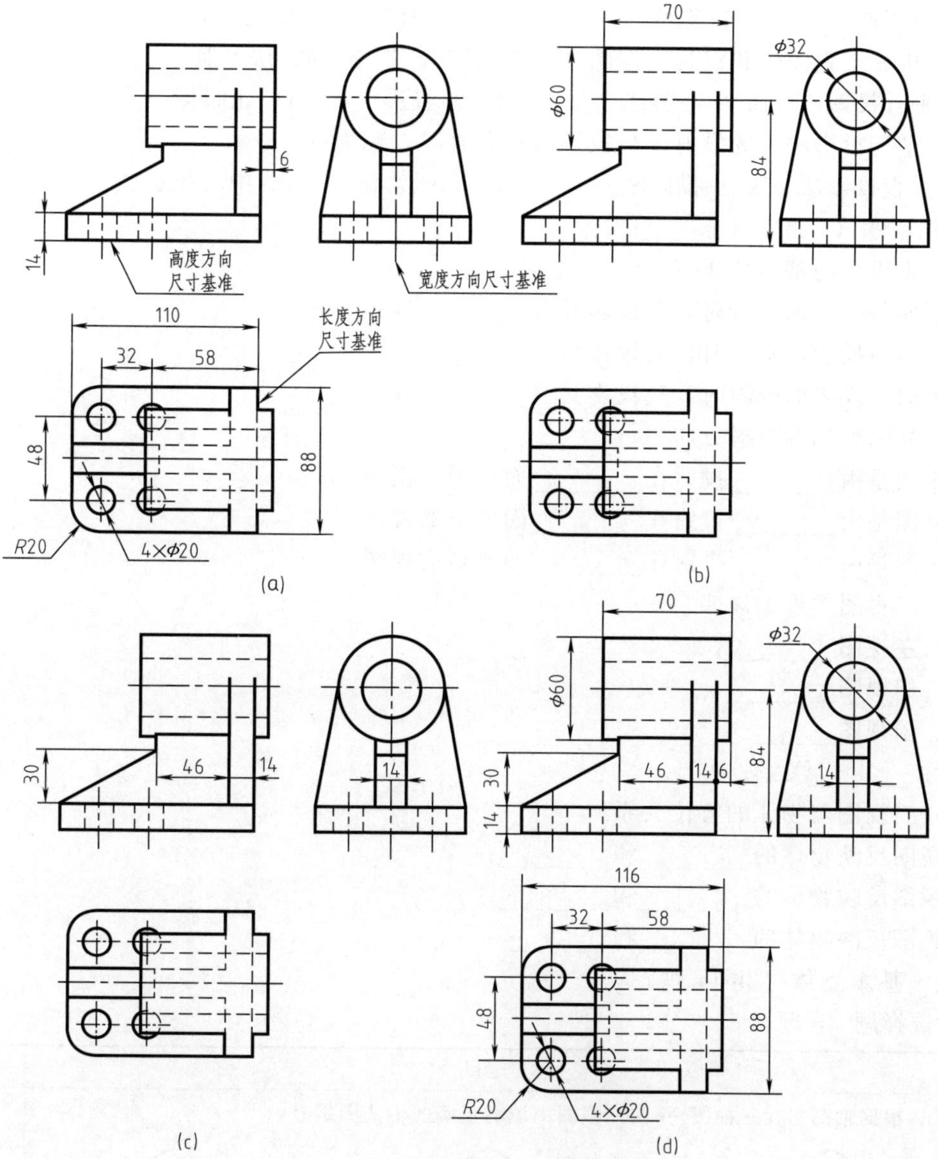

图 1-52　支架座的尺寸标注步骤

习题

1-1　投影基础（共 10 题）

1. 选择题（6 题）

(1) 将投射中心移至无限远处，则投射线视为相互（　　）。

A. 平行　　B. 交于一点　　C. 垂直　　D. 交叉

(2) 工程上常用的（　　）有中心投影法和平行投影法。

A. 作图法　　B. 技术法　　C. 投影法　　D. 图解法

(3)（　　）分为正投影法和斜投影法两种。

A. 平行投影法　　B. 中心投影法　　C. 投影面法　　D. 辅助投影法

(4) 正投影的基本特性主要有存真性、积聚性、（　　）。

A. 类似性　　B. 特殊性　　C. 统一性　　D. 普遍性

(5) 机械工程图样和建筑工程图样主要采用（　　）的方法绘制。

A. 平行投影　　B. 中心投影　　C. 斜投影　　D. 正投影

(6) 平行投影法中的投射线与投影面相垂直时，称为（　　）。

A. 垂直投影法　B. 正投影法　　C. 斜投影法　　D. 中心投影法

2. 填空题（4 题）

(1) 正投影的基本性质

当平面与投影面平行时，其投影具有________性；

当平面与投影面垂直时，其投影具有________性；

当平面与投影面倾斜时，其投影具有________性。

(2) 视图名称及投射方向

主视图是由________投射在________面所得的视图；

左视图是由________投射在________面所得的视图；

俯视图是由________投射在________面所得的视图。

(3) 三视图的投影规律

主、左视图________；

主、俯视图________；

左、俯视图________；

简称________关系。

(4) 三视图与物体的方位关系

主视图反映物体的________和________；

左视图反映物体的________和________；

俯视图反映物体的________和________；

1-2　基本立体（共 14 题）

1. 选择题（8 题）

序号	题目	答案
(1)	根据轴测图找三视图，并在三视图中填写正确的轴测图编号。 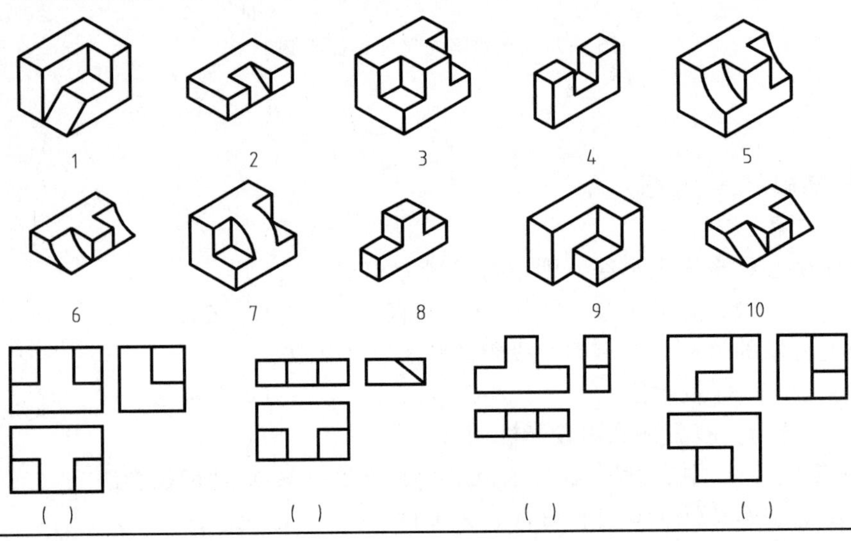	

续表

序号	题目	答案
(1)	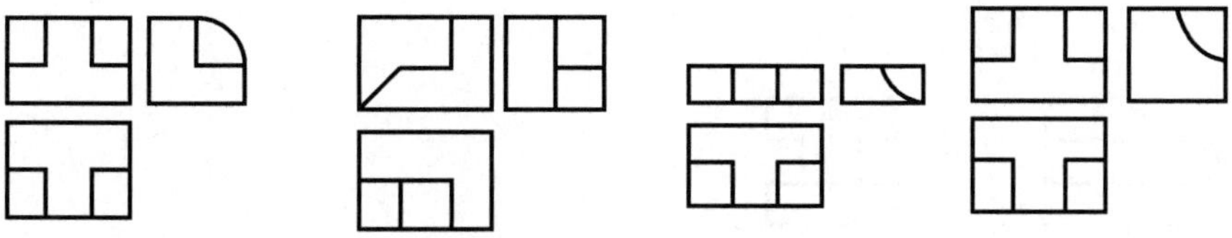 (　)　(　)　(　)　(　)	
(2)	选择与三视图相对应的轴测图,填写正确的轴测图编号。 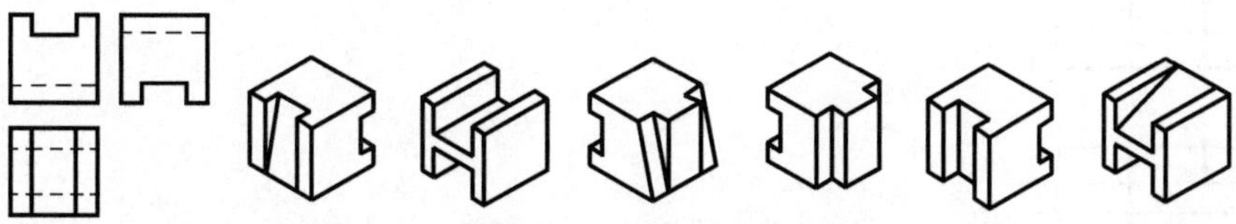 A　B　C　D　E　F	
(3)	选择与三视图相对应的轴测图,填写正确的轴测图编号。 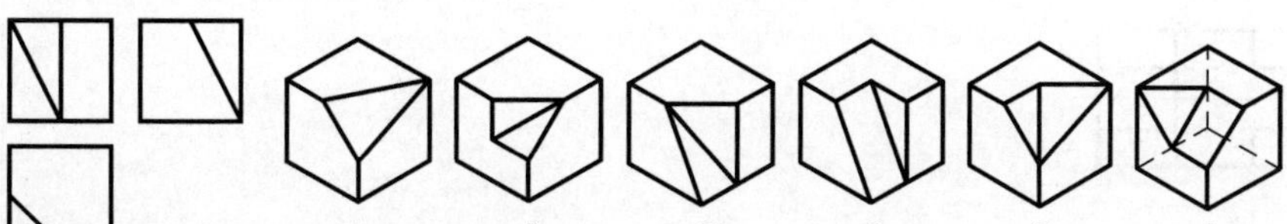 A　B　C　D　E　F	
(4)	选择与三视图相对应的轴测图,填写正确的轴测图编号。 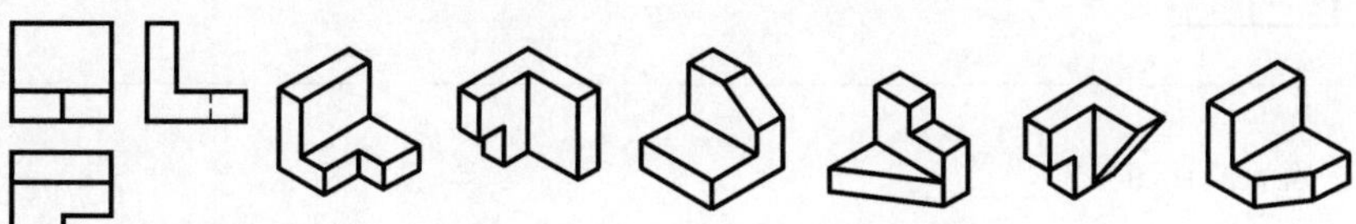 A　B　C　D　E　F	
(5)	下面正确的俯视图是________。 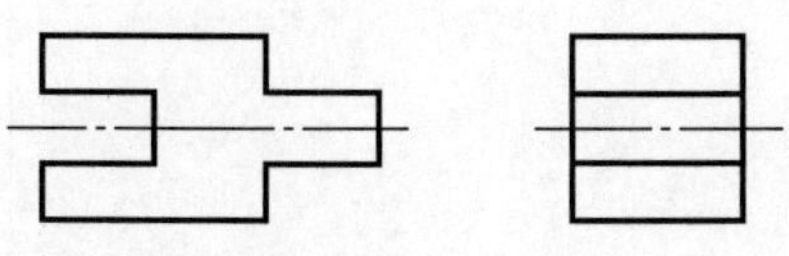 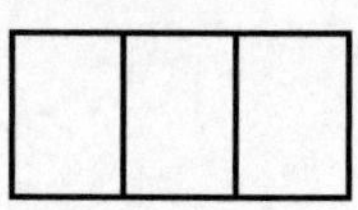 A 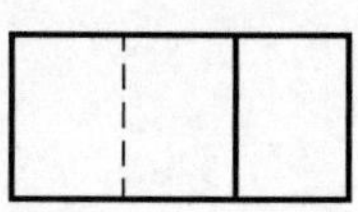 B 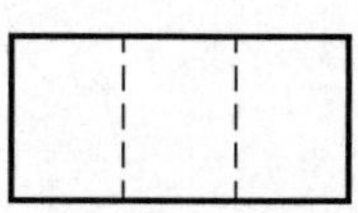 C 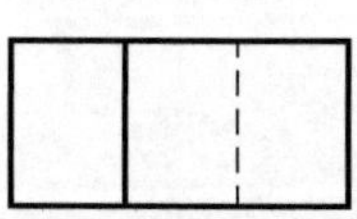 D	

续表

序号	题目	答案
(6)	下面正确的俯视图是________。 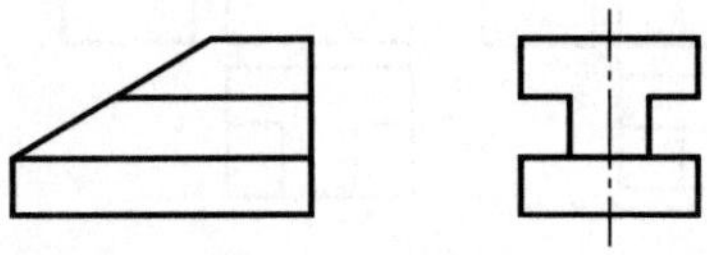 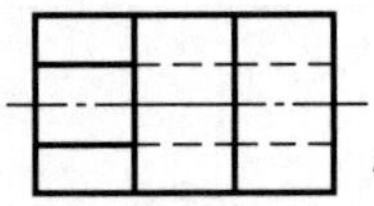 A 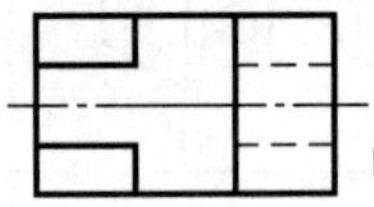 B 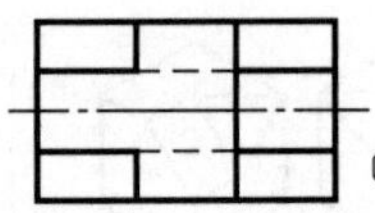 C 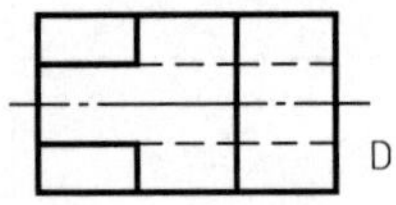 D	
(7)	下面正确的俯视图是________。 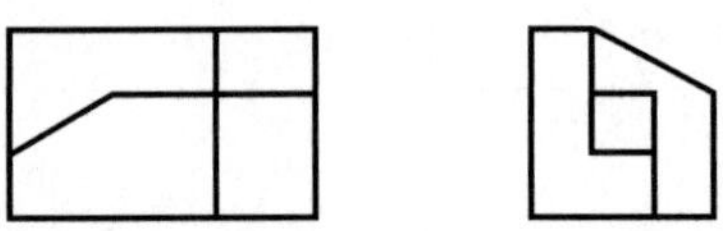 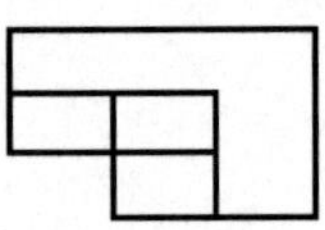 A 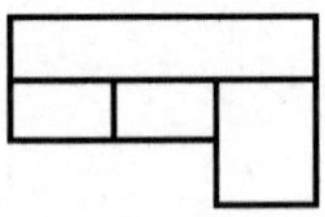 B 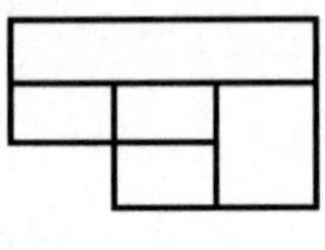 C 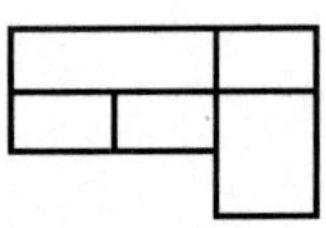 D	

续表

序号	题目	答案
(8)	根据三视图，在右边找出相应的轴测图，并填写相应的编号。 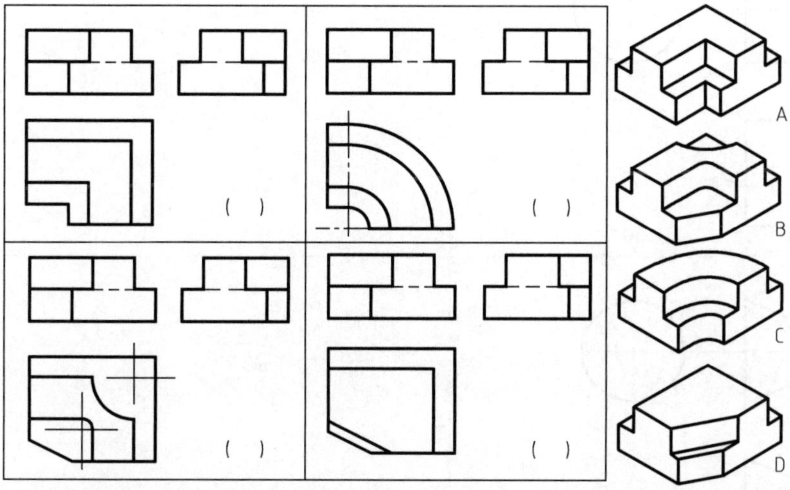	

2. 绘图题（6题）

（1）补全平面立体的第三视图，并求出其表面上各点的投影。

题目	答案
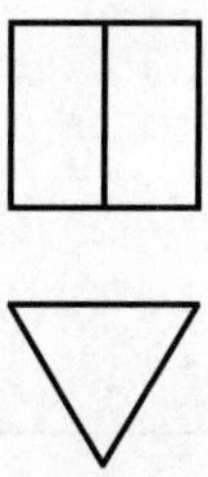	

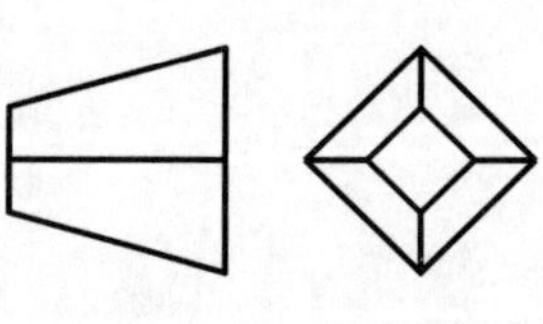	

（2）已知曲面立体表面上点的一面投影，求其另外两面投影。

题目	答案
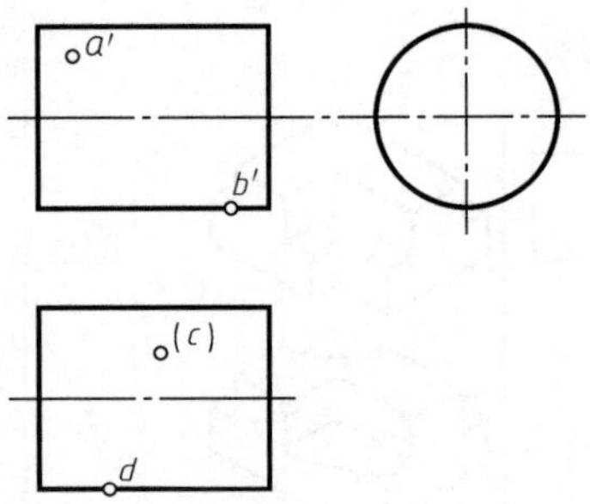	
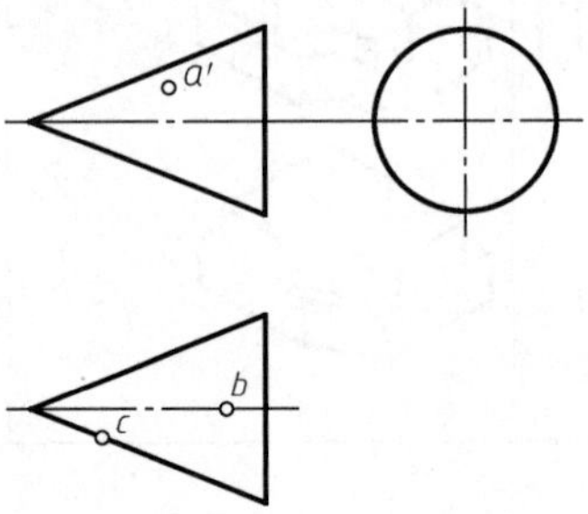	
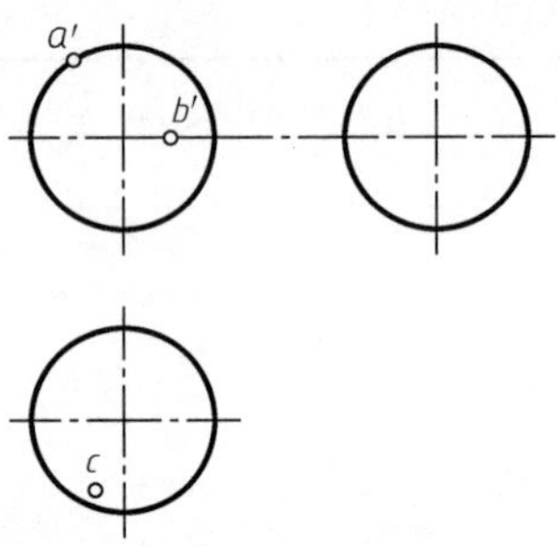	

1-3　截切体（共 12 题）

已知形体的主视图和俯视图，选择正确的左视图。

序号	题目	答案
（1）	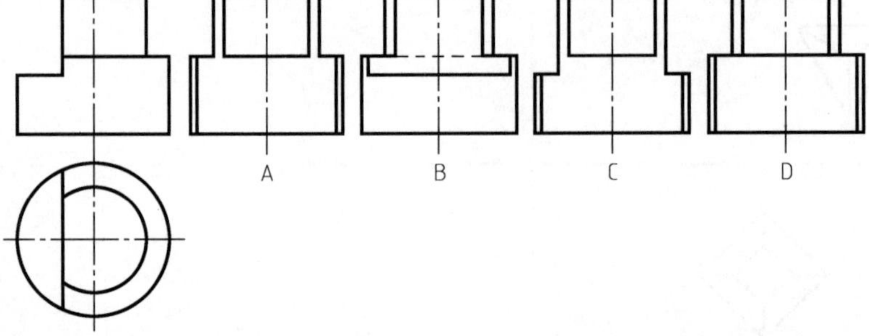	

续表

序号	题目	答案
(2)	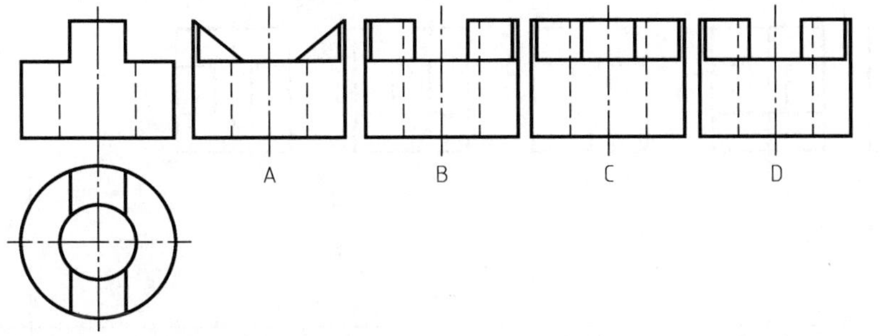	
(3)	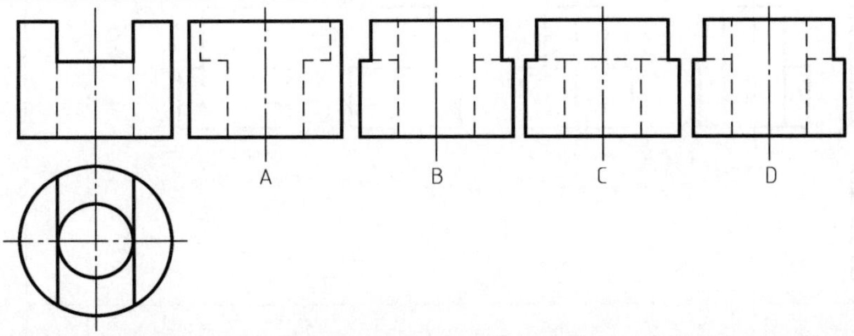	
(4)	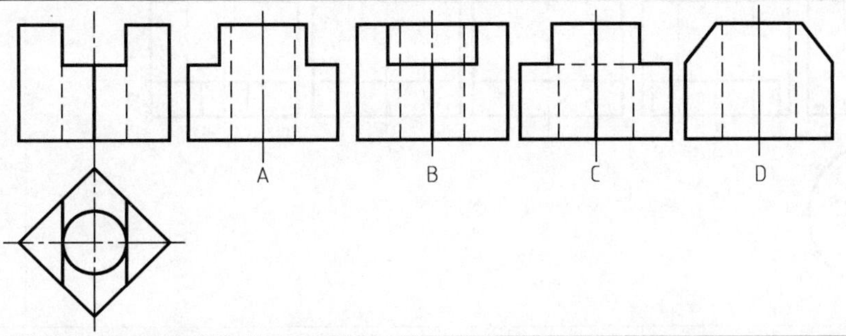	
(5)	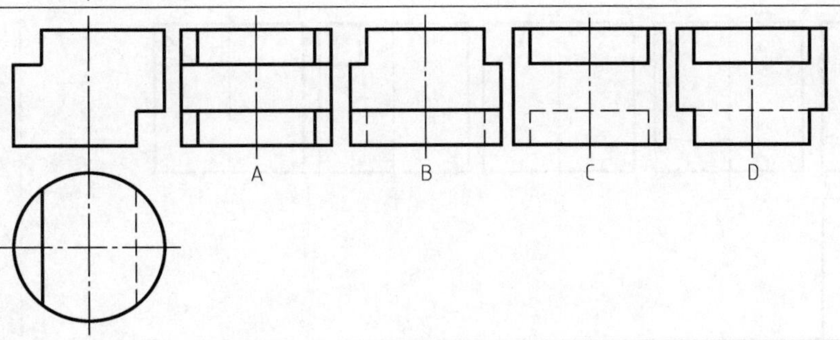	
(6)	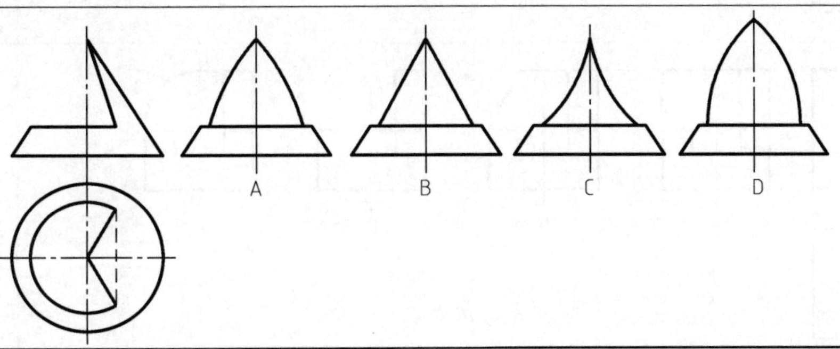	

续表

序号	题目	答案
(7)	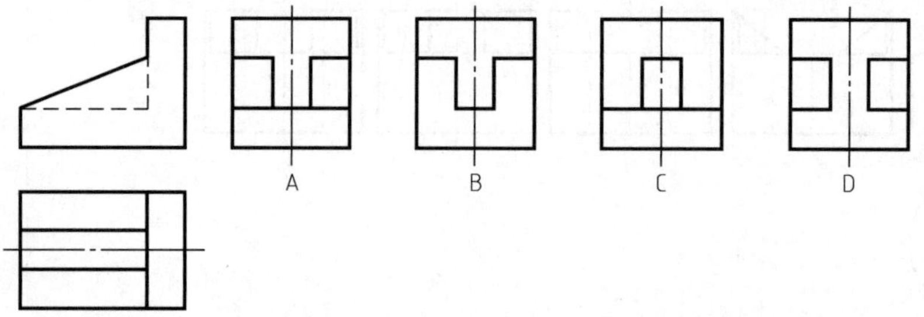	
(8)	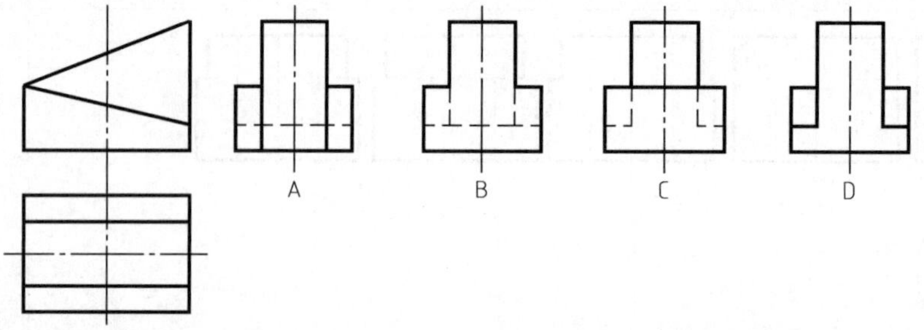	
(9)	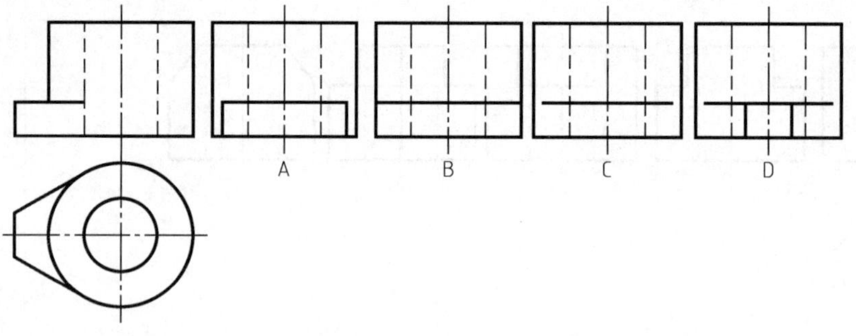	
(10)	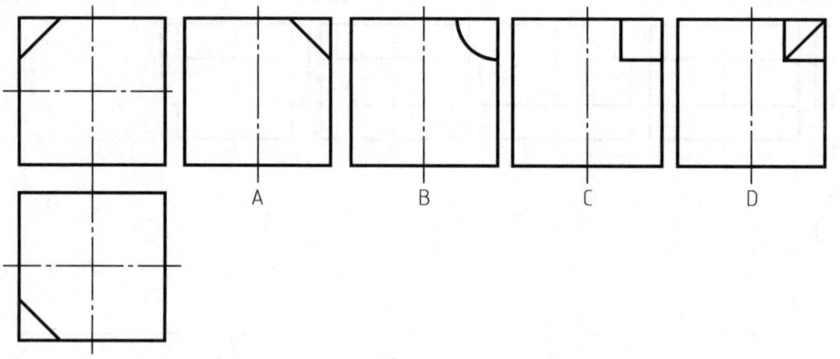	
(11)	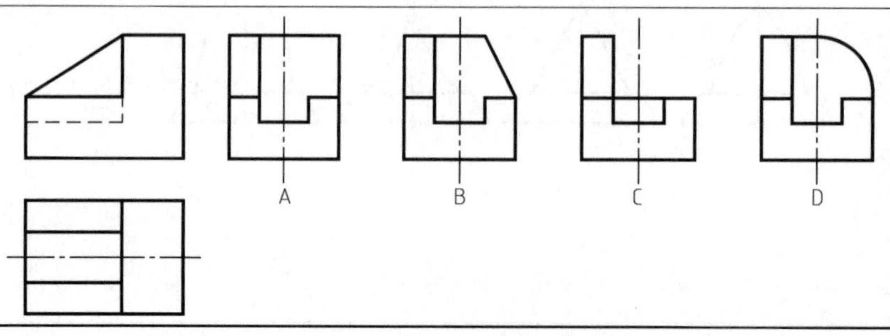	

续表

序号	题目	答案
(12)	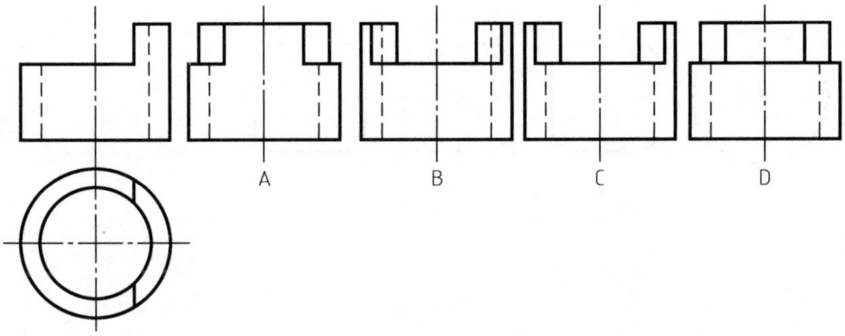	

1-4　相贯体（共 6 题）

已知形体的主视图和俯视图，选择正确的左视图。

序号	题目	答案
(1)	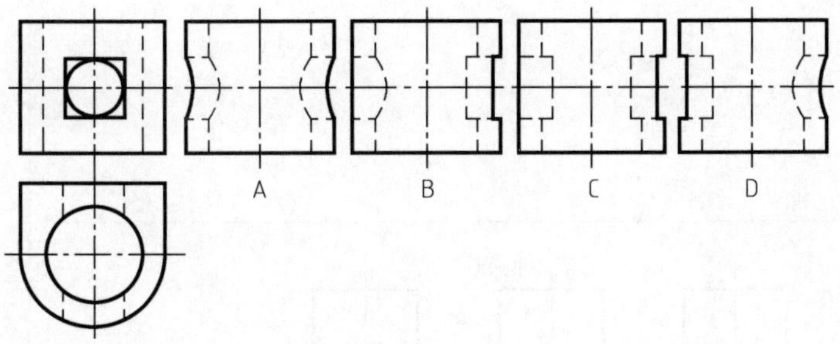	
(2)	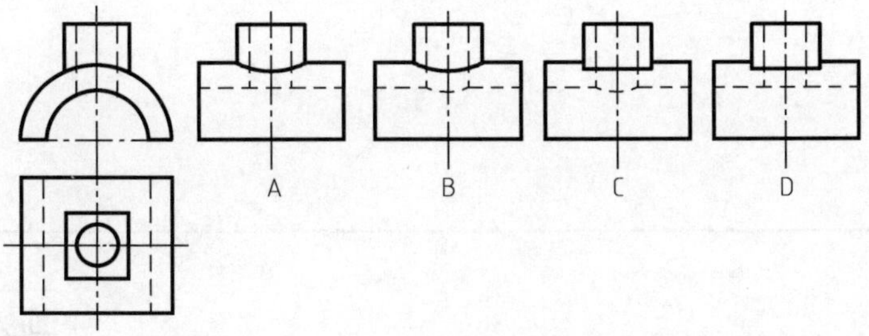	
(3)	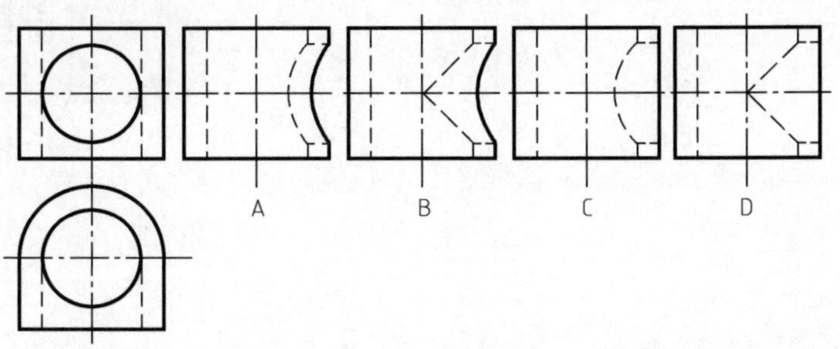	

续表

序号	题目	答案
(4)	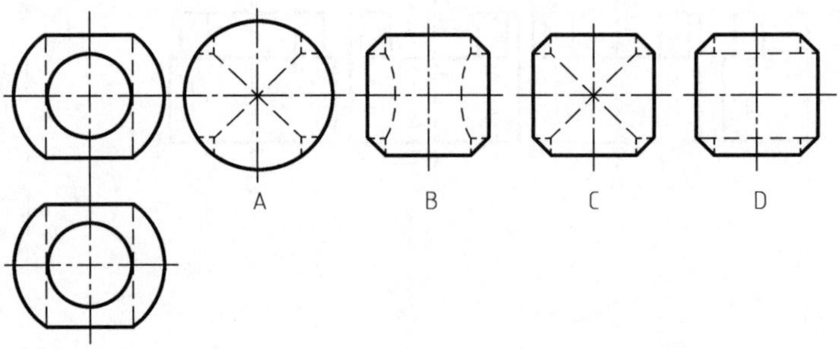	
(5)	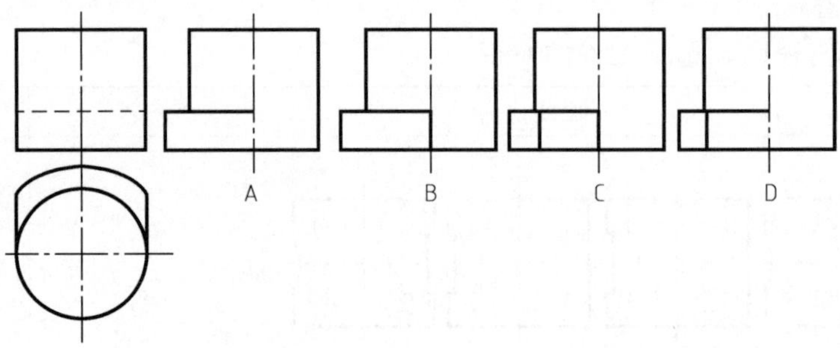	
(6)	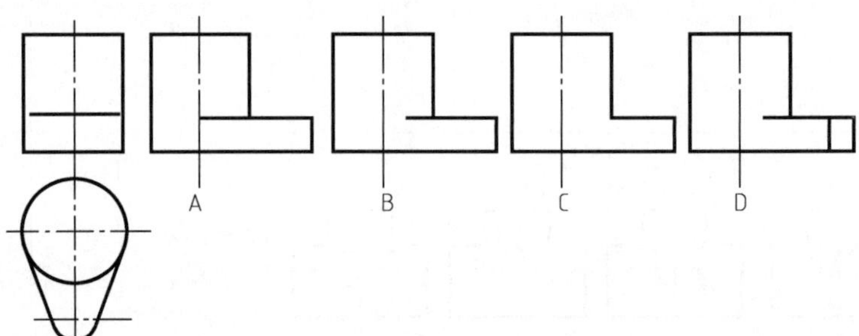	

扫码看答案

第二章　化工设备常用的表达方法

内容提要：

在实际生产中，有些结构复杂的机件，仅用三视图很难表达清楚，为使机件的内外结构形状表达正确、完整，图形清楚、简洁，而且制图简便，国家标准《技术制图》《机械制图》中规定了绘制机械图样的基本方法。本章将介绍视图、剖视图、断面图及局部放大图等各种表达方法。

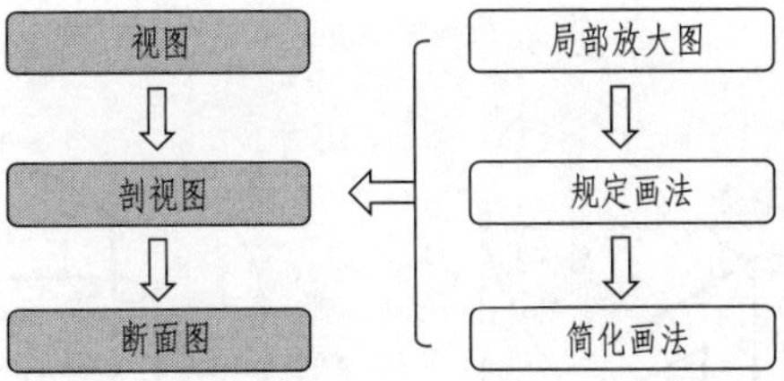

章节目标：

知识目标	★　掌握视图、剖视图、断面图的基本概念和使用条件。 ★　了解局部放大图、规定画法和简化画法的表示法。
技能目标	★　掌握视图、剖视图、断面图的画法和标注方法。 ★　能够制订完整、清晰的表达物体内外结构形状的表达方案，并绘制图样。
素质目标	★　培养爱岗敬业、精益求精的工匠精神。

在生产实际中，当机件的形状和结构比较复杂时，如果仍用前面所讲的三视图，就难以把它们的内、外形状准确、完整、清晰地表达出来。为了解决这一问题，国家标准《技术制图图样画法》中规定了绘制图样的基本方法。

本章将介绍视图（GB/T 17451—1998、GB/T 13361—2012）、剖视图和断面图（GB/T 17452—1998、GB/T 4458.6—2002、GB/T 17453—2005、GB/T 4457.5—2013）、局部放大图以及其他规定画法和简化画法（GB/T 4458.1—2002、GB/T 16675.1—2012）。

第一节　视　　图

视图通常包括基本视图、向视图、局部视图和斜视图。

一、基本视图

对于形状比较复杂的机件，用两个或三个视图尚不能完全、清晰地表达它们的内、外形状时，可根据国家标准规定，在原有三个投影面的基础上，再增设三个投影面，组成一个正六面体，这六个投影面称为基本投影面，如图 2-1（a）所示。将机件置于正六面体中间，分别向各投影面进行正投影，得到六个基本视图。

六个基本视图分别是：主视图，由物体的前方向后投影得到的视图；俯视图，由物体的上方向下投影得到的视图；左视图，由物体的左方向右投影得到的视图；右视图，由物体的右方向左投影得到的视图；仰视图，由物体的下方向上投影得到的视图；后视图，由物体的后方向前投影得到的视图。

投影面按图 2-1（b）展成同一平面后，基本视图的配置关系如图 2-1（c）所示，此时一般不标注视图的名称。看图时要注意方位对应关系：除后视图外，靠近主视图的一边均为物体的后面，远离主视图的一边均为物体的前面。

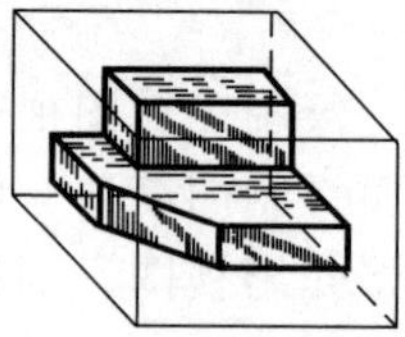

(a) 六个基本投影面

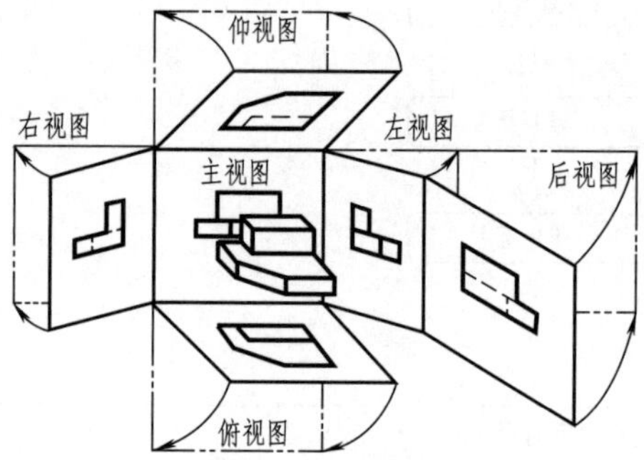

(b) 六个基本投影面的展开

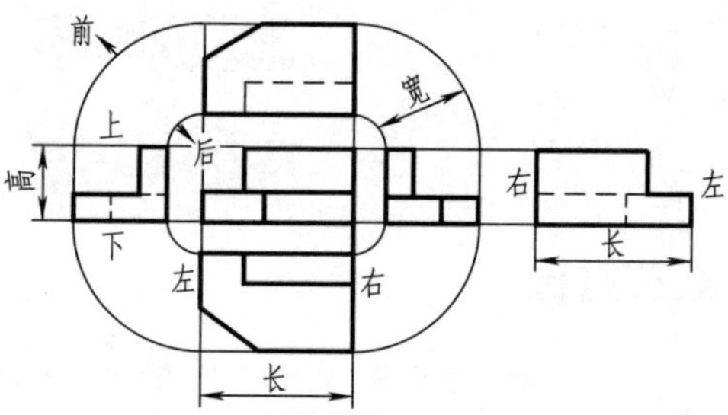

(c) 六个基本视图的配置

图 2-1　基本视图

二、向视图

向视图是不按基本视图位置而自由配置的视图，其表达方式如图 2-2 所示。在视图的上方标注视图的名称“×”，在相应的视图附近用箭头指明投影方向，并标注同样的字母“×”。

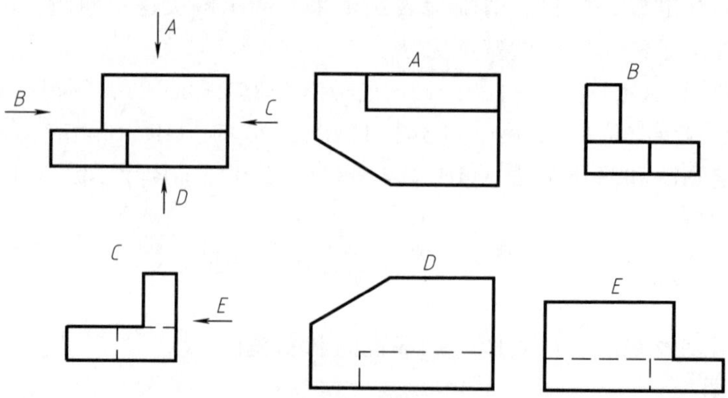

图 2-2　向视图

三、局部视图

将机件的某一部分向基本投影面投影所得的视图，称为局部视图。为了表达机件某局部结构形状而没有必要或不便于画出机件的完整基本视图时，可采用局部视图表达。图 2-3 中的 A、B 视图均为局部视图。

M2-1 弯管动画

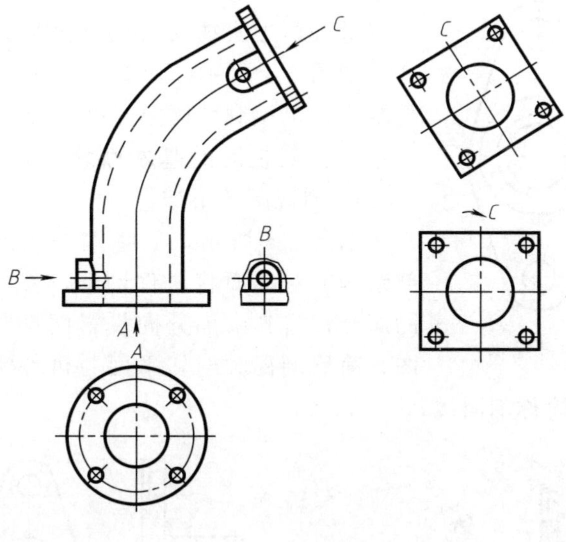

图 2-3 弯管的视图

画局部视图时应注意下列两点。

① 局部视图的断裂边界线采用波浪线表示（如图 2-3 中的 B 视图）。当局部结构是完整的，且外轮廓线又成封闭时，则可省略波浪线（如图 2-3 中的 A 视图）。

② 局部视图按基本视图的形式配置，可省略标注（如图 2-3 中局部的左视图），也可按向视图的形式配置并标注（如图 2-3 中的 A 视图）。

四、斜视图

机件上常有部分结构不平行于基本投影面，则该部分在基本投影面上的投影就不能反映其实形，如图 2-3 所示的倾斜部分。为获得该部分的实形，选择一个辅助投影面，使之与该倾斜部分平行，然后将该倾斜部分向辅助投影面投影，即可得到其实形。这种向不平行于任何基本投影面的平面投影所得到的视图称为斜视图。

画斜视图时应注意下列几点。

① 斜视图只画倾斜部分的实形，其余部分用波浪线断开不画。当倾斜部分结构是完整的，且外轮廓线又成封闭时，则波浪线可省略，如图 2-3 中 C 视图所示。

② 斜视图必须标注，即在斜视图的上方用大写字母标注视图名称，在相应视图附近用箭头指明投影方向，并注上同样的大写字母，如图 2-3 中的 C 视图。

斜视图一般配置在箭头所指的方向，且保持投影对应关系。必要时也可画在其他适当的位置。在不致引起误解时也允许把图形旋转，但此时应在视图名称的大写字母左侧或右侧注写旋转符号，以表示旋转方向，且使大写字母紧靠旋转符号的箭头端，如图 2-3 所示。

第二节　剖　视　图

一般视图主要用于表达机件的外部形状和结构，内部结构一般用虚线表示，当机件的内部结构形状较复杂时，视图中的虚线较多，会出现内外形状重叠，虚实线交叉的现象，影响清晰读图和标注尺寸，如图 2-4 所示。因此，为了能清楚地表达机件的内部结构，机械制图国家标准中规定了剖视图的表达方法。

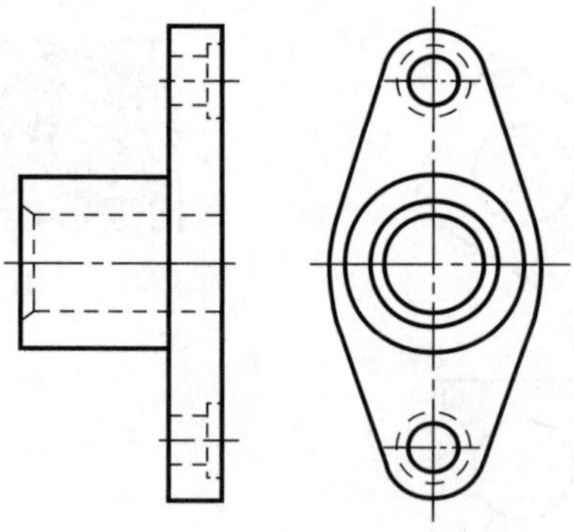

图 2-4　用虚线表示内部结构

一、剖视图的基本概念

1. 剖视图的形成

如图 2-5 所示，假想用一个剖切平面，通过机件内部结构的对称面将机件剖开，移去剖切面和观察者之间的部分，将其余部分向投影面投影所得的图形称为剖视图，简称剖视。剖切平面与机件实体接触的部分，应画出规定的剖面符号（常简称剖面线）。

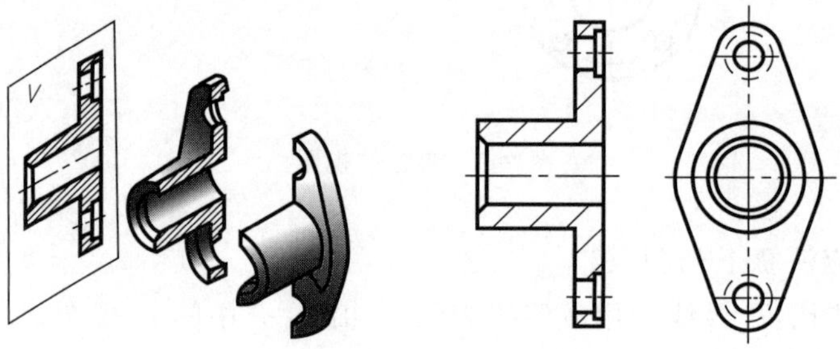

图 2-5　剖视的概念

2. 剖视图的画法

① 确定剖切平面的位置。为了清楚地表达机件内部结构的真实形状，剖切平面应平行于投影面并通过内部结构的对称面。

② 作图时，要想清楚剖切后哪些结构拿走了，哪些结构留下了，哪些内部结构剖到了，剩余部分与剖切平面接触部分的形状是怎样的，剖切平面后面的结构还有哪些是可见的。

如果是直接由机件画剖视图，则先画出剖切面上的外形轮廓和内孔形状，再画出剖切面后面可见的线。

如果是由虚线图改画剖视图，则先擦去一些线（剖切后，拿走的结构上的一些可见轮廓线），再将剖到的内部结构虚线改画成粗实线，擦去未剖切到的内部结构虚线。

③ 将剖面区域画上剖面符号（剖面线）。剖面符号因机件材料的不同而不同，表 2-1 为常见材料的剖面符号。

表 2-1　常见材料的剖面符号

材料	符号	材料	符号
金属材料(已有规定符号者除外)		混凝土	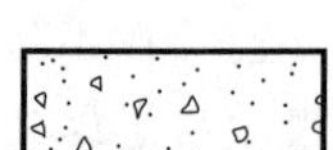

续表

材料	符号	材料	符号
线圈绕组元件	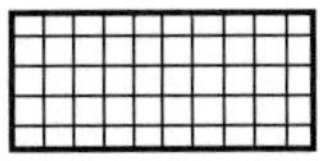	钢筋混凝土	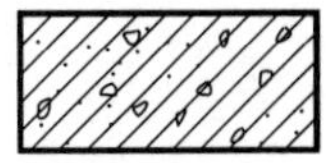
转子、电枢、变压器和电抗器等的叠钢片		砖	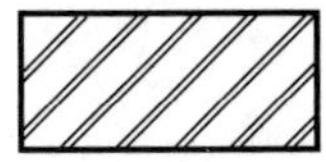
非金属材料（已有规定符号者除外）		基础周围的泥土	
型砂、填砂、粉末冶金、砂轮、陶瓷、刀片、硬质合金等		格网（筛网、过滤网等）	
玻璃及供观察用的其他透明材料	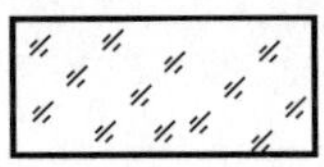	液体	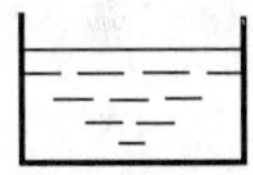

3. 剖视图的标注

如图 2-6 所示，剖视图的标注内容如下。

① 剖切符号：表示剖切面的剖切位置（用线宽 1～1.5d 断开的粗实线表示）及投影方向（用箭头表示）的符号，一般位于轮廓线之外，尽量不与轮廓线相交。

② 剖视图名称：在剖视图的上方用大写字母注出剖视图的名称“×—×”，并在剖切符号外侧标出同样字母。

在下列情况下，剖视图标注可以省略箭头或全部省略不注。

① 当剖视图按基本视图位置配置，且中间没有其他图形隔开时可以省略箭头。

② 当剖切平面通过机件的对称平面时，剖视图按基本视图位置配置，且中间又无其他图形隔开时，可以全部省略标注。

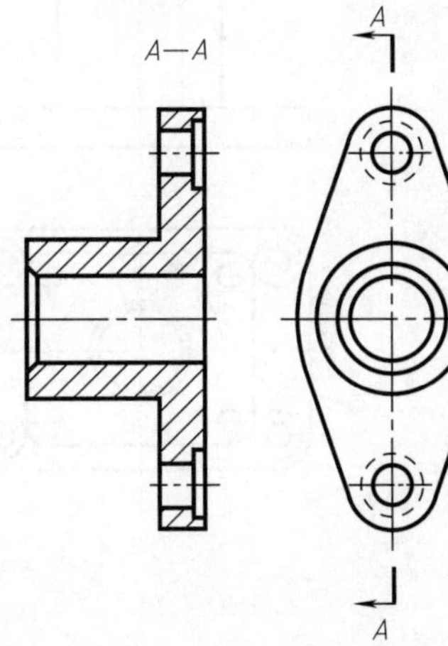

图 2-6　剖视图的标注

4. 画剖视图的注意事项

① 剖视图是假想把机件切开，实际上机件仍是完整的。因此机件的一个视图取剖视并不影响其他视图的完整性。如图 2-5 所示，主视图取剖视，其左视图是按完整视图画出的。

② 剖切面后方的可见轮廓线应全部画出，不要漏线。

③ 为了使剖视图清晰，凡是已表达清楚的结构形状，其虚线省略不画。但没有表达清楚的结构，允许画少量虚线。

二、剖视图的种类及适用条件

按照剖切面剖开机件的程度，剖视图分为全剖视图、半剖视图和局部剖视图。

1. 全剖视图

用剖切平面完全地剖开机件所得的剖视图称为全剖视图，如图 2-7 所示。全剖视图主要用于机件外形简单或外形已在其他视图中表达清楚，内部结构较复杂而又不对称的机件。

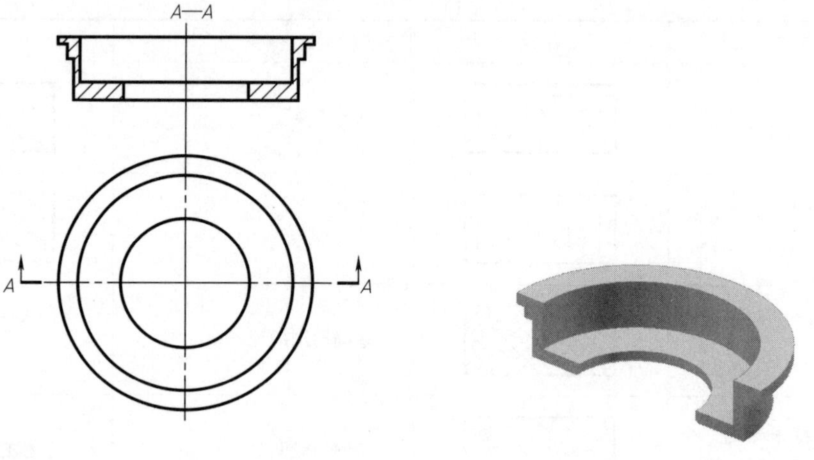

(a)　　(b)

图 2-7　全剖视图

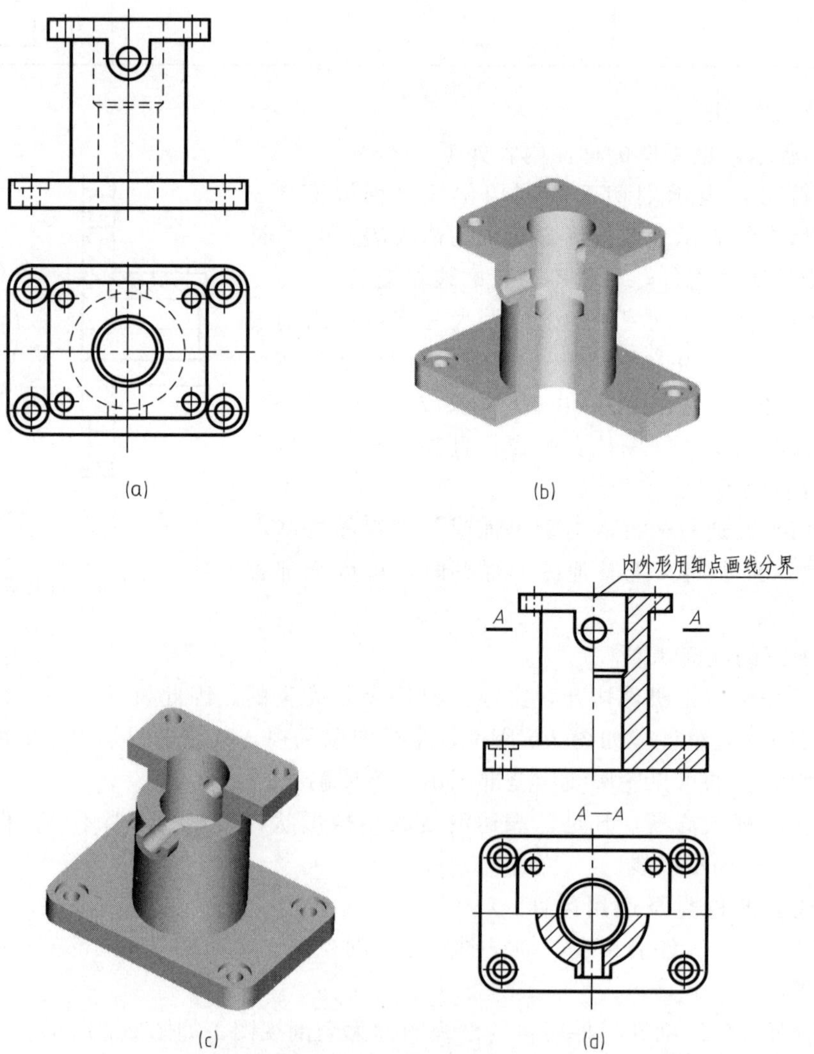

图 2-8　半剖视图

2. 半剖视图

从图 2-8（a）所示支架的两视图可知，该机件内外结构形状都较复杂。如果主视图采用全剖视，则顶板下的凸台无法表示出来。如果俯视图采用全剖视，则长方形顶板及四个小孔也不能表示出来。由于该机件前后、左右对称，可采用图 2-8（b）、（c）所示的剖切方法。因此，当机件具有对称平面时，以对称中心线为界，一半画成剖视表达内部结构，另一半画成视图表达外形，这样的图形称为半剖视图，如图 2-8（d）所示。

（1）适用范围　半剖视图主要用于内外形状在一个视图上且都需要表示的对称机件。如果机件的形状接近于对称，且不对称部分已另有图形表达清楚时，也可以画成半剖视。

（2）标注方法　半剖视图的标注和省略标注的条件与全剖视图相同。如图 2-8（d）所示，因为主视图所取的剖切平面与机件的前后对称面重合，可省略标注；而对俯视图来讲，因为剖切平面不是支架的对称平面，所以必须在图上标出剖切符号和名称，但箭头可省略。

（3）画半剖视图的注意事项　外形视图和剖视图的分界线应画成点画线；在剖视图中已表示清楚的零件内部形状，在表达外部形状的半个视图中，虚线应省略不画。

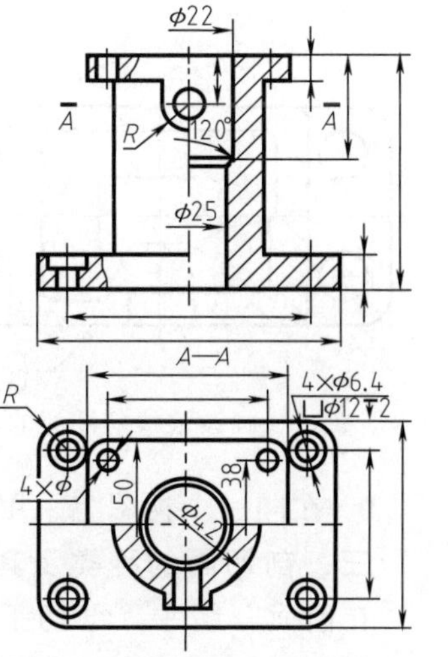

图 2-9　半剖视图尺寸标注方法

（4）半剖视图尺寸标注方法　在图 2-9 的主视图中，由于支架中部的孔在外形视图上省略不画，因此，ϕ22、ϕ25 及钻孔锥顶角 120°等的尺寸线，一端画出箭头，指到尺寸界限，而另一端只要略超出对称中心线，不画箭头。在 A—A 剖视图中，顶板上四个小圆孔的中心线之间的尺寸 38、顶板的宽 50 以及圆柱体的外径尺寸 ϕ42 等的尺寸线也属这种情况。

3. 局部剖视图

用剖切面局部地剖开机件所得的剖视图称为局部剖视图，如图 2-10 所示。在局部剖视图中，不剖部分与剖视部分的分界，用波浪线画出。

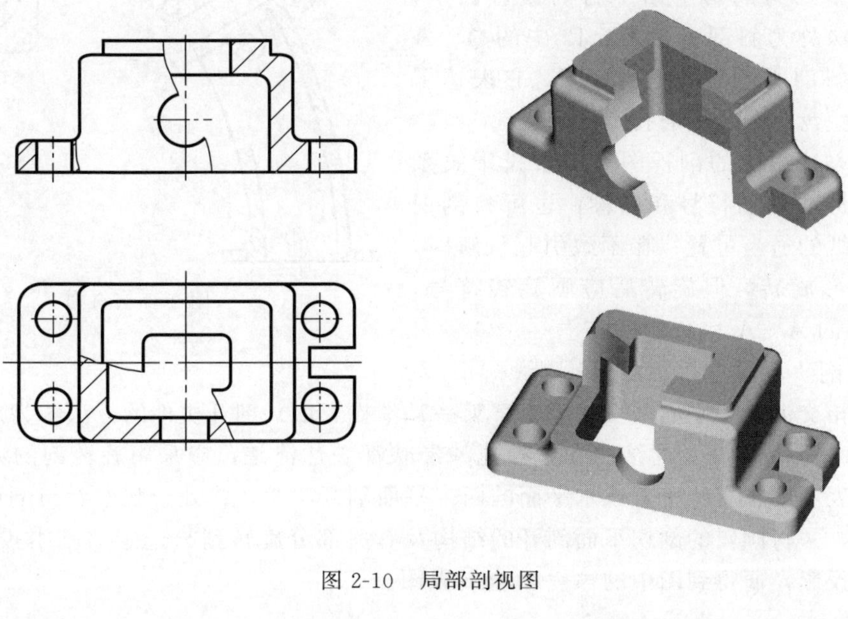

图 2-10　局部剖视图

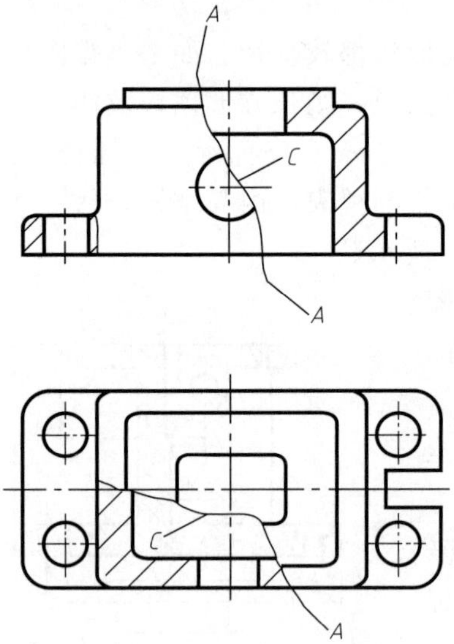

图 2-11　画波浪线应注意的问题

（1）适用范围　局部剖视是一种非常灵活的表示方法，不受图形是否对称的限制，剖切位置与剖切的范围应根据机件的需要来定，常用于下列情况。

① 内外形状都较复杂且不对称的机件。

② 轴、手柄等实心件上的孔、槽结构，多采用局部剖视表达。

③ 机件虽然对称，但中心线和轮廓线重合，宜采用局部剖视。

局部剖视图一般不用标注，只是当剖切位置不够明显时，才加以标注。

（2）画局部剖视图的注意事项

① 当遇孔、槽等时，波浪线不能穿空而过，如图 2-11 所示，C 处不应有波浪线。

② 波浪线不应与图中轮廓线重合，也不应画出图形之外。如图 2-11 所示，A 处波浪线不应画到图形之外。

③ 在同一个视图上采用局部剖的个数不宜超过三个，以免影响看图。

三、剖切面的种类及其他剖切方法

在前面介绍中，剖切平面为某一基本投影面平行面。根据结构特点，GB/T 17452—1998 规定：剖切平面可选择某单一剖切平面、几个平行的剖切平面、几个相交的剖切平面剖切机件。所以，在图样中，除前述用平行于某一基本投影面的剖切平面剖开机件形成的全剖视图、半剖视图和局部剖视图以外，还常使用以下剖切方法。

1. 斜剖

当机件上倾斜部分的内部结构在基本视图上不能反映实形时，可以用与倾斜部分的内部结构平行且平行于某一投影面的剖切平面剖开机件，再投影到与剖切平面平行的投影面上，这种剖切方法称为斜剖。如图 2-12 中的 A—A 剖视即为用斜剖所得到的全剖视图。它表达了弯管顶部法兰盘、凸台及通孔。

用斜剖方法得到的剖视图一般按投影关系配置，且应标注剖切符号和名称；也可将剖视图平移至图纸的适当位置；在不致引起误解时，还允许将图形旋转，但旋转后应画旋转符号，如图 2-12 中的 A—A ↶。

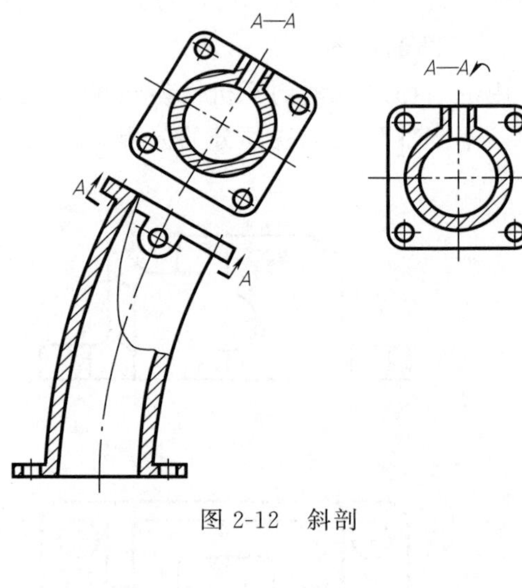

图 2-12　斜剖

2. 旋转剖

用两个相交的剖切平面（交线垂直于某一基本投影面）剖开机件的方法称为旋转剖。如图 2-13 所示，为了将法兰的结构和各种孔的形状都表达清楚，应采用旋转剖的方法：先用剖切符号所表示的、交线垂直于水平面的两个平面剖开法兰，将处于观察者与剖切平面之间的部分移去，并将倾斜的剖切平面剖开的结构及有关部分旋转到与选定的基本投影面平行，然后再进行投影，便得到图中的 A—A 全剖视图。

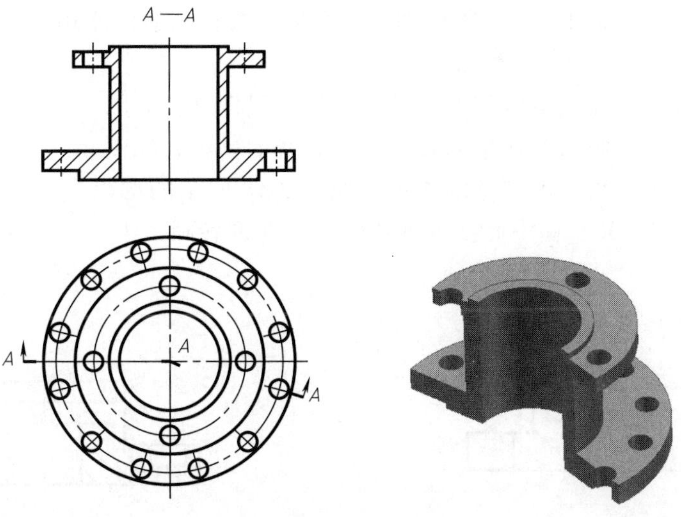

图 2-13　旋转剖

画旋转剖时，应如图 2-13 所示，画出剖切符号，在剖切符号的起讫及转折处标注字母“×”，在剖切符号两端画出表示剖切后投影方向的箭头，并在剖视图上方注明剖视图的名称“×—×”。

位于剖切平面后的其他结构一般仍按原来的位置投影（图 2-14 中的油孔）。

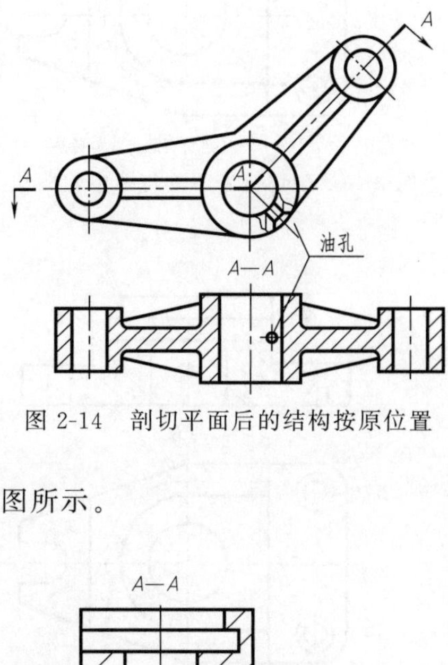

图 2-14　剖切平面后的结构按原位置

3. 阶梯剖

用几个平行的剖切平面剖开机件的方法称为阶梯剖。图 2-15 所示为两个平行平面以阶梯剖的方法剖开支架，将处在观察者与剖切平面之间的部分移去，再向正投影面作投影，就能清楚地表达出板上的凹槽、孔和台阶孔的结构，由此绘制的阶梯剖视图如图中主视图所示。

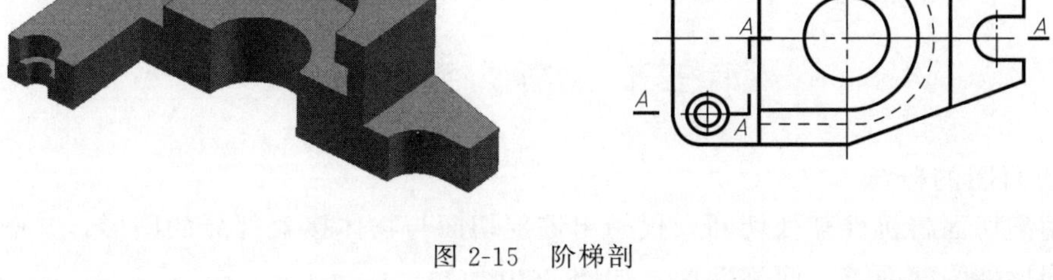

图 2-15　阶梯剖

阶梯剖适用于外形简单（或由其他视图已表达清楚），而内部结构的中心线分别位于两个或多个相互平行的平面的机件。阶梯剖标注方法与旋转剖的标注相同。

采用阶梯剖时，应注意以下几点。

① 剖切位置线的转折处不应与图中的任何轮廓线重合，如图 2-16 所示。

② 在剖视图上不应画出剖切平面转折处分界线的投影，如图 2-17 所示。

③ 在剖视图上不应出现不完整的要素，如图 2-18 所示的剖出半个孔是错误的。只有当两个要素在图上具有公共对称中心线或轴线时，才允许各画一半，此时应以中心线或轴线为界，如图 2-19 所示。

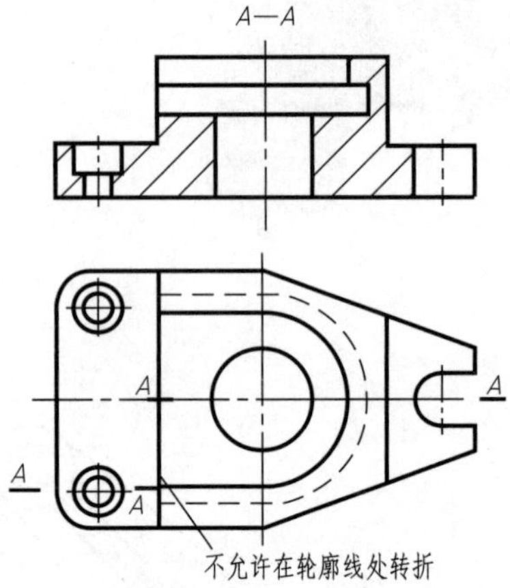

图 2-16 剖切符号不要与图中轮廓线重合

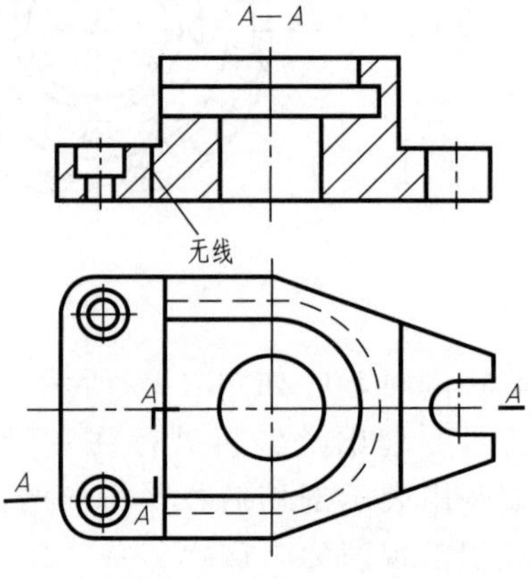

图 2-17 不要画出转折处分界线的投影

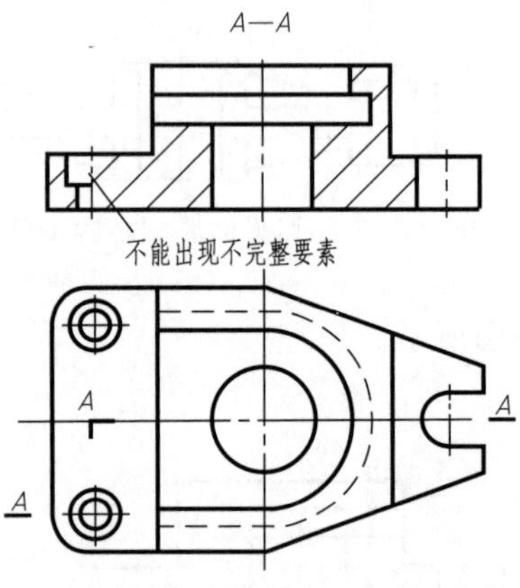

图 2-18 不要剖出不完整要素

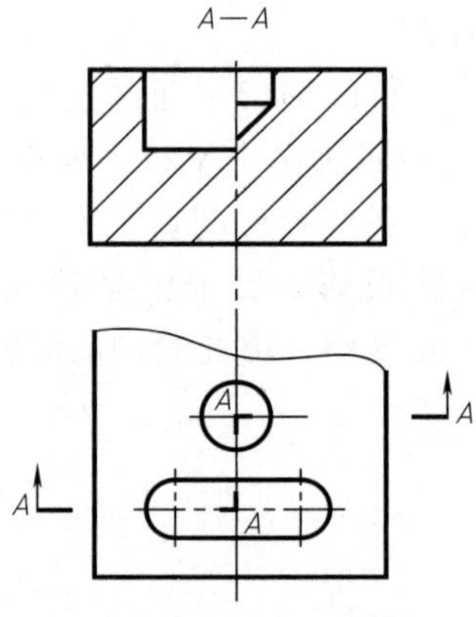

图 2-19 具有公共对称中心线的阶梯剖画法

注意：斜剖、旋转剖、阶梯剖必须标注，不可省略。

此外还有复合剖。复合剖是用组合剖切面剖开机件的方法，具体内容可参阅有关书籍。

第三节 断 面 图

一、断面图的概念

假想用剖切面将机件某处切断，仅画出该剖切面与物体接触部分的图形，并画上剖面符号。这种图形称为断面图，简称断面，如图 2-20 所示。

断面图主要用于表达机件某处断面的实形，如零件上的筋和轮辐的断面、轴上孔和键槽的断面等。

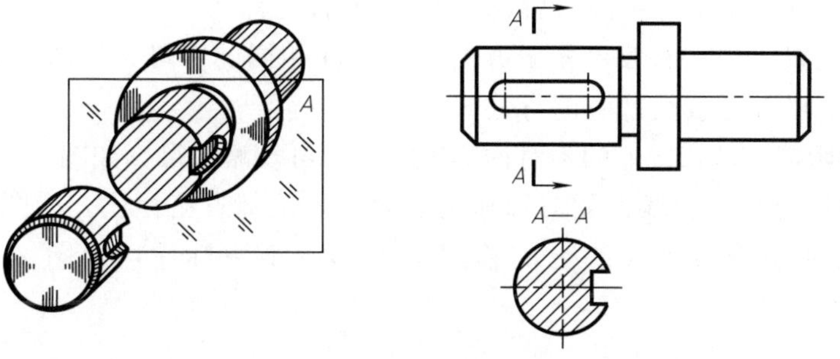

图 2-20　断面图

二、断面图的种类和画法

断面图分为移出断面图和重合断面图。

1. 移出断面图

画在视图轮廓线之外的断面图称为移出断面图。

(1) 移出断面图的画法　移出断面图的轮廓线用粗实线绘制，一般仅画出断面图形，断面图应尽量配置在剖切线的延长线上，也可配置在其他适当的位置。

画移出断面图时应注意以下问题。

① 当剖切平面通过回转面形成的孔或凹坑的轴线时，这些结构按剖视绘制，如图 2-21 所示。

② 当剖切平面通过非圆孔，会导致出现分离的两个断面时，这些结构应按剖视绘制，如图 2-22 所示。

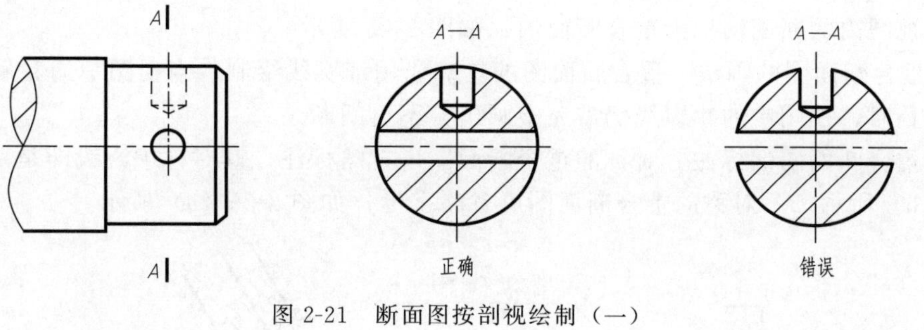

图 2-21　断面图按剖视绘制（一）

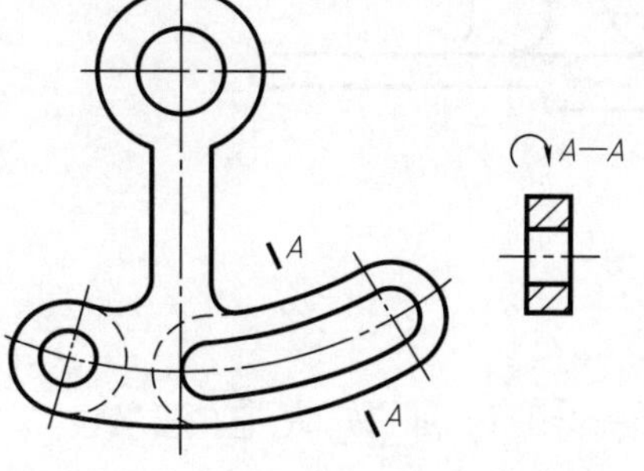

图 2-22　断面图按剖视绘制（二）

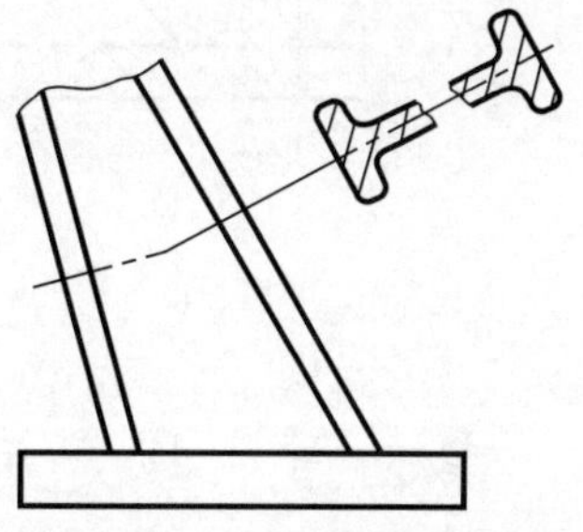

图 2-23　两相交剖切面剖出的移出断面图

③ 由两个或多个相交的剖切平面剖切得到的移出断面，中间一般应断开，并画在一个剖切迹线的延长线上，如图 2-23 所示。

(2) 移出断面图的标注　一般应标出移出断面的名称“×—×”，在相应的视图上用剖切符号表示剖切位置，用箭头表示投影方向，并标注相同的字母，如图 2-24 中 A—A。

在下列情况下可部分或全部省略标注。

① 配置在剖切符号延长线上的不对称移出断面，可省略字母，如图 2-24 中左侧键槽处。

② 配置在剖切符号延长线上的对称移出断面，可全部省略标注，如图 2-24 中通孔处。

③ 不配置在剖切符号延长线上的移出断面图，全称标注，如图 2-24 中右侧键槽处（A—A）。

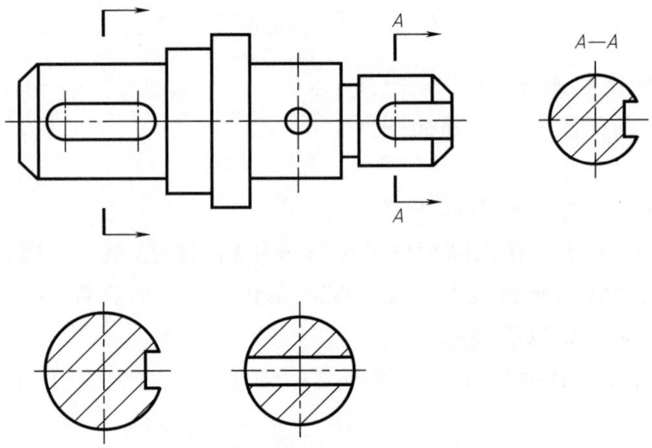

图 2-24　移出断面图的标注

2. 重合断面图

画在视图内的断面图称为重合断面图，如图 2-25 所示。

(1) 重合断面图的画法　重合断面图的轮廓线用细实线绘制。当视图中的轮廓线与重合断面图重叠时，视图中的轮廓线仍需完整画出，不可间断。

(2) 重合断面图的标注　对称的重合断面图可省略标注，其对称中心线即是剖切线，如图 2-25 (b) 所示。不对称的重合断面图可省略字母，如图 2-25 (a) 所示。

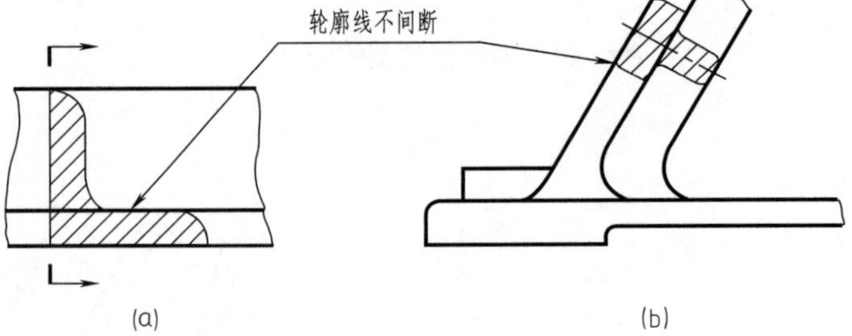

图 2-25　重合断面图

第四节　规定画法、简化画法和局部放大画法

除上所述，国家标准《技术制图》和《机械制图》还列出了一些规定画法、简化画法和

局部放大画法，现择要介绍如下。

一、规定画法

① 筋、轮辐及薄壁等，如果沿纵向剖切（剖切平面垂直于筋或薄壁的厚度方向或通过轮辐轴线剖切），这些结构不画剖面符号，而用粗实线将它与邻接部分分开，如图 2-26 所示的左视图和图 2-27 的主视图所示。当剖切平面垂直于它们剖切时，仍应画剖切符号及剖面线，如图 2-26 的俯视图所示。

② 回转体机件上均匀分布的筋、轮辐、孔等结构不平行于剖切平面上时，可将这些结构旋转到剖切平面上画出，且不需标注，如图 2-27、图 2-28 所示。

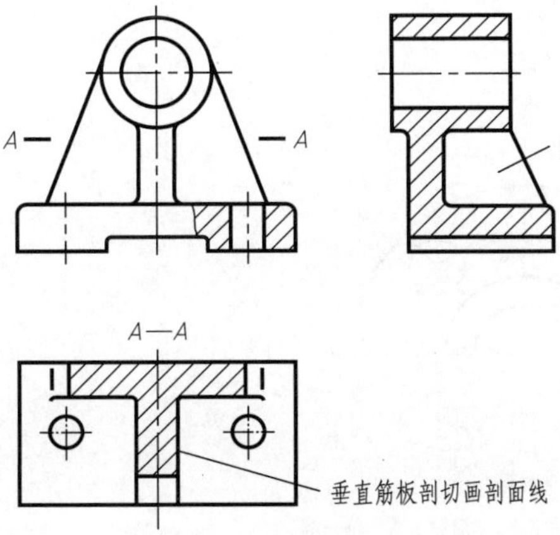

图 2-26　剖视图中筋板的画法

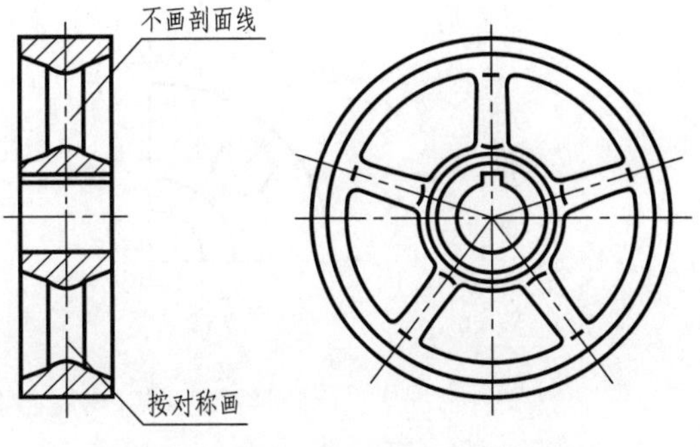

图 2-27　剖视图中轮辐的画法

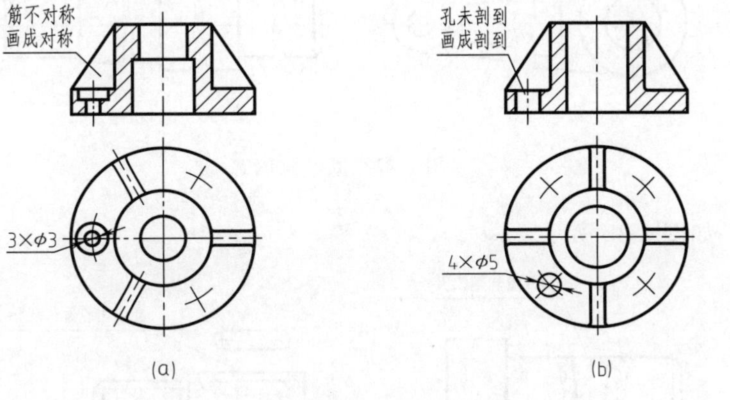

图 2-28　均匀分布的孔及筋的画法

二、简化画法

① 机件上具有若干个相同结构（齿、槽、孔等），并按一定规律分布时，只需画出几个完整的结构，其余用细实线连接或用点画线表示其中心位置，并在图中注明该结构的总数即可，如图 2-29 所示。

② 在不致引起误解时，对称机件的视图可只画一半或四分之一，并在对称中心线的两端画出两条与其垂直的平行细实线，表示对称，如图 2-30 所示。

③ 较长的机件且长度方向的形状一致或按规律变化时，可以断开绘制，如图 2-31 所示。

④ 圆柱体上因钻小孔、铣键槽等出现的交线允许省略，但必须有一个视图已清楚地表

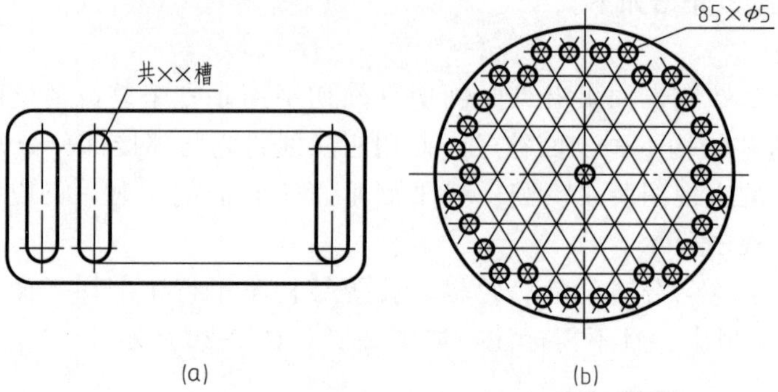

图 2-29　相同结构的简化画法

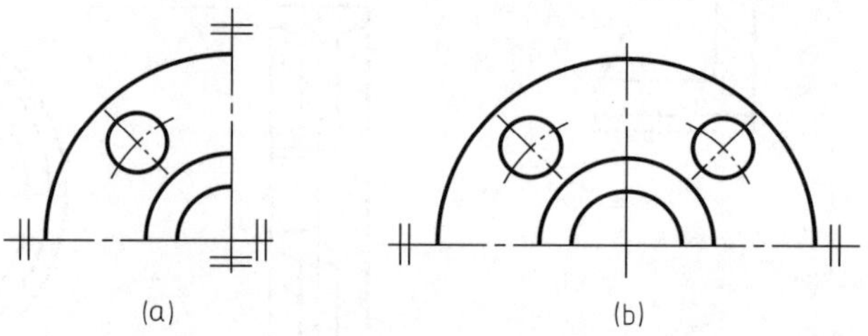

图 2-30　对称机件的简化画法

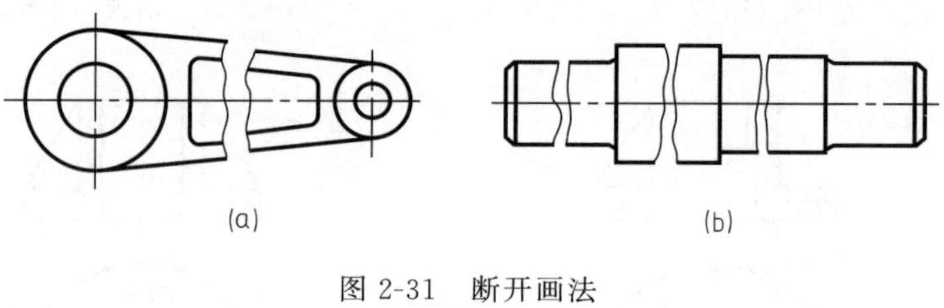

图 2-31　断开画法

示孔槽的形状，如图 2-32 所示。

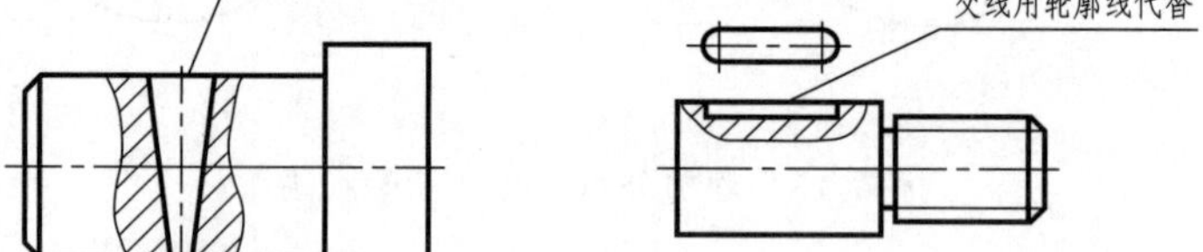

图 2-32　省略交线

三、局部放大画法

机件上某些细小结构，按原图采用的比例表达不够清楚或不便于标注尺寸时，可将这部分结构用大于原图所采用的比例画出。这种图形称为局部放大图。

局部放大图可画成视图、剖视图、断面图，它与被放大部分的表达方式无关，如图 2-33 所示。

绘制局部放大图时，应在图上用细实线圆圈出被放大的部分，机件上有多处放大时，需在此圆上用细线和罗马数字标出，并在局部放大图上方注出相应的罗马数字和所采用的比例，如图 2-33 所示。机件上只有一处放大时，只需在局部放大图上方注出比例。局部放大图应尽量配置在被放大部位的附近。

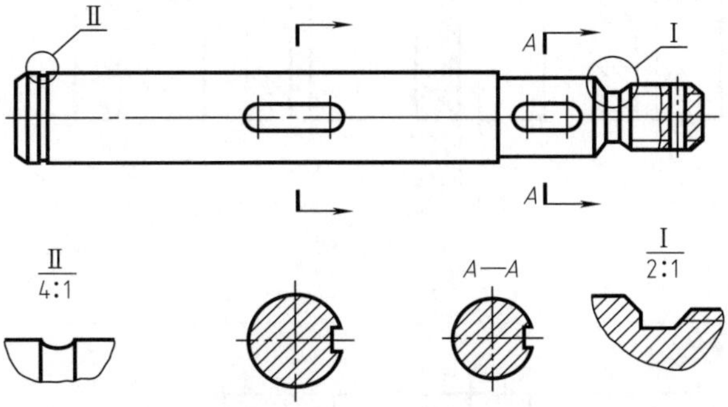

图 2-33　局部放大图

习题

选择题（共 10 题）

序号	题目	答案
(1)	某形体的三视图，正确的右视图是________。 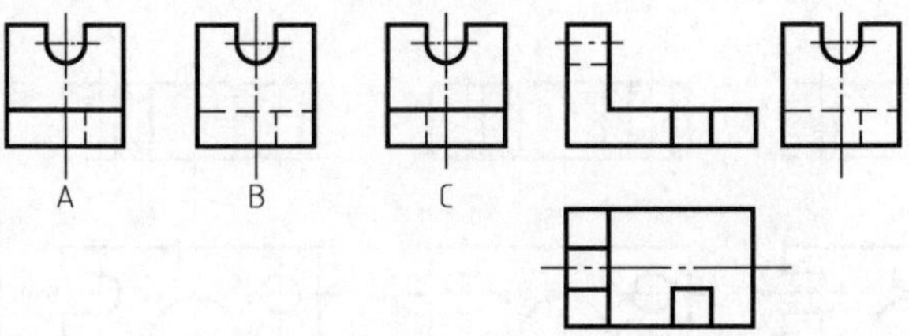	
(2)	已知形体的主视图和俯视图，正确的 A 向斜视图是________。 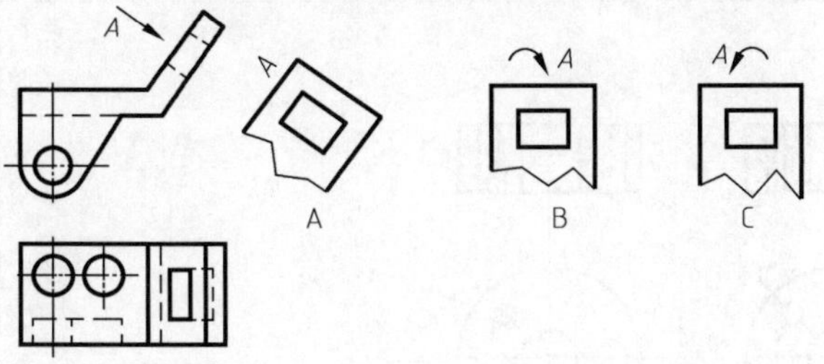	
(3)	将主视图改为剖视图，正确的是________。 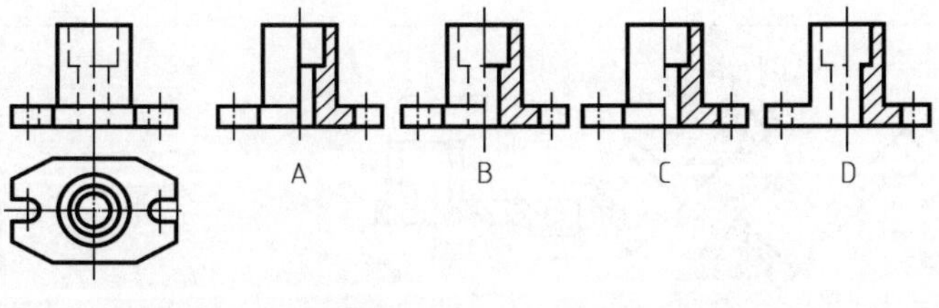	

续表

序号	题目	答案
(4)	已知形体的主视图和俯视图，其正确的半剖左视图是________。 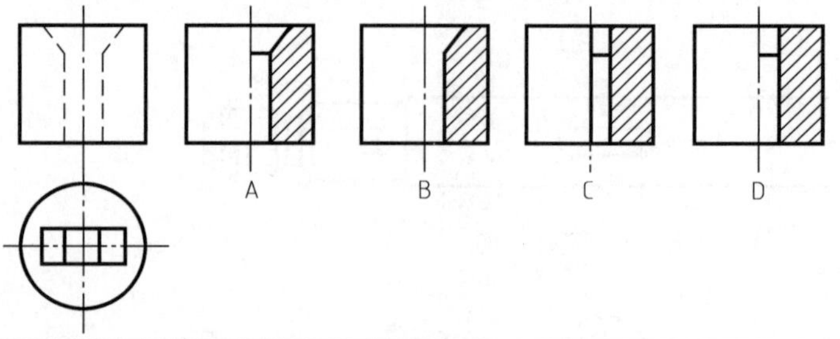	
(5)	下面正确的局部剖视图是________。 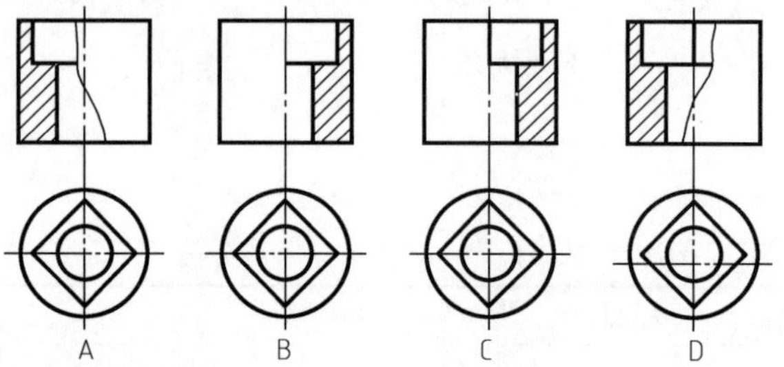	
(6)	下面正确的剖视图是________。 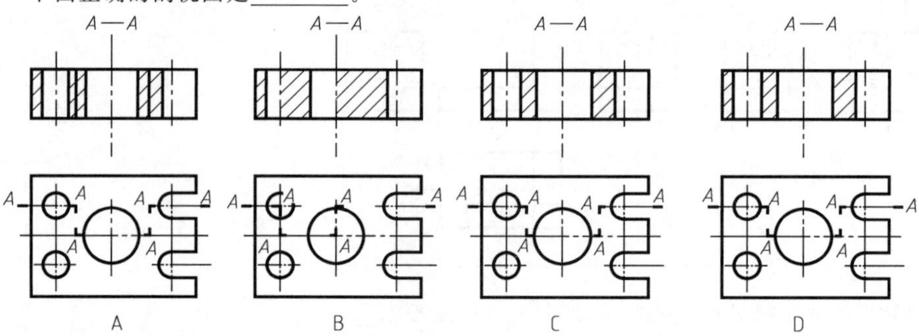	
(7)	下面的剖视图，正确的是________。 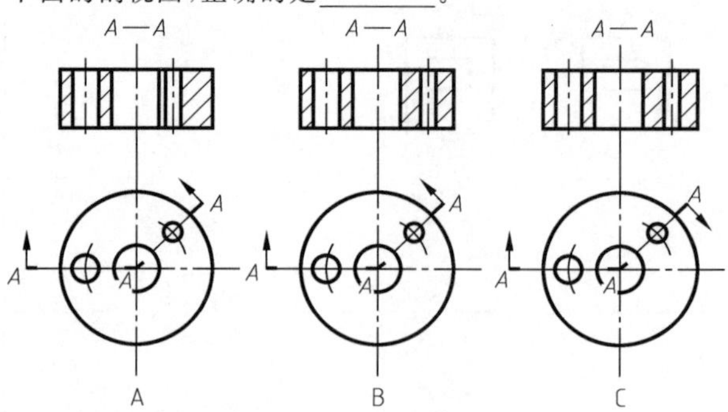	
(8)	下面正确的剖视图是________。 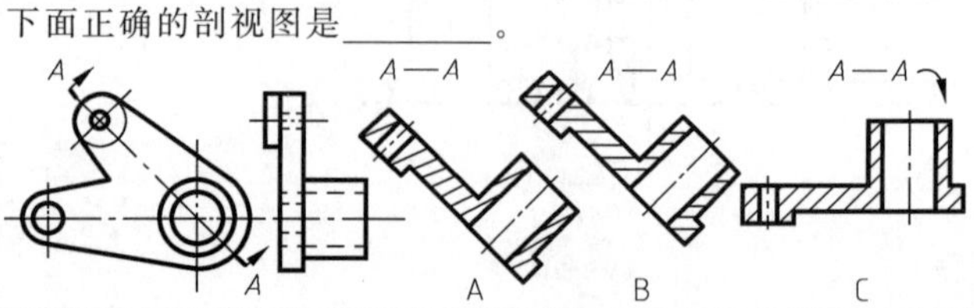	

续表

序号	题目	答案
(9)	已知主视图和俯视图，请将主视图改为全剖左视图，正确的是________。 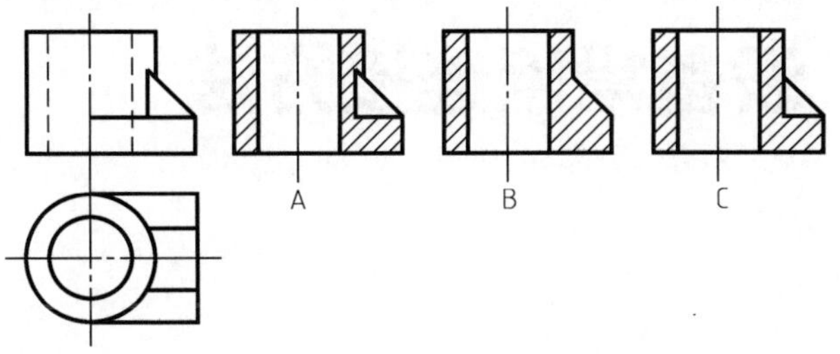	
(10)	下面 $A—A$ 移出断面图正确的是________。 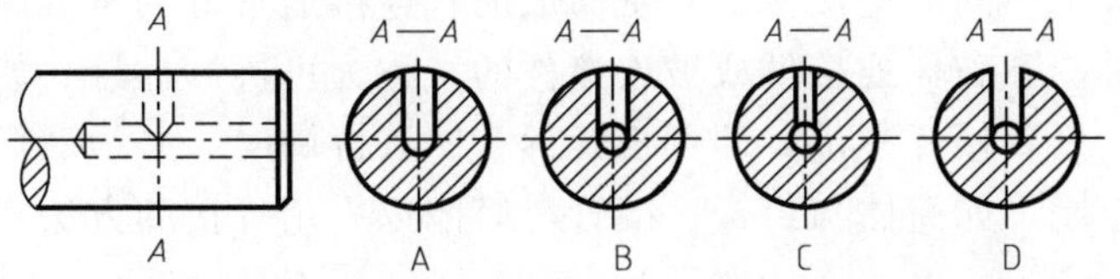	

扫码看答案

第三章 化工设备常用连接方法

内容提要：

化工设备是由许多部件采用不同的连接方式装备而成的。连接通常分为可拆卸连接和不可拆卸连接两种类型。拆卸时，不破坏连接件或被连接件的，称为可拆卸连接。如法兰与法兰采用螺栓或双头螺柱连接，只要松开螺母，即可将其拆开。若拆卸时，必须破坏连接件或被连接件的，称为不可拆卸连接。如筒体与封头、接管与筒体都采用焊接的方法，只有破坏了才能拆卸下来。

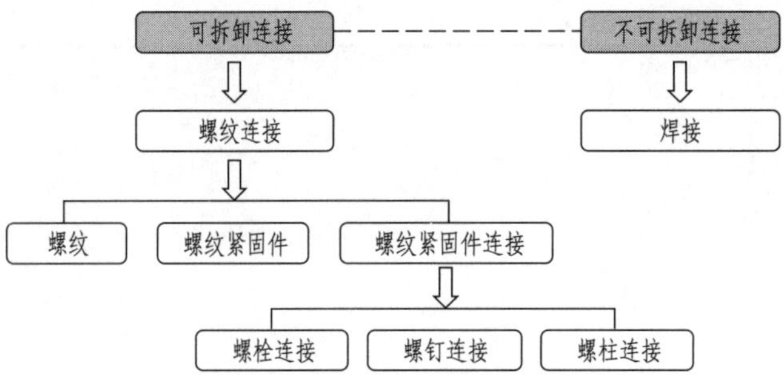

章节目标：

知识目标	★ 掌握单个螺纹的规定画法和螺纹连接的画法。 ★ 掌握螺纹紧固件连接的画法。 ★ 了解焊缝符号的组成及其含义。
技能目标	★ 根据标记查阅螺纹及螺纹紧固件相关标准。 ★ 掌握常用焊缝代号的标注和识图方法。
素质目标	★ 培养爱岗敬业、精益求精的工匠精神。

在化工设备中，常用的连接方法有两种：一种是通过螺纹或螺纹紧固件将零件连接在一起，这种连接是可以拆卸的；另一种是焊接，它是将需要连接的零件，通过在连接处加热熔化金属得到结合的一种连接方法，这种连接是不可拆卸的。

第一节 螺 纹 连 接

一、螺纹的基本知识

1. 螺纹的要素

（1）牙型　在通过螺纹轴线的剖面上，螺纹的轮廓形状称为螺纹牙型。常见的螺纹牙型有三角形、梯形、锯齿形和方形，如图 3-1 所示。螺纹牙型不同，其用途不同。

（2）公称直径　如图 3-2 所示，螺纹直径有大径、小径、中径之分。与外螺纹牙顶或内螺纹牙底相重合的假想圆柱的直径称为大径，外螺纹大径用 d 表示，内螺纹大径用 D 表示。与外螺纹牙底或内螺纹牙顶相重合的假想圆柱的直径称为小径，外螺纹小径用 d_1 表示，内螺纹小径用 D_1 表示。在大径和小径之间有一个假想圆柱，其母线通过牙型沟槽与凸起的宽度相等处，该圆柱的直径称为中径，外螺纹中径用 d_2 表示，内螺纹中径用 D_2 表示。螺纹大径称为公称直径，是代表螺纹尺寸的直径。

图 3-1　螺纹牙型

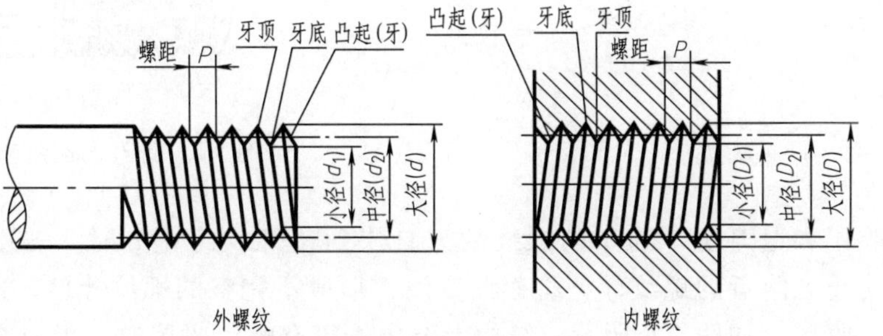

图 3-2　螺纹各部分结构名称

（3）线数（n）　同一表面上加工出螺纹的条数称为螺纹的线数。只加工一条螺纹的称单线螺纹，加工出两条或两条以上且等距离分布的螺纹称多线螺纹，如图 3-3 所示。

（4）螺距（P）、导程（S）　相邻两牙在中径线上对应两点的轴向距离称为螺距，在同一条螺旋线上，相邻两牙在中径线上对应两点的轴向距离称为导程，如图 3-3 所示。对于单线螺纹，螺距＝导程。对于多线螺纹，螺距和导程的关系为：螺距＝导程/线数，即 $P=S/n$。

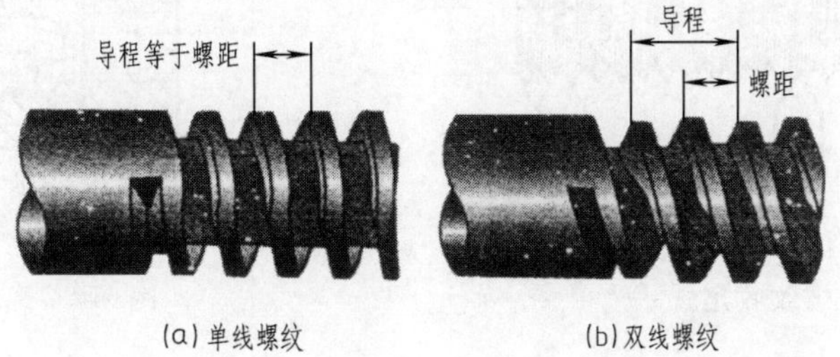

图 3-3　螺纹线数、螺距、导程

（5）旋向　内、外螺纹旋合时的旋转方向称为旋向。螺纹的旋向有左旋、右旋之分。顺时针旋转而拧紧的螺纹称为右旋螺纹；逆时针旋转而拧紧的螺纹称为左旋螺纹。工程中常用右旋螺纹，只有在特殊场合才使用左旋螺纹。螺纹旋向可按下面方法判断：将外螺纹轴线竖直放置，螺旋线右高左低者为右旋螺纹，反之为左旋螺纹，如图 3-4 所示。

只有牙型、大径、线数、螺距和旋向五个要素均相同的内、外螺纹才能相互旋合。

2. 螺纹的结构

（1）倒角或倒圆　为了便于装配和防止螺纹起始圈损坏，常在螺纹的起始处做出圆锥形的倒角或球面形的倒圆，如图 3-5 所示。

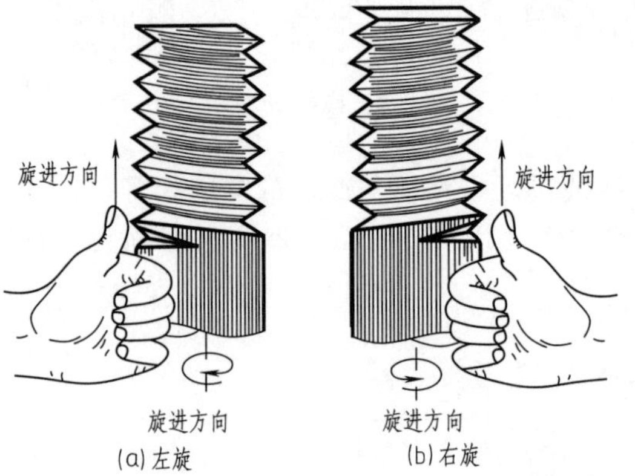

图 3-4　螺纹旋向

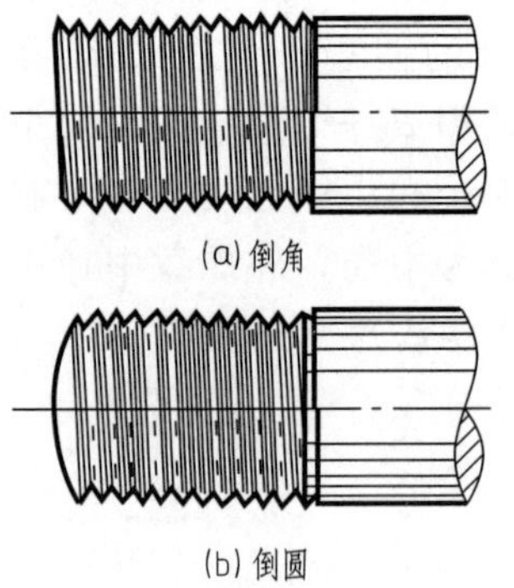

图 3-5　螺纹的倒角和倒圆

（2）螺纹收尾和退刀槽　当车削螺纹的刀具快到达螺纹终止处时，需逐渐径向离开工件，因此螺纹终止处附近的螺纹牙型将逐渐变浅，形成不完整的螺纹牙型，这段牙型不完整的螺纹称为螺纹收尾，如图 3-6 所示。结构上要求不得有螺纹收尾时，可以在螺纹终止处先车削出一个环槽，以便于退出刀具，这个环槽称为螺纹退刀槽，如图 3-7 所示。

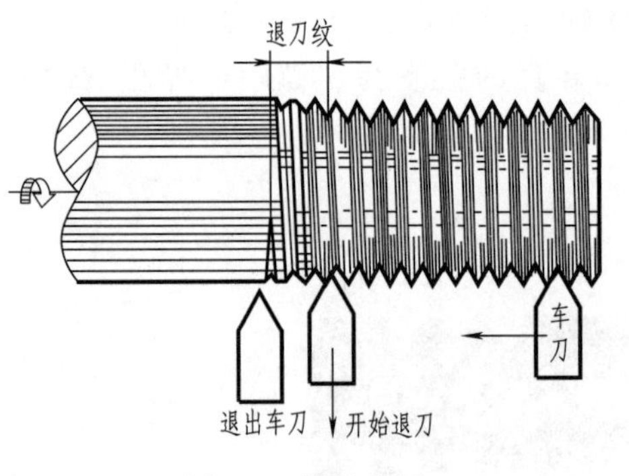

图 3-6　螺纹收尾

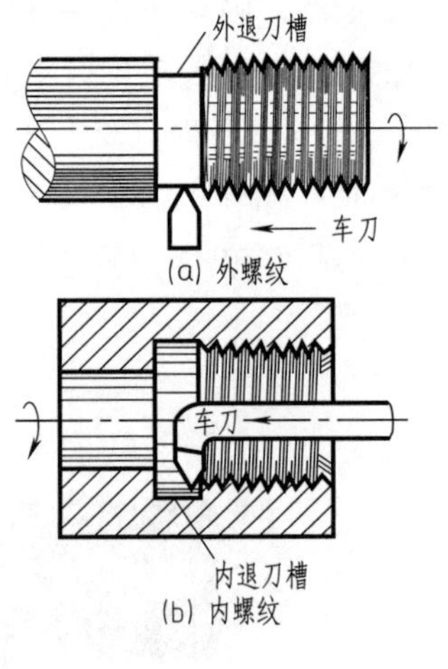

图 3-7　螺纹退刀槽

3. 螺纹的分类

（1）按螺纹要素是否标准分类

① 标准螺纹：牙型、螺距、大径均符合国家标准的螺纹，最为常用。

② 特殊螺纹：只有牙型符合国家标准，而大径、螺距不符合标准的螺纹，应用极少。

③ 非标准螺纹：螺纹牙型不符合国家标准的螺纹，无符号，应用极少。

（2）按螺纹用途分类

- 螺纹
  - 连接螺纹
    - 普通螺纹
      - 粗牙普通螺纹
      - 细牙普通螺纹
    - 管螺纹
      - 非螺纹密封的管螺纹
      - 螺纹密封的管螺纹
  - 传动螺纹
    - 梯形螺纹
    - 锯齿形螺纹
    - 矩形螺纹

① 连接螺纹：如普通螺纹、管螺纹，用于零件间的连接。

普通螺纹的牙型为三角形，牙型角为60°。同一公称直径的普通螺纹，其螺距有粗牙和细牙之分，细牙螺纹的螺距又分为几种，其螺距比粗牙的螺距小。细牙螺纹多用于薄壁件、需要密封等场合。

管螺纹用于水管、油管、煤气管等薄壁管的连接，牙型为三角形，牙型角为55°，非密封用的管螺纹用于低压管路的连接，密封用的管螺纹用于中、高压管路的连接。

② 传动螺纹：如梯形螺纹、锯齿形螺纹，用于传递动力和运动。

梯形螺纹可双向传递运动和动力，常用于需要承受双向力的丝杠传动。

锯齿形螺纹只能单向传递动力，如螺旋压力机的传动丝杠就采用这种螺纹。

二、螺纹的规定画法

绘制螺纹的真实投影是十分烦琐的，并且在实际生产中也没有必要将螺纹的真实投影画出。为了便于绘图，国家标准（GB/T 4459.1—1995）对螺纹在图样中的表示方法进行了相应规定。

1. 外螺纹画法

如图3-8所示，在平行于螺纹轴线的投影面的视图（非圆视图）中，外螺纹牙顶所在的轮廓线（大径线）画成粗实线，外螺纹牙底所在的轮廓线（小径线）画成细实线，螺纹终止线画成粗实线，螺纹的倒角或倒圆结构及螺纹退刀槽也应画出，但螺纹收尾不必表示。小径通常按大径的0.85倍近似绘制。大径较大或画细牙螺纹时，小径数值应查阅有关手册，可按实际尺寸绘制。在垂直于螺纹轴线的投影面的视图（反映圆的视图）中，表示牙顶的大径圆画成粗实线圆，表示牙底的小径圆画成3/4细实线圆，其起点和终点应离开表示轴线的点画线，此时螺纹倒角或倒圆的投影不表示。

2. 内螺纹画法

如图3-9所示，在剖视图或剖面图中，螺纹牙顶所在的轮廓线（小径线）画成粗实线，螺纹牙底所在的轮廓线（大径线）画成细实线，图中的剖面线必须画到粗实线，表示牙顶的小径圆画成粗实线圆，表示牙底的大径圆画成3/4细实线圆，其起点和终点应离开表示轴线的点画线。在绘制不穿通的螺孔时，应将钻孔深度和螺纹部分的深度分别画出。不可见螺纹的所有图线均用虚线表示。

3. 内、外螺纹旋合时的画法

如图3-10所示，以剖视图表示旋合的内、外螺纹时，其旋合部分按外螺纹的画法绘制，未旋合部分仍按各自原来的画法表示。剖面线必须画到粗实线。加工在实心件上的外螺纹按不剖绘制。

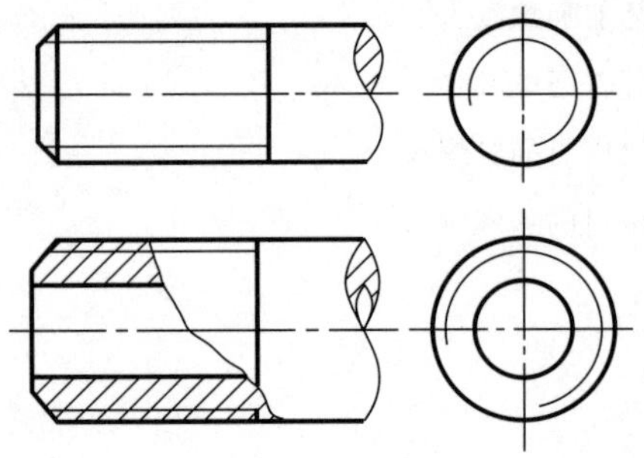

图 3-8 外螺纹画法

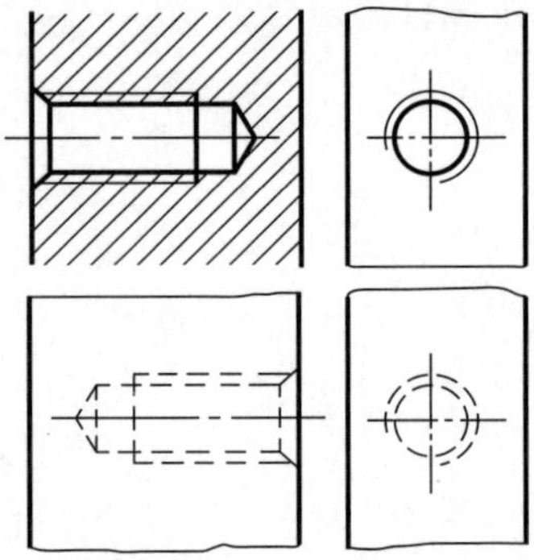

图 3-9 内螺纹画法

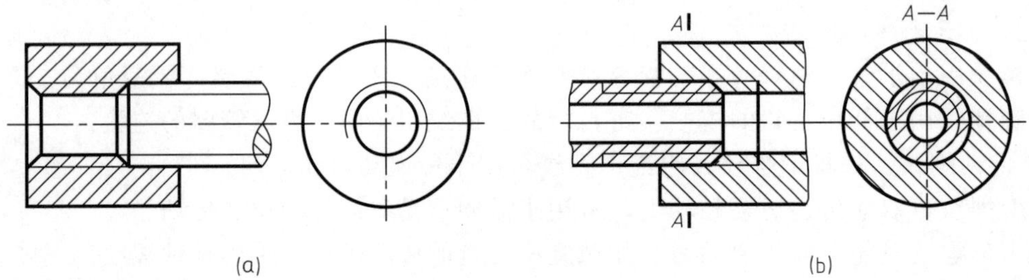

图 3-10 内、外螺纹旋合画法

三、螺纹的标注

螺纹按国家标准的规定画法画出后，图上并未表明螺纹的牙型、大径、螺距、线数、旋向等要素。因此，需要在图上进行标注。

标准螺纹的标注格式为

螺纹代号-螺纹公差带代号-旋合长度代号

螺纹标注的完整内容及格式如下：

[牙型代号][公称直径][×Ph 导程数值 P 螺距数值][旋向]-
[中径公差带代号][顶径公差带代号]-[旋合长度代号]

标注说明如下。

① 普通螺纹的牙型代号为 M。

② 粗牙螺纹一律不标注螺距。

③ 右旋螺纹不标注旋向，左旋螺纹标注“LH”。

④ 螺纹公差带代号由表示公差等级的数字和表示公差带位置的字母组成，大写字母代表内螺纹，一般可采用 6H 或 7H；小写字母代表外螺纹，一般可采用 6g 或 7g。若顶径公差带与中径公差带相同，则将顶径公差带代号省略。

⑤ 螺纹的旋合长度是指两个相互配合的螺纹，沿螺纹轴线方向的旋合长度。它分为短旋合（S）、中旋合（N）、长旋合（L）三种。相应的长度数值可根据螺纹大径及螺距从手册中查得。中等旋合长度时，其代号 N 可省略。

具体标注示例见表 3-1～表 3-3。

表 3-1　普通螺纹的标注示例

螺 纹 种 类	标 注 方 式	图　　例	说　　明
粗牙普通螺纹	M10－5g6g－S 短旋合长度 顶径公差带 中径公差带 螺纹大径 M10LH－7H－L 长旋合长度 顶径和中径公差带(相同) 左旋	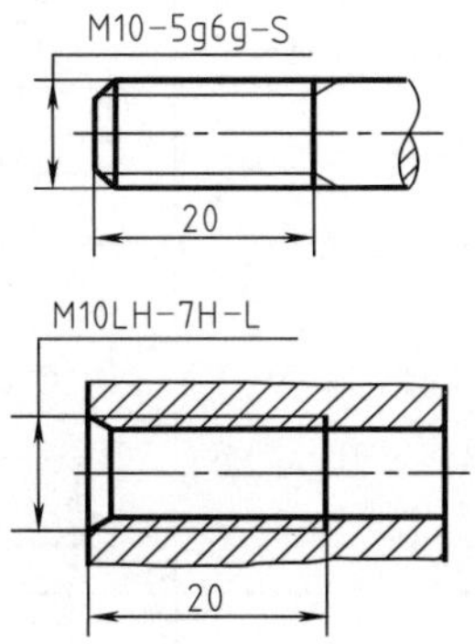	1. 不注螺距 2. 右旋省略不注，左旋要标注 3. 中径和顶径公差带相同时，只注一个代号 4. 当旋合长度为中等长度时，不标注 5. 图中所注螺纹长度，均不包括螺尾在内
细牙普通螺纹	M10×1－6g 螺距	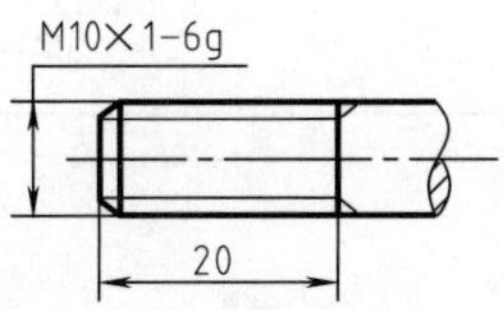	1. 要注螺距 2. 其他规定同上

表 3-2　梯形螺纹的标注示例

螺 纹 种 类	标 注 方 式	图　　例	说　　明
单线梯形螺纹	Tr36×6－8e 公差带代号 导程＝螺距 螺纹大径	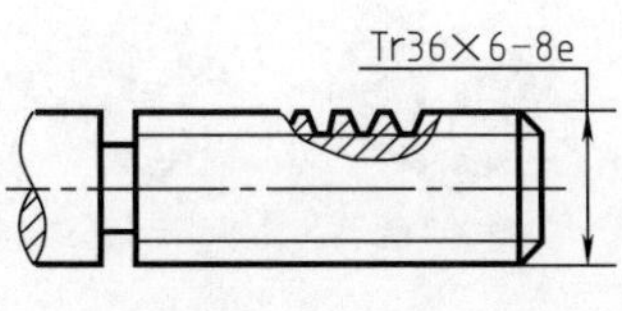	1. 单线注导程即可 2. 多线的要注导程、螺距 3. 右旋省略不注，左旋要注 LH 4. 旋合长度分为中等(N)和长(L)两组，中等旋合长度代号 N 可以不注
多线梯形螺纹	Tr36×Ph12P6LH－8e－L 左旋 螺距 导程	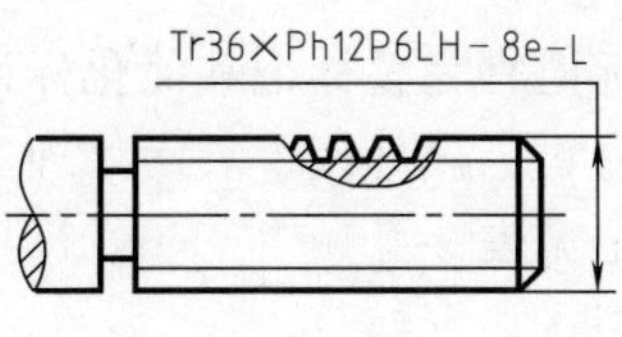	

四、螺纹紧固件

螺纹紧固件就是运用一对内、外螺纹的旋合作用实现零件间的连接和紧固的零件。常用的螺纹紧固件有螺栓、螺柱、螺钉、螺母、垫圈等，如图 3-11 所示。这些零件均已标准化，设计时无须绘制它们的零件图，只要在装配图的明细表中填写规定标记即可。根据规定标记就可在相应的标准中查出它们的结构及全部尺寸。

表 3-3 常用管螺纹的标注示例

螺纹种类	标注方式	图例	说明
非螺纹密封的管螺纹	G1A (外螺纹公差等级分 A 级和 B 级两种，此处表示 A 级) G3/4 (内螺纹公差等级只有一种)	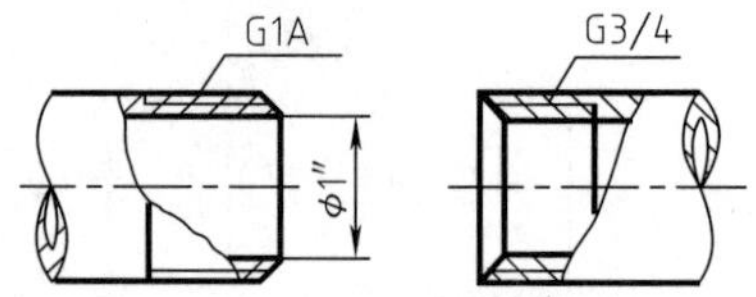	1. 特征代号后边的数字是管子尺寸代号而不是螺纹大径，管子尺寸代号数值等于管子的内径，单位为英寸。作图时应据此查出螺纹大径 2. 管螺纹标记一律注在引出线上(不能以尺寸方式标记)，引出线应由大径处引出(或由对称中心处引出)
用螺纹密封的圆柱管螺纹	R_p1 $R_p3/4$ (内、外螺纹均只有一种公差带)	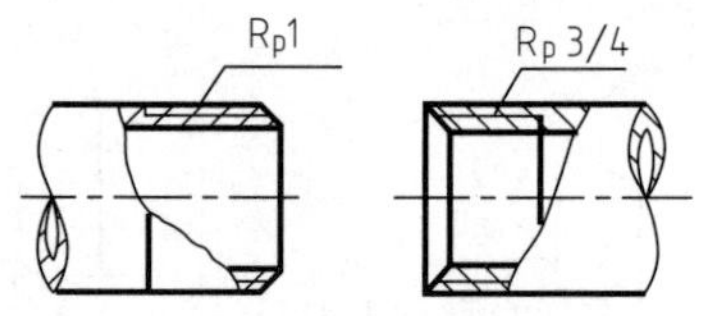	
用螺纹密封的圆锥管螺纹	R1/2(外螺纹) $R_c1/2$(内螺纹) (内、外螺纹均只有一种公差带)	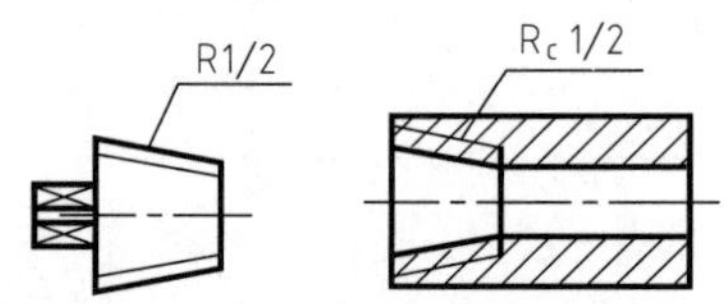	

注：1″=1in=25.4mm。

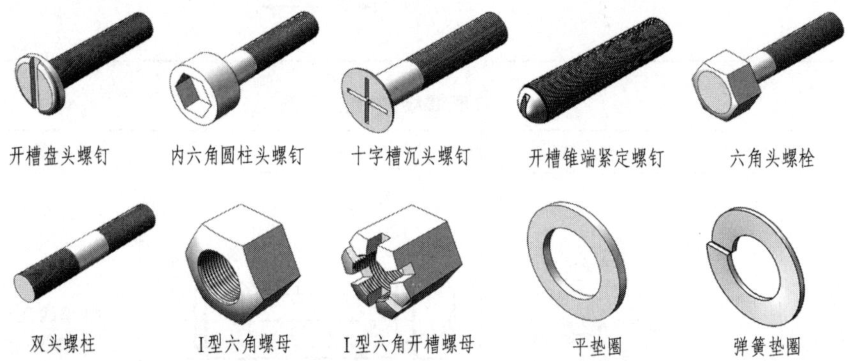

图 3-11 常用的螺纹紧固件

1. 螺纹紧固件的标记

各种螺纹紧固件的标记有完整标记和简化标记两种方法。完整标记由名称、国家标准代号、尺寸、性能等级或材料、热处理、表面处理等组成，简化标记一般仅包含前四项。常用螺纹紧固件的图例和标记见表 3-4。

2. 螺纹紧固件的画法

螺纹紧固件一般由标准件厂大量生产，使用单位可根据需要和有关标准选用。在画螺纹紧固件装配图时，其尺寸确定的方法有两种：查表尺寸和比例尺寸。查表尺寸就是根据紧固件的规定标记从相关标准的表格中查出紧固件的具体尺寸。比例尺寸就是除紧固件公称长度需要根据标准选定外，其他结构尺寸均按与螺纹大径成一定比例的数值画出。在工程实际绘图过程中，螺纹紧固件常以相应的比例尺寸绘制，并采用省略其倒角的简化画法，如图 3-12 所示。本书主要介绍采用比例尺寸的简化画法。

表 3-4　螺纹紧固件的图例和标记

名称及国家标准代号	图　例	标记及说明
六角头螺栓 A 和 B 级 GB/T 5782—2016	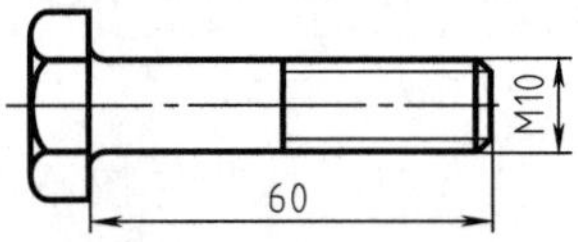	螺栓 GB/T 5782　M10×60 表示 A 级六角头螺栓，螺纹规格 $d=$M10，公称长度 $l=$60mm
双头螺柱（$b_m=1d$） GB/T 897—1988	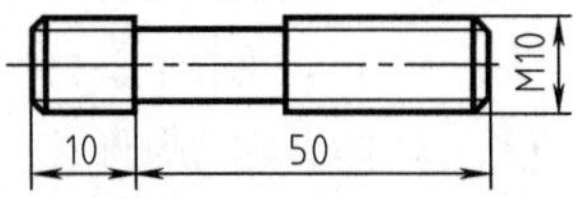	螺柱 GB/T 897　M10×50 表示 B 型双头螺柱，两端均为粗牙普通螺纹，螺纹规格 $d=$M10，公称长度 $l=$50mm
开槽沉头螺钉 GB/T 68—2016	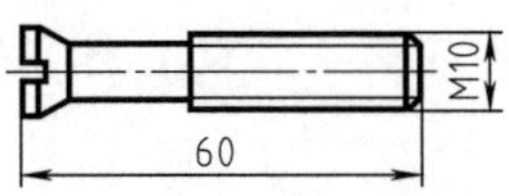	螺钉 GB/T 68　M10×60 表示开槽沉头螺钉，螺纹规格 $d=$M10，公称长度 $l=$60mm
开槽长圆柱端紧定螺钉 GB/T 75—2018	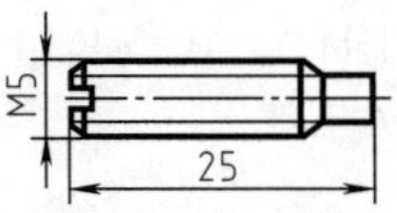	螺钉 GB/T 75　M5×25 表示开槽长圆柱端紧定螺钉，螺纹规格 $d=$M5，公称长度 $l=$25mm
1 型六角螺母 A 和 B 级 GB/T 6170—2015	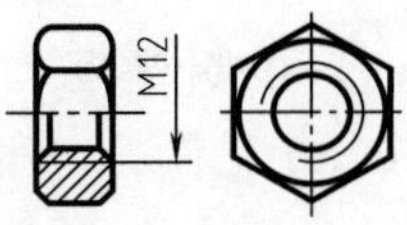	螺母 GB/T 6170　M12 表示 A 级 1 型六角螺母，螺纹规格 $D=$M12
平垫圈—A 级 GB/T 97.1—2002	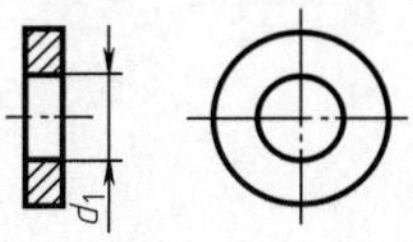	垫圈 GB/T 97.1　12 表示 A 级平垫圈，规格为 12mm，性能等级为 200HV
标准型弹簧垫圈 GB/T 93—1987	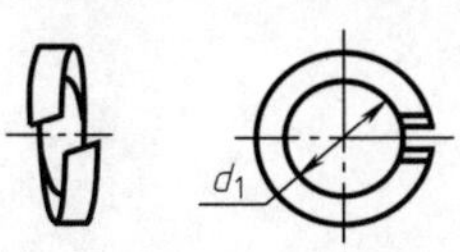	垫圈 GB/T 93　20 表示标准型弹簧垫圈，规格为 20mm

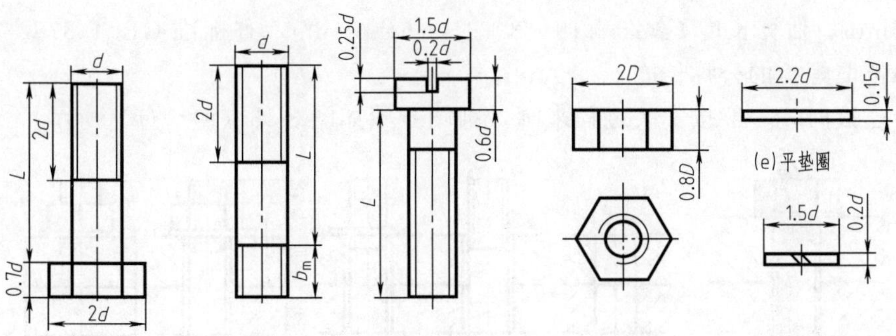

(a) 螺栓　(b) 螺柱　(c) 开槽圆柱头螺钉　(d) 螺母　(e) 平垫圈　(f) 弹簧垫圈

图 3-12　螺纹紧固件比例尺寸的简化画法

3. 螺纹紧固件连接的画法

螺纹紧固件连接是指用各种螺纹紧固件将其他零件组装（装配）在一起的连接。螺纹紧固件连接的基本形式有：螺栓连接、螺柱连接、螺钉连接。具体采用哪种连接，应视连接的需要而定。

（1）一般规定　画螺纹紧固件装配图时，必须遵守如下规定。

① 两零件的接触表面画一条线，不接触表面画两条线，间隙过小时，应夸大画出。

② 在剖视图（或剖面图）中，相邻两零件的剖面线应有所区别，方向相反或间隔不等，但同一个零件在各视图中的剖面线方向和间隔必须相同。

③ 当剖切平面通过紧固件或实心件的轴线时，这些件按不剖画出外形。

④ 在剖视图中，边界不画波浪线时，剖面线应绘制整齐。

（2）螺栓连接　其紧固件有螺栓、螺母、垫圈，如图 3-13（a）所示。此种连接适用于连接力要求较大的场合。被连接件不能太厚，且能加工成通孔。通孔直径比螺栓大径略大，具体数值可查阅相关手册，画图时可画成 1.1 倍的螺栓大径，如图 3-13（b）所示。垫圈的作用是增大支撑面，使压力均匀分布到被连接表面，防止拧紧螺母时损伤被连接件表面。有的垫圈（如弹簧垫圈等）具有防松作用。

① 螺栓连接的画图步骤如下。

a. 根据紧固件的标记，按比例计算出紧固件的比例尺寸。

b. 确定螺栓的公称长度时，可按下式估算

$$l \geqslant \delta_1 + \delta_2 + h + m + a$$

式中，δ_1、δ_2 为两被连接件的厚度；h 为垫圈厚度，取 $0.15d$；m 为螺母厚度，取 $0.8d$；a 为螺栓杆端部伸出螺母的长度，取 $0.3d$。

根据 l 的估算值，在相关标准规定的螺栓长度系列中，选取一个比估算值 l 稍大的标准长度值。

例如，已知螺纹紧固件的标记为：

螺栓 GB/T 5782　M20×l

螺母 GB/T 6170　M20

垫圈 GB/T 97.1　20

被连接件的厚度 $\delta_1 = 25$、$\delta_2 = 18$。

根据比例计算得到各比例尺寸为 $h = 0.15 \times 20 = 3\text{mm}$，$m = 0.8 \times 20 = 16\text{mm}$，$a = 0.3 \times 20 = 6\text{mm}$，估算长度 $l \geqslant 25 + 18 + 3 + 16 + 6 = 68\text{mm}$，查标准 GB/T 5782—2016，在长度系列中选取螺栓的公称长度 $l = 70\text{mm}$。

画螺栓连接时，一般按安装过程来画，画图步骤如图 3-13（b）～（e）所示。

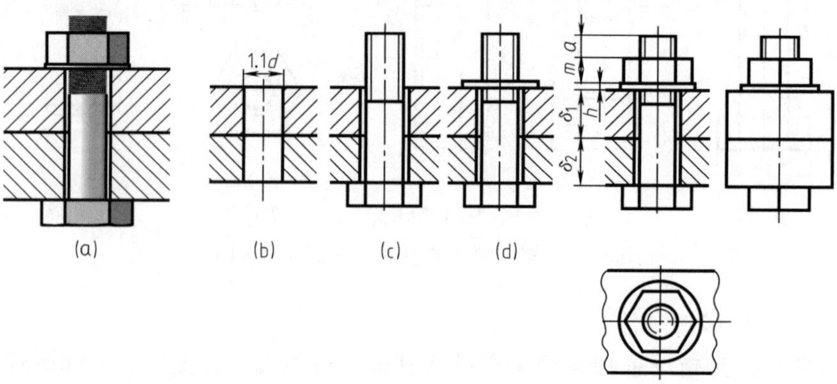

图 3-13　螺栓连接的画图步骤

② 画螺栓连接时应注意的问题如下。

a. 被连接件的孔径必须大于螺栓大径，否则装配时会因孔距误差而不能安装。因此画图时被连接件孔的轮廓线与螺栓的大径线之间必须留有间隙。

b. 在螺栓连接的剖视图中，被连接件的接触面（投影图上为直线）必须画到螺栓大径线处。

c. 螺母及螺栓六角头的三个视图必须符合投影规律。

d. 螺栓的螺纹终止线必须画到垫圈以下（一般可画在被连接件接触面以上）。

（3）螺柱连接　其紧固件有螺柱、螺母、垫圈。螺柱连接一般用于被连接件之一较厚，且不宜加工成通孔，而要求连接力较大的场合，较薄的零件加工成通孔，较厚的零件加工成盲螺纹孔。

螺柱两端都带有螺纹，与螺母旋合的一端称为紧固端，螺纹长度为 b，与较厚零件螺孔旋合的一端称为旋入端，螺纹长度为 b_m。安装时，将螺柱的旋入端旋入较厚零件的螺孔中，再将较薄件的通孔穿过螺柱的紧固端，然后安装垫圈，拧紧螺母，如图 3-14（a）所示。在拆卸时，只需拧出螺母，取下垫圈，即可拆去较薄零件，而不必拧出螺柱，因此较厚零件的螺孔不易损坏。

螺柱旋入端的长度 b_m 的选取与加工出螺孔的零件材料有关。一般，对于钢材，$b_m=1d$（d 为螺柱的公称直径）（国家标准代号为 GB/T 897）；对于青铜，$b_m=1.25d$（国家标准代号为 GB/T 898）；对于铸铁，$b_m=1.5d$（国家标准代号为 GB/T 899）；对于铝，$b_m=2d$（国家标准代号为 GB/T 900）。

螺柱公称长度 l 可按下式估算

$$l \geqslant \delta + h + m + a$$

式中，δ 为通孔零件的厚度；h 为垫圈厚度，取 $0.15d$；m 为螺母厚度，取 $0.8d$；a 为螺柱紧固端伸出螺母的长度，取 $0.3d$。

根据估算值查阅相关标准，选取合适的 l 值。

螺柱连接的画图步骤如图 3-14（b）～（e）所示。应注意螺柱旋入端的螺纹终止线必须与两被连接件的分界面（图中为直线）重合。

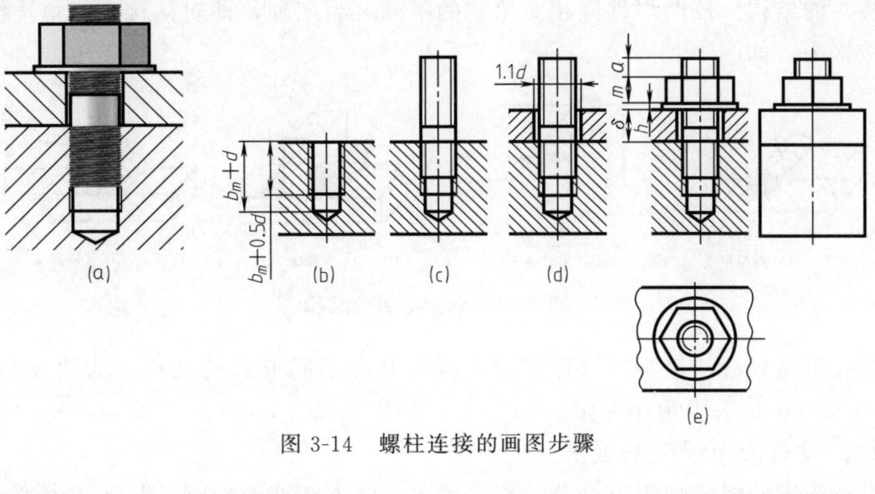

图 3-14　螺柱连接的画图步骤

（4）螺钉连接　螺钉按用途可分为紧定螺钉和连接螺钉，前者主要用来固定零件，后者用来连接零件，本书仅介绍连接螺钉。

螺钉连接不用螺母，而是将螺钉直接拧入零件的螺孔中。螺钉连接多用于受力不大的零件间的连接。一个被连接零件带有通孔，另一零件带有盲螺纹孔。

螺钉公称长度 l 可按下式估算

$$l \geqslant \delta + b_m$$

式中，δ 为通孔零件的厚度；b_m 为螺钉的旋入长度，其数值的选取与加工螺孔零件的材料有关（可参照螺柱旋入端长度的选取方法）。根据估算值和相关螺钉标准，选取合适的 l 值。

螺钉连接画图步骤如图 3-15 所示。图形较小时，螺钉头部的一字槽或十字槽的投影，可画成加粗的粗实线。

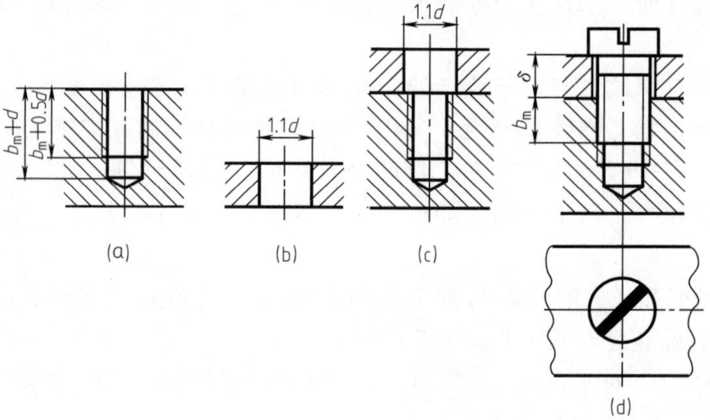

图 3-15　螺钉连接的画图步骤

第二节　焊　　接

焊接是一种不可拆卸的连接。它是使待连接的零件，通过在连接处加热熔化金属得到结合的一种加工方法。由于其施工简单、连接可靠、结构重量轻等优点，是化工设备制造中广泛采用的连接方法。

焊接接头的结构，按两焊件间相对位置的不同分为四种，即对接接头、角接接头、T 形接头和搭接接头，如图 3-16 所示。

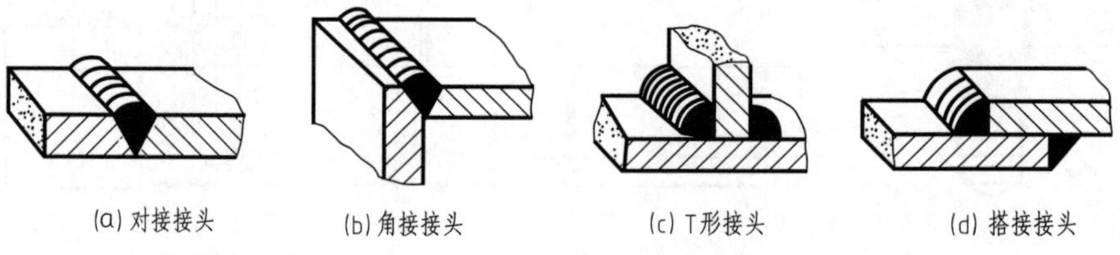

图 3-16　焊接接头的结构

为保证接头易焊透，接头处常据厚度不同，开有不同形式的坡口，如图 3-17 所示。其中 V 形坡口在对接接头中采用最多。

一、化工设备图中焊缝的画法

化工设备图中的焊缝画法应符合《技术制图》国家标准的规定，其标注内容应包括接头形式、焊接方法、焊缝结构尺寸和数量等内容。

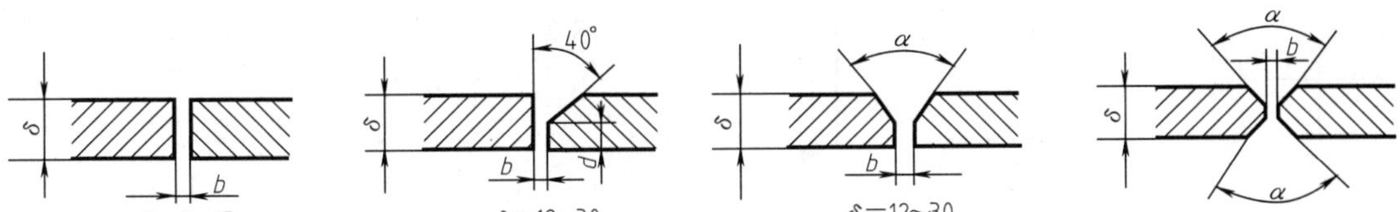

δ=1～15 (a) I形　δ=12～30 (b)单边V形　δ=12～30 (c) V形　δ=24～60 (d) X形

图 3-17　对接接头的坡口形式

1. 一般规定

① 对于常、低压设备，在装配图的剖视图中采用涂黑方式表示焊缝的剖面。对于它的标注，一般只需在技术要求中统一说明采用的焊接方法以及接头形式等要求即可。

② 对于中、高压设备的重要焊缝，或是特殊的非标准型焊缝，则需用局部放大图，详细表示焊缝结构和有关尺寸，如图 3-18 所示的某固定管板换热器中管板与壳体的连接的焊缝局部放大图。

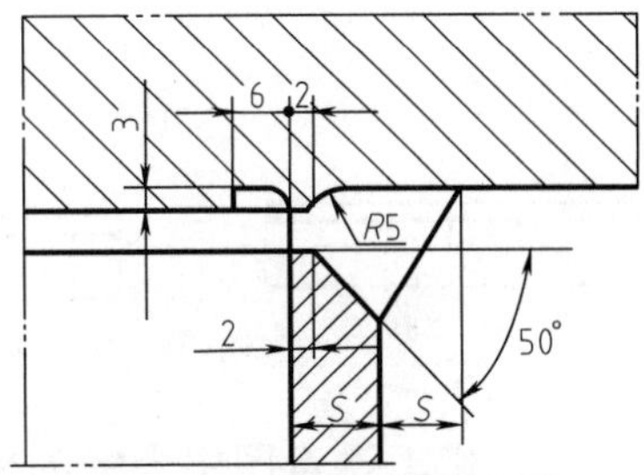

图 3-18　焊缝局部放大图

③ 当焊缝的分布比较复杂时，标注焊缝代号的同时，图面上，焊缝可见面用波纹线表示，焊缝不可见面用粗实线表示；焊缝的断面需涂黑。图 3-19 所示为常见焊接接头的画法。

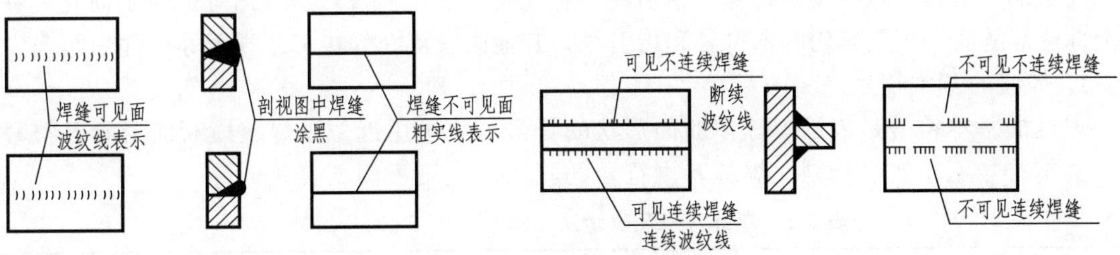

图 3-19　常见焊接接头画法

④ 当设备中某些焊缝结构的要求和尺寸未能包括在统一说明中，或有特殊需要必须单独注明时，可在相应的焊缝结构处，注出焊缝代号或接头文字代号。

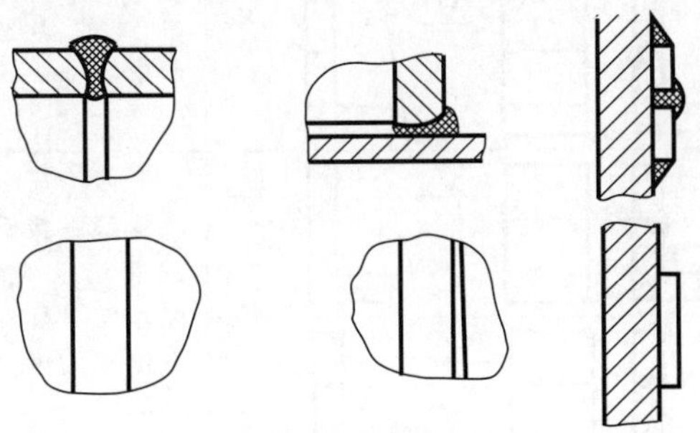

图 3-20　焊缝的简化画法（一）

2. 简化画法

① 当焊缝宽度或焊脚高度经缩小比例后，图形线间距离的实际尺寸不小于 3mm 时，焊缝轮廓线（粗线）应按实际焊缝形状画出，剖面线用交叉的细实线或涂色表示，如图 3-20 所示。

② 当焊缝宽度或焊脚高度经缩小比例后，图形线间距离的实际尺寸小于 3mm 时，根据不同焊缝，分别按图 3-21 所示绘制。对接焊缝，焊缝图形线用一条粗线表示；角焊缝因一般已有母体金属轮廓线，故焊缝可不画出，焊缝剖面用涂色表示。

③ 型钢之间和类似型钢件之间的焊缝表示方法，如图 3-22 所示。必要时，也可按图 3-23 所示方法表示。

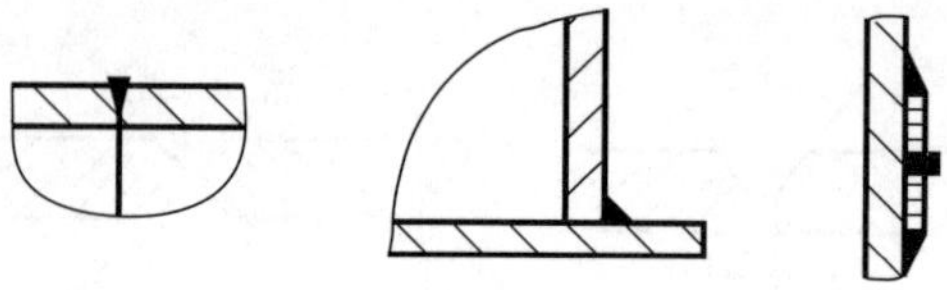

图 3-21 焊缝的简化画法（二）

化工设备图上，除要求说明焊缝结构和焊接方法外，还要对采用的焊条型号、焊缝的检验等进行说明，这些都以文字的形式写在技术要求中。容器的焊接技术条件按 GB/T 150.1～4—2024《压力容器》执行；焊接坡口的基本形式及尺寸按 GB/T 985.1—2008《气焊、焊条电弧焊、气体保护焊和高能束焊的推荐坡口》和 HG/T 20583—2011《钢制化工容器结构设计规定》执行；焊接规程按 NB/T 47015—2011《压力容器焊接规程》执行。另外，国家有关部门还制定了一些相应设备的技术规程等，这些都是进行设备设计时必须遵守的。

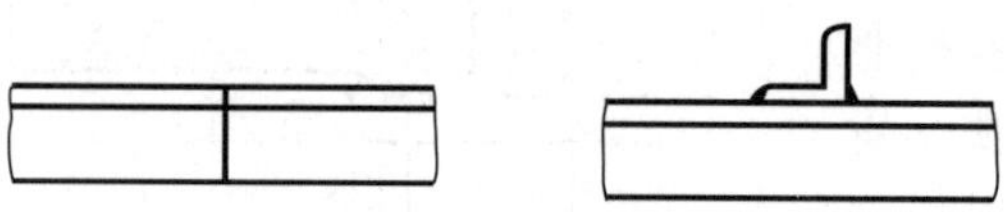

图 3-22 型钢焊缝表示（一）

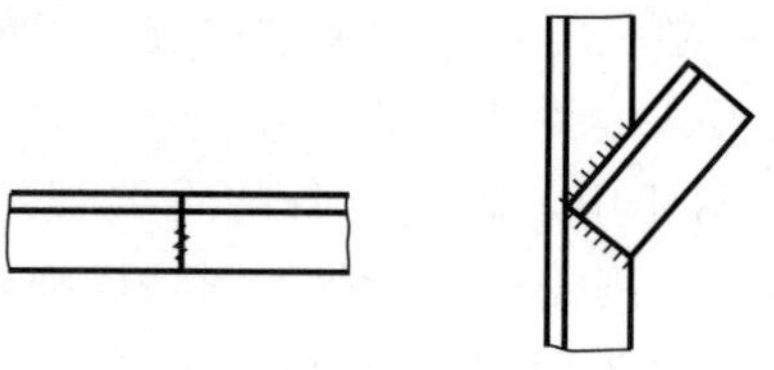

图 3-23 型钢焊缝表示（二）

二、化工设备图中焊缝的标注

在化工设备图样上，焊缝的标注推荐采用 GB/T 324—2008 规定的焊缝符号，以便清晰表述要说明的信息，不使图样增加更多的注解。

完整的焊缝符号包括基本符号、指引线、补充符号、尺寸符号及数据等。为了简化，在图样上标注焊缝时，可只采用基本符号和指引线，其他内容可在焊接工艺规程等文件中明确。

1. 焊缝的基本符号

焊缝的基本符号是表示焊缝横断面形状的符号。它采用近似于焊缝横断面形状的符号表示，基本符号用粗实线绘制。焊缝基本符号的画法及应用示例见表 3-5。

表 3-5 焊缝符号及表示法（摘自 GB/T 324—2008）

类别	名称	图形符号	示意图	图示法	焊缝符号表示法	说明
基本符号	I 形焊缝		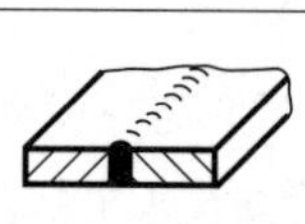	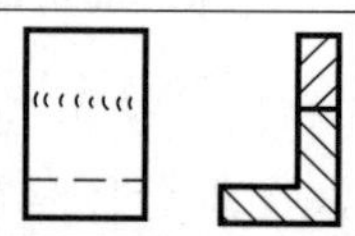	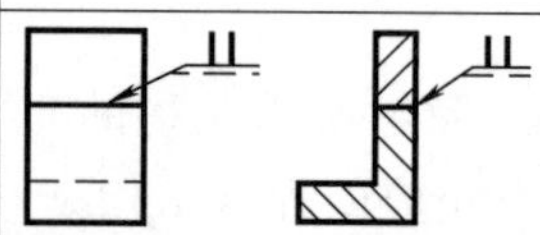	焊缝在接头的箭头侧，基本符号标在基准线的实线一侧
	带钝边 V 形焊缝		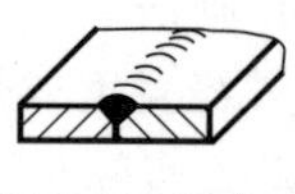	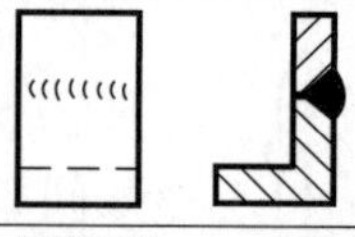	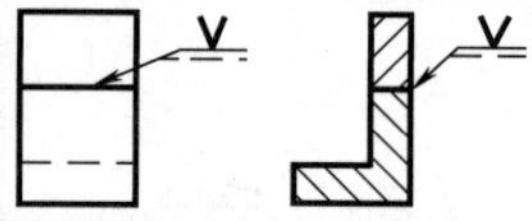	
	V 形焊缝			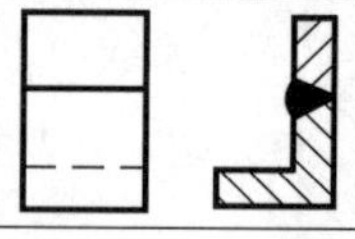	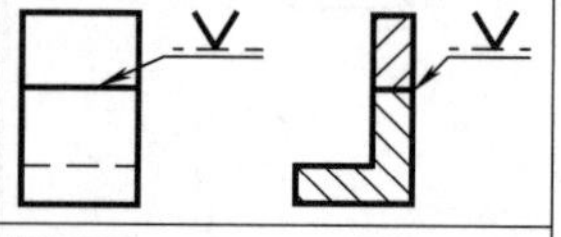	焊缝在接头的非箭头侧，基本符号标在基准线的虚线一侧
	带钝边 U 形焊缝			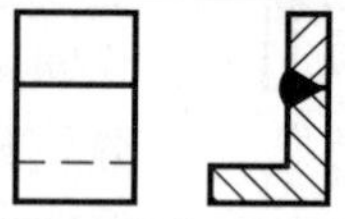	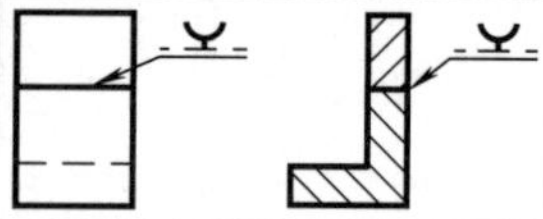	
	角焊缝			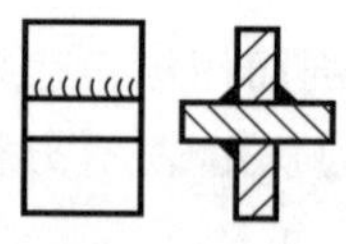	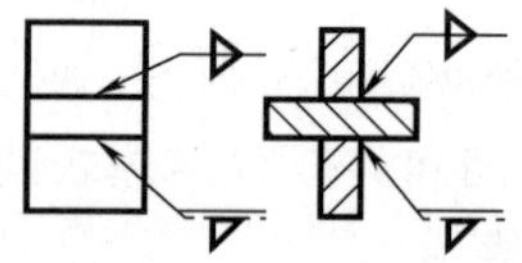	标注对称焊缝及双面焊缝时，可不画虚线

续表

类别	名　称	图形符号	示意图	图示法	焊缝符号表示法	说　明
补充符号	平面	—		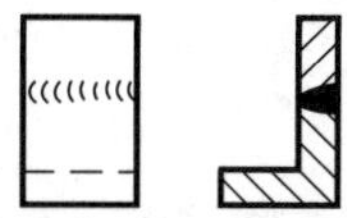	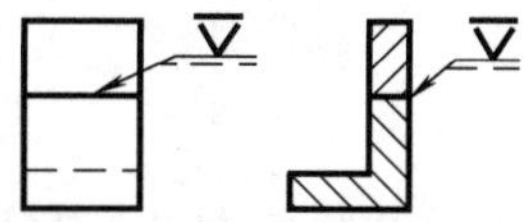	焊缝表面通常经过加工后平整
	凹面	⌣		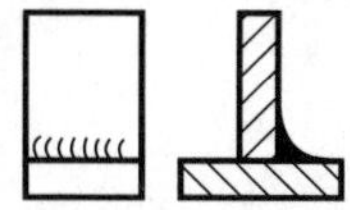	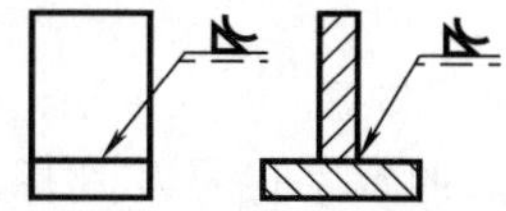	焊缝表面凹陷
	凸面	⌢		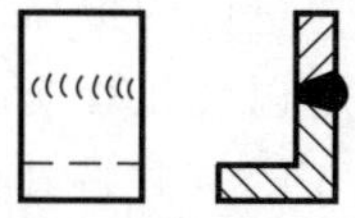	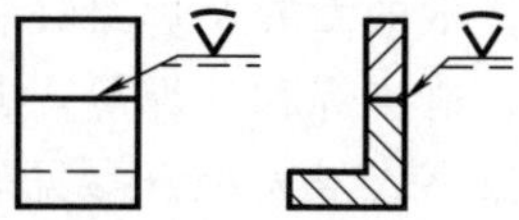	焊缝表面凸起
	三面焊缝	⊏		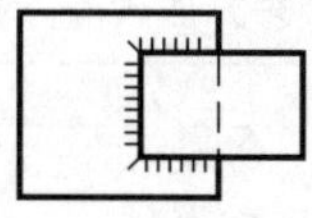	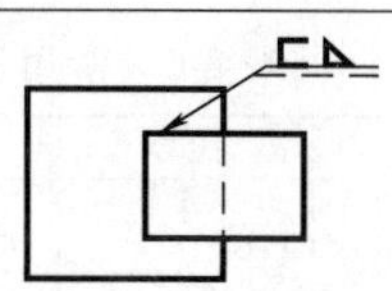	三面带有焊缝
	周围焊缝	○		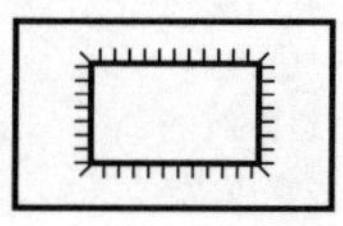	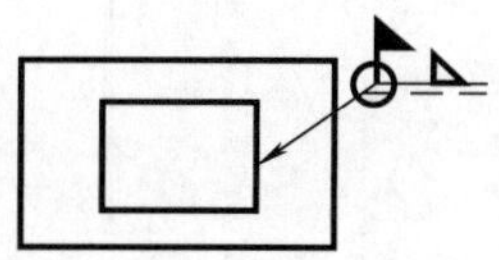	表示在现场沿工件周围施焊的焊缝
	现场焊缝					

2. 焊缝的指引线

焊缝指引线由箭头线和两条基准线构成。箭头线用细实线绘制。两条基准线，一条为实线，另一条为虚线，基准线应与主标题栏平行。实基准线的一端与箭头线相接，如图 3-24（a）所示。必要时，实基准线的另一端画出尾部，以注明其他附加内容，如图 3-24（b）所示。

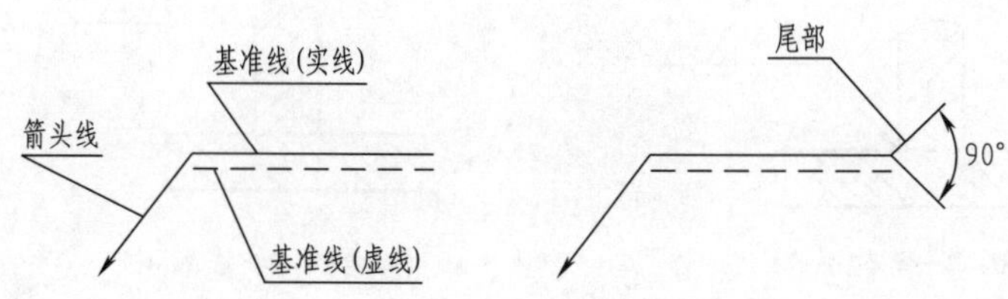

(a)　　(b)

图 3-24　焊缝的指引线

标注非对称焊缝时，虚基准线可加在实基准线的上方或下方，其意义相同。如果箭头指在焊缝的可见侧，则将基本符号标在基准线的实线侧，如图 3-25（a）所示；如果箭头指在焊缝的不可见侧，则将基本符号标在基准线的虚线侧，如图 3-25（b）所示。

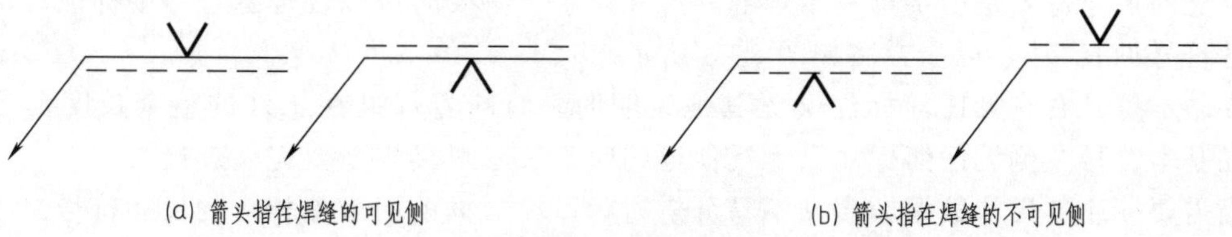

(a) 箭头指在焊缝的可见侧　　(b) 箭头指在焊缝的不可见侧

图 3-25　非对称焊缝基本符号的注写位置

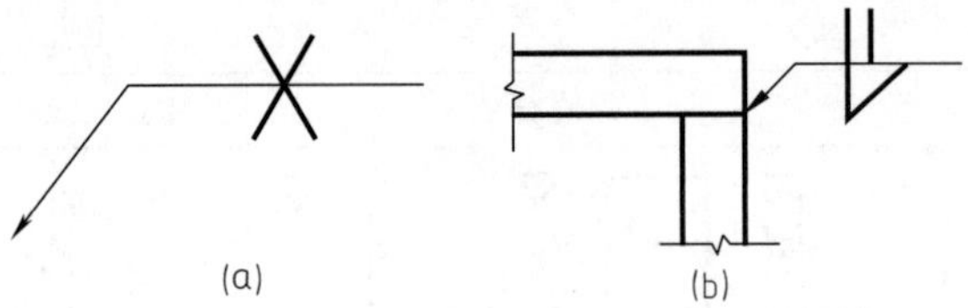

(a)　　(b)

图 3-26　对称焊缝及双面焊缝基本符号的注写位置

标注对称焊缝及双面焊缝时，可不加虚线，在实基准线的上、下方同时标注基本符号，如图 3-26 所示。

3. 焊缝的补充符号

焊缝的补充符号是为了补充说明焊缝的某些特征而采用的符号。补充符号的画法及应用示例见表 3-5。

4. 焊接方法的数字代号及其标注

随着焊接技术的发展及焊接设备先进性的提高，焊接方法已有几十种之多，常见的有电弧焊、接触焊、电渣焊和钎焊等，其中以电弧焊应用最为广泛。国家标准规定各种焊接方法在图样上均用数字代号表示（参见表 3-6），并将其标注在指引线尾部。

表 3-6　常用焊接工艺方法代号（摘自 GB/T 5185—2005）

焊接工艺方法	代号	焊接工艺方法	代号	焊接工艺方法	代号
电弧焊	1	气焊	3	激光焊	52
金属电弧焊	101	氧乙炔焊	311	电渣焊	72
焊条电弧焊	111	氧丙烷焊	312	火焰切割	81
埋弧焊	12	压力焊	4	等离子弧切割	83
等离子弧焊	15	超声波焊	41	激光切割	84
电阻焊	2	摩擦焊	42	硬钎焊	91
点焊	21	爆炸焊	441	软钎焊	94
缝焊	22	扩散焊	45	烙铁软钎焊	952

采用单一焊接方法的标注如图 3-27（a）所示，表示该焊缝为焊条电弧焊，焊角高为 6mm 的角焊缝。采用组合焊接方法，即一个焊接接头采用两种焊接方法完成时，标注如图 3-27（b）所示，表示该角焊缝先用等离子弧焊打底，再用埋弧焊盖面。

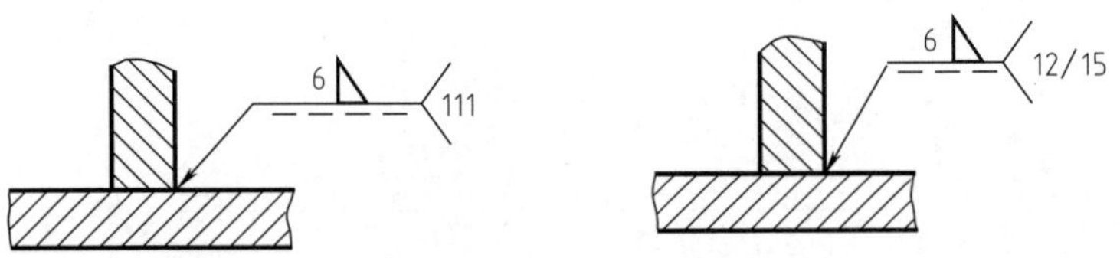

(a) 单一焊接方法的标注　　(b) 组合焊接方法的标注

图 3-27　焊接方法标注

当一张图纸上全部焊缝采用同一种焊接方法时，可省略焊接方法数字代号，但必须在技术条件或技术文件上注明“全部焊缝均采用××焊”。当大部分焊接方法相同时，可在技术条件或技术文件上注明“除已注明焊缝的焊接方法外，其余均采用××焊”等字样。

5. 焊缝的尺寸符号及其标注

焊缝的尺寸符号是用字母表示焊缝的尺寸要求，必要时可以在焊缝符号中标注尺寸。焊缝尺寸符号见表 3-7，标注方法如图 3-28 所示。

在基本符号右侧无任何标注又无其他说明时，意味着焊缝在工件的整个长度上是连续的。在基本符号左侧无任何标注又无其他说明时，表示对接焊缝要完全焊透。

当需要标注的尺寸数据较多又不易分辨时，可在数据前面增加相应的尺寸符号。

焊缝位置的尺寸不在焊缝符号中给出，而是标注在图样上。

表 3-7　焊缝尺寸符号（摘自 GB/T 324—2008）

符号	名称	示意图	符号	名称	示意图
δ	工件厚度	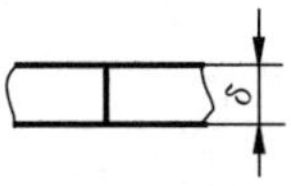	c	焊缝宽度	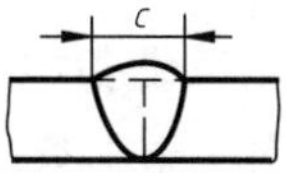
α	坡口角度	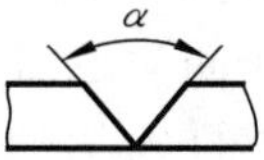	K	焊脚尺寸	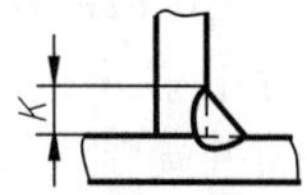
β	坡口面角度	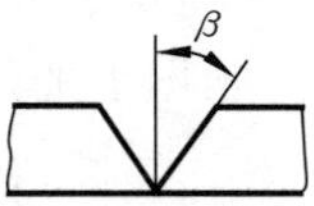	d	点焊：熔核直径 塞焊：孔径	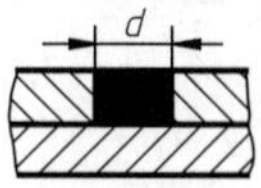
b	根部间隙	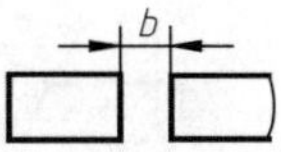	n	焊缝段数	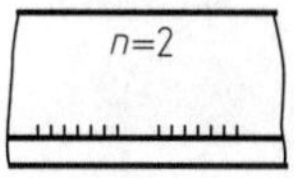
p	钝边	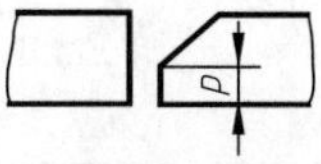	l	焊缝长度	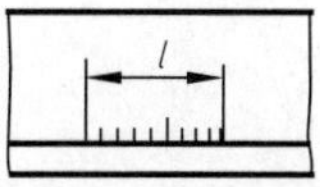
R	根部半径	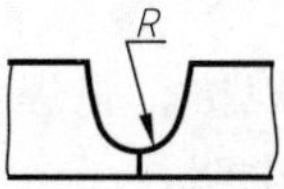	e	焊缝间距	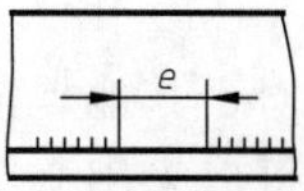
H	坡口深度	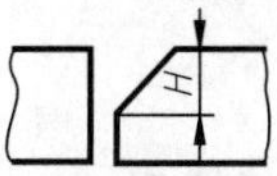	N	相同焊缝数量	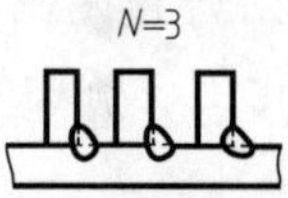
S	焊缝有效厚度	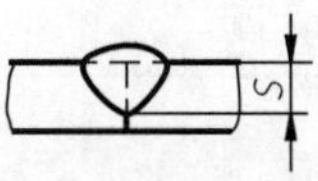	h	余高	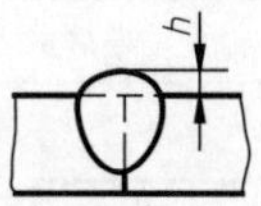

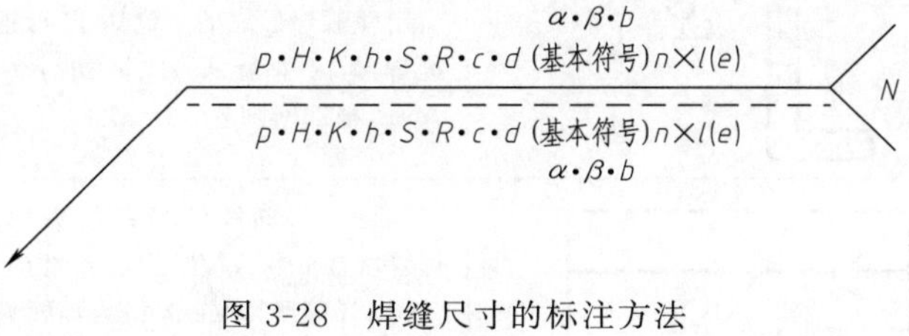

图 3-28　焊缝尺寸的标注方法

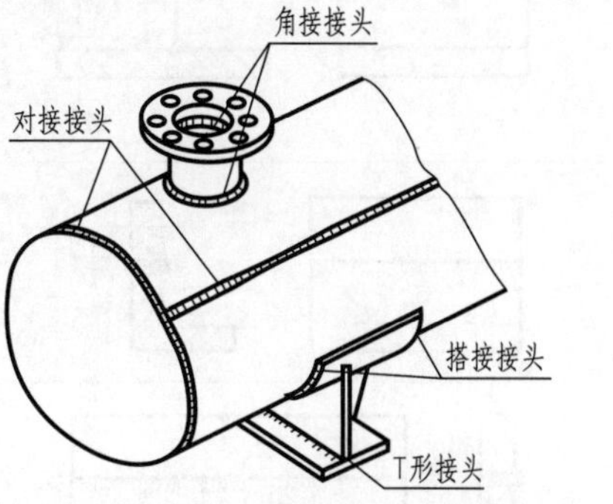

图 3-29　化工设备的焊缝示例

三、化工设备焊缝的表示

由于焊接具有强度高、工艺简单等优点，化工设备中零部件的制造及其装配连接广泛采用了焊接方法。为了保证焊接质量，在选用接头时，应合理选择坡口角度、钝边高、根部间隙等结构尺寸，以利于坡口加工及焊透，减少各种焊接缺陷（如裂纹、未熔合、变形等）产生的可能性。化工设备的焊缝示例如图 3-29 所示。

1. 焊缝的画法及标注

化工设备中焊缝的画法按其重要的程度一般有两种。

对于第Ⅰ类压力容器及其他常、低压设备，一般可直接在视图中按焊缝规定画法绘制，图中可不标注，但需在技术要求中，对焊接接头的设计标准、焊条型号、焊缝质量要求进行说明。

对于第Ⅱ、Ⅲ类压力容器及其他中、高压设备上重要的或非标准形式的焊缝，需用局部放大的剖视图（又称节点放大图）表达其结构形状和尺寸，如图 3-30 所示。对于这类压力容器，应画出筒体与封头、带补强圈的接管与筒体或封头、厚壁管补强的接管与筒体或封头、筒体与管板、筒体与裙座等焊接的节点放大图。视图上的焊缝仍按规定画法绘制。

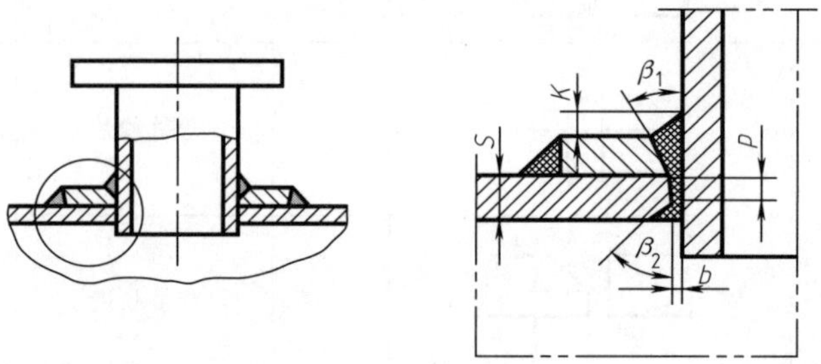

图 3-30　焊接节点放大图

对于其他焊接要求，如设计标准、焊条型号与规格、施焊条件、焊缝的检验要求及方法等，可以采用文字说明的方法，在技术要求中加以说明。

2. 焊接图画法示例

化工设备中常见的几种焊缝标注示例见表 3-8。

表 3-8　常见焊缝标注示例

焊缝类型及图示法	标注示例	说　明
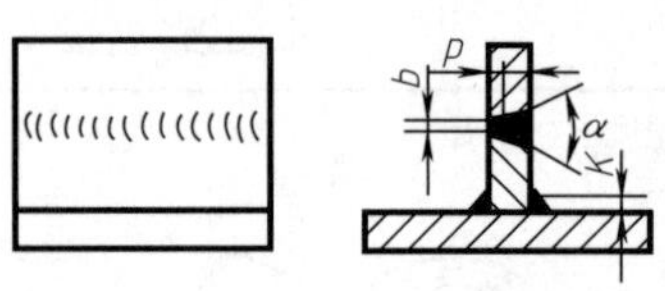	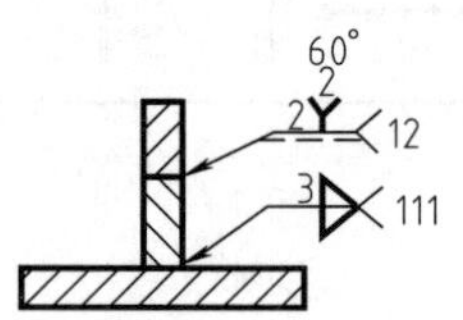	1. 用埋弧焊形成的带钝边 V 形连续焊缝在箭头侧。钝边 $p=2$mm，根部间隙 $b=2$mm，坡口角度 $\alpha=60°$ 2. 用手工电弧焊形成的连续、对称角焊缝，焊角尺寸 $K=3$
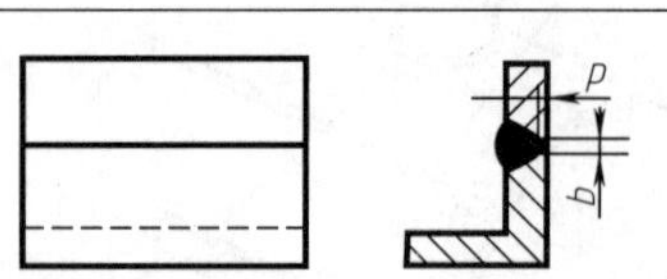	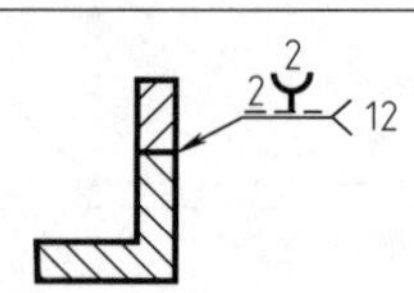	用埋弧焊形成的带钝边 U 形连续焊缝在非箭头侧，钝边 $p=2$mm，根部间隙 $b=2$mm
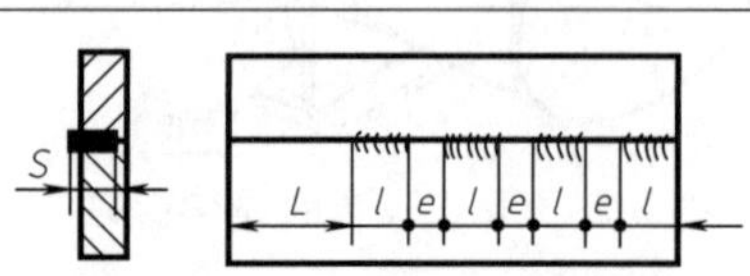	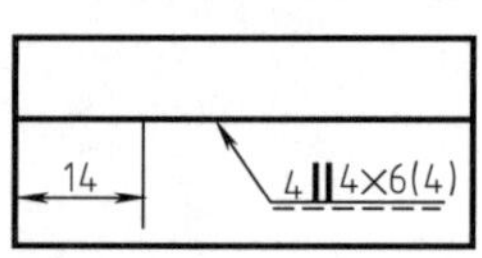	表示 I 形断续焊缝在箭头侧。焊缝段数 $n=4$，每段焊缝长度 $l=6$mm，焊缝间距 $e=4$mm，焊缝有效厚度 $S=4$mm

图 3-31 所示为化工设备常用支座的焊接图，从图中可以看出，支座的主要材料是钢板，采用焊接方法制造。

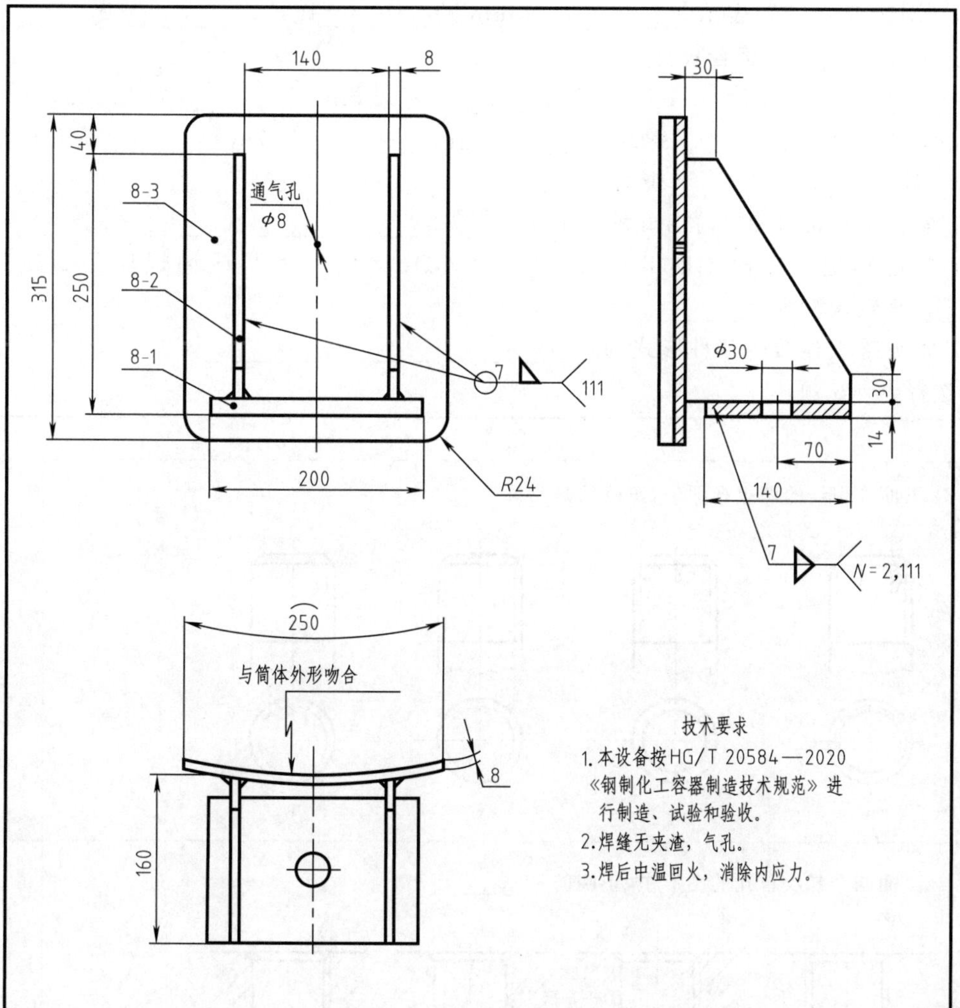

件号	图号或标准号	名　　称	数量	材　料	单 质量/kg	总 质量/kg	备注
8-3		垫板	1	Q235-A		5.00	
8-2		筋板	2	Q235-A	2.55	5.10	
8-1		底板	1	Q235-A		3.10	

件号	名　称	材　料	质量/kg	比例	所在图号	装配图号
8	耳式支座	组合件	13.2	1:5	R2024-6-5	R2024-6-1

图 3-31　支座焊接图

习题

3-1　螺纹连接（共 14 题）

1. 填空题（8 题）

（1）螺纹的要素有________、________、________、________和________。

（2）外螺纹大径用________线表示，小径用________线表示；内螺纹（可见）大径用________线表示，小径用________线表示。

(3)“M10-5g6g-S”表示________为10mm的________螺纹，________旋，________分别为5g、6g，________旋合长度。

(4)“Tr40×14（P7）LH-7e”表示________为40mm，________为14mm，________为7mm的________线________螺纹，________旋，________为7e，________旋合长度。

(5)“G1/2”表示________螺纹。

(6)常见的标准件有（写出五种以上）________________________等。

(7)规定标记“螺栓 GB/T 5782—2016　M16×60”表明该种螺栓的螺纹规格为________，有效长度为________。

(8)常见螺纹连接的三种形式为________________________。

2. 选择题（6题）

序号	题目	答案
(1)	下面外螺纹的四组视图中，正确的是________。 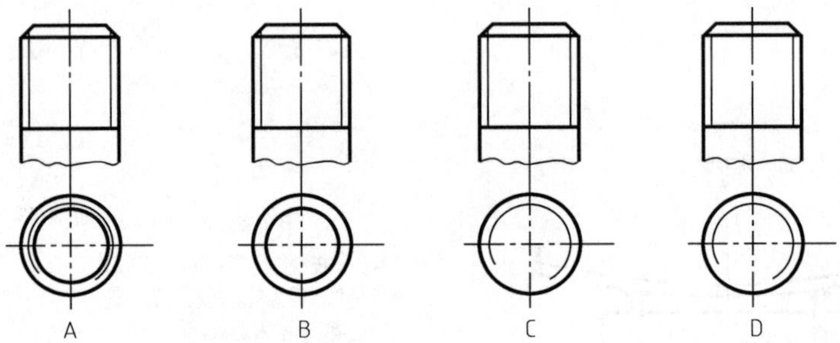	
(2)	下面四个螺纹盲孔的图形中，正确的是________。 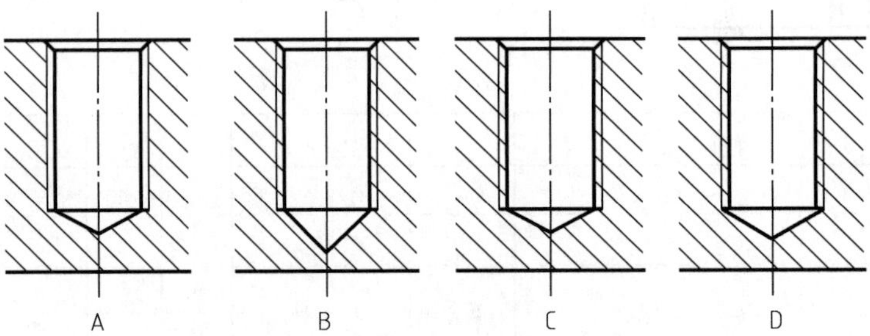	
(3)	下面分别是内外螺纹旋合的主视图、左视图、*A*—*A* 剖视图和 *B*—*B* 剖视图，错误的是________。 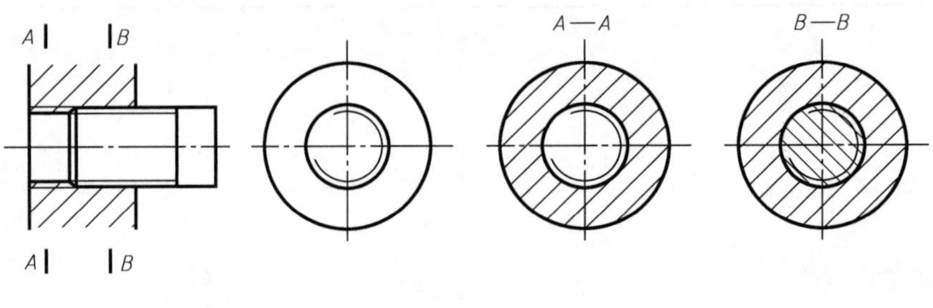 A. 主视图和左视图　B. 左视图和 *A*—*A* 剖视图 C. 主视图和 *B*—*B* 剖视图　D. *A*—*A* 剖视图和 *B*—*B* 剖视图	

续表

序号	题目	答案
(4)	下面四组螺栓连接图中，正确的是________。 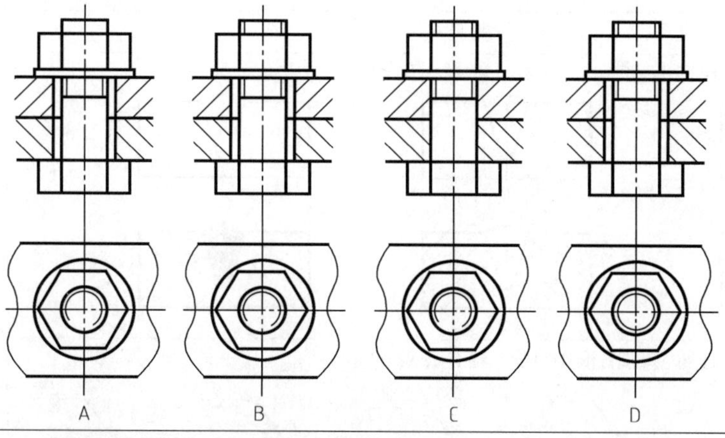 	
(5)	下面四组双头螺柱连接图中，正确的是________。 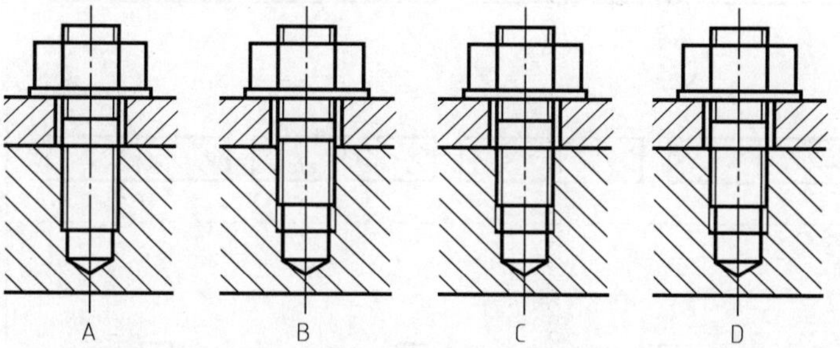 	
(6)	下面四组螺钉连接图中，正确的是________。 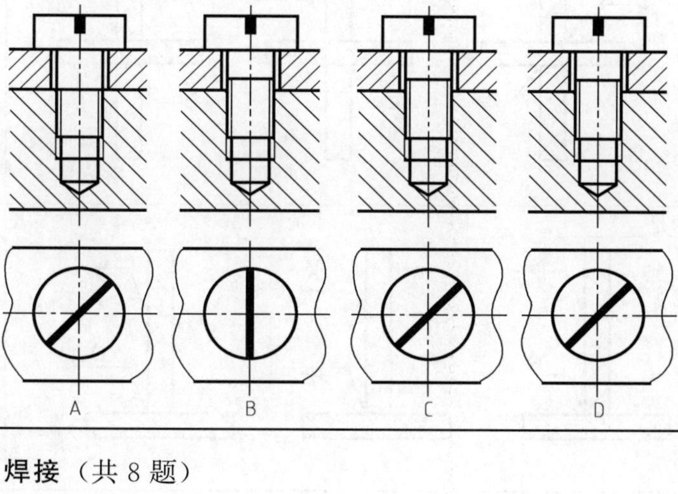 	

3-2　焊接（共 8 题）

1. 填空题（4 题）

（1）在金属焊接图样中，优先采用（　　）。

A. 图示法　　　　B. 焊缝符号表示法

（2）完整的“焊缝符号”包括（　　）几项内容？

A. 基本符号　　　B. 指引线　　　　C. 补充符号　　　　D. 尺寸符号

（3）焊缝的“基本符号”表示焊缝________的形式或特征。

（4）以下阿拉伯数字代表哪些焊接方法？

111：________，12：________，2：________，84：________。

2. 选择题（4 题）

序号	题目	答案
（1）	下列表示焊缝的视图和剖视图中，哪一幅是正确的________。 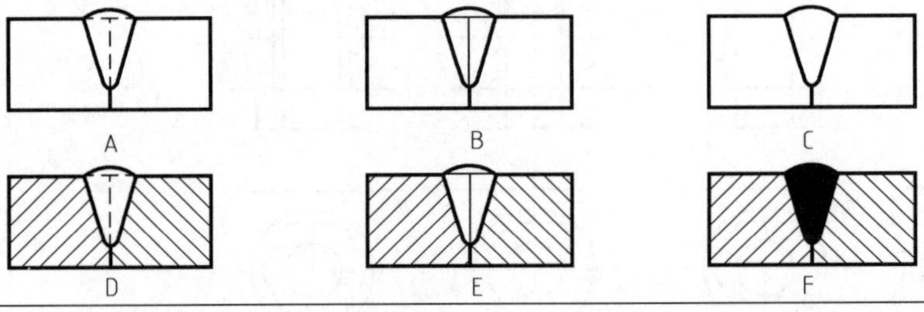	
（2）	下列两组标注焊缝符号的图形中，哪一幅是正确的________。 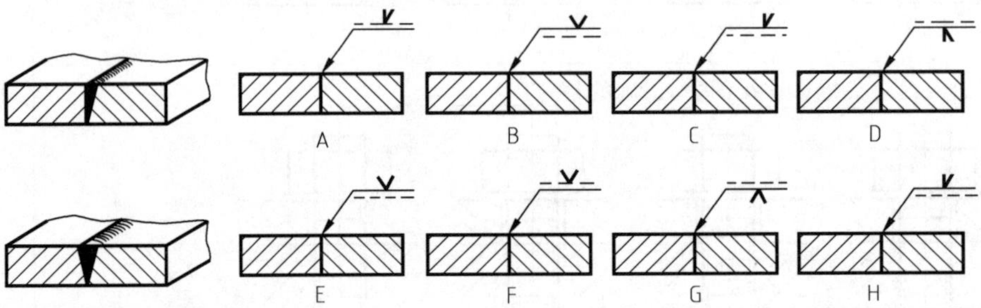	
（3）	下列焊缝符号正确的是________。 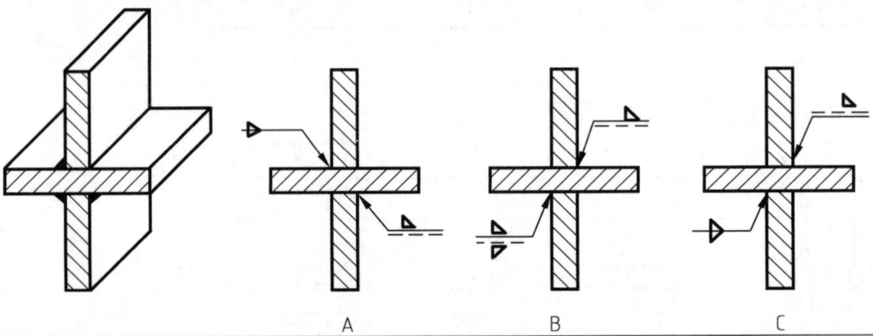	
（4）	下列焊缝符号正确的是________。 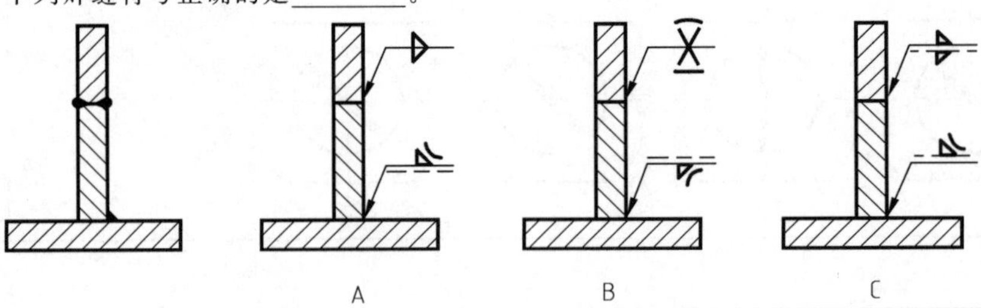	

扫码看答案

第四章　化工设备图的基本知识

内容提要：

化工设备是指在化工生产过程中的合成、分离、干燥、结晶、过滤、吸收、澄清等生产单元使用的装置和设备。典型的化工设备有反应釜、塔器、换热器、贮罐等。化工设备的设计和施工图样的绘制，都是根据化工工艺的要求进行的。用以表示化工设备结构、形状、大小、性能和制造安装等技术要求的图样称为化工设备图。为了适应石油化工、轻化工、精细化工、医药化工等化学工业的快速发展，专家和技术人员根据设计和制造的需要，结合化工设备的结构特点，逐步制定和完善了一套化工制图规范，形成了我国的绘图体系和相关标准，并增加了一些规定画法和简化画法。因此，既遵循国家标准又掌握行业标准，才能正确地识读和绘制化工设备图样。

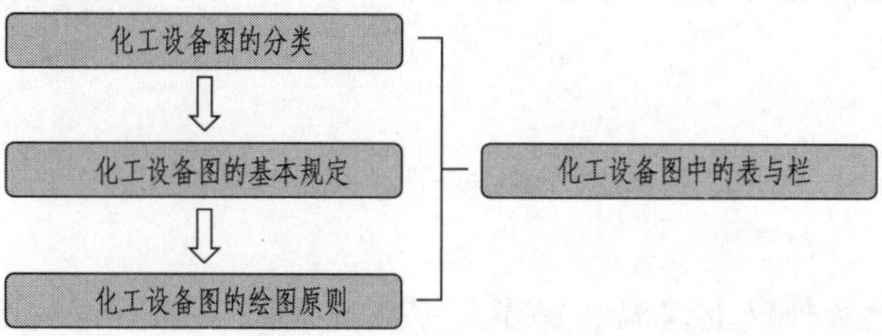

章节目标：

知识目标	★　掌握化工设备图的分类。 ★　掌握化工设备图的绘制原则。 ★　掌握化工设备图中的表与栏。
技能目标	★　能区分化工设备图的分类。 ★　能识读化工设备图中的表与栏。
素质目标	★　培养严谨细致的学习态度。

化工设备图是表达化工设备的结构、形状、大小、性能及制造、安装等技术要求的工程图样。

第一节　化工设备图的分类

化工设备图按设计阶段通常分为基础设计和详细设计；按用途分为工程图和施工图。施工图与详细设计相同，含图纸和技术文件两部分。其中，图纸包括装配图、部件图、零件图

(包括表格图)、零部件图、特殊工具图、标准图（或通用图)、梯子平台图、预焊件图、管口方位图等；技术文件包括技术要求、计算书、说明书及图纸目录等。本书重点介绍施工图图纸的有关规定。

1. 装配图

装配图是表示设备全貌、组成和特性的图样，它表达设备各主要部分的结构特征、装配和连接关系、特征尺寸、外形尺寸、安装尺寸及对外连接尺寸、技术要求等。

2. 部件图

部件图是表示可拆或不可拆部件的结构、尺寸，以及所属零部件之间的关系、技术特性和技术要求等资料的图样。

3. 零件图

零件图是表示零件的形状、尺寸、加工以及热处理和检验等资料的图样。

4. 零部件图

零部件图是由零件图、部件图组成的图样。

5. 表格图

表格图是用表格表示多个形状相同、尺寸不同的零件的图样。

6. 特殊工具图

特殊工具图是表示设备安装、试压和维修时使用的特殊工具的图样。

7. 标准图（或通用图)

标准图（或通用图）是指国家有关主管部门和各设计单位编制的化工设备上常用零部件的标准图（或通用图)。

8. 梯子平台图

梯子平台图是表示支承于设备外壁上的梯子、平台结构的图样。

9. 预焊件图

预焊件图是表示设备外壁上保温、梯子、平台、管线支架等安装前在设备外壁上需预先焊接的零件的图样。

10. 管口方位图

管口方位图是表示设备管口、支耳、吊耳、人孔吊柱、板式塔降液板、换热器折流板缺口位置、地脚螺栓、接地板、梯子、铭牌等方位的图样。

11. 技术要求

技术要求是表示设备在制造、试验、验收时应遵循的条款和文件。

12. 计算书

计算书是表示设备强度、刚度等的计算文件。当用计算机计算时，应将输入数据和计算结果作为计算文件。

13. 说明书

说明书是表示设备结构原理、技术特性、制造、安装、运输、使用、维修及其他需说明的文件。

14. 图纸目录

图纸目录是表示每台设备的图纸及技术文件的全套设计文件的清单。

第二节　化工设备图的基本规定

化工设备施工图图样的一般规定除应符合国家《技术制图》的有关规定外，还应参照 HG/T 20668—2000《化工设备设计文件编制规定》。

一、图纸幅面及格式

施工图的幅面及格式按 GB/T 14689—2008《技术制图　图纸幅面及格式》的规定，见表 4-1。

幅面大小的选择根据视图数量、尺寸配置、明细表大小、技术要求等内容多少所占范围，并照顾到布图均匀美观等因素来确定，还要注意幅面大小与比例选择同时考虑。

表 4-1　图纸幅面尺寸

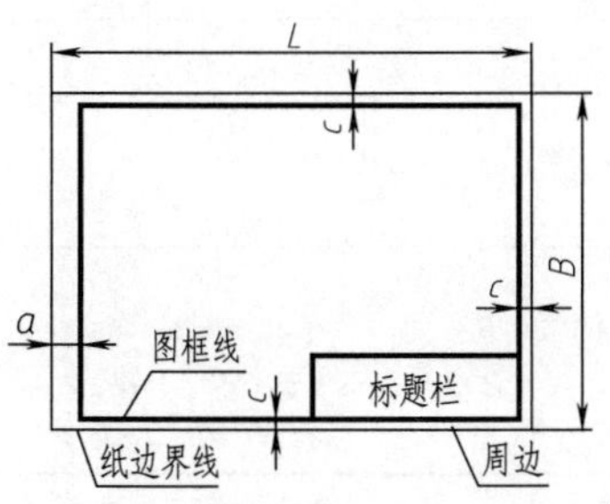

基本幅面				加长幅面	
第一选择				第二、三选择	
幅面代号	$B\times L$	c	a	幅面代号	$B\times L$
A0	841×1189	10	25	A1×3	841×1783
A1	594×841			A1×4	841×2378
A2	420×594			A2×3	594×1261
A3	297×420	5		A2×4	594×1682
A4	210×297			A2×5	594×2102

装配图优先采用第一选择 A1 基本幅面，加长加宽幅面尽量不用。必要时允许选用第二、三选择的加长幅面。加长幅面的图框尺寸，按所选用的基本幅面大一号的图框尺寸确定，如 A2×3 的图框尺寸，按 A1 的图框尺寸确定。

卧式设备，如换热器，图纸采用水平放置，视图多采用主、左视图。立式设备，如塔器，图纸可采用竖直放置，视图多采用主、俯视图。当设备较长时，可将俯（左）视图作为与主视图比例一致的向视图，单独放置在图纸显著位置。

除基本视图外，对于化工设备上的主要零部件连接、接管和法兰的焊缝结构，以及尺寸过小的结构等无法用基本视图表达清楚的地方，常采用局部放大图、向视图、剖视图等辅助视图（常称节点图）表达。当装配图一张 A1 幅面图纸不够时，可将局部放大图放在第 2 张、第 3 张图中，但应分别加注，如装配图（一）加注“本装配图的其他局部放大图见装配图（二）”，装配图（二）加注“主视图见装配图（一）”。

零部件图，一般按 A1 图纸幅面，可在一张 A1 图幅上分为若干个小幅面，如图 4-1 所示，以图框线为准，用细实线划分为接近标准幅面尺寸的图样幅面。也可按图 4-2 所示，其中每个幅面的尺寸均符合 GB/T 14689—2008《技术制图　图纸幅面及格式》的规定。建议优先按图 4-1 所示形式。

不单独存在的多个图样，组成一张 A1 图幅时，图纸右下角采用一个标题栏，该图中每个零部件的明细栏内“所在图号”为同一图号，并与标题栏图号一致。当零部件不够组成一张 A1 图幅时，可采用 A2、A3、A4 幅面，注意 A3 幅面不允许单独竖放，A4 幅面不允许横放，A5 幅面不允许单独存在。

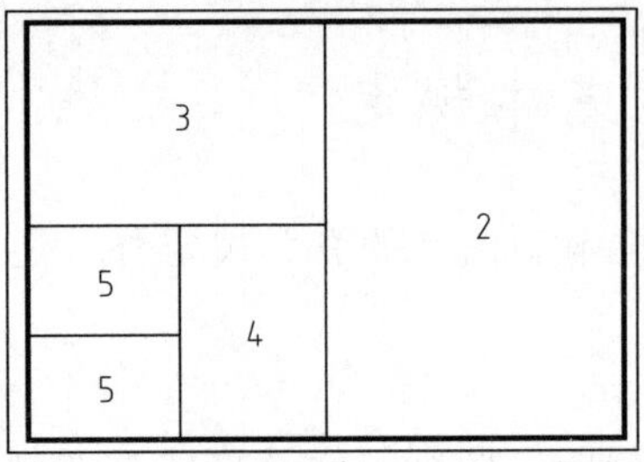

图 4-1　零部件图 A1 图幅组合 1

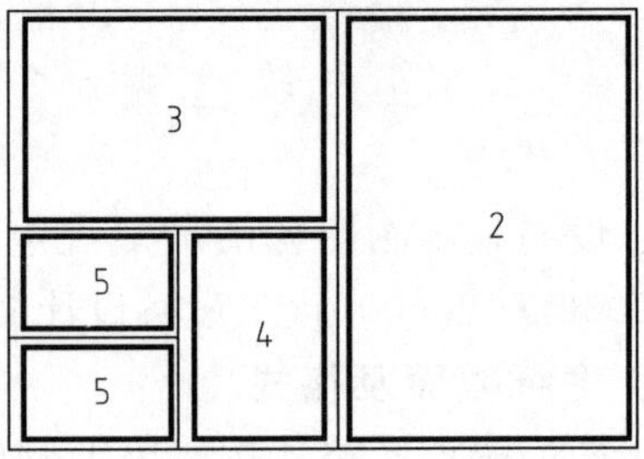

图 4-2　零部件图 A1 图幅组合 2

二、图样的比例

施工图图样的比例应符合 GB/T 14690—1993 的规定，详见表 4-2。

表 4-2　绘图比例

种类	优先选用比例	必要时选用比例
原值比例	1∶1	
放大比例	5∶1　2∶1　5×10^n∶1 2×10^n∶1　1×10^n∶1	4∶1　2.5∶1 4×10^n∶1　2.5×10^n∶1
缩小比例	1∶2　1∶5　1∶10 1∶2×10^n　1∶5×10^n 1∶1×10^n	1∶1.5　1∶2.5　1∶3　1∶4　1∶6 1∶1.5×10^n　1∶2.5×10^n　1∶3×10^n　1∶4×10^n　1∶6×10^n

注：n 为正整数

三、文字、符号、代号及其尺寸

图样中字体应符合 GB/T 14691—1993 的规定，优先采用下列字体。

① 汉字为仿宋体，拉丁字母（英文字母）为 B 型直体。

② 阿拉伯数字为 B 型直体。

③ 放大图序号用罗马数字Ⅰ、Ⅱ、Ⅲ等。

④ 放大图标题用汉字表示。

⑤ 剖视图、向视图符号以大写英文字母表示。

⑥ 焊缝序号为阿拉伯数字。

⑦ 焊缝符号及代号按国家标准或行业标准。

⑧ 管口符号以大写英文字母 A、B、C 等表示。常用管口符号推荐按表 4-3 所示选用。规格、用途及连接面型式不同的管口，均应单独编写管口符号；完全相同的管口，则应编写同一符号，但应在符号的右下角按数量加阿拉伯数字角标，以示区别，如 $TI_{1\sim2}$、LG_1、LG_2 等。

表 4-3　常用管口符号

管口名称或用途	管口符号	管口名称或用途	管口符号	管口名称或用途	管口符号
手孔	H	人孔	M	安全阀接口	SV
液位计口(现场)	LG	压力计口	PI	温度计口	TE
液位开关口	LS	压力变送器口	PT	温度计口(现场)	TI
液位变送器口	LT	在线分析口	QE	裙座排气口	VS

图样中文字、符号、代号的字体尺寸应符合 GB/T 14691—1993 的规定。常用字体尺寸如表 4-4 所示。表中字体尺寸（字号）均为字体的高度（mm）。字体高度的公称尺寸系列为：1.8mm，2.5mm，3.5mm，5mm，7mm，10mm，14mm，20mm。书写更大的字体，字体高度一般应按$\sqrt{2}$的比率递增。字体高度代表字体的号数。字体的宽度一般约按 $h/\sqrt{2}$，计算机绘图字体的宽度取 0.7。

表 4-4　常用字体尺寸

项目		字体尺寸	项目	字体尺寸
文字		3.5	视图代号(大写英文字母)	5
数字	件号数字	5	焊缝代号、符号、数字	3
	其他数字	3	管口符号	5
放大图序号		5	计算书文字及数字	3.5
焊缝放大图序号	在装配图中	5	图纸目录文字及数字	3.5
	在零部件图中	3	说明书的文字及数字	3.5
放大图标题汉字		5	标题栏、签署栏和明细栏中文字及数字	3

施工图中公差、指数等上、下标数字及字母，一般应采用小一号的字体。计算机绘图打印出的字体大小与标准尺寸不完全一致时，可取与标准规定最相近的规格尺寸。

施工图中计量单位为 SI 制。

第三节　化工设备图的绘图原则

一、不需单独绘制图样的原则

一般每一设备部件或零件，均应单独绘制图样，但符合下列情况时，可不单独绘制。

① 国家标准、专业标准等标准的零部件和外购件。

② 对结构简单，而尺寸、图形及其他资料已在部件图上表示清楚，不需机械加工（焊缝坡口及少量钻孔等加工除外）的铆焊件、浇注件、胶合件等，可不单独绘制零件图。

③ 几个铸件在制造过程中需要一起备模划线者，应按部件图绘制，不必单独绘制零件图（如分块铸造的箅子板和分块焊接的箅子板），此时在部件图上表示出为制造零件所需的一切资料。

④ 尺寸符合标准的螺栓、螺母、垫圈、法兰等连接零件，其材料与标准不同时，可不单独绘制零件图，但需在明细栏中注明材料规格，并在备注栏内注明“尺寸按×××标准”字样，此时明细栏中“图号或标准号”一栏应不标注标准号。

⑤ 两个相互对称、方向相反的零件一般应分别绘出图样，两个简单的对称零件，在不致造成施工错误的情况下，可以只画出其中一个，但每件应标以不同的件号，并在图样中予以说明，如“本图样系表示件号×，而件号×与件号×左右（或上下）对称”。

⑥ 形状相同、结构简单可用同一图样表示清楚的，一般不超过 10 个不同可变参数的零件，可用表格图绘制，但在图样中必须注明共同不变的参数及文字说明，而可变参数在图样中以字母代号标注，且表格中必须包括件号和每个可变参数的尺寸、数量及质量等。

二、需单独绘制图样的原则

符合下列情况时应单独绘制图样，其基本原则如下。

① 由于加工工艺或设计的需要，零件必须在组合后才进行机械加工的部件，如带短节

的设备法兰，由两半组成的大齿轮，由两种不同材料的零件组成的蜗轮等。

对于不画部件图的简单部件，应在零件图中注明需组合后再进行机械加工，如“×面需在与件号×焊接后进行加工”等字样。

② 具有独立结构，必须画部件图才能清楚地表示其装配要求、机械性能和用途的可拆或不可拆部件，如搅拌传动装置、对开轴承、联轴器等。

③ 复杂的设备壳体。

④ 铸制、锻制的零件。

第四节　化工设备图中的表与栏

化工设备装配图中主要表格有设计数据表和管口表；主要的栏有标题栏、明细栏、质量及盖章栏和签署栏等。

一、设计数据表

设计数据表是表示设备重要设计数据和技术要求的一览表，位于装配图右上角，其格式和尺寸如图 4-3 所示，其中 n 根据需要确定。

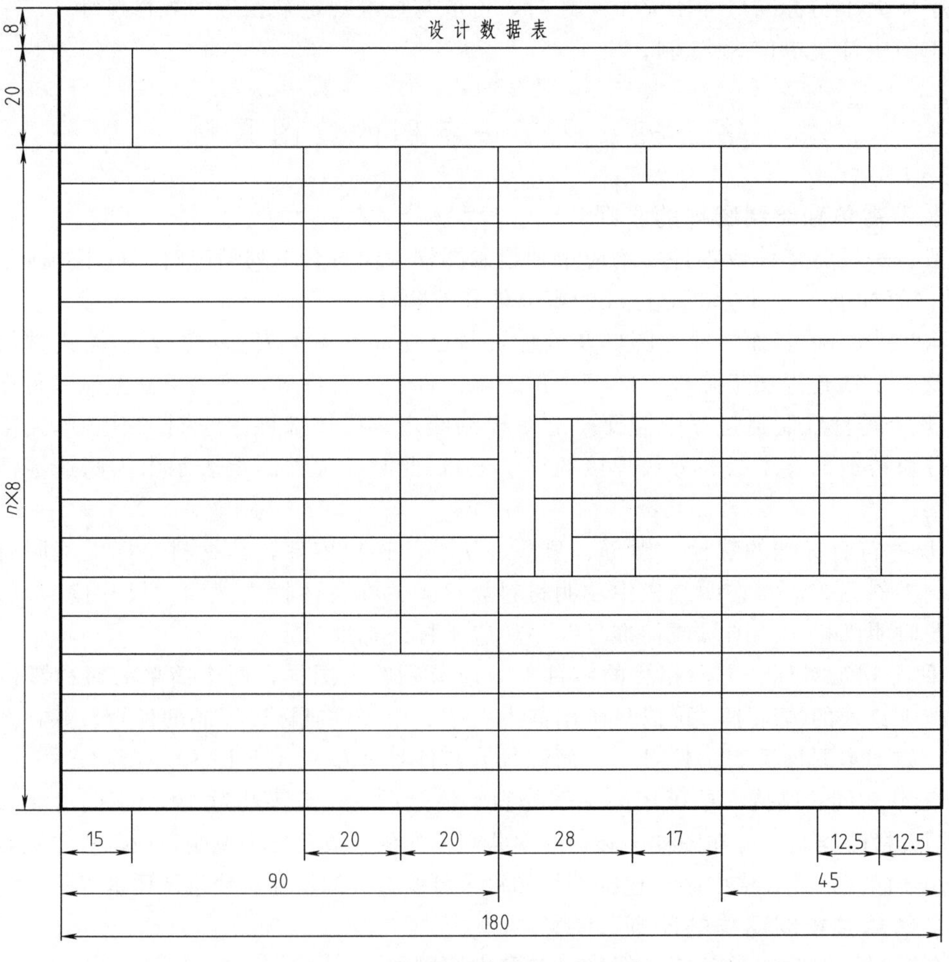

图 4-3　设计数据表的格式和尺寸

注：表中字体尺寸为汉字 3.5 号，英文 2 号，数字 3 号。

设计数据表中的内容根据设备的不同有所区别，其中搅拌设备内容参照图 4-4，换热器内容参照图 4-5，塔器内容参照图 4-6，其内容可根据实际需要增减。其余结构类型设备的填写内容，由设计者按需要确定。

<table>
<tr><td colspan="10">设 计 数 据 表</td></tr>
<tr><td>规 范</td><td colspan="9">1.接受TSG 21—2016《固定式压力容器安全技术监察规程》的监察。
2.按GB/T 150.1～4—2011《压力容器》进行制造、检验和验收。
3.按HG/T 20569—2013《机械搅拌设备》进行制造、检验和验收。</td></tr>
<tr><td></td><td>容 器</td><td>夹 套</td><td colspan="3">压力容器类别</td><td></td><td colspan="2">压力容器级别</td><td></td></tr>
<tr><td>介 质</td><td></td><td></td><td colspan="4">焊条型号</td><td colspan="3">按NB/T 47015规定</td></tr>
<tr><td>介质特性</td><td></td><td></td><td colspan="4">焊条规格</td><td colspan="3">按NB/T 47015规定</td></tr>
<tr><td>工作温度/℃</td><td></td><td></td><td colspan="4">焊缝结构</td><td colspan="3">除注明外采用全焊透结构</td></tr>
<tr><td>工作压力/MPaG</td><td></td><td></td><td colspan="4">除注明外角焊缝腰高</td><td colspan="3">按较薄厚度</td></tr>
<tr><td>设计温度/℃</td><td></td><td></td><td colspan="4">管法兰与接管焊接标准</td><td colspan="3">按相应法兰标准</td></tr>
<tr><td>设计压力/MPaG</td><td></td><td></td><td rowspan="5">无损检测</td><td colspan="2">焊接接头类别</td><td>方法-检测率</td><td>标准</td><td>技术等级</td><td>合格级别</td></tr>
<tr><td>腐蚀裕量/mm</td><td></td><td></td><td rowspan="2">A,B</td><td>容器</td><td></td><td></td><td></td><td></td></tr>
<tr><td>焊接接头系数</td><td></td><td></td><td>夹套</td><td></td><td></td><td></td><td></td></tr>
<tr><td>热处理</td><td></td><td></td><td rowspan="2">C,D</td><td>容器</td><td></td><td></td><td></td><td></td></tr>
<tr><td>水压试验压力 卧试/立试/MPaG</td><td></td><td></td><td>夹套</td><td></td><td></td><td></td><td></td></tr>
<tr><td>气密性试验压力/MPaG</td><td></td><td></td><td colspan="4">全容积/m³</td><td colspan="3"></td></tr>
<tr><td>主要材料</td><td></td><td></td><td colspan="4">设计寿命/年</td><td colspan="3"></td></tr>
<tr><td>加热面积/m²</td><td></td><td></td><td colspan="4">搅拌器型式</td><td colspan="3"></td></tr>
<tr><td>保温层厚度/防火层厚度/mm</td><td></td><td></td><td colspan="4">搅拌器转速/(r/min)</td><td colspan="3"></td></tr>
<tr><td>表面防腐要求</td><td colspan="2">按JB/T 4711规定</td><td colspan="4">电机功率/防爆等级</td><td colspan="3"></td></tr>
<tr><td>其他(按需要填写)</td><td></td><td></td><td colspan="4">管口方位</td><td colspan="3">按本图</td></tr>
</table>

图 4-4　搅拌设备的设计数据表

注：数据表中已填写内容为示例，供参考。

搅拌设备一般要填写全容积，必要时，还填写操作容积（有效容积）或充装系数等，采用盘管加热时，还应增加盘管的设计数据。若夹套和盘管同时存在时，应分别列出各自的加热面积。

塔器除填写图 4-6 中内容外，必要时，应增加填写填料比面积、填料体积、气量和喷淋量等内容。

二、管口表

装配图中的管口表一般位于设计数据表下方，其内容、格式及尺寸见图 4-7。管口表的边框线为粗线，其余均为细线。根据管口数量，表中 n 按需确定。管口表的内容根据以下要求填写。

① 符号栏：管口符号由上至下按英文字母顺序填写，当管口规格、连接标准、用途完全相同时，可合并为一项填写，如 $F_{1\sim3}$。

② 公称尺寸栏：按接管公称直径填写，无公称直径时，按实际内径填写（矩形孔填

<table>
<tr><td colspan="10">设计数据表</td></tr>
<tr><td>规范</td><td colspan="9">1.接受TSG 21—2016《固定式压力容器安全技术监察规程》的监察。
2.按GB/T 150.1～4—2011《压力容器》进行制造、检验和验收。
3.按GB/T 151—2014《热换热器》I级管束进行制造、检验和验收。</td></tr>
<tr><td></td><td>壳程</td><td>管程</td><td colspan="3">压力容器类别</td><td></td><td colspan="2">压力容器级别</td><td></td></tr>
<tr><td>介质</td><td></td><td></td><td colspan="4">焊条型号</td><td colspan="3">按NB/T 47015规定</td></tr>
<tr><td>介质特性</td><td></td><td></td><td colspan="4">焊条规格</td><td colspan="3">按NB/T 47015规定</td></tr>
<tr><td>工作温度/℃</td><td></td><td></td><td colspan="4">焊缝结构</td><td colspan="3">除注明外采用全焊透结构</td></tr>
<tr><td>工作压力/MPaG</td><td></td><td></td><td colspan="4">除注明外角焊缝腰高</td><td colspan="3">按较薄厚度</td></tr>
<tr><td>设计温度/℃</td><td></td><td></td><td colspan="4">管法兰与接管焊接标准</td><td colspan="3">按相应法兰标准</td></tr>
<tr><td>设计压力/MPaG</td><td></td><td></td><td colspan="4">管板与筒体连接应采用</td><td colspan="3">氩弧焊打底，表面着色探伤检查</td></tr>
<tr><td>金属温度/℃</td><td></td><td></td><td colspan="4">管子与管板连接</td><td colspan="3">强度胀</td></tr>
<tr><td>腐蚀裕量/mm</td><td></td><td></td><td rowspan="5">无损检测</td><td colspan="2">焊接接头类别</td><td>方法-检测率</td><td>标准</td><td>技术等级</td><td>合格级别</td></tr>
<tr><td>焊接接头系数</td><td></td><td></td><td rowspan="2">A,B</td><td>壳程</td><td></td><td></td><td></td><td></td></tr>
<tr><td>程数</td><td></td><td></td><td>管程</td><td></td><td></td><td></td><td></td></tr>
<tr><td>热处理</td><td></td><td></td><td rowspan="2">C,D</td><td>壳程</td><td></td><td></td><td></td><td></td></tr>
<tr><td>水压试验压力 卧试/立试/MPaG</td><td></td><td></td><td>管程</td><td></td><td></td><td></td><td></td></tr>
<tr><td>气密性试验压力/MPaG</td><td></td><td></td><td colspan="4" rowspan="2">管板密封面与壳体轴线垂直度公差/mm</td><td colspan="3" rowspan="2"></td></tr>
<tr><td>主要材料</td><td></td><td></td></tr>
<tr><td>换热面积(外径)/m²</td><td colspan="2"></td><td colspan="4">设计寿命/年</td><td colspan="3"></td></tr>
<tr><td>保温层厚度/防火层厚度/mm</td><td colspan="2"></td><td colspan="4">管口方位</td><td colspan="3">按本图</td></tr>
<tr><td>表面防腐要求</td><td colspan="2">按JB/T 4711规定</td><td colspan="4">其他(按需要填写)</td><td colspan="3"></td></tr>
</table>

图 4-5 换热器的设计数据表

注：数据表中已填内容为示例，供参考。

“长×宽”，椭圆孔填“椭长轴×短轴”)，带衬管的接管，按衬管的实际内容填写，带薄衬里的钢接管，按钢接管的公称直径填写。

③ 公称压力栏：按所选接管标准中压力等级填写，压力等级应高于设计压力，通常还要考虑密封面刚度，欧洲体系管法兰压力等级不低于 1.6MPa，美洲体系管法兰压力等级不低于 2.0MPa。

④ 连接标准和连接面型式栏：填写对外连接的接管法兰的标准，连接面型式按法兰密封面型式填写，如突面（RF）、凸凹面（MFM）等，不对外连接的管口，如人孔则不填，在连接标准和连接面型式两栏内用斜细线表示，用螺纹连接的管口则填写连接螺纹规格，如填 M24、G3/4、NPT3/4 等字样，连接面型式栏内填写“内螺纹”或“外螺纹”，带盲板可拆卸套接接管，以分数表示，分子为接管尺寸，分母为带盲板接管尺寸。

⑤ 用途或名称栏：填写工艺名称和用途，如填写“人孔”“气体进口”等字样。

⑥ 设备中心线至法兰密封面距离栏：填写垂直于设备中心线各接管的实际距离，已在此栏内填写的接管，图中可不注出尺寸，其他需在图中标注尺寸的接管，在此栏中填写“见图”或“按本图”的字样。

<table>
<tr><th colspan="9">设 计 数 据 表</th></tr>
<tr><td>规范</td><td colspan="8">1. 接受 TSG 21—2016《固定式压力容器安全技术监察规程》的监察。
2. 按 GB/T 150.1～4—2011《压力容器》进行制造、检验和验收。
3. 按 NB/T 47041—2014《塔式容器》进行制造、检验和验收。</td></tr>
<tr><td>介 质</td><td></td><td colspan="3">压力容器类别</td><td></td><td colspan="2">压力容器级别</td><td></td></tr>
<tr><td>介质特性</td><td></td><td colspan="4">焊条型号</td><td colspan="3">按NB/T 47015规定</td></tr>
<tr><td>工作温度/℃</td><td></td><td colspan="4">焊条规格</td><td colspan="3">按NB/T 47015规定</td></tr>
<tr><td>工作压力/MPaG</td><td></td><td colspan="4">焊缝结构</td><td colspan="3">除注明外采用全焊透结构</td></tr>
<tr><td>设计温度/℃</td><td></td><td colspan="4">除注明外角焊缝腰高</td><td colspan="3">按较薄厚度</td></tr>
<tr><td>设计压力/MPaG</td><td></td><td colspan="4">管法兰与接管焊接标准</td><td colspan="3">按相应法兰标准</td></tr>
<tr><td>腐蚀裕量/mm</td><td></td><td rowspan="3">无损检测</td><td colspan="2">焊接接头类别</td><td>方法-检测率</td><td>标准</td><td>技术等级</td><td>合格级别</td></tr>
<tr><td>焊接接头系数</td><td></td><td>A,B</td><td>容器</td><td></td><td></td><td></td><td></td></tr>
<tr><td>热处理</td><td></td><td>C,D</td><td>容器</td><td></td><td></td><td></td><td></td></tr>
<tr><td>水压试验压力 卧试/立试/MPaG</td><td></td><td colspan="4">全容积/m³</td><td colspan="3"></td></tr>
<tr><td>气密性试验压力/MPaG</td><td></td><td colspan="4">设计寿命/年</td><td colspan="3"></td></tr>
<tr><td>主要材料</td><td></td><td colspan="4">基本风压/Pa</td><td colspan="3"></td></tr>
<tr><td>保温层厚度/防火层厚度/mm</td><td></td><td colspan="4">地震设防烈度</td><td colspan="3"></td></tr>
<tr><td>表面防腐要求</td><td>按 JB/T 4711规定</td><td colspan="4">场土地类别/地震影响系数</td><td colspan="3"></td></tr>
<tr><td>其他（按需要填写）</td><td></td><td colspan="4">管口方位</td><td colspan="3"></td></tr>
</table>

图 4-6　塔器的设计数据表

注：数据表中已填写内容为示例，供参考。

管 口 表							
符号	公称尺寸	公称压力	连接标准	法兰型式	连接面型式	用途或名称	设备中心线至法兰密封面距离
A	250	2.0	HG/T 20615	WN	RF	气体进口	660
B	600	2.0	HG/T 20615	/	/	人孔	见图
C	150	2.0	HG/T 20615	WN	RF	液体进口	660
D	50×50	/	/	/	FF	加料口	见图
E	椭300×200	/	/	/	/	手孔	见图
$F_{1\sim3}$	15	1.6	HG/T 20592	SO	MFM	取样口	见图
G	20	/	NPT3/4	/	内螺纹	放净口	见图
H	20/50	1.6	HG/T 20592	SO	RF	回流口	见图
15	15	15	25	20	20	40	

180

5　10　8　n×8　n×8+15

图 4-7　管口表的内容、格式及尺寸

三、标题栏

化工设备图中的标题栏位于图面的右下角，包括多个图样组成的零部件图。标题栏的内容、格式及尺寸见图 4-8，其示例见图 4-9。标题栏边框为粗线，其余为细线。

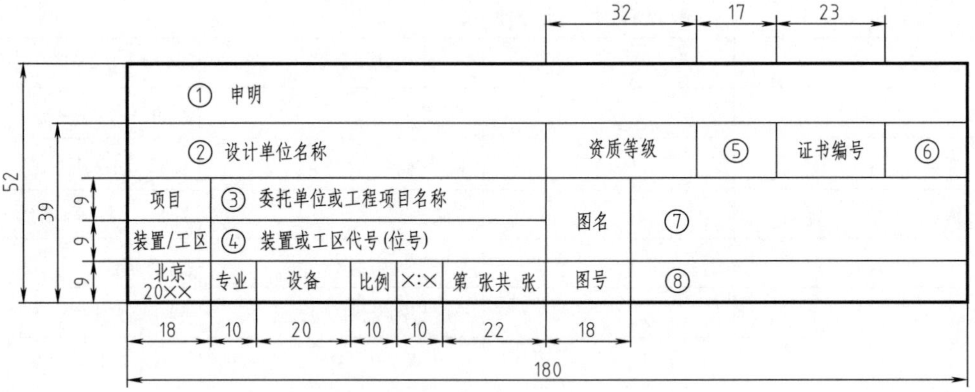

图 4-8　标题栏的内容、格式及尺寸

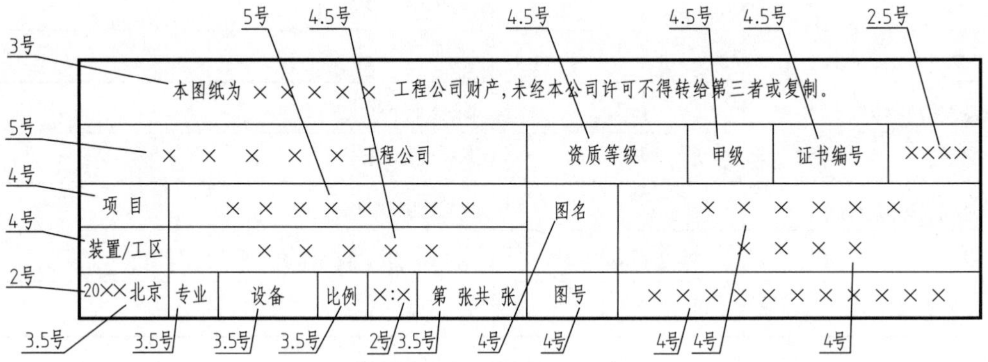

图 4-9　标题栏举例

标题栏的内容参考下述要求逐栏填写。

① 栏①填写设计单位声明，如“本图纸为×××××工程公司财产，未经本公司许可不得转给第三者或复制”，字体为 3 号。

② 栏②填写设计单位名称，字体为 5 号。

③ 栏③填写设备委托单位或所在项目名称，字体为 5 号。当设备委托单位或所在项目不详时可不填写。

④ 栏④填写装置和工区代号（或设备位号），字体为 4.5 号。

⑤ 栏⑤填写设计单位资质等级，如甲级，字体为 4.5 号。

⑥ 栏⑥填写设计单位证书编号，字体为 2.5 号。

⑦ 栏⑦为图名栏，分 2～3 行填写：第 1 行填写设备名称，字体为 4 号，一台设备所对应的一套图纸，设备名称应一致；第 2 行填写设备主要规格，字体为 3 号，按设备类型分别填写，塔设备应填公称直径×总高，搅拌设备和储罐应填全容积“$V=$____ m^3”，换热器应填换热面积“$F=$____ m^2”；第 3 行填写图样名称，如装配图、部件图、零件图、零部件图，字体为 4 号。

⑧ 栏⑧为图号栏，图号的编写方法，各单位可自行确定，如 R2008-8，字体为 4 号。

四、签署栏

签署栏位于标题栏上方，其内容、格式及尺寸见图 4-10。

表中版次栏以 0、1、2、3 等阿拉伯数字表示。说明栏一般表示此版次图纸的用途，如施工图、询价用等，当图纸修改时，此栏填写修改内容。签署栏通常为三级签署，按相关规定执行。日期一般填写图纸完成的日期。

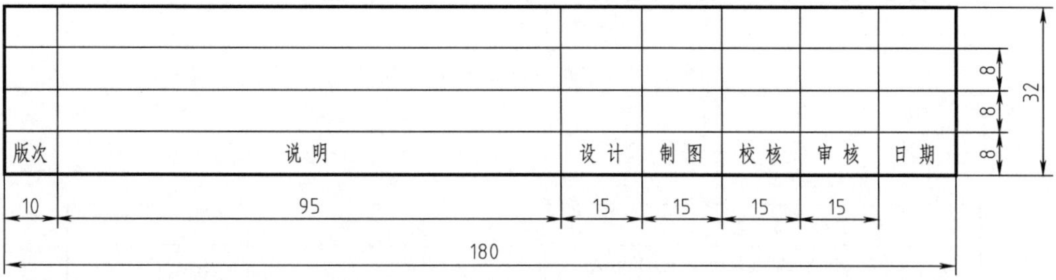

图 4-10　签署栏的内容、格式及尺寸

五、质量及盖章栏

质量及盖章栏位于签署栏之上。其内容、格式及尺寸可参见图 4-11。表的线型边框为粗线，其余为细线。

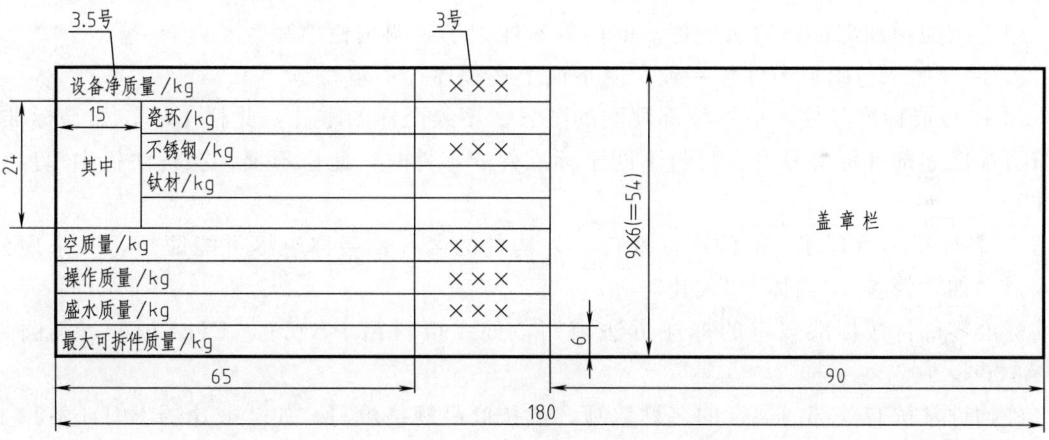

图 4-11　质量及盖章栏的内容、格式及尺寸

填写时，参照以下要求。

① 设备净质量：表示设备所有零部件及金属和非金属材料质量的总和。当设备中有特殊材料如不锈钢、贵金属、催化剂、填料等，应分别列出。

② 空质量：为设备净质量、保温材料质量、防火材料质量、梯子平台质量的总和。

③ 操作质量：设备空质量与操作介质质量之和。

④ 充水质量：设备空质量与充水质量之和。

⑤ 最大可拆件质量：如 U 形管管束或浮头换热器浮头管束质量等。

六、明细栏

常用明细栏有三种。图 4-12 所示的格式和尺寸为用于装配图和部件图的明细栏 1，位于标题栏和质量及盖章栏上方，表中的 n 根据零、部件的数量而定。当件号较多、位置不够时，可按顺序将部分表格排在标题栏左侧的图纸目录上方。其举例和字号大小如图 4-13 所示。

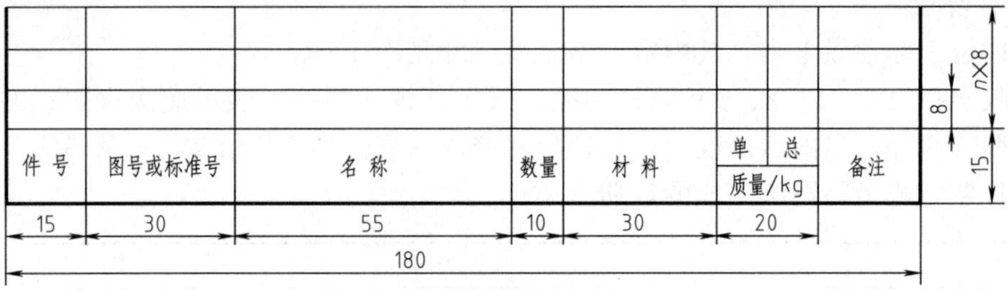

图 4-12　明细栏 1 的格式和尺寸

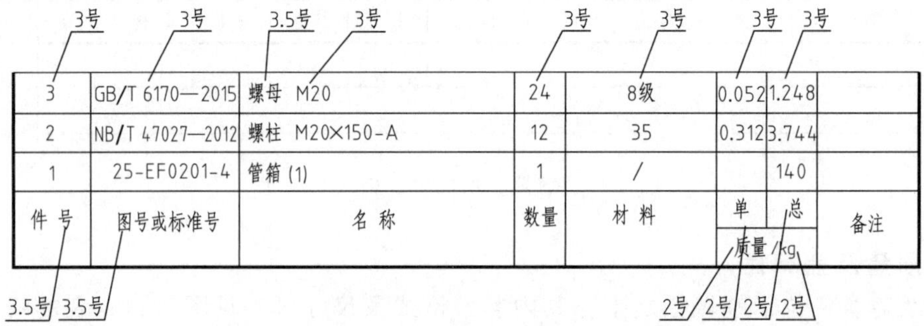

图 4-13　明细栏 1 举例

用于装配图和部件图的明细栏 1 的内容参照以下说明按栏填写。

① 件号栏　与图形中件号一致，由下而上按顺序逐一填写。

② 图号或标准号栏　填写零部件图的图号，不绘图样的零件，此栏不填，如是标准件，则填写标准零部件标准号（当材料不同于标准件的零件时，此栏不填，在备注栏中填尺寸按标准号）。

③ 名称栏　填写零、部件或标准件、外构件的名称。名称应尽可能简短，并采用公认的术语，如“管板”“筒体”“人孔”等。

标准零部件按标准规定的标注方法填写，如“填料箱 $PN0.6$　EHA70”“椭圆封头 EHA1000×10”等字样。

外购件常按有关部门规定的名称填写，或按商品规格填写，如“减速器 BLD4-4-23-F”。

不绘制的零件，在名称后应列出规格和实际尺寸，如“筒体 $DN1000 \times 10$　$H=2000$（指以内径标注时）”“接管 $\phi 57 \times 4$　$L=160$”等字样。

④ 数量栏　填写设备中属于同一件号的零部件及外构件的全部件数。

对于填充物以 m^3 计，对于大面积衬里材料（如橡胶板、石棉板、金属网等）以 m^2 计。

⑤ 材料栏　应按国家标准和专业标准规定填写零件的材料代号或名称。对于国内某生产厂的材料或国外的标准材料，应同时标出材料的名称和代号。必要时，需在“技术要求”中进行一些补充说明。无标准规定的材料，应按材料的习惯名称标出。

对于部件此栏填写“组合件”字样。外构件，此栏可不填（用斜细实线表示），当对需注明材料的外构件，此栏仍需填写。

⑥ 质量栏　分“单”和“总”填写，应准确到小数点后一位。若质量小于准确度的零件，质量可不填。

⑦ 备注栏　仅填写必要的说明，如填“外购”“尺寸按××××—××标准”“现场配

制”等字样。

图 4-14 所示的格式和尺寸为用于零部件图的明细栏 2，位于图幅右下角，有标题栏时，位于标题栏上方。其举例和字号大小如图 4-15 所示。

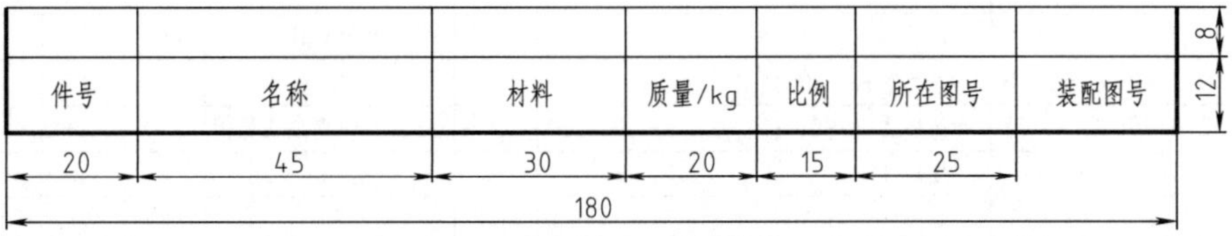

图 4-14 明细栏 2 的格式和尺寸

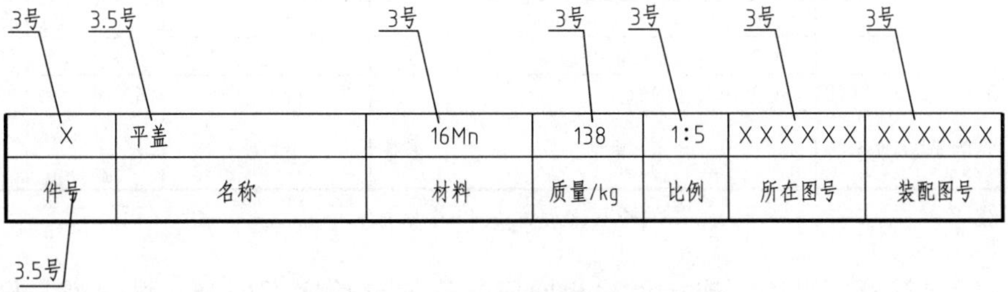

图 4-15 明细栏 2 举例

用于零部件图的明细栏 2 的内容参照以下说明按栏填写。

① 件号、名称、材料、质量栏中的内容均与装配图或部件图的明细栏 1 中的相同。

② 当所属零件和部件中的零件或不同部件中的零件用同一零件图样时，件号栏内应分行填写清楚各零件的件号。

③ 比例栏填写零件或部件主要视图的比例，不按比例的图样，应用斜细实线表示。

④ 所在图号栏，用于填写该图样所在图纸的图号；装配图号栏用于填写该零部件所属装配图或部件图图号。

对于塔、储槽等设备，当设备上管口多于 5 个时，可将管口零件作为一个部件列入装配图的明细栏 1 中。其标注表示方法与部件图相同，通常以 A3、A4 幅面单独存在。管口零部件图由标题栏、签署栏、明细栏 2 和明细栏 3 组成。

图 4-16 所示的格式和尺寸为用于管口零件的明细栏 3，位于图幅右下角明细栏 2 的上方，有标题栏时，位于标题栏和明细栏 2 上方。明细栏 3 边框为粗线，其余为细线。其举例和字号大小如图 4-17 所示。

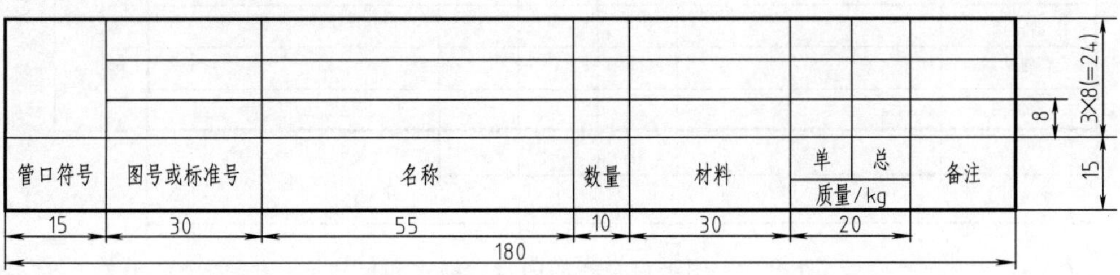

图 4-16 明细栏 3 的格式和尺寸

用于管口零件的明细栏 3 的内容参照以下说明按栏填写。

① 管口符号应按管口表中符号顺序依次填写，如图 4-17 所示。

3.5号　2.5号　3号　3.5号　3号　3号　3号　3号

管口符号	图号或标准号	名称	数量	材料	单 质量/kg	总 质量/kg	备注
$C_{1\sim2}$		接管 ϕ168×7 L=145	1	20		3.42	备注 G_1 管口
		接管 ϕ168×7 L=135	1	20		3.4	备注 G_2 管口
	HG/T 20592—2018	法兰 WN150-16RF	2	16Mn Ⅱ	12.1	24.2	
B	HG/T 20592—2018	法兰盖 BL150-16RF	1	16Mn Ⅱ		5.2	
	HG/T 20610—2009	缠绕垫 D150-16 2242	1	S30408+特制石棉带		/	
	GB/T 6170—2015	螺母 M20	8	8	/	/	
	GB/T 5782—2016	螺栓 M20×80	8	8.8	0.3	2.4	
		接管 ϕ168×7 L=127	1	20		3.3	
	HG/T 20592—2018	法兰 WN150-16RF	1	16Mn Ⅱ		12.1	
$A_{1\sim2}$		接管 20×4	4	Q235-A	/	/	长度制造厂定
		接管 ϕ34×4.5 L=104	2	20	0.3	0.6	
	HG/T 20592—2018	法兰 WN25-16RF	2	16Mn Ⅱ	1.1	2.2	

图 4-17　明细栏 3 举例

② 同一管口符号，当法兰连接尺寸相同而接管伸出长度不同时，可同列一栏中，如图 4-17 中 $C_{1\sim2}$。

③ 同一管口符号，当法兰连接尺寸和接管伸出长度相同时，编同一件号，如图 4-17 中 $A_{1\sim2}$。

④ 管口连接由多个零件组成，如螺栓、螺母、垫片、法兰盖、补强板、筋板、弯头、弯头后接管等，均可编入该管口符号的零件中，在此编入件号的零件在装配图中不重复编件号，如图 4-17 中 B。

⑤ 当管口零件之一需绘制零件图时，此件编入装配图中，该管口其他零件仍编入此栏。

⑥ 其余栏填写同明细栏 1。

七、图纸目录

图纸目录可作为单独的技术文件，用 A4 纸填写，其内容、格式及尺寸如图 4-18 所示。作为单台设备施工图，也可在装配图填写一个图纸目录，其位置在标题栏左侧。

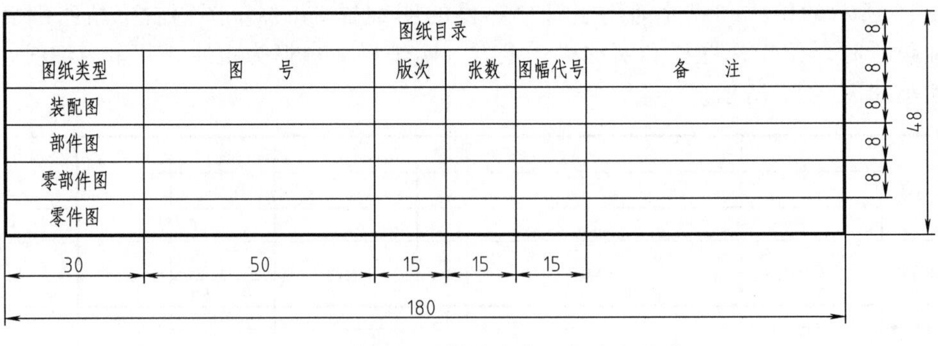

图 4-18　图纸目录栏的内容、格式和尺寸

图纸目录中图号与图纸标题栏中的图号相同，图幅代号以 A0、A1、A2 等表示图纸大小，当图纸加长时，则以带分数形式填写，如 1½ 表示 A1 加长 1/2。版次与签署栏中版次对应，填写 0、1、2 等。张数按各图纸类型的张数填写。

八、化工设备图的图面布置

化工设备图图样在图纸上的安排应遵循以下原则。

1. 化工设备装配图和零部件图的安排

① 装配图一般不与零部件图画在同一张图纸上，但对只有少数零部件的简单设备，允许将零部件图与装配图安排在同一张图纸上，此时图纸应不超过 A1 幅面，装配图安排在图纸的右侧。

② 化工设备中部件及其所属零件的图样，应尽可能编排成 A1 幅面或安排在同一张图纸上，此时部件图安排在图纸的右方或右下方。当若干零部件图需要安排成两张以上图纸时，应尽可能将件号相连的零件图，或者是加工、安装时关系密切的零件图安排在同一张图纸上。

③ 在有标题栏的图纸右下角不得安排 5 号幅面的零件图。

④ 当一个装配图的部分视图分别画在数张图纸上的时，主要视图及其所属设计数据表、技术要求、管口表、明细栏、质量及盖章栏、主签署栏等均应安排在第一张图纸上，并在每张图纸的“注”中说明其相互关系。例如，在主视图图纸上“注：左视图、*A* 向视图及 *B*—*B* 剖面见××-××××-2 图纸”，在××-××××-2 图纸上“注：主视图见××-××××-1 图纸”。

2. 局部放大图的布置

① 当只有一个放大图时，应放在被放大部件附近。

② 当放大图数量大于 1 时，应按其顺序号依次整齐排列在图中的空白处，也可安排在另一张图纸上。

③ 在视图中放大图顺序号：应从视图的左下到左上到右上到右下顺时针方向依次排列。

④ 放大图图样必须与被放大的部位一致，且必须按比例（通用放大图例外）。

⑤ 放大图图样在图中应从左到右、从上到下依次整齐排列。

3. 剖视图、向视图的布置

① 当只有一个剖视图、向视图时，应放在剖视或向视部位附近。

② 当剖视图、向视图数量大于 1 时，应按其顺序号依次整齐排列在图中的空白处，也可安排在另一张图纸上。

③ 剖视图、向视图应从视图的左下到左上到右上到右下顺时针方向依次排列。

④ 剖视图、向视图图样必须按比例。

第五章　化工设备零部件图

内容提要：

化工设备零部件的种类和规格较多，工艺要求不同，结构形状也各有差异，但这些设备有一些作用相同的零部件，如设备的支座、人孔、连接管孔的法兰等。这些零部件总体可以分为两类：一类是通用零部件，另一类是各种典型化工设备的常用零部件。为了便于设计、制造和检修，把这些零部件的结构形状统一成若干种规格，相互通用，称为通用零部件。经过多年的实践，对结构比较先进、符合生产和制造要求的通用零部件，进行了规格的系列化和标准化，经过国家有关部门批准，制定并颁布零部件标准，称为标准化零部件，符合标准规格的零部件称为标准件。

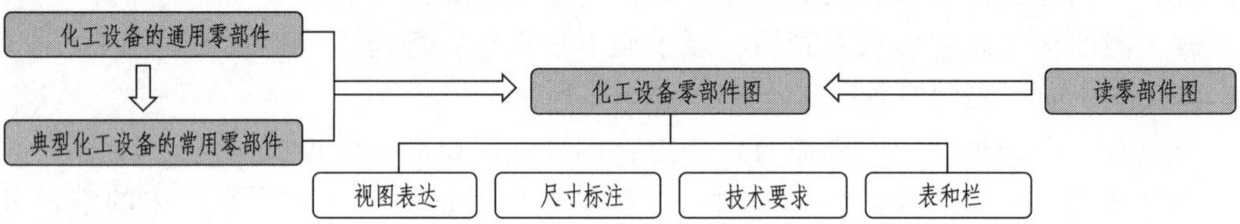

章节目标：

知识目标	★ 熟悉化工设备通用零部件和典型设备常用零部件的结构特点。 ★ 掌握化工设备图常用零部件的阅读方法。
技能目标	★ 能分析化工设备图视图的配置方式。 ★ 能准确运用多次旋转、局部结构、断开、分层等表达方式及简化画法。 ★ 能读懂化工设备图中常用零部件的规格、参考标准、技术要求等信息。 ★ 能结合相关标准,独立完成化工设备零部件图的识读。
素质目标	★ 培养巧妙运用不同图形表达方式分析问题的习惯。 ★ 培养工程素质,体验标准化零部件带来的方便。 ★ 培养规范标注零部件的习惯。 ★ 培养善于有针对性地抓住事物关键信息的习惯。

第一节　化工设备的通用零部件

化工设备中常使用的零部件有筒体、封头、支座、法兰、人（手）孔、视镜、液面计及补强圈等，如图 5-1 所示。为了便于设计、互换及批量生产，这些零部件都已经标准化、系列化，并在相应的化工设备上通用。熟悉这些零部件的基本结构以及有关标准，有助于化工设备图的绘制和阅读。这些零部件的设计计算及选用，请参阅有关专业书籍和手册。本书附录中引入部分零部件的尺寸系列标准，供参考。

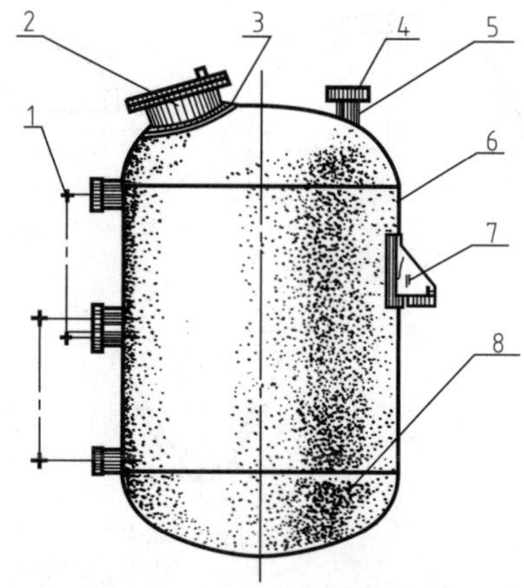

图 5-1　化工设备中常用零部件

1—液面计；2—人孔；3—补强圈；4—管法兰；5—接管；6—筒体；7—支座；8—封头

M5-1 筒体加工过程

一、筒体

筒体为化工设备的主体结构。筒体一般由钢板卷焊成形，当直径小于500mm时，可直接使用无缝钢管。筒体较长时，可由多个筒节焊接组成，也可用设备法兰连接组装。筒体加工过程可见 M5-1。筒体的主要尺寸是公称直径（公称直径是指筒体内径，但当采用无缝钢管制作筒体时，公称直径是指筒体外径）、高度（或长度）和壁厚。壁厚由强度计算决定，公称直径和高度（或长度）应考虑满足工艺要求确定，而且公称直径应符合 GB/T 9019—2015《压力容器公称直径》中所规定的尺寸系列，见表 5-1。

表 5-1　压力容器公称直径（摘自 GB/T 9019—2015）　mm

钢板卷焊(内径)										
300	350	400	450	500	550	600	650	700	750	800
850	900	950	1000	1100	1200	1300	1400	1500	1600	1700
1800	1900	2000	2100	2200	2300	2400	2500	2600	2700	2800
2900	3000	3100	3200	3300	3400	3500	3600	3700	3800	3900
4000	4100	4200	4300	4400	4500	4600	4700	4800	4900	5000
5100	5200	5300	5400	5500	5600	5700	5800	5900	6000	—

无缝钢管(外径)					
168	219	273	325	356	406

标记示例：

公称直径 1000mm、壁厚 10mm、高 2000mm 的筒体，其标记为

筒体 $DN1000\times10$　$H=2000$

若为卧式容器，则用 L 代替“$H=2000$”中的 H，表示筒长。

二、封头

封头是设备的重要组成部分，它与筒体一起构成设备的壳体。封头与筒体可以直接焊接，形成不可拆卸的连接；也可以分别焊上压力容器法兰，用螺栓、螺母锁紧，构成可拆卸的连接。常见的封头有球形、椭圆形、碟形、锥形及平板形等，如图 5-2 所示。这些封头多数已经标准化，其中标准椭圆形封头（GB/T 25198—2023）的规格和尺寸系列可参见附录。封头制作过程见 M5-2。

标记示例：

公称直径为 1000mm、壁厚为 10mm 的椭圆形封头，其标记为

封头 EHA1000×10　GB/T 25198—2023

M5-2 封头制作过程

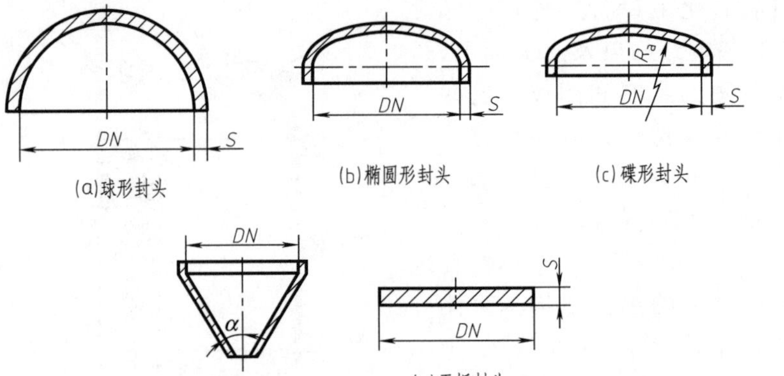

(a)球形封头 (b)椭圆形封头 (c)碟形封头

(d)折边锥形封头 (e)平板封头

图 5-2 常见封头结构

三、法兰

法兰是法兰连接中的主要零件。法兰连接是由一对法兰、密封垫片和螺栓、螺母、垫圈等零件组成的一种可拆连接。化工设备用的标准法兰有两类：管法兰和压力容器法兰（又称设备法兰）。标准法兰的主要参数是公称直径、公称压力和密封面型式，管法兰的公称直径为所连接管子的公称通径，压力容器法兰的公称直径为所连接筒体（或封头）的内径。

1. 管法兰

管法兰用于管道之间或设备上的接管与管道之间的连接。法兰与接管的焊接生产过程见 M5-3。管法兰公称压力有 10 个等级，按其与管子的连接方式分为板式平焊法兰（PL）、带颈平焊法兰（SO）、带颈对焊法兰（WN）、插焊法兰（SW）、螺纹法兰（TH）、对焊活套法兰（PJ/SE）、整体法兰（IF）和法兰盖（BL）等类型，如图 5-3 所示。管法兰的密封面型式主要有突面（RF）、凹凸面（MFM）和榫槽面（TG）等，如图 5-4 所示。常用标准为 HG/T 20592～20635—2009《钢制管法兰、垫片、紧固件》。

M5-3 法兰与接管的焊接生产过程

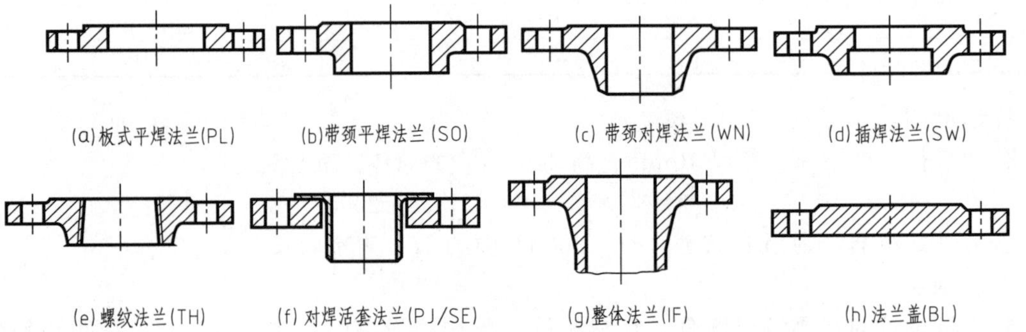

(a)板式平焊法兰(PL) (b)带颈平焊法兰(SO) (c)带颈对焊法兰(WN) (d)插焊法兰(SW)

(e)螺纹法兰(TH) (f)对焊活套法兰(PJ/SE) (g)整体法兰(IF) (h)法兰盖(BL)

图 5-3 管法兰的结构

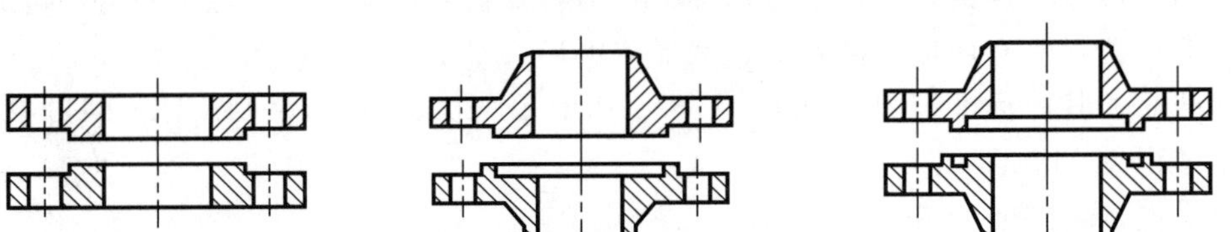

(a)突面(RF) (b)凹凸面(MFM) (c)榫槽面(TG)

图 5-4 管法兰的密封面型式

标记示例：

公称尺寸 $DN100$，公称压力 $PN25$ 的突面带颈平焊钢制管法兰，其标记为

法兰 SO100-25RF　HG/T 20592—2009

2. 压力容器法兰

压力容器法兰用于设备筒体与封头的连接（法兰生产过程见 M5-4）。压力容器法兰分为甲型平焊法兰、乙型平焊法兰和长颈对焊法兰三种。其密封面型式有平面、凹凸面和榫槽面三种，如图 5-5 所示。其标准为 NB/T 47020～47027—2012《压力容器法兰、垫片、紧固件》，附录中列出其中甲型平焊法兰的部分尺寸系列。

M5-4 法兰生产过程

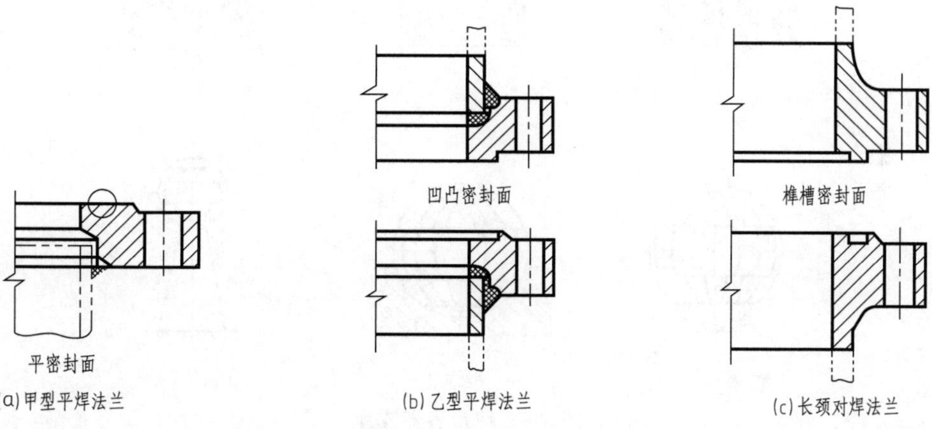

图 5-5　压力容器法兰的结构及密封面型式

标记示例：

公称直径为 800mm、公称压力为 1.6MPa 的平面密封甲型平焊法兰，其标记为

法兰 RF800-1.6　NB/T 47021—2012

公称直径为 800mm、公称压力为 1.6MPa 的榫槽密封的榫面乙型平焊法兰，其标记为

法兰 T800-1.6　NB/T 47022—2012

四、支座

支座用于支承设备的重量和固定设备的位置。支座分为立式设备支座、卧式设备支座和球形容器支座三大类。每类又按支座的结构形状、安放位置、载荷情况而有多种类型，如立式设备有耳式支座、支承式支座（见图 5-6），卧式设备主要有鞍式支座、圈式支座（见图 5-7），球形容器有柱式支座（包括赤道正切式、V 型、三柱型）、裙式支座、半埋式支座、高架式支座四种（见图 5-8），其中应用较多的为赤道正切柱式支座和裙式支座。

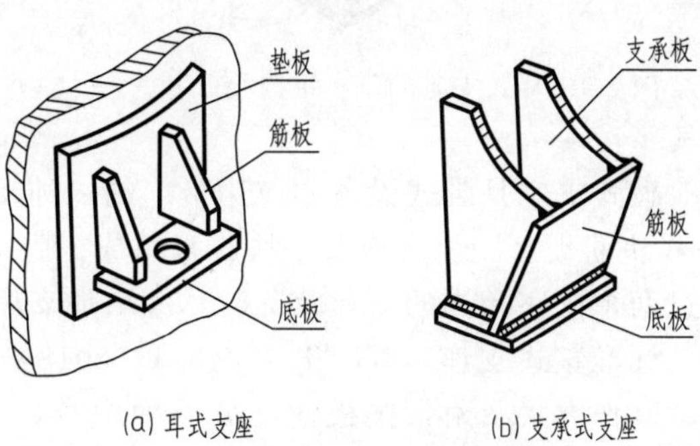

图 5-6　立式设备支座

下面介绍两种典型的标准化支座：耳式支座和鞍式支座。

1. 耳式支座

耳式支座广泛用于立式设备，由两块筋

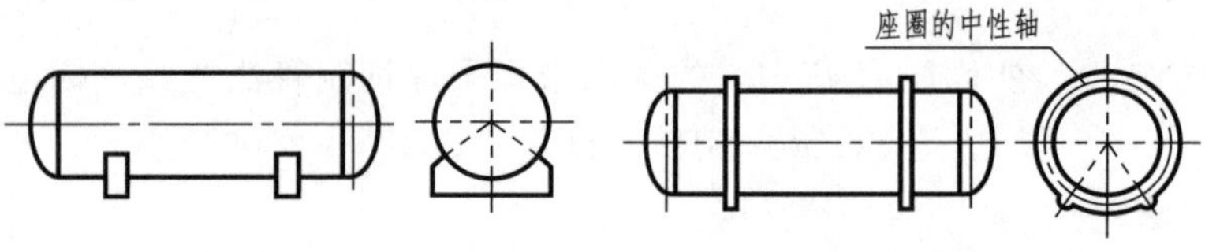

(a) 鞍式支座　　(b) 圈式支座

图 5-7　卧式设备支座

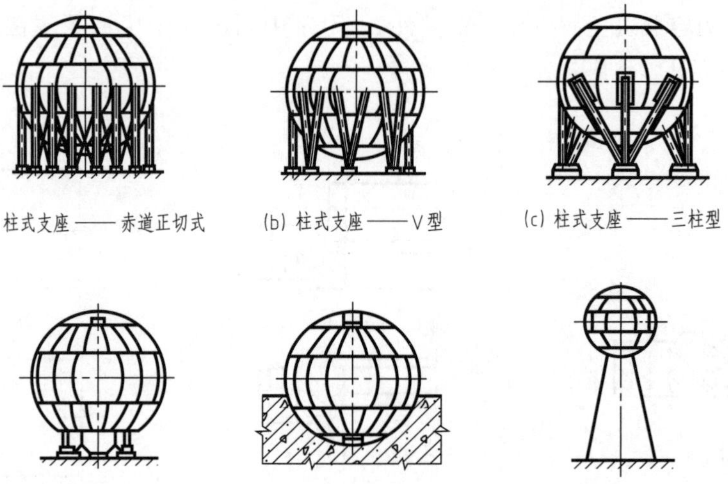

(a) 柱式支座——赤道正切式　(b) 柱式支座——V型　(c) 柱式支座——三柱型

(d) 裙式支座　(e) 半埋式支座　(f) 高架式支座

图 5-8　球形容器支座

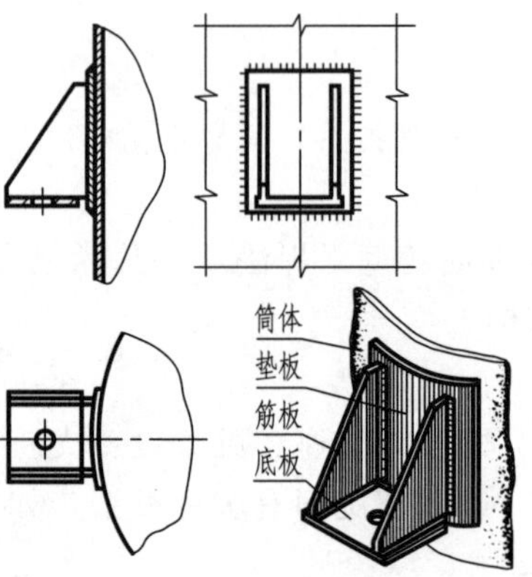

图 5-9　耳式支座的基本结构

板、一块底板焊接而成，如图 5-9 所示，在筋板与筒体之间加一垫板以改善支承的局部应力情况，底板搁在楼板或钢梁等基础上，底板上有螺栓孔用螺栓固定设备。在设备周围一般均匀分布四个耳式支座，安装后使设备成悬挂状。小型设备也可用三个或两个支座。

耳式支座有 A、B、C 三种结构。A 型为短臂，B 型为长臂，C 型为加长臂，根据有无保温及保温层厚度不同选取。耳式支座的规格和尺寸系列可参见附录。

标记示例：

A 型、3 号耳式支座，其标记为

NB/T 47065.3—2018，耳式支座 A3-Ⅰ

2. 鞍式支座

鞍式支座是卧式设备中应用最广的一种支座。其结构如图 5-10 所示，由一块鞍形垫板、1～6 块筋板、一块底板及一块腹板组成。卧式设备一般用两个鞍式支座支承，当设备过长，超过两个支座允许的支承范围时，应增加支座数目。

标准鞍式支座（NB/T 47065.1—2018）分为 A 型（轻型）和 B 型（重型，B 型按包角、制作方式及附带垫板情况分五种型号，其代号为 BⅠ～BⅤ），每种类型又分为固定式（代号为 F）和滑动式（代号为 S）。固定式与滑动式的主要区别在于底板的螺栓孔，滑动式为长圆孔，其目的是当容器因温差膨胀或收缩时，可以滑动调节两支座间距，而不至于使容

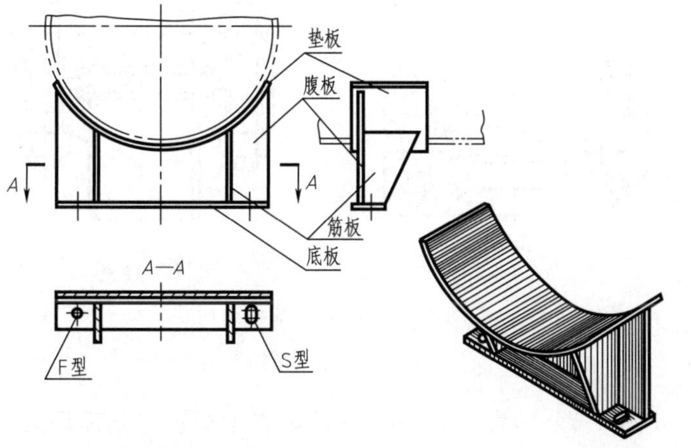

图 5-10　鞍式支座的基本结构

器受附加应力作用。F 型和 S 型常配对使用。鞍式支座的规格和尺寸系列可参见附录。

标记示例：

公称直径为 1200mm、轻型（A 型）、滑动（S 型）鞍式支座，其标记为

NB/T 47065.1—2018，鞍式支座 A1200-S

五、手孔与人孔

手孔及人孔的安设是为了安装、拆卸、清洗和检修设备内部装置。手孔与人孔的结构基本相同，如图 5-11 所示，在容器上接一短筒节，法兰上盖一人（手）孔盖构成。手孔直径一般为 150～250mm，应使操作人员戴上手套并握住工具的手能很方便地通过，标准化手孔的公称直径有 *DN*150、*DN*250 两种。当设备直径超过 900mm 时，应开设人孔。人孔的形状有圆形和椭圆形两种，圆形孔制造方便，应用较为广泛；椭圆形人孔制造较困难，但对壳体强度削弱较小。人孔的开孔尺寸要尽量小，以减少密封面和减小对壳体强度的削弱，人孔的开孔位置应以工作人员进出设备方便为原则。人孔和手孔的规格和尺寸系列可参见附录。

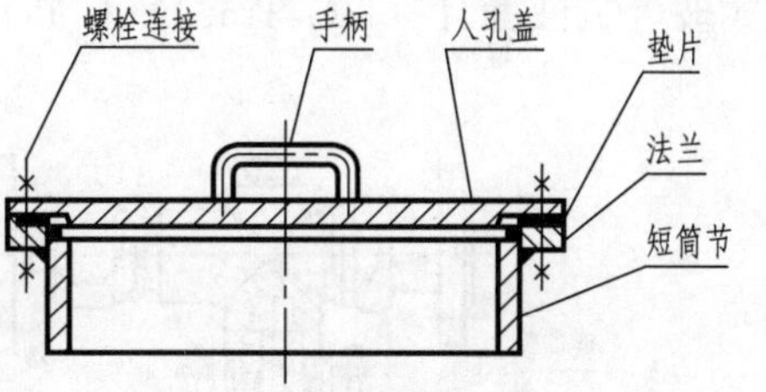

图 5-11　人孔基本结构

标记示例：

公称直径 *DN* 450、H_1＝160、Ⅰ类材料、采用石棉橡胶板垫片的常压人孔，其标记为

人孔　Ⅰb(A—XB350) 450　HG/T 21515—2014

公称压力 *PN* 16、公称直径 *DN* 250、H_1＝200、RF 型密封面、Ⅲ类材料、采用六角头螺栓、非金属平垫（不带内包边的 XB350 石棉橡胶板）的带颈平焊法兰手孔，其标记为

手孔　RF Ⅲb（NM—XB350）250—16　HG/T 21530—2014

六、视镜

视镜主要用来观察设备内物料及其反应情况，也可以作为料面指示镜。常用的有视镜[图 5-12 (a)，HG/T 21619—1986]、带颈视镜 [图 5-12 (b)，HG/T 21620—1986] 和压力容器视镜（分别有带颈视镜和不带颈视镜两种）（NB/T 47017—2011），其结构如图 5-12 所示。

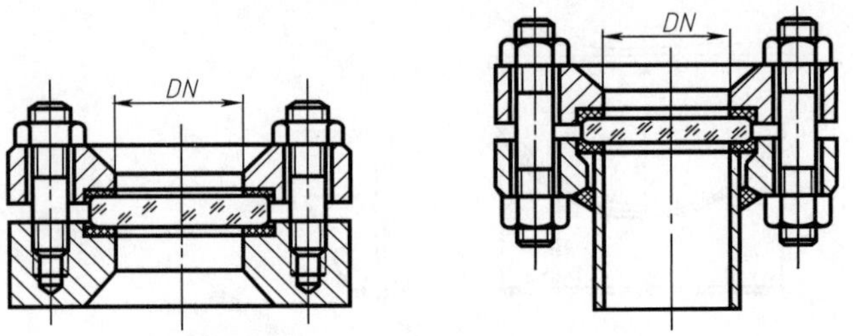

(a) 视镜　　　　(b) 带颈视镜

图 5-12　视镜的基本结构

标记示例：

公称压力为 0.6MPa、公称直径为 80mm 的碳素钢视镜，其标记为

视镜Ⅰ　*PN*0.6 *DN*80　HG/T 21619—1986

公称压力为 0.6MPa、公称直径为 125mm 的带颈不锈钢视镜，其标记为

视镜Ⅱ　*PN*0.6 *DN*125 *h*＝100　HG/T 21620—1986

公称压力 2.5MPa、公称直径 80mm、材料为不锈钢 S30408、不带射灯、带冲洗装置的视镜，其标记为

视镜　*PN*2.5 *DN*80 Ⅱ-W NB/T 47017—2011（在备注栏处注明材料 S30408）

七、液面计

液面计是用来观察设备内部液面位置的装置。液面计结构有多种，其中部分已经标准化，最基本的是玻璃管液面计（HG 21592—1995）、透光式玻璃板液面计（HG 21589—1995），其结构如图 5-13 所示，此外还有反射式玻璃板液面计（HG 21590—1995）和视镜式玻璃板液面计（HG 21591—1995）等。

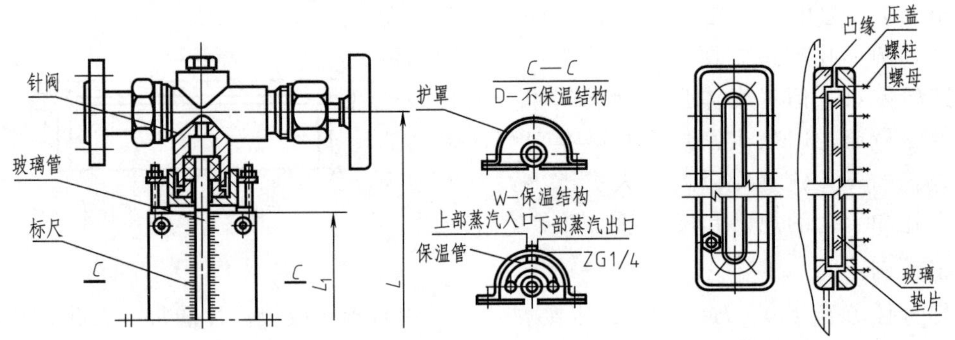

(a) 玻璃管液面计　　　　(b) 透光式玻璃板液面计

图 5-13　液面计基本结构

标记示例：

公称压力为 2.5MPa、公称长度为 1400mm、碳钢（Ⅰ）、保温型（W）、突面法兰连接（A）的透光式（T）玻璃板液面计，其标记为

液面计　AT2.5-IW-1400V　HG 21589.1—1995

公称压力为 4.0MPa、公称长度为 550mm、不锈钢（Ⅱ）、普通型、凸面法兰连接（B）的反射式（R）玻璃板液面计，其标记为

液面计　BR4.0-Ⅱ-550　HG 21590—1995

公称压力为1.6MPa、公称长度为500mm、碳钢（Ⅰ）、保温型（W）、凸面法兰连接（A）的玻璃管液面计，其标记为

玻璃管液面计　AG1.6-Ⅰ-500　HG 21592—1995

八、补强圈

补强圈用来弥补设备壳体因开孔过大而造成的强度损失。补强圈结构如图5-14所示，其形状应与被补强部分相符，使之与设备壳体密切贴合，焊接后能与壳体同时受力。补强圈上有一小螺纹孔，焊后通入压缩空气，以检查焊接缝的气密性。补强圈厚度随设备壁厚不同而异，由设计者决定，一般要求补强圈的厚度和材料均与设备壳体相同。补强圈的规格和尺寸系列可参见附录。

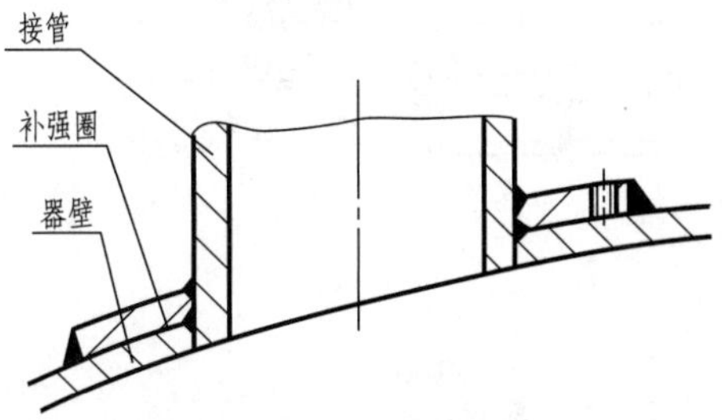

图5-14　补强圈基本结构

标记示例：

接管公称通径为100mm、补强圈厚度为8mm，坡口型式为B型的补强圈，其标记为

d_N100×8—B　JB/T 4736—2002

第二节　典型化工设备的常用零部件

在化工设备中，除上节介绍的通用零部件外，还有一些常用零部件。本节将介绍反应罐、换热器和塔设备中部分常用的零部件，其中部分零部件或结构已标准化、系列化。

一、反应罐中常用零部件

反应罐是化学工业中典型设备之一，它用来供物料进行化学反应。反应罐被广泛应用于医药、农药、基本有机合成、有机染料及三大合成材料（合成橡胶、合成塑料和合成纤维）等化工行业中。

搅拌反应器通常是由以下几部分组成：罐体，为物料提供反应空间，由筒体及上、下封头组成；传热装置，用以提供化学反应所需的热量或带走化学反应生成的热量，其结构通常有夹套和蛇管两种；搅拌装置，为使参与化学反应的各种物料混合均匀，加速反应进行，搅拌装置设置在罐体内，搅拌装置由搅拌轴和搅拌器组成；传动装置，用来带动搅拌装置，由电动机和减速器（带联轴器）组成；轴封装置，由于搅拌轴是旋转件，而反应罐容器的封头是静止的，在搅拌轴伸出封头之处必须进行密封，以防止罐内介质泄漏，常用的轴密封有填料箱密封和机械密封两种；其他结构，如各种接管、人孔、支座等附件。图5-15所示为一搅拌反应器的结构示意图。

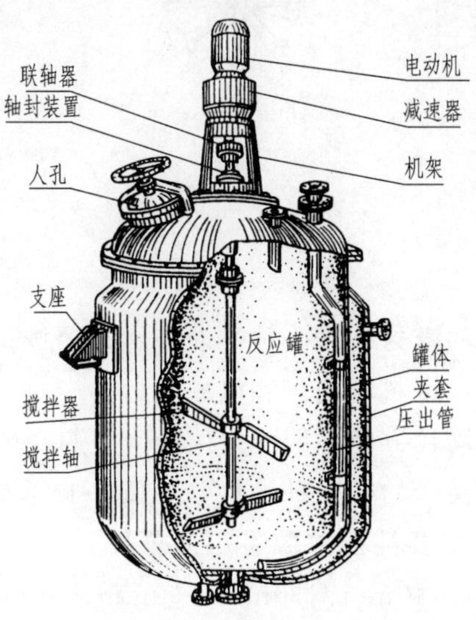

图5-15　搅拌反应器

下面介绍反应罐中两种常用零部件：搅拌器和轴封装置。

1. 搅拌器

搅拌器用于提高传热、传质，增加物料化学反应速率，常用的有桨式、涡轮式、推进式、框式、锚式、螺带式等，其结构参见图 5-16。上述几种搅拌器大部分已经标准化，搅拌器主要性能参数有搅拌装置直径和轴径等。

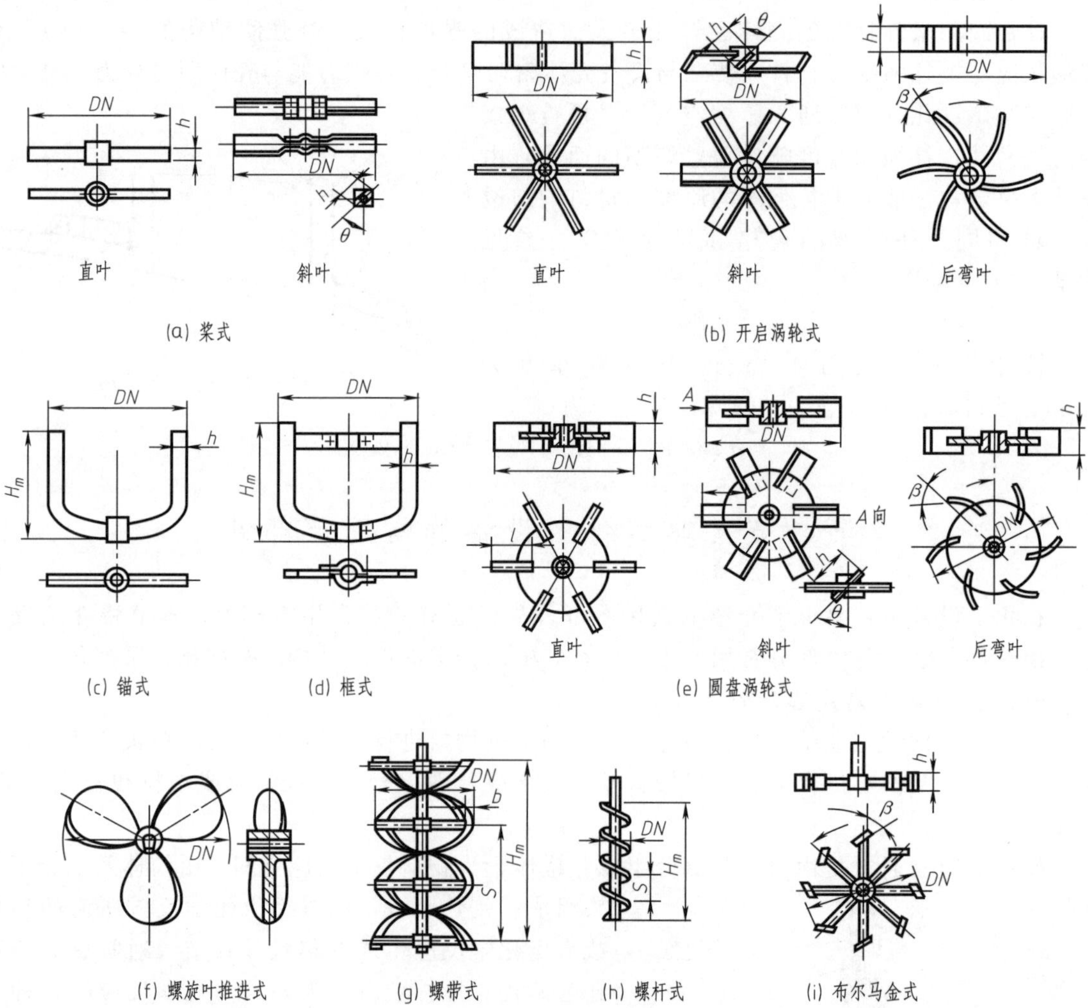

图 5-16　各种搅拌器结构

2. 轴封装置

反应罐的密封有两种：一种是静密封，如法兰连接的密封；另一种是动密封，轴封即属于一种动密封。反应罐中应用的轴封结构主要有两大类：填料箱密封和机械密封。

（1）填料箱密封　其结构简单，制造、安装、检修均较方便，因此应用较为普遍。填料箱密封的种类很多，有带衬套的、带油环的和带冷却水夹套的等多种结构，如图 5-17 所示。标准填料箱的主体材料有碳钢和不锈钢两种，填料箱的主要性能参数有压力等级（0.6MPa 和 1.6MPa 两种）和公称轴径（*DN* 系列为 30mm、40mm、50mm、60mm、70mm、80mm、90mm、100mm、110mm、120mm、130mm、140mm 和 160mm 等）。

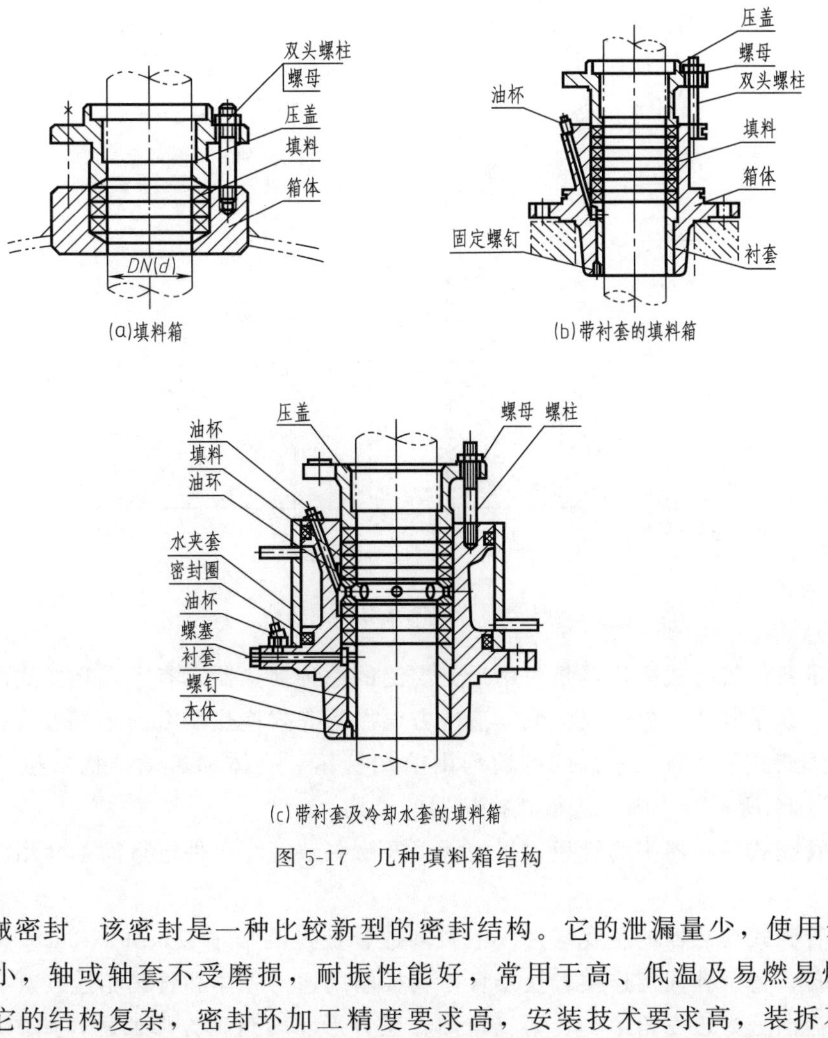

(a)填料箱　(b)带衬套的填料箱　(c)带衬套及冷却水套的填料箱

图 5-17　几种填料箱结构

(2) 机械密封　该密封是一种比较新型的密封结构。它的泄漏量少，使用寿命长，摩擦功率损耗小，轴或轴套不受磨损，耐振性能好，常用于高、低温及易燃易爆有毒介质的场合；但它的结构复杂，密封环加工精度要求高，安装技术要求高，装拆不方便，成本高。

机械密封的基本结构如图 5-18 所示。机械密封一般有三个密封处：A 处是静环与静环座间的密封，属静密封，通常采用各种形状的密封圈来防止泄漏。B 处是动环与静环的密封，是机械密封的关键部位，为动密封。动、静环接触面靠弹簧给予一合适的压紧力，使这两个磨合端面紧密贴合，达到密封效果。这样可以将原来易泄漏的轴向密封，改变为不易泄漏的端面密封。C 处是动环与轴（或轴套）的密封，为静密封，常用的密封元件是 O 形环。

为适应不同条件的需要，机械密封有多种结构，但其主要元件和工作原理基本相同。机械密封的主要性能参数有压力等级（0.6MPa 和 1.6MPa 两种)、介质情况（一般介质和易燃易爆有毒介质)、介质温度（≤80℃和＞80℃）及公称轴径（30mm、40mm、50mm、60mm、70mm、80mm、90mm、100mm、110mm、120mm、130mm、140mm 和 160mm 等)。

二、换热器中常用零部件

换热器是石油、化工生产中重要的化工设备之一，种类较多，它是用来完成各种不同的

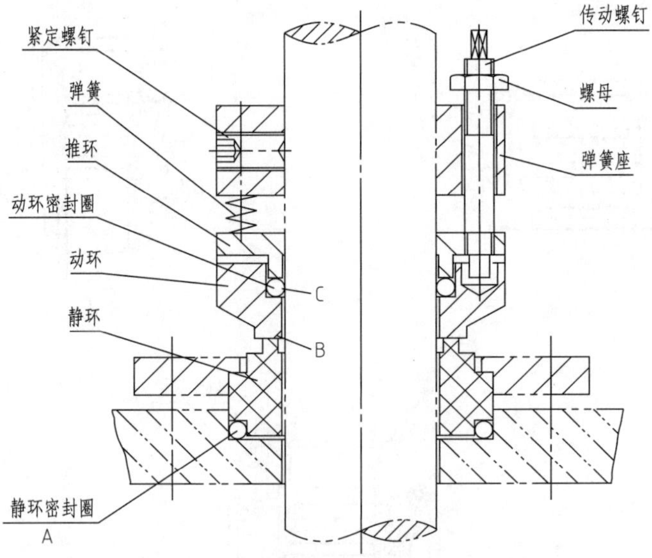

图 5-18　机械密封基本结构

换热过程的设备。管壳式换热器是应用最为广泛的一种换热器，有卧式和立式两类，它能承受高温高压，易于制造，生产成本低，清洗方便。管壳式换热器有固定管板式、浮头式、填料函式、U 形管式等多种，它们的结构均由前端管箱、壳体和后端结构（包括管束）三部分组成。图 5-19 所示为一固定管板式换热器的结构。

下面对管壳式换热器中的管板、折流板以及膨胀节等零部件进行简单介绍。

1. 管板

管板是管壳式换热器的主要零件，绝大多数管板是圆形平板，如图 5-20（a）所示，板上开很多管孔，每个孔固定连接着换热管，管板的周边与壳体和管箱相连。管板上管孔的排列方式根据流向分为正三角形、转角三角形、正方形、转角正方形四种，如图 5-20（b）所示。换热管与管板的连接，应保证足够的密封性能和紧固强度，常采用胀接、焊接或胀焊结合等方法。管板与壳体的连接有可拆式和不可拆式两类，固定管板式换热器的管板与壳体采用的是不可拆的焊接连接，浮头式、填料函式、U 形管式换热器的管板与壳体采用的是可拆连接。另外，管板上有多个螺纹孔，是拉杆的旋入孔。管板加工过程见 M5-5。

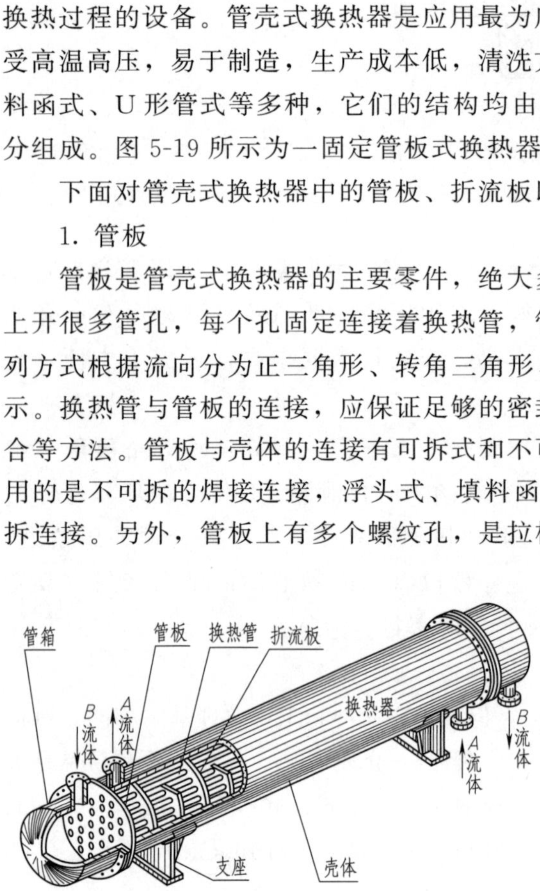

图 5-19　固定管板式换热器结构

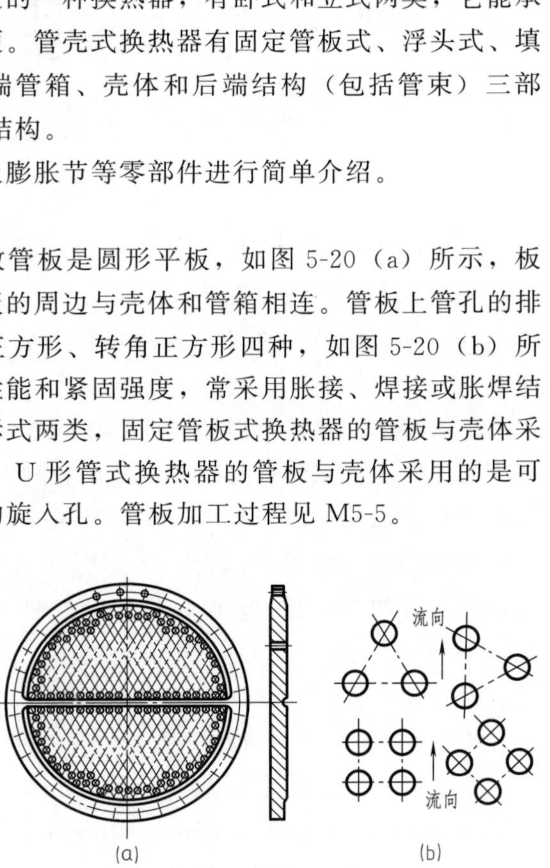

图 5-20　管板结构

2．折流板

折流板被设置在壳程，它既可以提高传热效果，还起到支承管束的作用。折流板有弓形和圆盘-圆环形两种，其折流情况如图 5-21 所示。

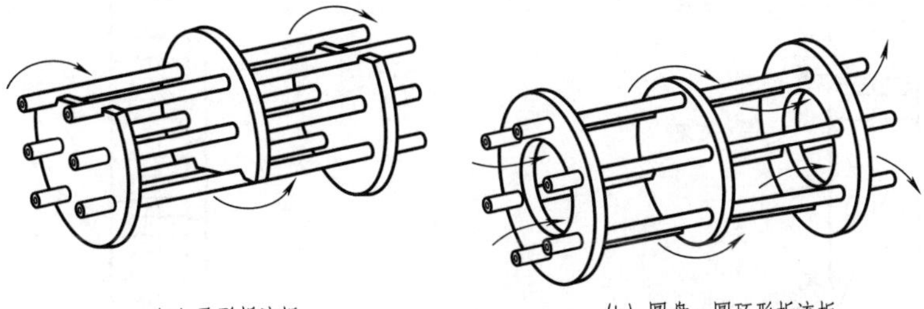

(a) 弓形折流板　　(b) 圆盘-圆环形折流板

M5-5 管板加工过程

图 5-21　折流板的折流情况

3．膨胀节

膨胀节是装在固定管板式换热器壳体上的挠性部件，用于补偿温差引起的变形。最常用的为波形膨胀节。波形膨胀节分为立式（L 型）和卧式（W 型）两类。对于卧式波形膨胀节又有带螺塞（A 型）和不带螺塞（B 型）之分，螺塞用于排除残余介质，如图 5-22 所示。波形膨胀节的主要参数有公称压力、公称直径和结构类型等。

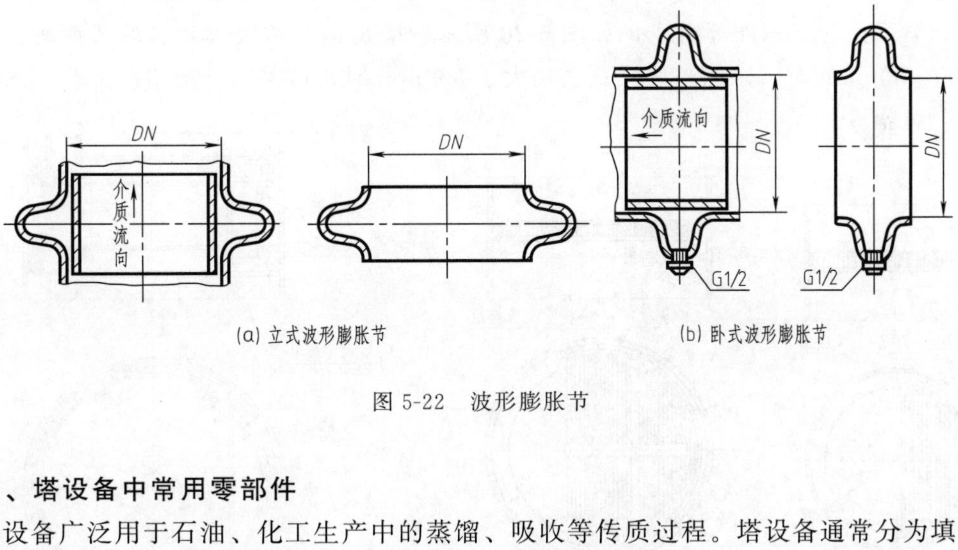

(a) 立式波形膨胀节　　(b) 卧式波形膨胀节

图 5-22　波形膨胀节

三、塔设备中常用零部件

塔设备广泛用于石油、化工生产中的蒸馏、吸收等传质过程。塔设备通常分为填料塔和板式塔两大类。填料塔主要由塔体、喷淋装置、填料、再分布器、栅板、气液相进出口、卸料孔、裙座等零部件组成，如图 5-23 所示。板式塔主要由塔体、塔盘、裙座、除沫装置、气液相进出口、人孔、吊柱、液面计等零部件组成，如图 5-24 所示。当塔盘上传质元件为泡罩、浮阀、筛孔时，分别称为泡罩塔、浮阀塔、筛板塔。

下面介绍塔设备中栅板、塔盘、浮阀与泡罩等几种常用零部件。

1．栅板

栅板是填料塔的主要零件之一，它起着支承填料环的作用。栅板有整块式和分块式，如图 5-25 所示。当栅板直径小于 500mm 时，一般使用整块式；当直径为 900～1200mm 时，

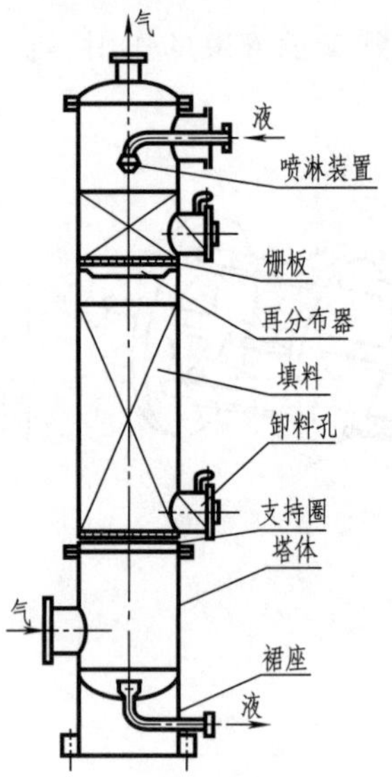

图 5-23 填料塔

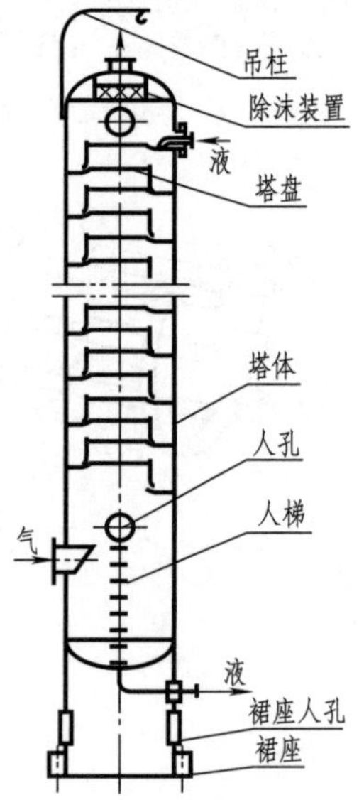

图 5-24 板式塔

可以分成三块；当直径再大时，可分成宽为 300～400mm 的更多块，以便装拆及进入人孔。

2. 塔盘

塔盘是板式塔的主要部件之一，它是实现传热、传质的部件。塔盘由塔盘板、降液管及溢流堰、紧固件和支承件等组成，如图 5-26 所示。塔盘也有整块式和分块式两种：一般塔径为 300～800mm 时，采用整块式；塔径大于 800mm 时，可采用分块式。

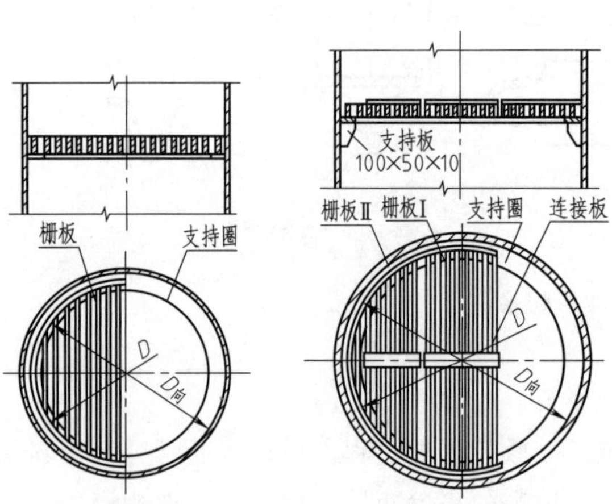

(a) 整块式栅板　(b) 分块式栅板

图 5-25 栅板

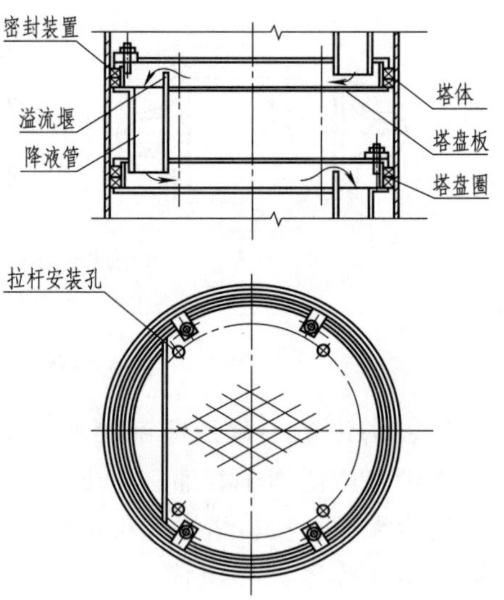

图 5-26 塔盘

3. 浮阀与泡罩

浮阀和泡罩是浮阀塔和泡罩塔的主要传质零件。

浮阀有圆盘形和条形两种。圆浮阀已标准化，其结构如图 5-27 所示。

泡罩有圆泡罩和条形泡罩两种。圆泡罩已标准化，其结构如图 5-28 所示。

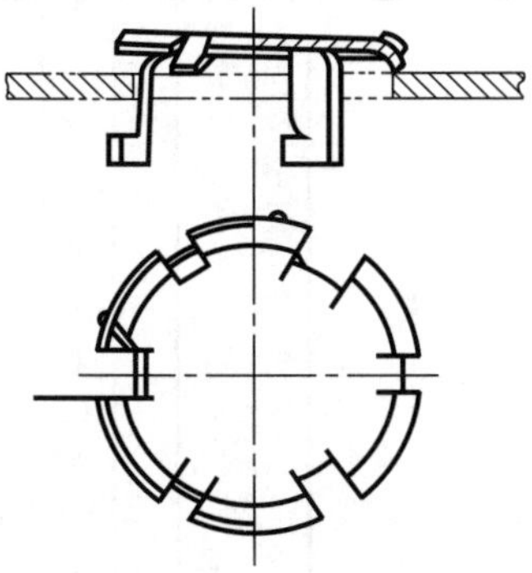

图 5-27　圆浮阀

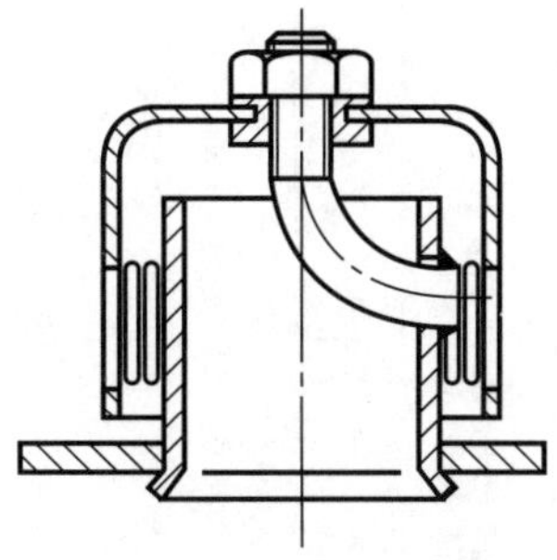

图 5-28　圆泡罩

4. 裙式支座

对于高大的塔设备，根据工艺要求和载荷特点，常采用裙式支座。裙式支座有两种：圆筒形和圆锥形。其结构如图 5-29 所示。圆筒形制造方便，应用较为广泛；圆锥形承载能力强，稳定性好，对于塔高与塔径之比较大的塔特别适用。

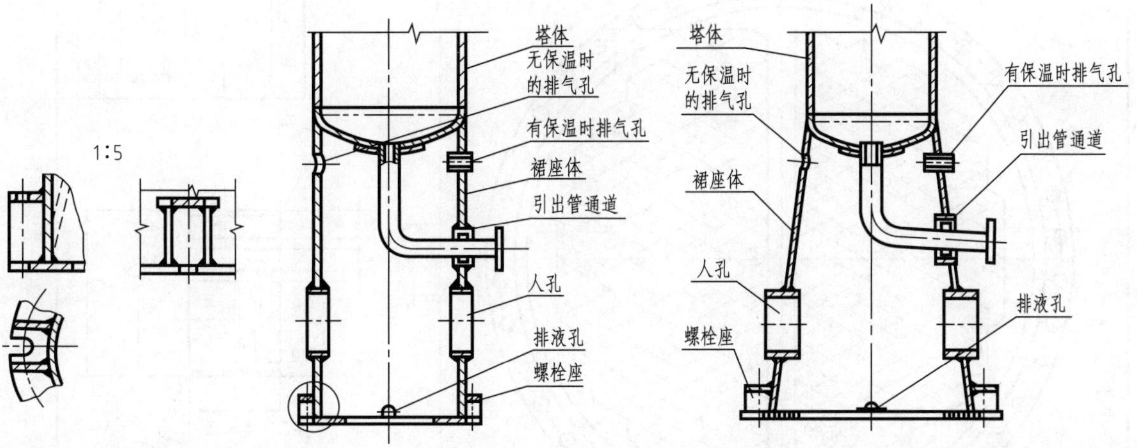

(a) 圆筒形　　(b) 圆锥形

图 5-29　裙式支座

第三节　化工设备零部件图的内容

化工设备零部件图是生产中指导制造和检验零件的主要图样。

一、零件图的内容

图 5-30 所示为管板零件图，化工设备的零件图包含以下内容。

① 一组视图：选用适当的表达方法，正确、清晰地表达出零件的结构形状。管板的零件图使用了全剖的主视图，不剖的左（向）视图表达管板的结构和形状。

② 完整的尺寸：零件图中应正确、完整、清晰、合理地标注出制造零件所需的全部尺寸。

③ 技术要求：用规定的代号、数字、字母或另加文字注解，简明、准确地给出零件在加工制造、检验和使用时应达到的各种技术指标。

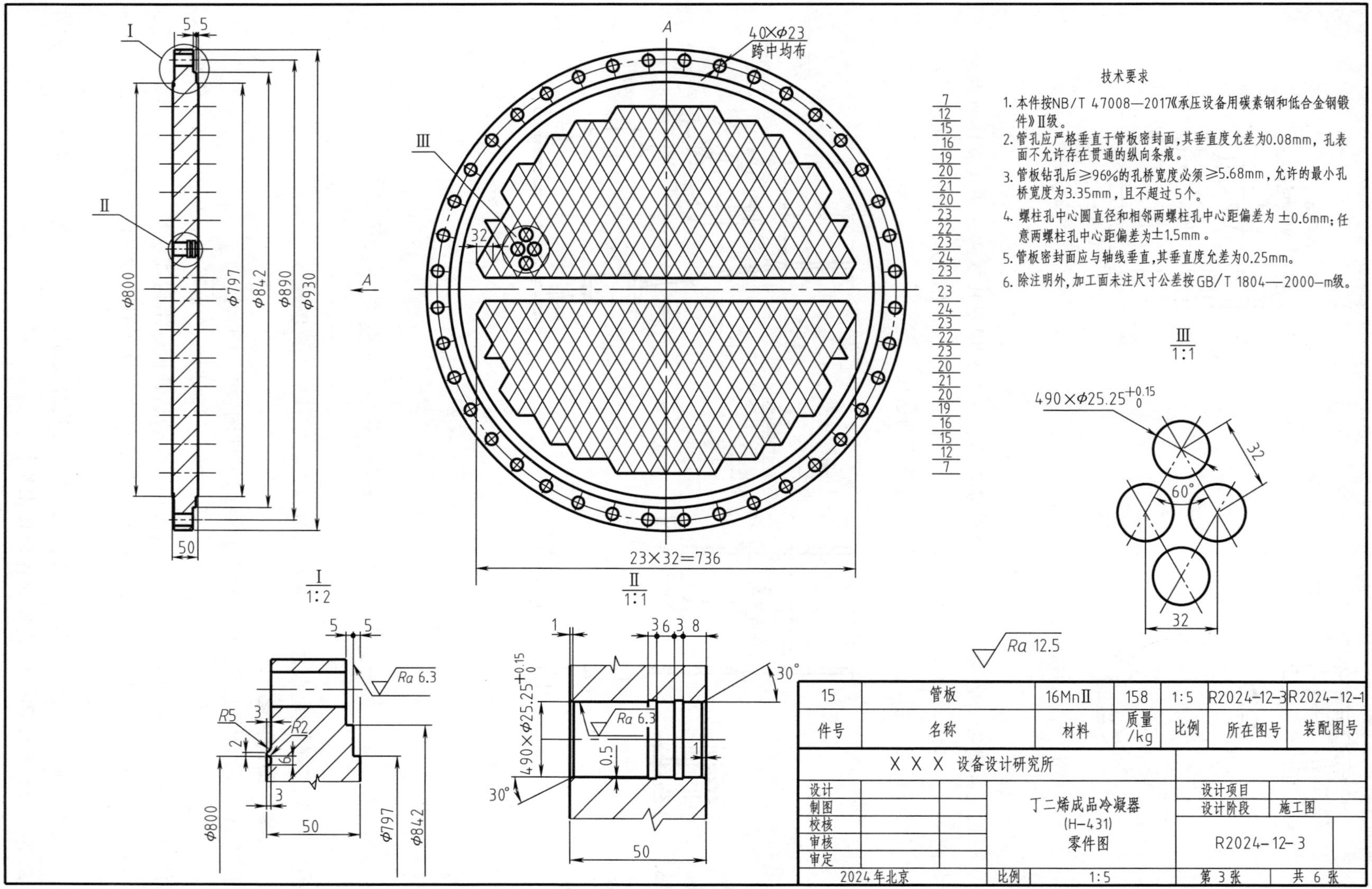
技术要求
1. 本件按NB/T 47008—2017《承压设备用碳素钢和低合金钢锻件》Ⅱ级。
2. 管孔应严格垂直于管板密封面，其垂直度允差为0.08mm，孔表面不允许存在贯通的纵向条痕。
3. 管板钻孔后≥96%的孔桥宽度必须≥5.68mm，允许的最小孔桥宽度为3.35mm，且不超过5个。
4. 螺柱孔中心圆直径和相邻两螺柱孔中心距偏差为±0.6mm；任意两螺柱孔中心距偏差为±1.5mm。
5. 管板密封面应与轴线垂直，其垂直度允差为0.25mm。
6. 除注明外，加工面未注尺寸公差按GB/T 1804—2000-m级。
40×Φ23
跨中均布
23×32=736
490×Φ25.25
Ra 12.5
15 | 管板 | 16MnⅡ | 158 | 1:5 | R2024-12-3 | R2024-12-1
件号 | 名称 | 材料 | 质量/kg | 比例 | 所在图号 | 装配图号
X X X 设备设计研究所
设计 制图 校核 审核 审定
丁二烯成品冷凝器
(H-431)
零件图
设计项目
设计阶段 施工图
R2024-12-3
2024年北京 比例 1:5 第3张 共6张

图 5-30　管板零件图

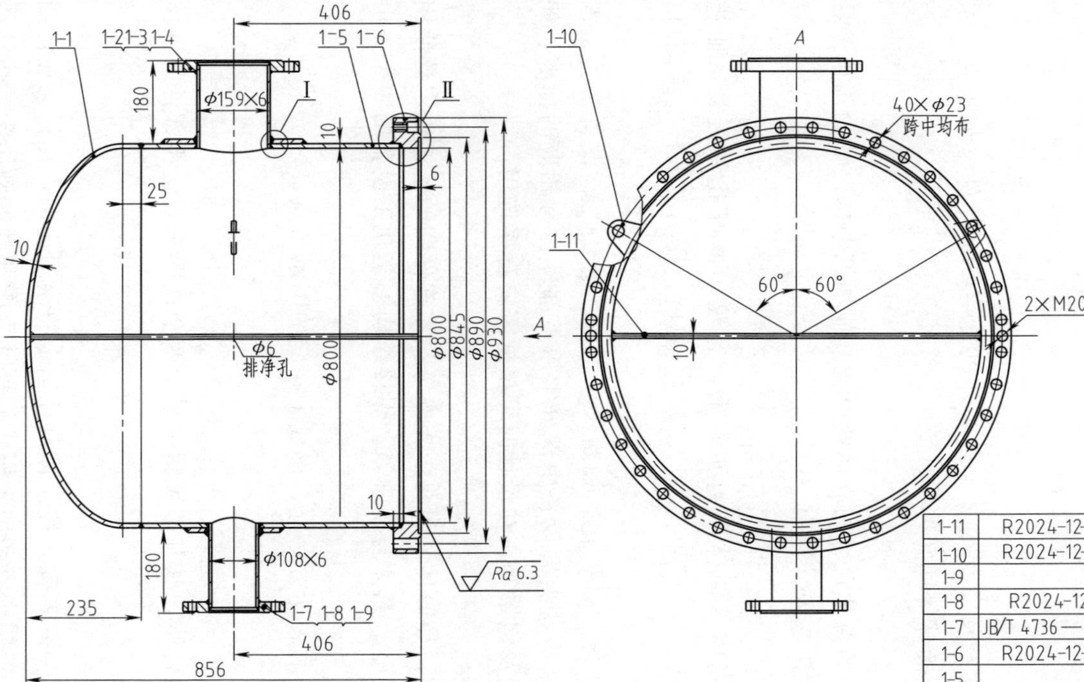

技术要求

1. 焊接采用电弧焊，焊条牌号：低合金钢之间采用J507焊条，低合金钢与碳钢之间及碳钢与碳钢之间采用J426焊条。
2. 除图中注明外，角焊缝腰高等于两焊件中薄件厚度。
3. 本件组焊后消除应力热处理再加工法兰和隔板密封面，法兰和隔板密封面要求在同一平面上，其平面度允差为0.3mm。
4. 法兰密封面应与轴线垂直，其垂直度允差为0.4mm。

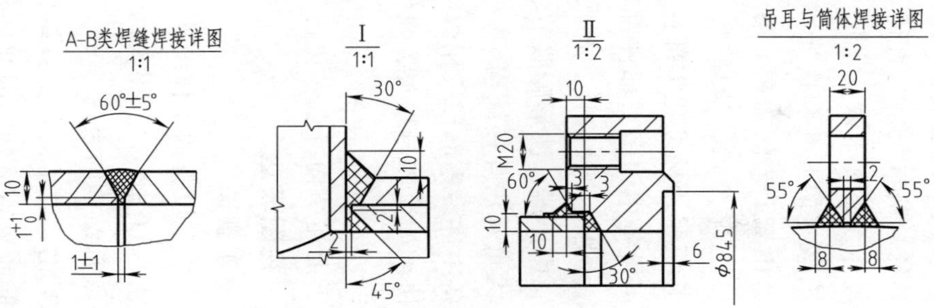

件号	图号或标准号	名称	数量	材料	单(质量/kg)	总(质量/kg)	备注
1-11	R2024-12-5	隔板	1	Q235-A		50.1	
1-10	R2024-12-5	吊耳	2	Q235-A	0.5	1.0	
1-9		接管ϕ108×6 L=196	1	20		2.96	
1-8	R2024-12-6	法兰DN100	1	20		4.8	
1-7	JB/T 4736—2002	补强圈d_N100×10-D	1	Q345R		1.69	
1-6	R2024-12-5	管箱法兰	1	Q345R		70.17	
1-5		筒体DN800×10 L=550	1	Q345R		110	
1-4		接管ϕ159×6 L=200	1	20		4.53	
1-3	R2024-12-6	法兰DN150	1	20		7.92	
1-2	JB/T 4736—2002	补强圈d_N150×10-D	1	Q345R		3.91	
1-1	GB/T 25198—2010	封头EHA800×10	1	Q345R		62.3	

件号	名称	材料	质量/kg	比例	所在图号	装配图号
1	左管箱	Q345R	319	1:5	R2024-12-2	R2024-12-1

×××设备设计研究所				
设计			设计项目	
制图		丁二烯成品冷凝器(H-431)部件图	设计阶段	施工图
校核			R2024-12-2	
审核				
审定				
2024年北京	比例	1:5	第2张	共6张

图 5-31　左管箱部件图

④ 标题栏：位于图框的右下角，在标题栏中注写零件名称、绘图比例、材料、图号等，还要注写单位名称及设计、审核、批准等必要的签署。

二、部件图的内容

由于化工设备中许多部件是由零件焊接后，再进行机械加工而完成的产品，因此这类部件图中既有部件加工所需要的视图及尺寸、表面粗糙度等加工技术要求，又有表明焊接部件的零件构成的明细栏。

图 5-31 所示为化工设备冷凝器中左管箱部件图。

第四节 零部件的视图选择及尺寸标注

一、化工设备零部件的结构特点

常见的几种典型化工设备有容器、反应罐、换热器和塔器，这些化工设备虽然结构形状、尺寸大小以及安装方式各不相同，但构成设备的基本形体以及所采用的许多通用零部件却有共同的特点。

1. 基本形体以回转体为主

化工设备多为壳体容器，其主体结构（如筒体、封头）以及一些零部件（如人孔、手孔、接管）多由圆柱、圆锥、圆球或椭球等回转体构成。

2. 尺寸大小相差悬殊

设备的总高（长）与直径、设备的总体尺寸与壳体壁厚或其他细部结构尺寸大小相差悬殊。大尺寸大至几十米，小尺寸只有几毫米。

3. 有较多的开孔和接管

根据化工工艺的需要，在设备壳体（筒体和封头）上，有较多的开孔和接管，如进（出）料口、放空口、清理口、观察孔、人（手）孔以及液位、温度、压力、取样等检测口。

4. 广泛采用标准化零部件

化工设备中许多零部件都已标准化、系列化，如封头、支座、管法兰、设备法兰、人（手）孔、视镜、液位计、补强圈等。一些典型设备中部分常用零部件也有相应的标准，如填料箱、搅拌器、波形膨胀节、浮阀及泡罩等。在设计时可根据需要直接选用。

5. 大量采用焊接结构

设备中许多零部件采用焊接结构，如筒体、封头、支座等。零部件间的连接也广泛使用焊接方法，如筒体与封头、壳体与支座、壳体与接管等。焊接结构多是化工设备的一个突出的特点。

由于上述结构特点，在化工设备的表达方法上，形成了相应的图示特点。

二、视图表达

1. 基本视图

由于化工设备的主体结构多为回转体，其基本视图常采用两个视图来表达零部件的主体结构形状，如图 5-30、图 5-31 所示。

2. 细部结构的表达

由于化工设备的各部分结构尺寸相差悬殊，按总体尺寸选定的绘图比例，往往无法将细部结构同时表达清楚。因此，化工设备图中较多地采用了局部放大图和夸大画法来表达细部结构并标注尺寸。

局部放大图（也称节点详图）的画法与要求，与前述局部放大图的画法和要求基本相同。在表达局部结构时，可画成局部视图、剖视或断面图等。局部放大图可按规定比例画图，也可不按比例画图，但均需注明。图 5-30 所示的冷凝器管板零件图中的三个局部放大图用来表示管板密封结构和管孔结构和尺寸。图 5-31 所示的左管箱部件图中的局部放大图用来表示焊接方式和尺寸。

三、尺寸标注

化工设备图的尺寸标注，与前述组合体的尺寸标注方法基本相同，但化工设备图的尺寸数字较大，尺寸精度要求较低，允许注成封闭尺寸链（加近似符号“～”）。在尺寸标注中，除遵守《机械制图》中的规定外，还要结合化工设备的特点，使尺寸标注做到正确、完整、清晰、合理，以满足化工设备制造、检验、安装的需要。

1. 化工设备图的尺寸基准

在化工设备零部件图的尺寸标注中，既要保证设备在制造安装时达到设计要求，又要便于测量和检验，因此应正确地选择尺寸基准。如图 5-32 所示，化工设备图的尺寸基准一般为：设备筒体和封头的轴线；设备筒体与封头的环焊缝；设备法兰的连接面；设备支座、裙座的底面；接管轴线与设备表面交点。

从图 5-31 左管箱部件图中看到，管法兰的轴向定位尺寸 406 是以设备法兰的密封面为基准标注的，径向尺寸是以接管轴线与筒体表面交点为基准标注的。

2. 典型结构的尺寸标注

（1）筒体的尺寸标注　对于钢板卷焊成形的筒体，一般标注内径、壁厚和高（长）度；而对于使用无缝钢管的筒体，一般标注外径、壁厚和高（长）度。

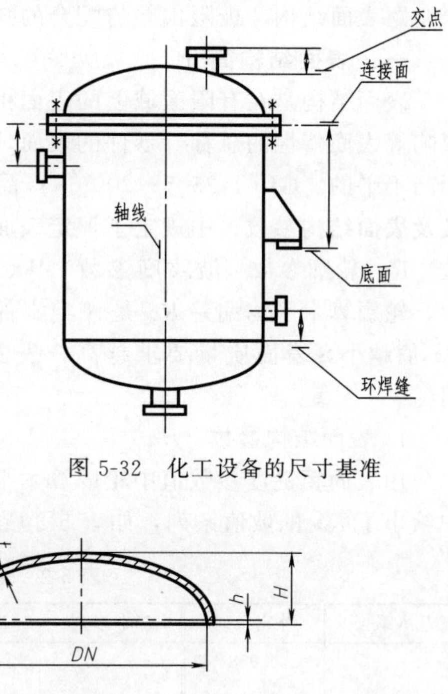

图 5-32　化工设备的尺寸基准

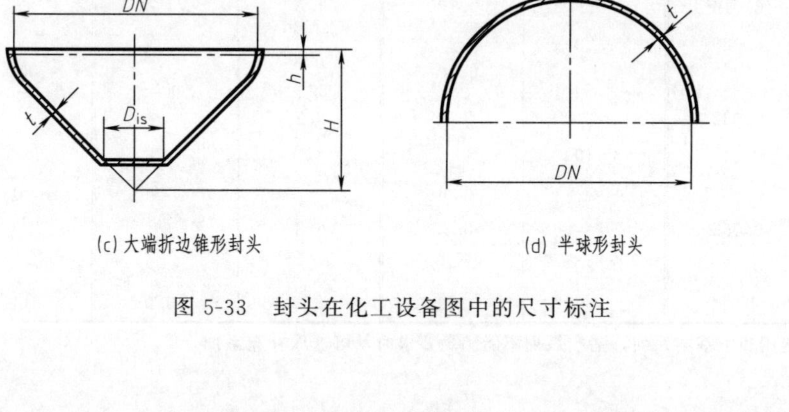

图 5-33　封头在化工设备图中的尺寸标注

（2）封头的尺寸标注

① 椭圆封头：如图 5-33（a）所示，应标注内直径 DN、厚度 t、总高 H、直边高度 h。

② 碟形封头：如图 5-33（b）所示，应标注内直径 DN、厚度 t、总高 H、直边高度 h。

③ 大端折边锥形封头：如图 5-33（c）所示，应标注锥壳大端直径 DN、厚度 t、总高 H、直边高度 h、锥壳小端直径 D_{is}。

④ 半球形封头：如图 5-33（d）所示，应标注内直径 DN、厚度 δ。

（3）接管 其尺寸一般标注“外径×壁厚”。

第五节 零部件图中的技术要求及零件编号、明细栏、标题栏

为了保证达到设计要求和使用性能，零部件图上除了表达形状、结构的视图及表达其大小的尺寸外，还必须标注和说明零件在加工制造过程中的一些技术要求。零部件图上的技术要求包括表面结构、极限偏差与配合、几何公差、热处理及其他有关制造的要求。本节仅简要介绍表面结构、极限偏差与配合的知识及它们在零件图上的标注方法。

一、表面结构简介

表面结构是在有限区域上的表面粗糙度、表面波纹度、纹理方向、表面几何形状及表面缺陷等表面特性的总称。零件的表面，不论经过怎样精细加工，只要在显微镜下观察，都是凹凸不平的。GB/T 3505—2009《产品几何技术规范（GPS）表面结构 轮廓法 术语、定义及表面结构参数》中规定了评定表面结构质量的三个主要轮廓参数：轮廓参数（粗糙度参数）R、轮廓参数（波纹度参数）W、轮廓参数（原始轮廓参数）P。表面粗糙度参数值中，轮廓算术平均偏差 Ra 是评定零件表面结构质量的主要参数，目前生产中 Ra 最常用。Ra 值越小，表面质量要求越高，表面越光滑；Ra 值越大，表面质量要求越低，表面越粗糙。

1. 表面结构参数（Ra）

用表面粗糙度参数值中轮廓算术平均偏差 Ra 评定零件表面质量时，GB/T 3505—2009 中给出了 Ra 的数值系列，如表 5-2 所示。

表 5-2 轮廓算术平均偏差 Ra 的数值

基本系列	补充系列	基本系列	补充系列	基本系列	补充系列	基本系列	补充系列
	0.008						
	0.010						
0.012			0.125		1.25	12.5	
	0.016		0.160	1.6			16
	0.020	0.20			2.0		20
0.025			0.25		2.5	25	
	0.032		0.32	3.2			32
	0.040	0.40			4.0		40
0.050			0.50		5.0	50	
	0.063		0.63	6.3			63
	0.080	0.80			8.0		80
0.100			1.0		10.0	100	

注：应优先选用表中基本系列，基本系列不能满足要求时，可选取补充系列。

表 5-3 常用切削加工表面的 Ra 值与相应的表面特征

$Ra/\mu m$	表面特征	加工方法		应用举例
50	明显可见刀痕	粗加工面	粗车 粗刨 粗铣 钻孔	一般很少使用
25	可见刀痕			钻孔表面，倒角，端面，穿螺栓用的光孔、沉孔，要求较低的非接触面
12.5	微见刀痕			
6.3	可见加工痕迹	半精加工面	精车 精刨 精铣 精镗 铰孔 刮研 粗磨	要求较低的静止接触面，如轴肩、螺栓头的支承面、一般盖板的结合面；要求较高的非接触面，如支架、箱体、离合器、带轮、凸轮的非接触面
3.2	微见加工痕迹			要求紧贴的静止结合面如支架、箱体上的结合面以及有较低配合要求的内孔表面
1.6	看不见加工痕迹			一般转速的轴孔，低速转动的轴颈；一般配合用的内孔，如衬套的压入孔，一般箱体的滚动轴承孔，齿轮的齿廓表面，轴与齿轮、带轮的配合表面等
0.8	可辨加工痕迹的方向	精加工面	精磨 精铰 抛光 研磨 金刚石车 精车精拉	一般转速的轴颈；定位销、孔的配合面；要求保证较高定心及配合的表面；一般精度的刻度盘；需镀铬抛光的表面
0.4	微辨加工痕迹的方向			要求保证规定的配合特性的表面，如滑动导轨面，高速工作的滑动轴承；凸轮的工作表面
0.2	不可辨加工痕迹的方向			精密机床的主轴锥孔；活塞销和活塞孔；要求气密的表面和支承面
0.1	暗光泽面	光加工面	细磨 抛光 研磨	保证精确定位的锥面
0.05	亮光泽面			精密仪器摩擦面；量具工作面；保证高度气密的结合面；量规的测量面；光学仪器的金属镜面
0.025	镜状光泽面			
0.012	雾状光泽面			
0.006	镜面			

表 5-4 表面结构代号的意义及其画法

代　号	意义及说明	标注有关参数和说明
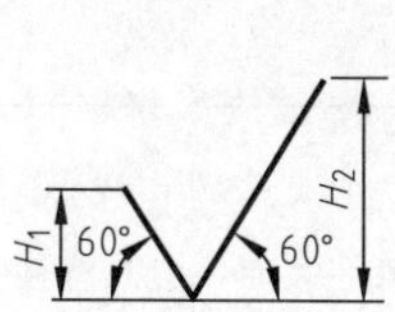	基本符号，表示表面可用任何方法获得。当不加注表面结构参数值有关说明(例如表面处理、局部热处理状况等)时，仅适用于简化代号标注。$D=1/10h$，$H_1=1.4h$，$H_2=2H_1+1$，d 为线宽，h 为字高	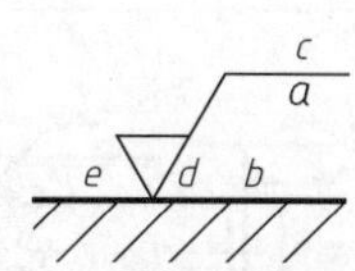 a——注写表面结构要求，由表面结构参数代号、极限值和传输带/取样长度组成。如 0.0025-0.8/Ra 6.3(传输带标注)，$-$0.8/Ra 6.3(取样长度标注) b——有两个或多个表面结构要求时，第二个及其后的要求注写在 b 处 c——注写加工方法 d——注写表面纹理和方向 e——注写加工余量
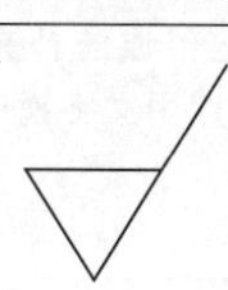	基本符号加一短画，表示表面是用去除材料的方法获得，例如车、铣、磨、剪切、抛光、腐蚀、电火花加工、气割等	
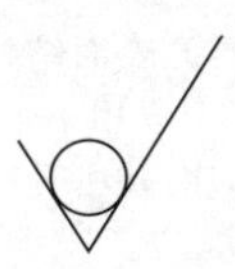	基本符号加一小圆，表示表面是用不去除材料的方法获得，例如铸、锻、冲压变形、热轧、冷轧、粉末冶金等，或者是用于保持原供应状况的表面(包括保持上道工序的状况)	

续表

代　　号	意义及说明	标注有关参数和说明
	在上述三个符号的长边上均可加一横线，用于标注有关参数和说明	
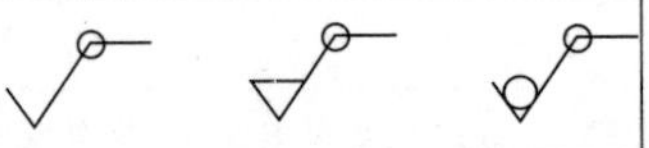	在上述三个符号上均可加一小圆，表示所有表面具有相同的表面结构要求	

2. 表面结构参数（*Ra*）选用

在标注零件表面质量要求时，在满足使用要求的前提下，合理选用 *Ra* 值。表 5-3 列出了与 *Ra* 值相应的加工方法、表面特征以及应用实例。一般机械加工中常用的 *Ra* 值为 25μm，12.5μm，6.3μm，3.2μm，1.6μm，0.8μm 等。

3. 表面结构代号

表面结构代号的意义及其画法见表 5-4。

4. 表面结构在图样上的标注

基本原则：在同一张图样上，每一表面只标注一次代号，并按规定标注在可见轮廓线、尺寸线、尺寸界线和其延长线上。符号的尖端必须从材料外指向表面。表面结构参数值数字的书写方向与尺寸方向一致。

在图样上，表面结构代号的标注方法见表 5-5。

表 5-5　表面结构代号的标注方法

图　　例	说　　明
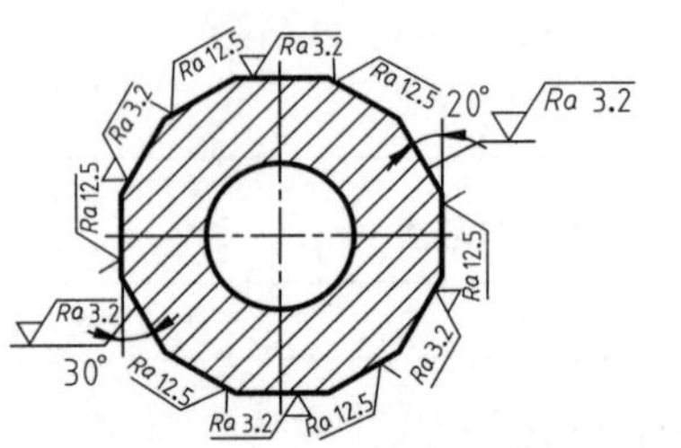	1. 表面结构要求及代号中数字和符号的方向必须按图所示的规定标注，代号中数字及符号方向应与尺寸数字方向相同 2. 表面结构要求可以用带箭头的指引线引出标注
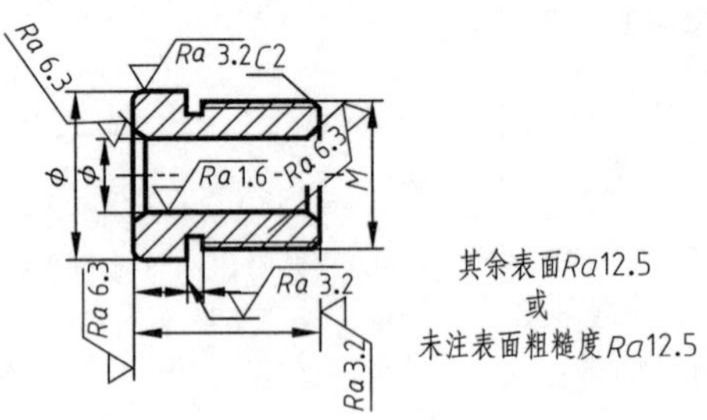	1. 表面结构要求对每一表面一般只标注一次，并尽可能注在相应的尺寸及其公差的同一视图上 2. 大多数表面要求相同，且这些表面并非关键功能面，作为企业或行业约定俗成的补充说明，在图样的技术要求或标题栏附近用文字说明
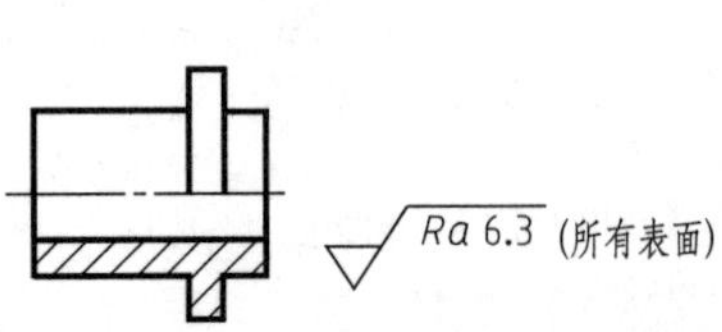	当零件所有表面具有相同的表面结构要求时，可在图样的空白处或标题栏上方用一个完整的表面结构图形符号进行统一标注，并注明其范围

续表

图　例	说　明
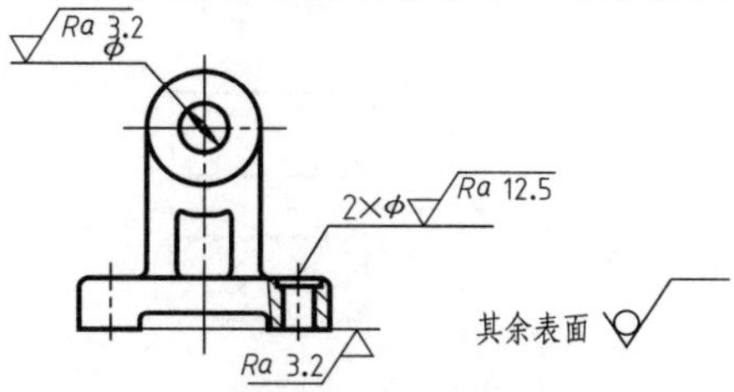	1. 对不连续的同一表面，可用细实线连接，其表面结构代号只标注一次 2. 当地位狭小或不便标注时，代号可以引出标注
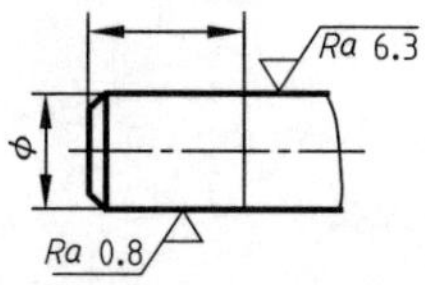	同一表面上有不同的结构要求时，需用细实线画出其分界线，并注出相应的表面结构代号和尺寸
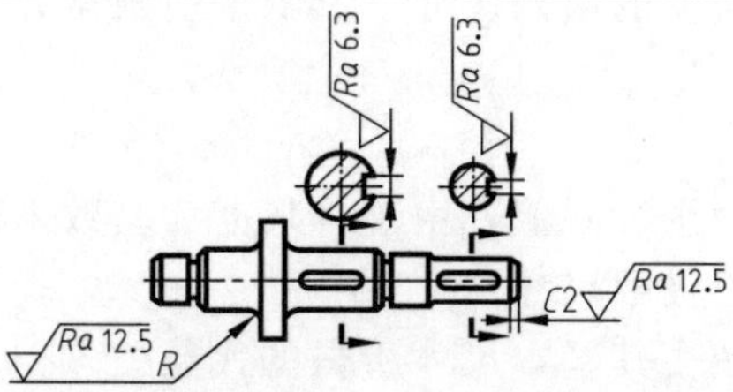	键槽工作表面，倒角、圆角的表面结构代号的标注方法
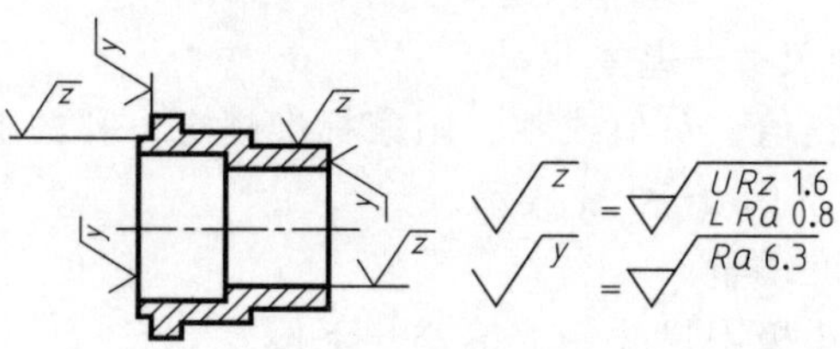	当多个表面具有相同的结构要求或图纸空间有限时，对有相同表面结构要求的表面，可用带字母的完整符号进行简化标注。然后，在图形或标题栏附近以等式的形式给出表面结构要求的具体标注内容
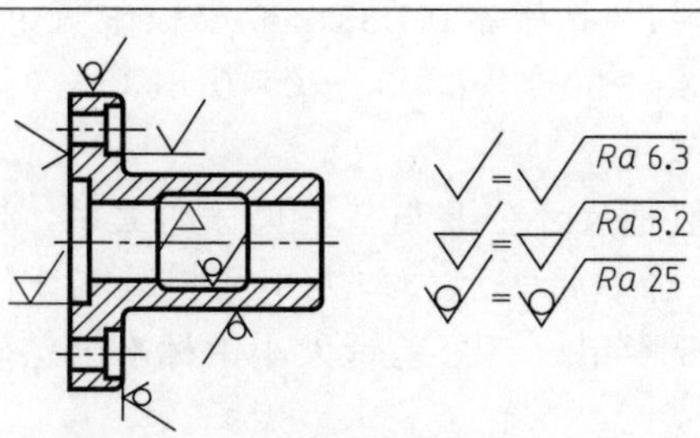	当多个表面具有相同的结构要求或图纸空间有限时，对有相同表面结构要求的表面，可用基本符号进行简化标注。然后，在图形或标题栏附近以等式的形式给出表面结构要求的具体标注内容

二、公差与配合简介

要了解公差与配合的概念，必须先了解互换性。互换性指在成批或大量生产中，从一批相同零件中任取一件，不经修配就可以直接装配到机器上，并能达到设计、使用要求的性质。互换性的存在，是机器现代化大生产的前提条件，它也给装配、维修带来了方便。

在制造零件时，为了使零件具有互换性，必须控制零件的尺寸。但是，由于加工、测量等过程中都会产生误差，零件的尺寸不可能制造得绝对精确。为此，在满足工作要求的条件下，必须允许尺寸有一定的变动范围，这一允许的变动范围就称为公差。从使用的要求来讲，把轴装在孔里，两个零件结合时要求有一定的松紧程度，这就是配合。为了保证互换性，就必须规定两个零件表面的配合性质，从而建立公差与配合制度。

1. 基本术语与定义

在公差与配合中，有一些基本术语，如图 5-34（a）所示。

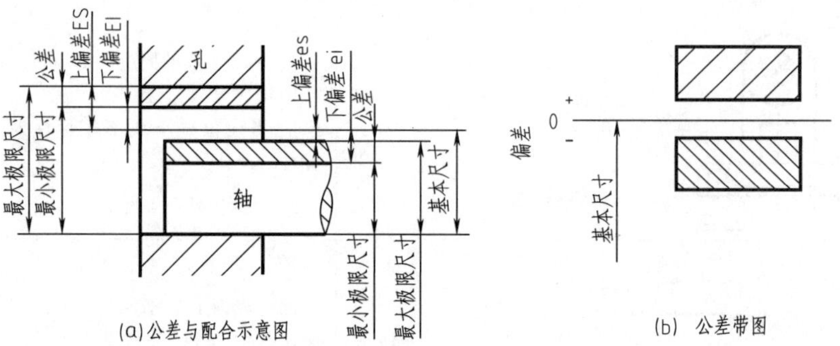

图 5-34 公差与配合的示意图及公差带图

（1）基本尺寸 指设计给定的尺寸，是确定偏差的起始尺寸，其数值应根据计算与结构要求，优先选用标准直径或标准长度。

（2）实际尺寸 指实际测量得到的尺寸。

（3）极限尺寸 指允许零件实际尺寸变化的两个极限值，由基本尺寸为基数来确定，其中大的一个称为最大极限尺寸，小的一个称为最小极限尺寸。

（4）尺寸偏差 简称偏差，指某一极限尺寸减去其基本尺寸所得的代数差。

上偏差＝最大极限尺寸－基本尺寸

下偏差＝最小极限尺寸－基本尺寸

上、下偏差统称为极限偏差，其值可以是正值、负值或零。国家标准规定，孔的上、下偏差分别用 ES 和 EI 表示；轴的上、下偏差分别用 es 和 ei 表示。

（5）尺寸公差 简称公差，指允许尺寸的变动量。

尺寸公差＝最大极限尺寸－最小极限尺寸＝上偏差－下偏差

如 $\phi30^{+0.033}_{0}$ 中的基本尺寸为 $\phi30$，最大极限尺寸为 $\phi30.033$，最小极限尺寸为 $\phi30$；上偏差为＋0.033，下偏差为 0；尺寸公差＝30.033－30＝＋0.033－0＝0.033。

（6）零线 是基本尺寸端点所在位置的一条基线。

（7）公差带图和公差带 为了便于分析，一般把尺寸公差与基本尺寸的关系，按放大比例画成简图，称公差带图，如图 5-34（b）所示。公差带表示公差大小和相对零线位置的一个区域。公差带由公差带大小和公差带位置两个要素组成。公差带大小由标准公差确定，公差带位置由基本偏差确定。

（8）标准公差 是国家标准规定的公差，用以确定公差带的大小。标准公差的代号是 IT，分为 20 个等级，即 IT01、IT0、IT1～IT18。其中阿拉伯数字表示公差等级，用于反映尺寸的精确程度。数字大表示公差大，精度低；数字小表示公差小，精度高。

（9）基本偏差 是标准所列的、用以确定公差带相对零线位置的偏差，一般指靠近零线的那个偏差。基本偏差共有 28 级，它的代号用拉丁字母表示，大写表示孔的基本偏差，而轴的基本偏差用小写字母表示。

基本偏差系列如图 5-35 所示。孔的基本偏差 A～H 为下偏差，J～ZC 为上偏差；轴的基本偏差 a～h 为上偏差，j～zc 为下偏差；JS 和 js 的公差带对称分布于零线两边，上、下偏差分别为＋IT/2、－IT/2。基本偏差系列图只表示公差带的位置，不表示公差带的大小，因此公差带的一端是开口的，该端的偏差由标准公差限定，可由基本偏差和标准公差按下列计算式求取。

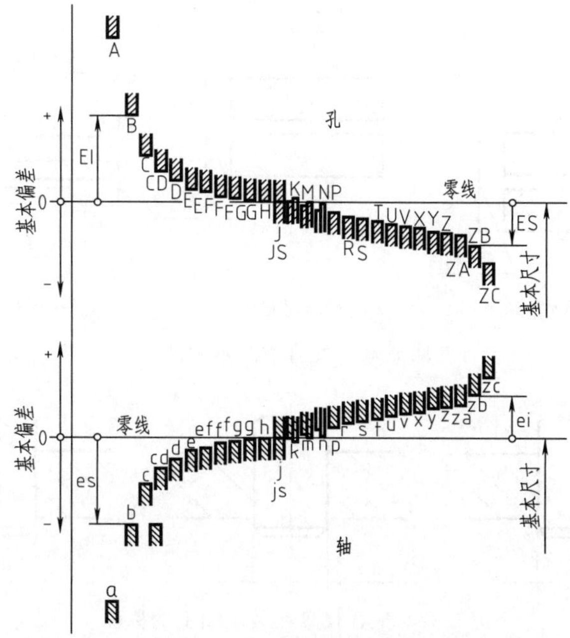

图 5-35　基本偏差系列

$$ES=EI+IT \quad EI=ES-IT$$

$$es=ei+IT \quad ei=es-IT$$

（10）孔、轴的公差带代号　公差带代号由基本偏差代号和公差等级组成，并用同一号字体书写。例如：

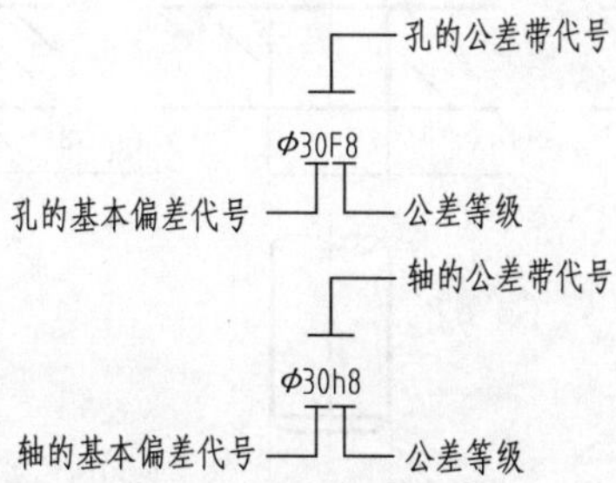

2. 配合与配合制度

配合是指在机器装配中，基本尺寸相同的、相互结合的孔和轴公差带之间的关系。由于使用要求不同，孔与轴之间配合的松紧程度也不同。国家标准把配合分为三类：间隙配合、过盈配合和过渡配合，如图 5-36 所示。

（1）间隙配合　指任意一对孔、轴相配，都有间隙的配合（包括等于零的最小间隙），也就是孔的公差带完全在轴的公差带之上的配合，如图 5-36（a）所示。

（2）过盈配合　指任意一对孔、轴相配，都成为过盈的配合（包括等于零的最小过盈），也就是孔的公差带完全在轴的公差带之下的配合，如图 5-36（b）所示。

（3）过渡配合　指任意一对孔、轴相配，可能有间隙，也可能是过盈的配合，此时孔和轴的公差带相互交叠，如图 5-36（c）所示。

3. 公差与配合在图样上的标注

在装配图上标注公差与配合时，在基本尺寸后，用分数形式注出其代号，分子为孔的公差代号，分母为轴的公差代号，如图 5-37 所示。

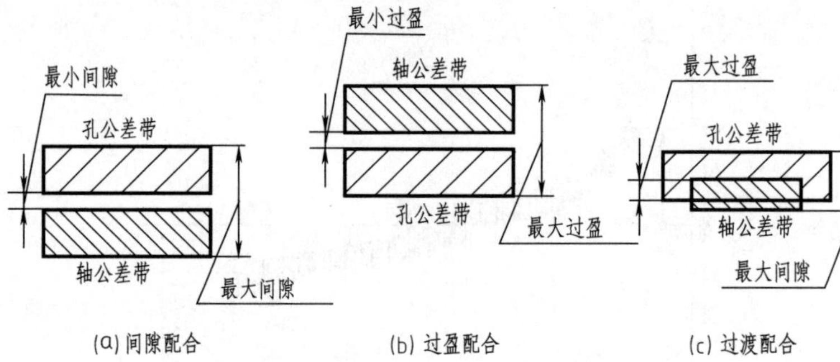

图 5-36 配合方式示意图

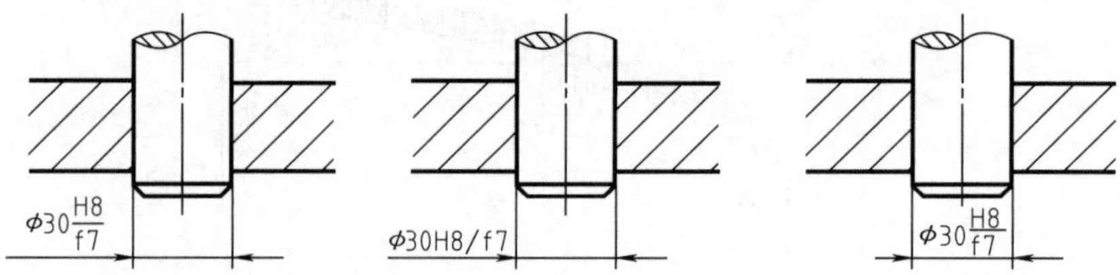

图 5-37 配合代号在装配图上的标注

在零件图上标注公差时，对于大批量生产的零件，零件图上可只注出公差带代号，如图 5-38（a）所示；对于中小批量生产的零件，在零件图上，一般只注出极限偏差数值，如图 5-38（b）所示；有时需要同时注出公差代号及极限偏差数值，此时应将极限偏差数值加上圆括号，如图 5-38（c）所示。

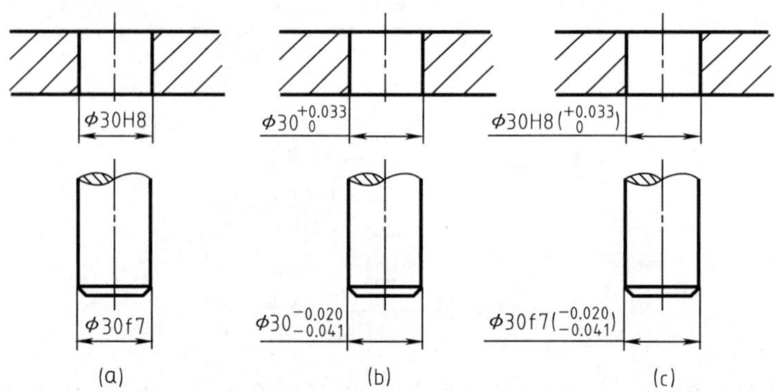

图 5-38 公差代号、极限偏差在零件图上的标注

三、化工设备部件图中的编号及明细栏

1. 零件序号

在部件图中，需对部件中的零件编写序号，并与明细栏中的序号一致。同一张部件图中，对结构形状、规格和尺寸相同的零件只编写一个序号，将其数量填写在明细表相关栏中。

部件图中序号编写的形式，与装配图相同，有图 5-39 所示的几种，但在同一张装配图或部件图中，序号的编写形式要保持一致。

编写零件序号时，在零件的可见轮廓范围内画一个小圆点，然后从圆点开始画指引线，在指引线的另一端画水平线或圆，在水平线上或圆内注写序号，如图 5-39（a）所示。当遇到零件涂黑或不宜画圆点时，可用箭头指向轮廓线，如图 5-39（b）所示。

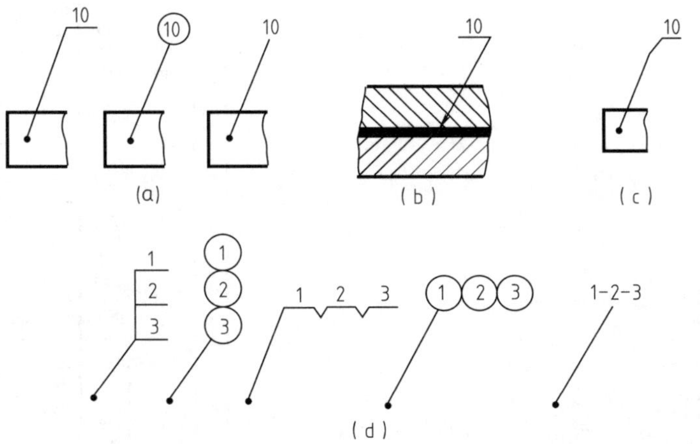

图 5-39 零部件序号的形式

指引线、水平线及圆都用细线。指引线应从零件表达得最清楚的视图引出，并尽可能少穿过其他零件。指引线之间不得相交；在穿过剖面线区域时，应避免与剖面线平行。必要时，指引线可画成折线，但只能曲折一次，如图 5-39（c）所示。

对于一组紧固件或装配关系清楚的零件组，可采用公共指引线，如图 5-39（d）所示。

序号的字体应比图样上的尺寸数字大一号或两号，并按顺时针或逆时针方向顺序整齐地排列在同一水平线或垂直线上。

为确保无遗漏地按顺序排列，可先引出指引线，画出末端的水平线或小圆，经检查确认无遗漏后，再统一写序号，最后填写明细表。

2. 明细表

明细表一般由序号、代号（图号）、名称、数量、材料、质量、备注等组成，可以根据实际情况确定其内容。明细表中的序号应自下而上填写，如图 5-31 所示。

3. 标题栏

标题栏的内容、格式及要求与机械装配图相同。

第六节 读零部件图

以图 5-40 所示的冷凝器中右管箱为例，介绍看零部件图的步骤。

1. 概括了解

通过标题栏了解零部件的名称、材料以及画图比例等，对零件的大致形状、在机器中的作用等有一个初步的认识。

通过图 5-40 的标题栏可知，该部件的名称是右管箱，属于焊接件，是由管箱法兰、椭圆形封头、吊耳焊接而成的，管箱法兰、椭圆形封头的材料为 Q345R，吊耳的材料为 Q235-A，画图比例为 1∶5。

2. 分析表达方案

图 5-40 所示的焊接部件右管箱由主视图和左视图两个基本视图组成，主视图采用全剖视图，另外还有两个局部放大图。

图 5-40 所表达的右管箱结构比较简单。全剖的主视图表达了该部件的主体结构及连接

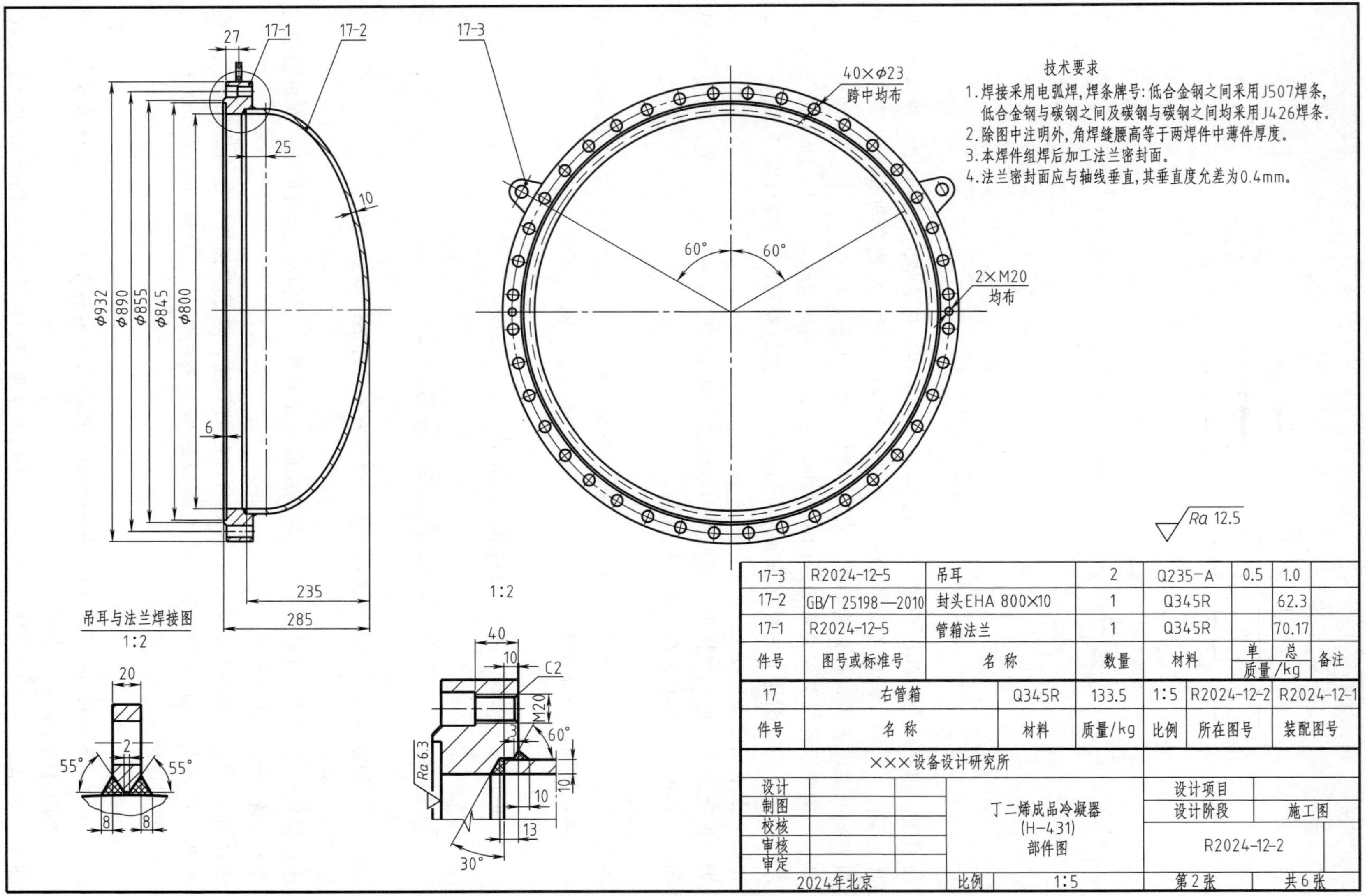

技术要求

1. 焊接采用电弧焊，焊条牌号：低合金钢之间采用J507焊条，低合金钢与碳钢之间及碳钢与碳钢之间均采用J426焊条。
2. 除图中注明外，角焊缝腰高等于两焊件中薄件厚度。
3. 本焊件组焊后加工法兰密封面。
4. 法兰密封面应与轴线垂直，其垂直度允差为0.4mm。

件号	图号或标准号	名称	数量	材料	单 质量/kg	总 质量/kg	备注
17-3	R2024-12-5	吊耳	2	Q235-A	0.5	1.0	
17-2	GB/T 25198—2010	封头EHA 800×10	1	Q345R		62.3	
17-1	R2024-12-5	管箱法兰	1	Q345R		70.17	

件号	名称	材料	质量/kg	比例	所在图号	装配图号
17	右管箱	Q345R	133.5	1:5	R2024-12-2	R2024-12-1

×××设备设计研究所			设计项目	
设计		丁二烯成品冷凝器 (H-431) 部件图	设计阶段	施工图
制图			R2024-12-2	
校核				
审核				
审定				
2024年北京	比例	1:5	第2张	共6张

图 5-40 右管箱部件图

关系。左视图表达了法兰上螺栓孔的个数和位置以及吊装用的吊耳的形状和位置。两个局部放大图分别表达了法兰和吊耳、法兰和封头的焊接结构和尺寸。

3. 分析尺寸及技术要求

从图 5-40 中可以看出，右管箱部件为回转结构，径向尺寸基准为回转轴线，长度以安装面为主要尺寸基准。

由于右管箱为焊接部件，因此只对焊接后需加工的表面标注表面粗糙度，如法兰密封面的粗糙度 Ra 值为 6.3μm，其他的加工表面 Ra 值为 12.5μm。

右管箱部件图的技术要求中指明了焊接要求等内容。

习题

5-1　零件图装配图基础知识（共 16 题）

1. 填空题（10 题）

（1）零件图用于指导零件的________；装配图用于指导装配的______________。

（2）零件图的内容一般包括________、________、________、________。

（3）选择零件图的安放位置应考虑________位置和________位置。

（4）零件图尺寸标注的基本要求是________、________、________、________。

（5）从工艺要求出发，标注零件图尺寸应________、________、________。

（6）装配图的内容一般包括________、________、________和________。

（7）装配图的一组视图主要用于表达装配体的________、________和________。

（8）装配图常用的特殊表达方法有________、________、________等。

（9）装配图上标注的尺寸一般包括________尺寸、________尺寸、________尺寸和________尺寸。

（10）装配图的主视图一般应符合________位置，且反映主要或较多的________关系。

2. 选择题（6 题）

（1）关于零件图和装配图，下列说法不正确的是__________。

A. 零件图表达零件的大小、形状及技术要求。

B. 装配图是表示装配体及其组成部分的连接、装配关系的图样。

C. 零件图和装配图都用于指导零件的加工、制造和检验。

D. 零件图和装配图都是生产上的重要技术资料。

（2）关于装配图画法，下列说法正确的是__________。

A. 装配图中两零件的接触面应画两条线。

B. 装配图中的剖面线间隔必须一致。

C. 同一零件的剖面线必须同向且间隔一致。

D. 装配图中相邻零件的剖面线方向必须相反。

（3）关于零件图的视图选择，下面说法正确的是__________。

A. 零件图视图数量及表达方法应根据零件的具体结构特点和复杂程度而定，表达的原则是：完整、简洁、清晰。

B. 要表达完整，一个零件至少需要两个视图。

C. 视图数量越少越好。

D. 零件图应通过剖视图和断面图表达内部结构，不应出现虚线。

（4）关于尺寸基准，下面叙述不正确的是__________。

A. 根据零件结构的设计要求而选定的基准称为设计基准，从设计基准出发标注尺寸，能保证零件的装配位置和工作性能。

B. 根据零件加工、测量的要求而选定的基准称为工艺基准，从工艺基准出发标注尺寸，能把尺寸标注与零件的加工制造联系起来，使零件便于制造、加工和测量。

C. 零件的每一方向都必须有且只有一个主要基准，可以有也可以没有辅助基准。

D. 零件的每一方向的定位尺寸一律从该方向主要基准出发标注。

（5）下面几个表面结构要求中，表示用去除材料的方法获得，且较为粗糙的一个是__________。

A　　B　　C　　D

（6）关于表面结构要求的标注，下面说法不正确的是__________。

A. 表面结构图形符号一般注在可见轮廓线、尺寸界线、引出线或它们的延长线上。

B. 符号的尖端必须从材料外指向零件表面。

C. 可以将使用较多的一种符号统一注在图样的标题栏附近。

D. 表面结构参数数值的方向一律向上。

5-2　典型零部件识读（共 10 题）

（1）筒体识读。

明细栏标记：筒体 DN1200X6，H-1400，Q23SA・F，GB/T 9019—2015。

识读信息：公称直径为______ mm，壁厚为______ mm，高为______ mm，材料为______，标准号______。

（2）封头识读。

明细栏标记：EHA400×4-Q235A・F　GB/T 25198—2023。

识读信息：椭圆形封头，公称直径为______ mm，壁厚为______ mm，材料为______，标准号______。

（3）支座识读。

① 鞍式支座明细栏标记：NB/T 47065.1—2018，鞍式支座 BI1000-F；材料栏内注：Q345A。

识读信息：公称直径为______ mm，______°包角，______型______垫板鞍式支座，材料为______。

② 腿式支座明细栏标记：NB/T 47065.2—2018，支腿 AN4-900。

识读信息：角钢支柱支腿，______垫板，支承高度为______ mm。

③ 耳式支座明细栏标记：NB/T 47065.3—2018，耳式支座 C3-IL，材料为 S30408/S30408。

识读信息：支座型号______型，______号耳式支座，支座材料______，垫板材料______。

④ 支承式支座明细栏标记：NB/T47065—2018 支座 B5，h＝540，δ＝16；材料栏内标注：10，Q235B/S30408。

识读信息：钢管制作的________号支承式支座，支座高度为________ mm，垫板厚度为

______ mm，钢管材料为______号钢，底板材料为______，垫板材料为______。

⑤ 刚性环支座明细栏标记：NB/T 47065.5—2018，刚性环支座 B7200-8-Ⅱ-24；材料栏内标注：Q235C/S30408。

识读信息：支座间距为______ mm，______型，尺寸号______，支座材料为______，垫板材料为______ mm，垫板厚度为______ mm。

(4) 法兰识读。

① 管法兰明细栏标记：HG/T 20592—2009，法兰 RF DN150-0.6。

识读信息：采用______密封的______法兰，公称直径为______ mm，公称压力为______ MPa。

② 压力容器法兰明细栏标记：法兰-RF 1000-2.5/78-155 NB/T 47023—2012。

识读信息：公称压力为______ MPa，公称直径为______ mm 的突面密封法兰，其中法兰厚度改为______ mm，法兰总高度仍为______ mm。

(5) 人孔和手孔识读。

① 人孔明细栏标记：人孔 Ib（NM-XB350A）450-6 HG/T 21516—2014。

识读信息：公称直径为______ mm，______型盖轴耳，其中采用材料__________的平垫片平焊法兰人孔。

② 手孔明细栏标记：手孔 FS（A-XB350）250-6 H160 HG/T 21535。

识读信息：公称压力为______ MPa，公称直径为______ mm，$H=$______ mm（非标准尺寸），______型密封面，采用______垫片的______手孔。

(6) 视镜识读。

视镜明细栏标记：视镜 PN1.0DN150　ISF1，并在备注栏处注明材料为 Q345R。

识读信息：公称压力为______ MPa，公称直径为______ mm，材料为______，带防爆型射灯组合，不带冲洗装置的视镜。

(7) 液面计识读。

液面计明细栏标记：液面计 BG1.6-I-1400。

识读信息：公称压力为______ MPa，______材料，普通型，公称长度 $L=$______ mm 的玻璃管液面计。

(8) 补强圈识读。

补强圈明细栏标记：补强圈 DN80X6-D-Q345R　JBT4736。

识读信息：接管公称直径 DN=__________ mm，补强圈厚度为__________ mm，坡口形式为__________型，材质为________的补强圈。

(9) 识读反应釜中主要零部件。

① 搅拌器识读。

明细栏标记：搅拌器 FKS1140-65S2。

识读信息：搅拌器______，直径为______ mm，轴径为______ mm，材质为______。

② 填料箱识读。

明细栏标记：填料箱 PN1.6 DN90 HG21537.7-92。

识读信息：公称压力为________ MPa，公称直径为________ mm 的碳钢填料箱。

(10) 识读换热器主要零部件。

膨胀节识读。

明细栏标记：膨胀节 ZDLC（I）U1000-0.6-500-1X6X2（S30408）　GB/T 16749—2018。

识读信息：__________波纹管膨胀节，__________波数（厚度__________mm），波整体成型带内衬套膨胀节（采用__________层壁），其公称压力 PN=______MPa，公称直径 DN=______mm。

5-3　尺寸标注（共 4 题）

序号	题目	答案
(1)	下面正确的尺寸标注是__________。 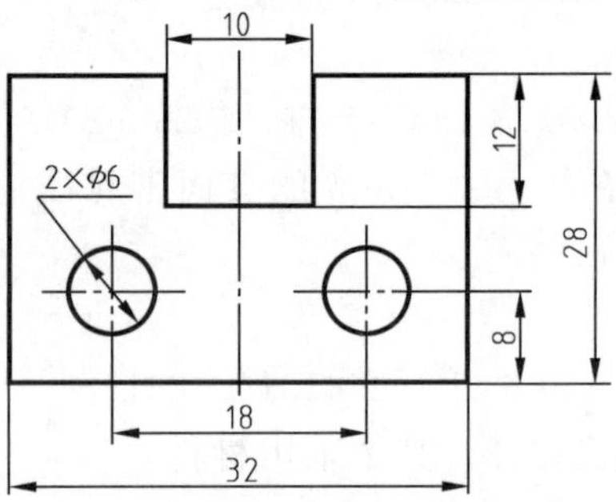 A 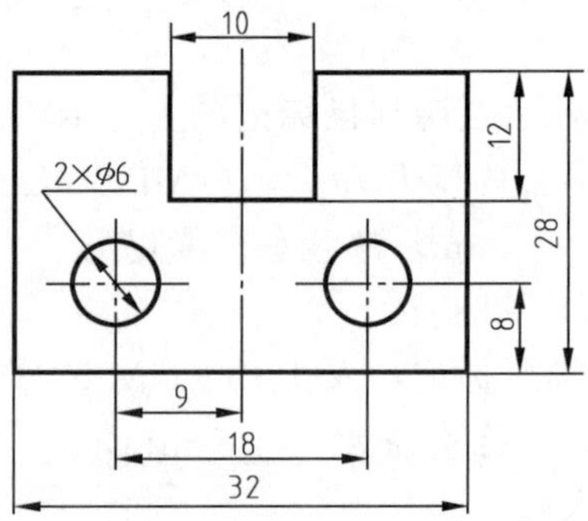 B	
(2)	下面正确的尺寸标注是__________。 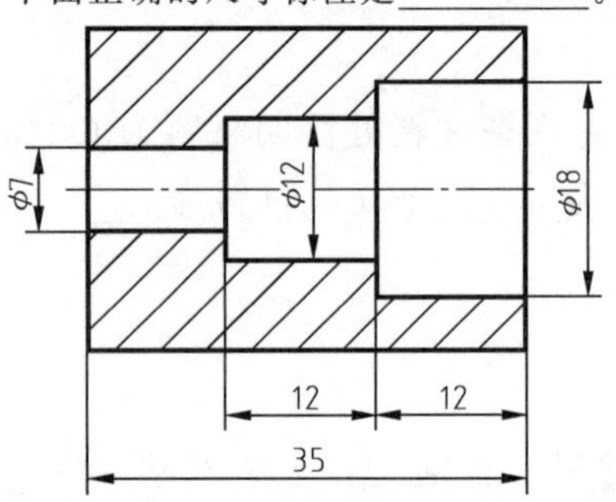 A 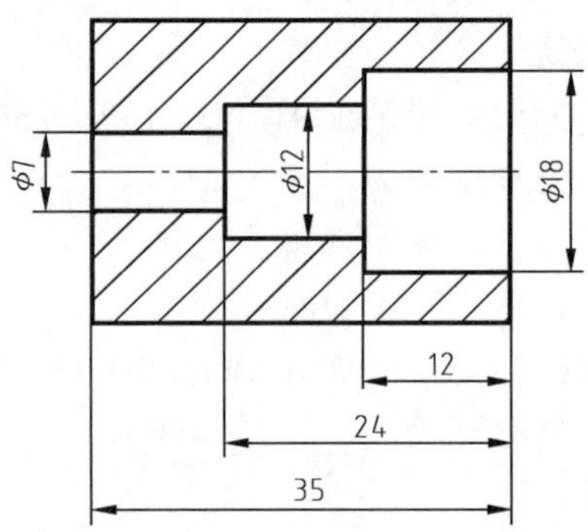 B	
(3)	下面正确的尺寸标注是__________。 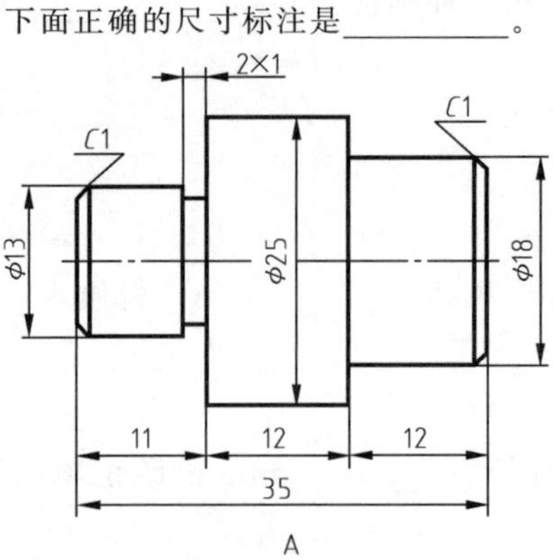 A 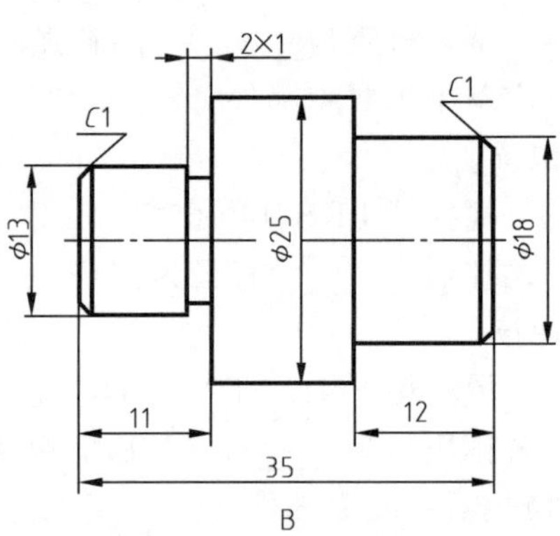 B	

续表

序号	题目	答案
(4)	下面正确的尺寸标注是＿＿＿＿＿。 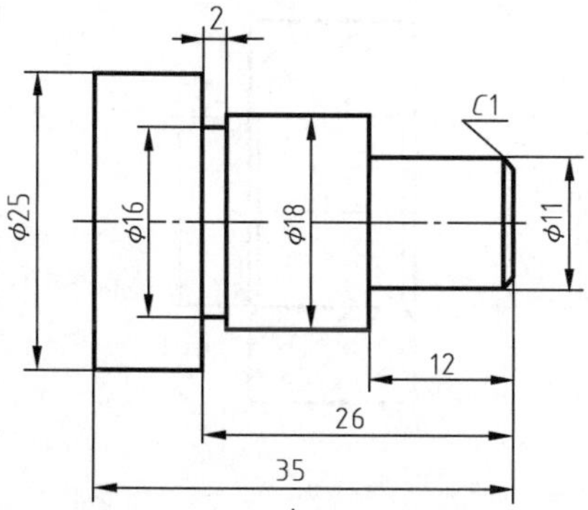 A 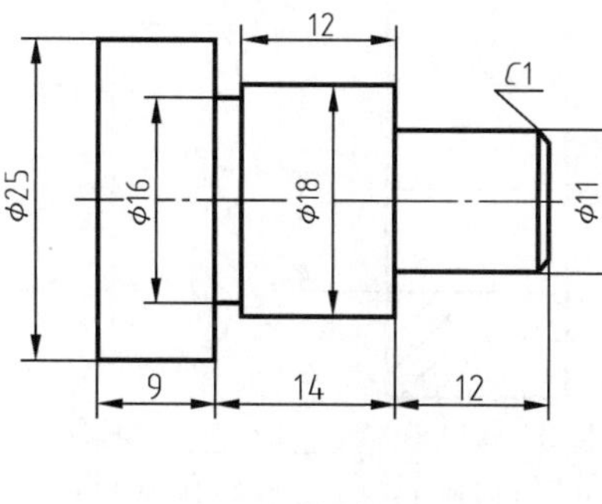 B	

5-4　公差与配合（共10题）

序号	题目	答案
(1)	下面说法不正确的是＿＿＿＿。 A. 上极限尺寸必大于公称尺寸。 B. 上极限偏差必大于下极限偏差。 C. 上极限偏差或下极限偏差可为正值，也可以为负值或零。 D. 公差必为正值。	
(2)	一尺寸的上极限偏差＋0.015，下极限偏差－0.033，则其公差为＿＿＿＿＿。 A. 0.018　　B. 0.048　　C. －0.018　　D. －0.048	
(3)	下面四个公称尺寸与极限偏差，写法正确的是＿＿＿＿＿。 A. $\phi20^{+0.021}_{-0.000}$　　B. $\phi20^{+0.021}$　　C. $\phi20^{+0.021}_{0}$　　D. $\phi20^{+0.021}_{-0}$	
(4)	下面配合正确的是＿＿＿＿＿。 A. $\phi20\ \frac{H7}{f6}$　　B. $\phi20\ \frac{f6}{H7}$　　C. $\phi20\ \frac{H7}{F6}$　　D. $\phi20\ \frac{h7}{F6}$	
(5)	下面配合中属于基孔制间隙配合的是＿＿＿＿＿。 A. $\phi20\ \frac{H7}{f6}$　　B. $\phi20\ \frac{H7}{n6}$　　C. $\phi20\ \frac{K7}{h6}$　　D. $\phi20\ \frac{G7}{h6}$	
(6)	下面配合中属于基轴制间隙配合的是＿＿＿＿＿。 A. $\phi20\ \frac{H7}{f6}$　　B. $\phi20\ \frac{H7}{n6}$　　C. $\phi20\ \frac{K7}{h6}$　　D. $\phi20\ \frac{G7}{h6}$	
(7)	解释配合代号的含义；根据配合代号查表，注出孔和轴的极限偏差值。 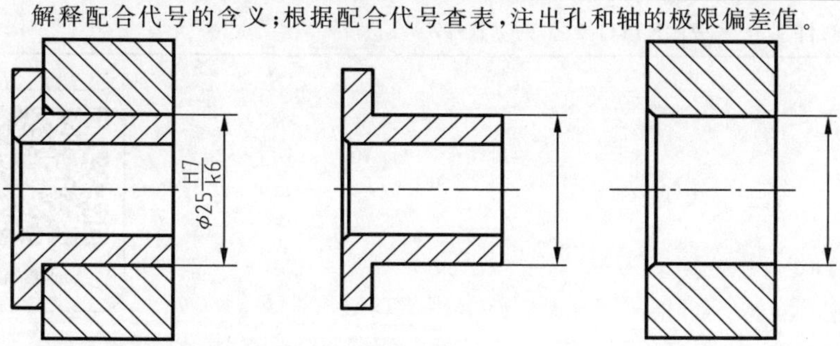 轴套与孔，属于基＿＿＿制＿＿＿配合。 公差等级：轴套为IT＿＿＿级，孔为IT＿＿＿级。 基本偏差代号：轴套为＿＿＿＿，孔为＿＿＿＿。	

续表

序号	题目	答案
(8)	解释配合代号的含义；根据配合代号查表，注出孔和轴的极限偏差值。 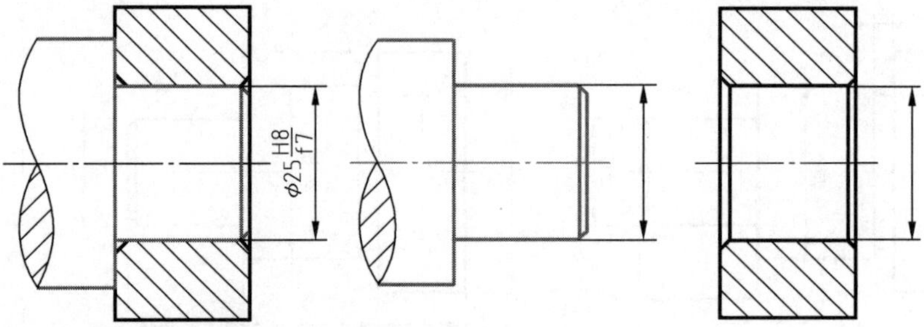 轴套与孔，属于基______制______配合。 公差等级：轴为 IT ______级，孔为 IT ______级。 基本偏差代号：轴为______，孔为______。	
(9)	根据配合代号查表，将极限偏差值注在相应的零件图上。 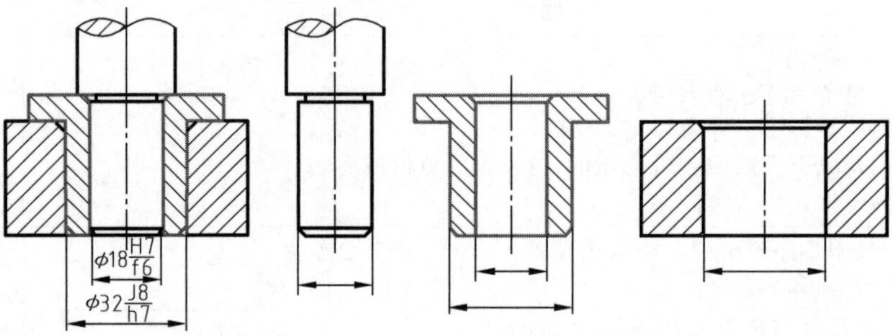 	
(10)	按给定条件标注配合代号。 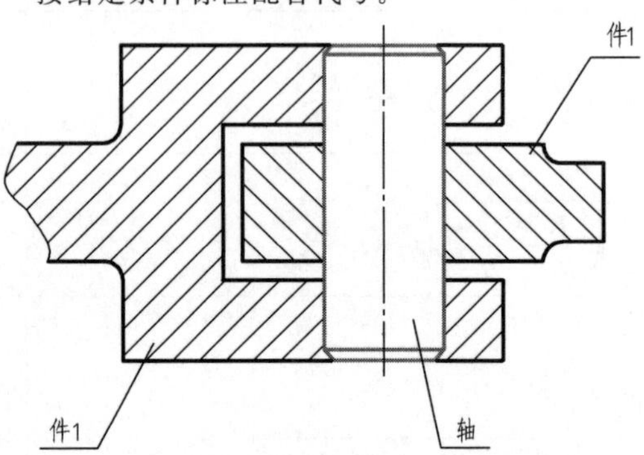 小轴为 ϕ10h6；件 1 孔为 ϕ10K7；件 2 孔为 ϕ10G7。	

扫码看答案

第六章　化工设备装配图

内容提要：

装配图是表示设备全貌、组成和特性的图样，它表达设备各主要部分的结构特征、装配和连接关系、尺寸和有关装配、检验、安装等技术要求。

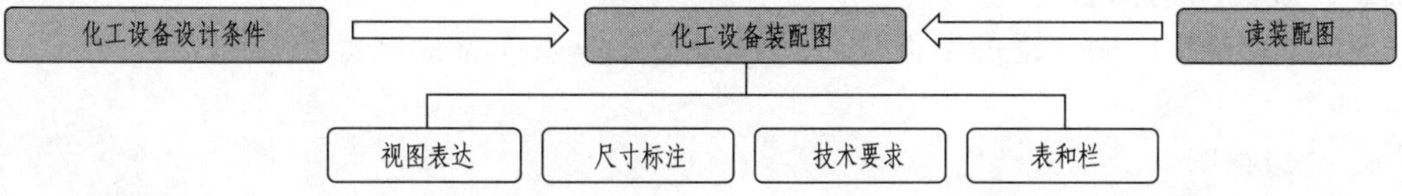

章节目标：

知识目标	★ 熟悉化工设备设计条件。 ★ 熟悉化工设备装配图的作用和内容。 ★ 掌握化工设备装配图的阅读方法。 ★ 掌握特征尺寸、安装尺寸、装配尺寸、外形尺寸等主要尺寸的识读。
技能目标	★ 能分析化工设备装配图视图的配置方式。 ★ 能准确运用多次旋转、局部结构、断开、分层等表达方式及简化画法。 ★ 能读懂化工设备装配图中技术要求、表与栏等信息。 ★ 能结合相关标准，独立完成化工设备装配图的识读。
素质目标	★ 培养巧妙运用不同图形表达方式分析问题的习惯。 ★ 培养善于有针对性地抓住事物关键信息的习惯。

第一节　化工设备设计条件

化工设备设计条件是压力容器设计的基础文件，列出设备的工艺要求，规定压力容器设计的内容及深度要求等，是进行化工设备设计的主要依据。

压力容器设计条件包括设计条件图、设计数据表、设计任务书或委托书以及环境、气象资料等，通常包括以下内容。

① 设备简图：用单线条绘成的简图，表示工艺设计所要求的设备结构类型、尺寸、设备上的管口及其初步方位等。

② 技术特性指标：列表给出工艺要求，如工作压力和温度、介质名称、容积、材质以及传热面积、搅拌器类型、功率、转速、安装、保温要求等。

③ 管口表：列表注明各管口符号、用途、公称尺寸和连接面型式等。

化工设备设计条件目前尚无统一规定的格式，不同种类的设备有不同的条件单，图 6-1 所示为一张丙酮储罐的设备设计条件单，供参考。

第二节　化工设备装配图的作用和内容

一、装配图的作用

在工业生产中，新设备的研制开发、旧设备或部件的改造，一般都是先设计并画出装配图，此后再根据装配图拆画出零件图。在产品的制造过程中，先按零件图加工制造出零件，然后必须根据装配图将各个零件按照装配工艺装配出机器或部件。因此，装配图是制定装配工艺规程，完成装配、设备的检验和调试等工作的技术依据。机器在使用和维修的过程中，也需要通过装配图来了解机器的构造、工作原理和装配关系等。显然，装配图在产品生产过程中起着重要的作用，是指导生产的重要技术文件。

二、装配图的内容

图 6-2 所示为丙酮储罐的装配图，可以看出，一张完整的装配图应包括以下几方面的内容。

1. 一组视图

一组视图表达设备的主要结构形状和零部件之间的装配关系，而且这组视图符合《机械制图》国家标准的规定。

2. 必要的尺寸

为设备制造、装配、安装检验提供的尺寸数据有：表示设备总体大小的总体尺寸；表示规格大小的特性尺寸；表示零部件之间装配关系的装配尺寸；表示设备与外界安装关系的安装尺寸。

3. 管口符号和管口表

设备上的管口都有专门用途，均应注明，常用拼音字母顺序编号。并把管口的有关数据和用途等内容标注在专门列出的管口表中。

4. 零部件编号及明细表

把组成设备的所有零部件依次编号，并把每一个编号的零部件名称、规格、材料、数量、单重及有关图号或标准号等内容，填写在主标题栏上方的明细表内。

5. 设计数据表

设计数据表用表格形式列出设备的主要工艺特性，如操作压力、温度、物料名称、设备容积等内容。

6. 技术要求

技术要求常用文字说明的形式，提出设备在制造、检验、安装、材料、表面处理、包装和运输等方面的要求。

7. 标题栏

标题栏常放在图样的右下角，有规定的格式，用以填写设备的名称、主要规格、制图比例、设计单位、图样编号以及设计、制图、校审人员的签字等。

8. 其他

其他需要说明的问题，如图样目录、附注、修改表等内容。

条件内容修改							
修改标记	修改内容	签字	日期				
简图与说明							比例

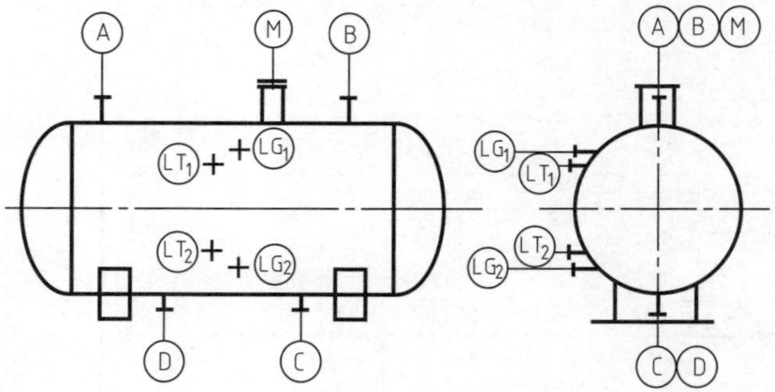

参考图

设计参数及要求				
		容器内		容器内
操作物料	名称	丙酮	腐(磨)蚀速率	0.20mm / 年
	组分		设计寿命	10年
	密度		壳体材料	Q245R
	特性		内件材料	
	黏度		衬里防腐材料	
工作压力/MPa		常压	安装检修要求	人孔
设计压力/MPa		常压	场地类	Ⅰ类
安全阀	位置/型式		密封要求	安装完毕，盛水试漏
	规格/数量		操作方式及要求	
	开启(爆破)压力/MPa		静电接地	支座处
			其他要求	
工作温度		60℃		
设计温度		65℃		
环境温度				
壁温		60℃		
全容积		7.3m³		
操作容积		6m³		

管口表

符号	公称尺寸	公称压力	连接面型式	用途	符号	公称尺寸	公称压力	连接面型式	用途
A	*DN*40	*PN*16	RF	进料口	M	*DN*450	*PN*16	RF	人孔
B	*DN*20	*PN*16	RF	放空口					
C	*DN*80	*PN*16	RF	出料口					
D	*DN*100	*PN*16	RF	放净口					
$LG_{1\sim2}$	*DN*20		RF	液位计口					
$LT_{1\sim2}$	*DN*40	*PN*16	RF	自控液位计口					

	设计	校核	审核	日期	位号/台数	工程名称	
工艺						设计项目	
管道						设计阶段	施工图
电控							
					设备图号		

图 6-1 丙酮储罐的设备设计条件单

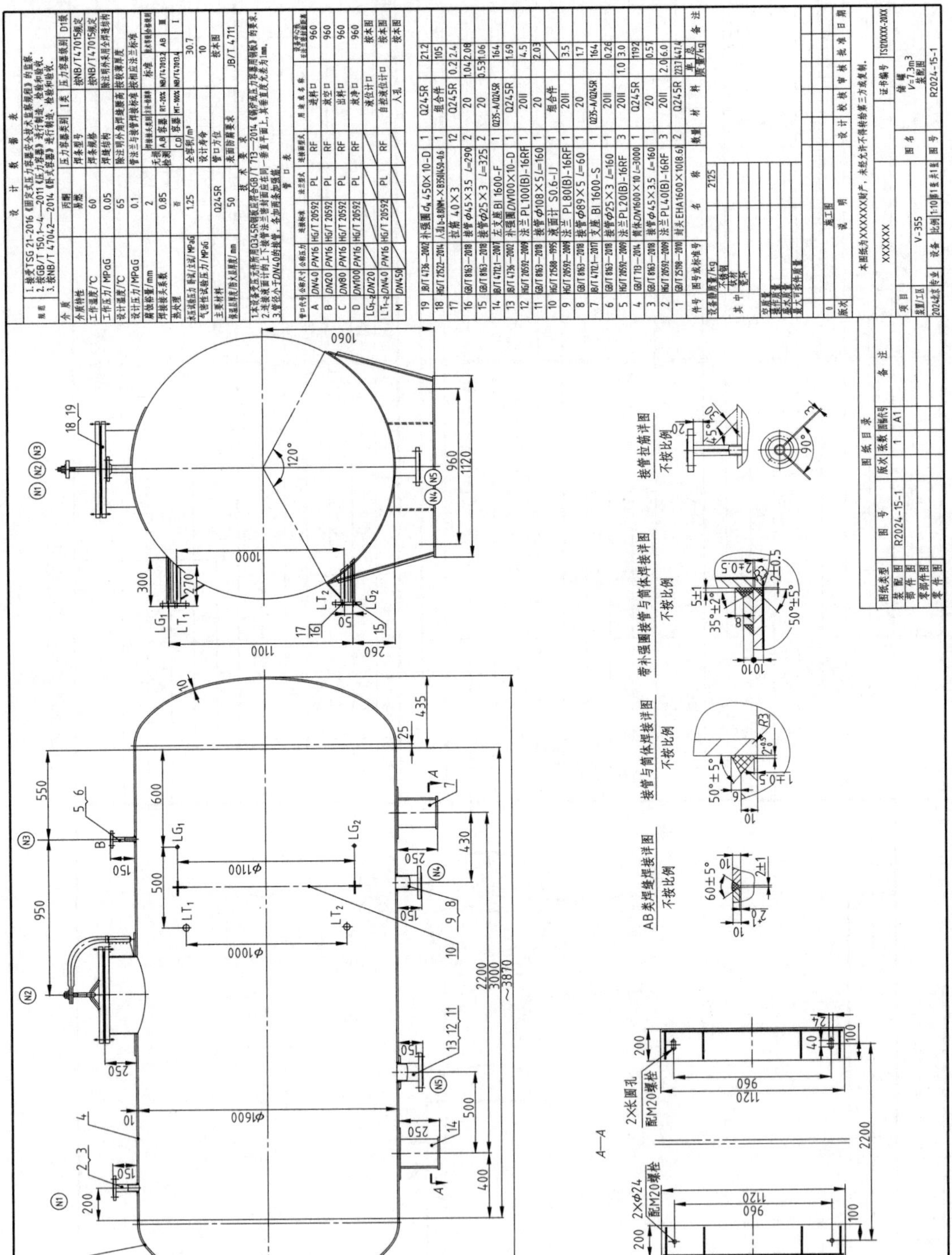

图 6-2　丙酮储罐的装配图

第三节 化工设备装配图的表达

绘制装配图时，除了按规定使用第二章所介绍的各种画法，还应遵守在第三章螺纹连接件画法中所介绍的装配图的规定画法，此外化工设备装配图还有一些特殊的画法，现介绍如下。

一、化工设备图图样的简化画法

1. 设备结构允许用单线表示

设备上的某些结构，在已有部件图、零件图、剖视图、局部放大图等能够清楚表示出结构的情况下，装配图中的下列图形均可按比例简化为单线（粗实线）表示。其尺寸标注基准仍按规范，并在图纸“注”中说明，如法兰定位尺寸以法兰密封面为基准，塔盘标高尺寸以支持圈上表面为基准等。

① 壳体厚度单线表示如图 6-3 所示。

② 法兰、接管、补强圈单线表示如图 6-4 所示。

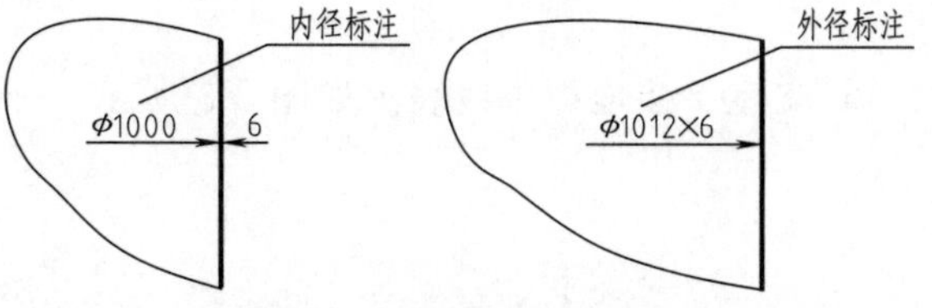

图 6-3 壳体厚度单线图

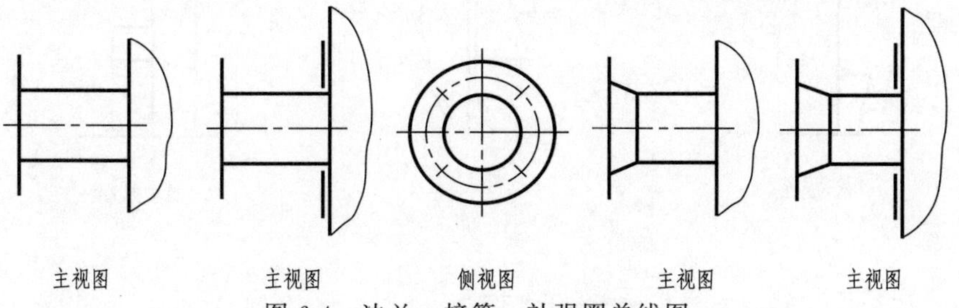

图 6-4 法兰、接管、补强圈单线图

③ 法兰、法兰盖、螺栓、螺母、垫圈单线表示如图 6-5 所示。

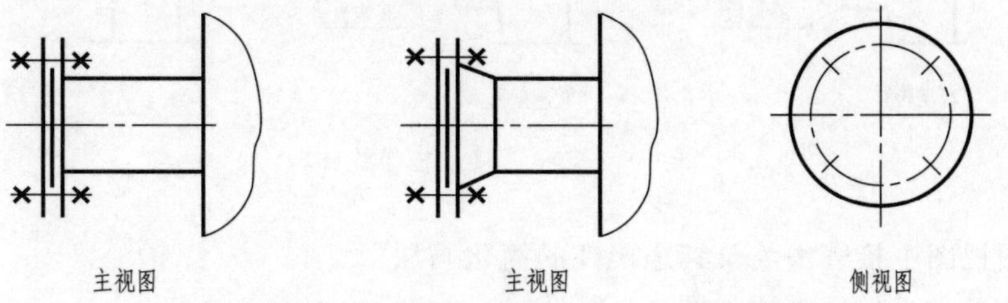

图 6-5 法兰、法兰盖、螺栓、螺母、垫圈单线图

④ 吊耳、环首螺钉、顶丝单线表示如图 6-6 所示。

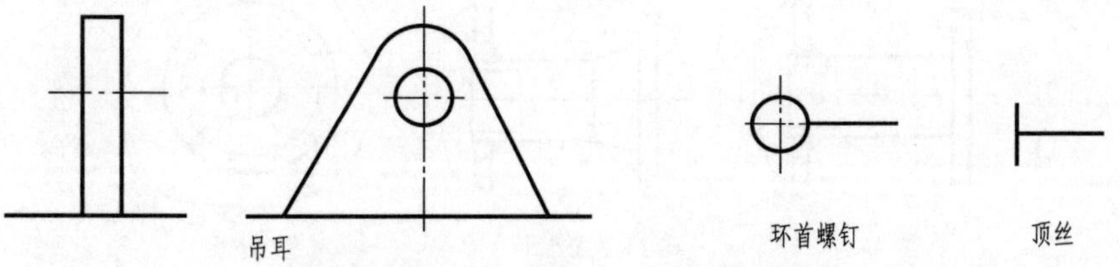

图 6-6 吊耳、环首螺钉、顶丝单线图

⑤ 吊柱单线表示如图 6-7 所示。

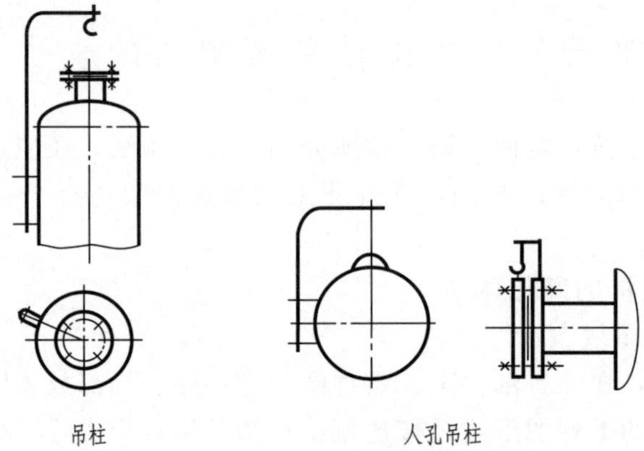

图 6-7 吊柱单线图

⑥ 支座、接地板单线表示如图 6-8 所示。

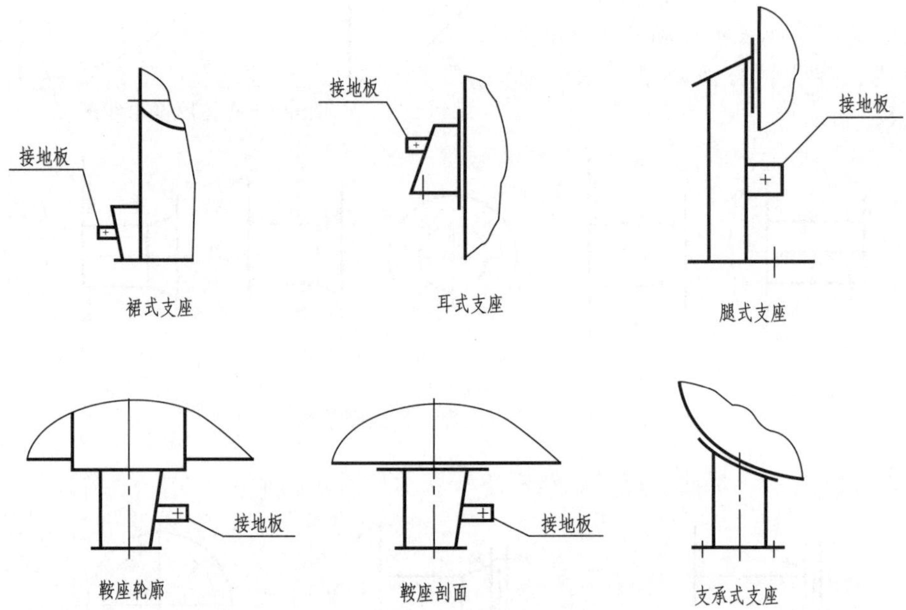

图 6-8 支座、接地板单线图

2. 装配图视图中接管法兰及其连接件的简化画法

① 一般法兰的连接面型式如图 6-9 所示。

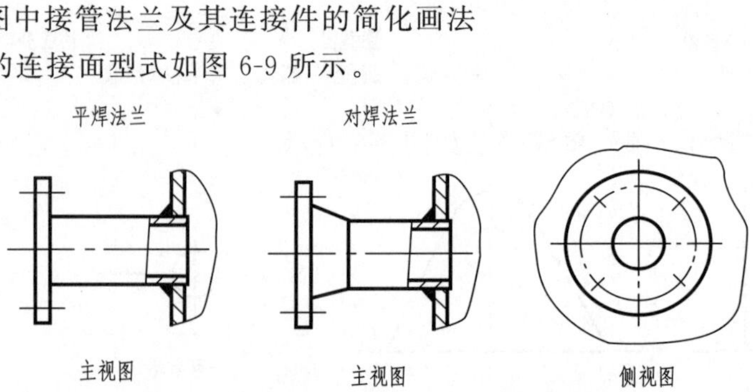

图 6-9 一般法兰的连接面型式的简化画法

② 对于特殊型式的接管法兰（如带有薄衬层的接管法兰），需以局部剖视图表示，如图 6-10 所示。

③ 螺栓孔在图形上用中心线简化表示，如图 6-11 所示。

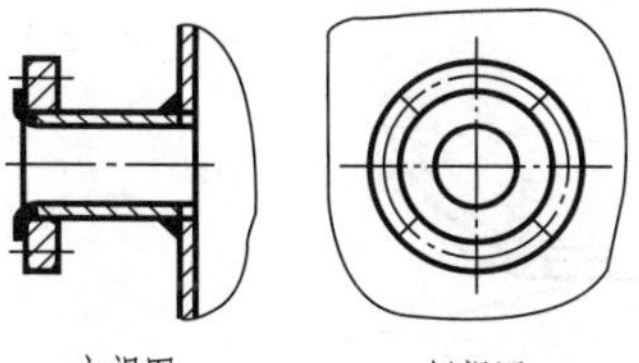

图 6-10　带有薄衬层的接管法兰的局部剖视图简化画法

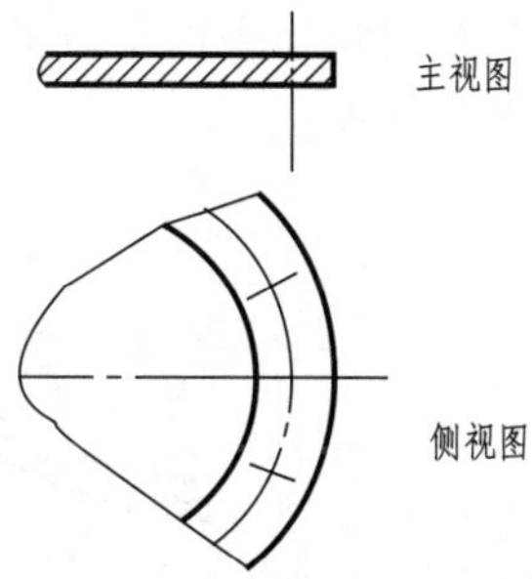

图 6-11　装配图中螺栓孔的简化画法

④ 一般法兰的连接螺栓、螺母、垫片的简化画法如图 6-12 所示，图中“×”及“+”符号的线条为粗实线，其大小应合适，且同一种螺栓孔或螺栓连接，在俯（侧）视图中至少画两个，以表示方位（跨中或对中）。

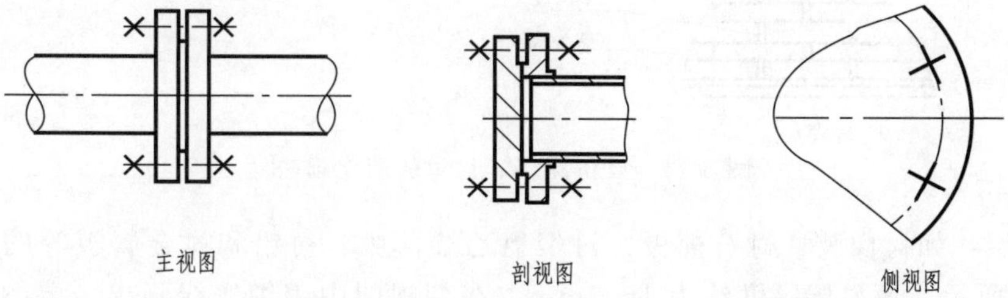

图 6-12　装配图中一般法兰的连接螺栓、螺母、垫片的简化画法

3. 液面计的简化画法

装配图中带有两个接管的液面计（如玻璃管液面计、双面板式液面计、磁性液面计等）的画法，可简化成如图 6-13（a）的画法，符号“+”用粗实线画出；带有两组或两组以上接管的液面计的画法，可以按图 6-13（b）的画法，在俯视图上正确表示出液面计的安装方位。

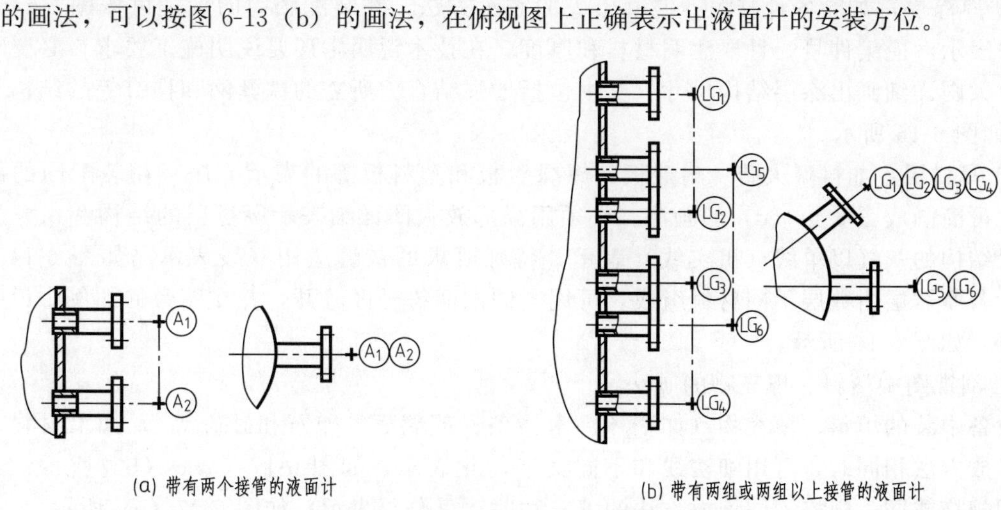

图 6-13　装配图中液面计的简化画法

4. 设备涂层、衬里的简化画法

设备涂层、衬里用剖视表达，但应注意薄涂层、厚涂层及薄衬层、厚衬层的表达有所区别。

① 薄涂层：如搪瓷、涂漆、喷镀金属及喷涂塑料等的表示方法是在图样中不编件号，仅在涂层表面侧画与表面平行的粗点画线，并标注涂层内容，如图 6-14（a）所示，详细要求可写入技术要求。

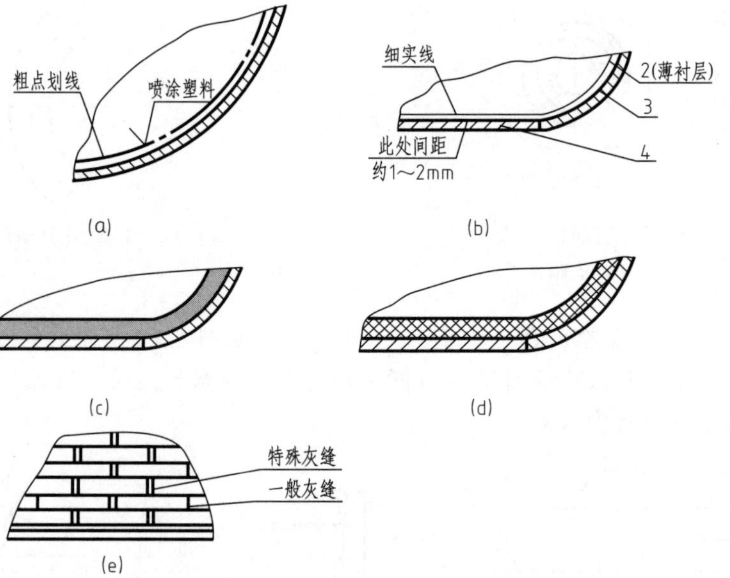

图 6-14 设备涂层、衬里的简化画法

② 薄衬层：如衬橡胶、衬石棉板、衬聚氯乙烯薄膜、衬铅和衬金属板等的表示方法如图 6-14（b）所示，薄衬层厚度约为 1～2mm，在剖视图中用细实线画出，要编件号。当衬层材料相同时，在明细表中只编一个件号，并在其备注栏内注明厚度；若薄衬层由两层或两层以上相同材料组成时，仍按图 6-14（b）表示，只画一根细实线，不画剖面符号，其层数在明细表中要注明；当衬层材料不同时，必须用细实线区分层数，分别编出件号，在明细表的备注栏内注明每种衬层材料的厚度和层数。

③ 厚涂层：如涂各种胶泥、混凝土等的表示方法，在装配图中的剖视可按图 6-14（c）的方法表示，应编件号，且要注明材料和厚度，在技术说明中还要说明施工要求，必要时用局部放大图详细画出涂层结构尺寸（其中包括增强结合力所需的铁丝网和挂钉等的结构和尺寸），如图 6-15 所示。

④ 厚衬层：如衬耐火砖、耐酸板、辉绿岩板和塑料板等的表示方法，在装配图的剖视图中，可简画成图 6-14（d）的画法，必须用局部放大图详细表示厚衬层的结构和尺寸。图中一般结构的灰缝以单线（粗实线）表示，特殊要求的灰缝应用双线表示，如图 6-14（e）所示。若厚衬层由数层不同材料组成，可用不同剖面符号区分开，并在图旁的图例中说明剖面符号，如图 6-16 所示。

5. 剖视图中填料、填充物的画法

设备中装的填料、填充物（如瓷环、木格条、玻璃面、卵石和砂砾等），如果材料、规格、堆放方法相同时，可用细实线和不同文字简化表示，如图 6-17（a）、（b）所示；若装有不同规格或同一规格不同堆放方法的填充物时，可分层表示，如图 6-17（c）所示。

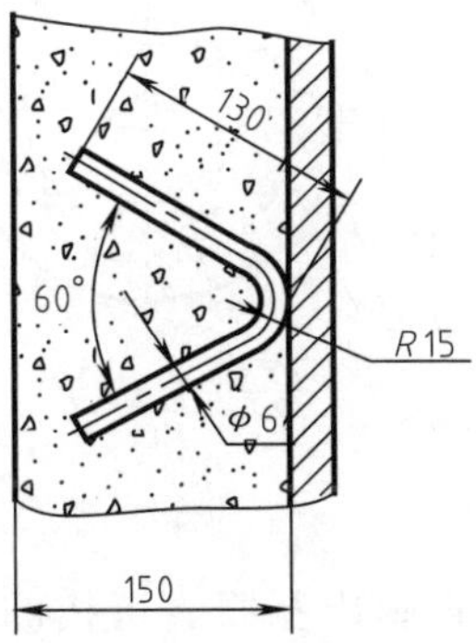

图 6-15　厚涂层局部放大图

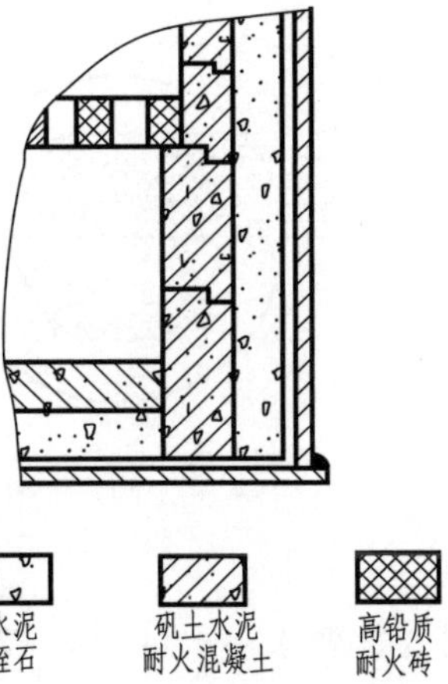

图 6-16　厚衬层局部放大图

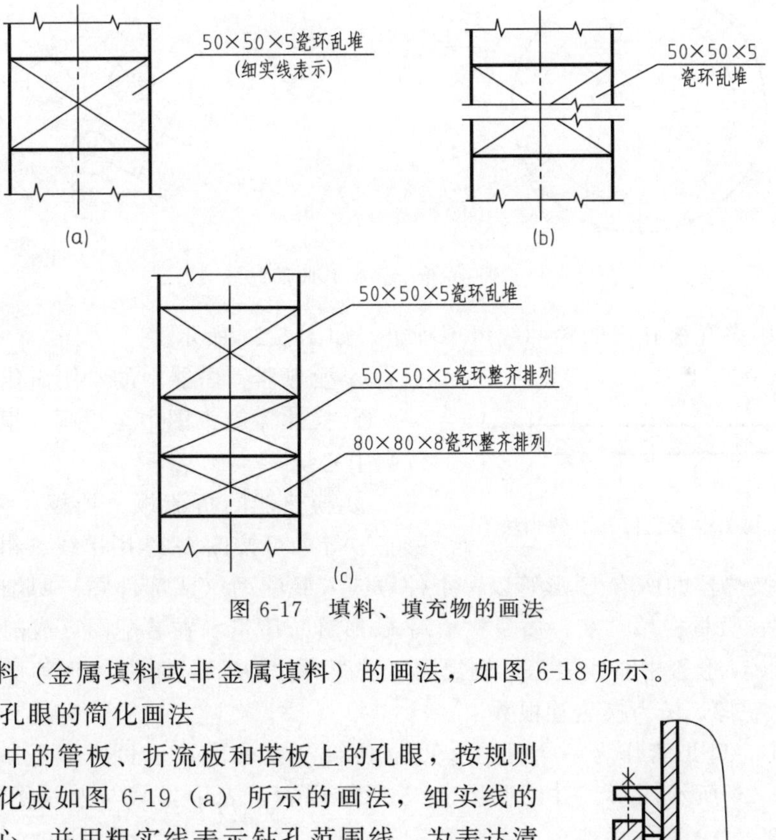

图 6-17　填料、填充物的画法

填料箱填料（金属填料或非金属填料）的画法，如图 6-18 所示。

6. 多孔板孔眼的简化画法

① 换热器中的管板、折流板和塔板上的孔眼，按规则排列时，可简化成如图 6-19（a）所示的画法，细实线的交点为孔眼中心，并用粗实线表示钻孔范围线。为表达清楚可将每排孔眼数拉出表示，如图 6-19（a）中 $n_1 \sim n_8$ 所示。必要时也可画出几个孔眼，并注上孔径、孔数和间距尺寸。

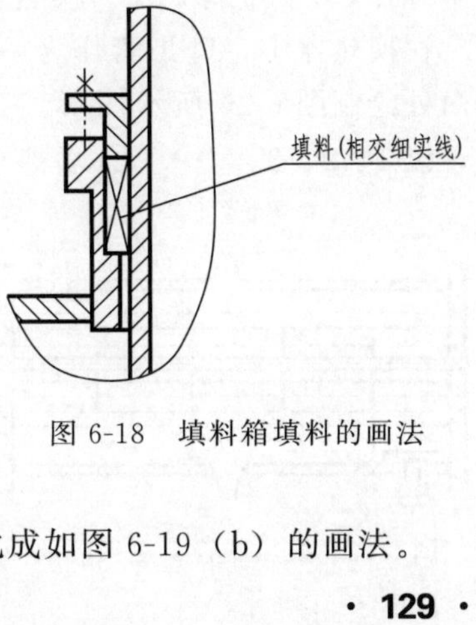

图 6-18　填料箱填料的画法

图中“+”为粗实线，表示管板拉杆螺孔位置。对孔眼和拉杆螺孔的倒角、开槽、排列方式、间距、加工情况等，均需另画局部放大图表示。

② 按同心圆排列的管板、折流板或塔板的孔眼，可简化成如图 6-19（b）的画法。

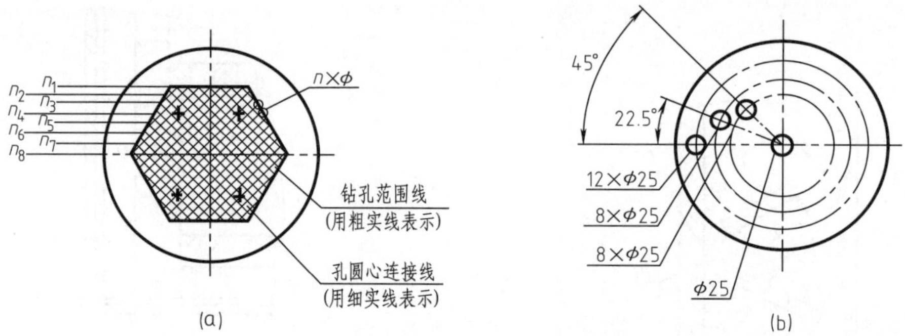

图 6-19　多孔板孔眼的画法

③ 对孔数要求不严的多孔板（如隔板、筛板等），不必画出孔眼，可按图 6-20 的画法和标注表示，对它的孔眼尺寸和排列方法及间距，需用局部放大图表示。

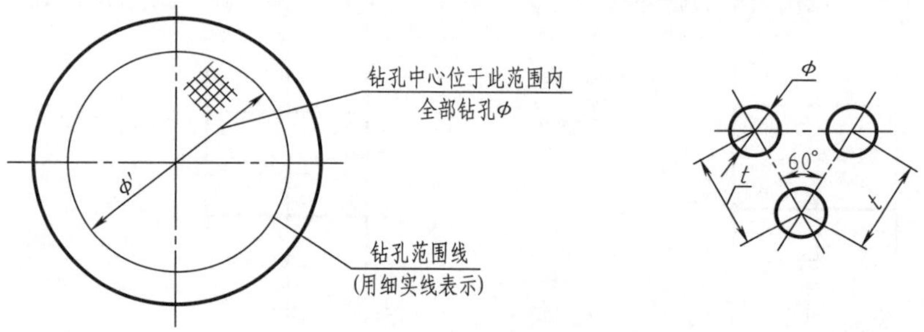

图 6-20　隔板、筛板孔眼的画法

④ 剖视图中多孔板孔眼的轮廓线可不画出，如图 6-21 所示。

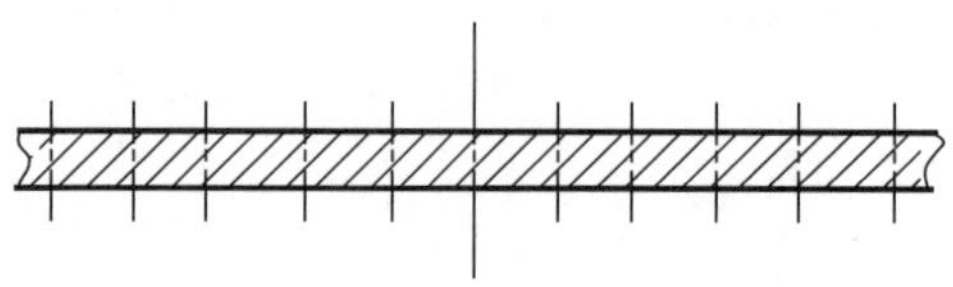

图 6-21　剖视图中多孔板孔眼的画法

7. 换热器、塔器中的常用简化画法

① 换热器管束图中至少画一根换热管，其余仅画中心线。

② 换热器的折流板、挡板、拉杆、定距管、膨胀节等，可按图 6-22 用单线（粗线）画出。

③ U 形管换热器的所有 U 形管以一个件号编入装配图（或部件图）明细栏中，名称栏填写“U 形管”，数量栏填“/”，质量栏填写 U 形管总质量。在装配图（或部件图）主视图中，U 形管仅以 U 形管中心线表示，侧视图可按图 6-23 所示，标注 U 形管排号，图中 d 为管子外径，δ 为壁厚，n 为换热管根数。

在换热器中，U 形管作为一个件号，可单独绘制表格图，也可在装配图（或部件图）空白处绘制图 6-24 所示图形，并绘制图 6-25 所示列表，表中排号与左视图所列排号相对应，以 1、2、3、……表示。

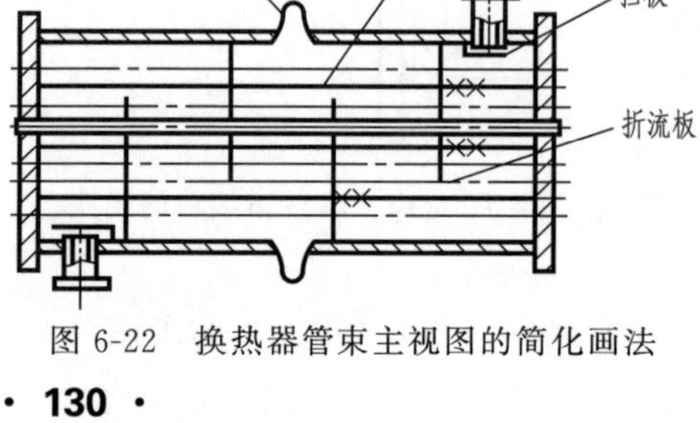

图 6-22　换热器管束主视图的简化画法

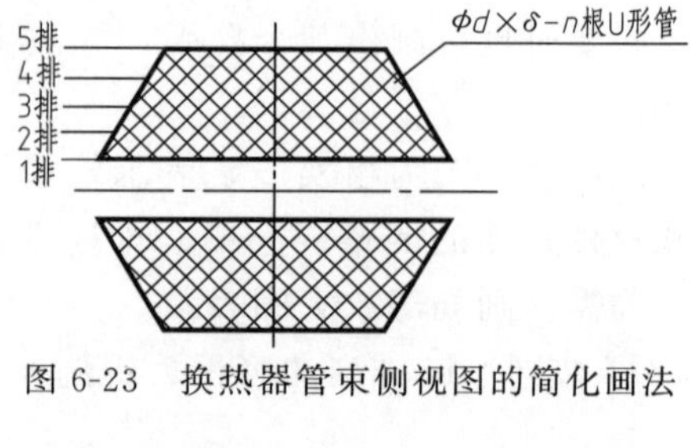

图 6-23　换热器管束侧视图的简化画法

④ 筛板塔、浮阀塔、泡罩塔的塔盘常用单线表示，如图 6-26 所示。塔盘参数当需要时列表表示。

筛板、浮阀、泡罩可示意画出，图 6-27（a）所示为筛板塔盘，图 6-27（b）所示为浮阀塔盘，当浮阀、泡罩较多时，也可用中心线表示或不表示，如图 6-27（c）所示。

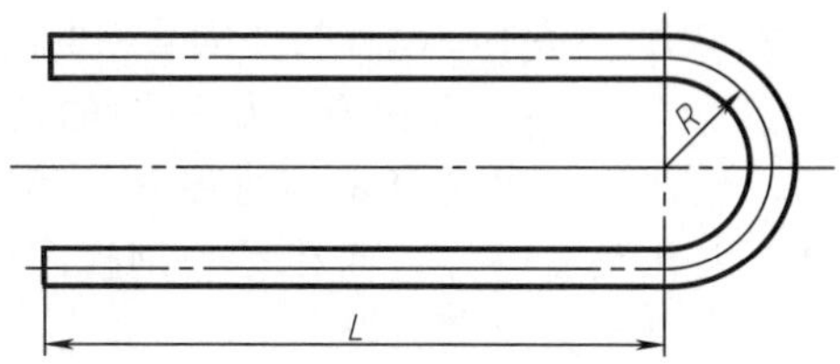

图 6-24　U 形管表格图图形

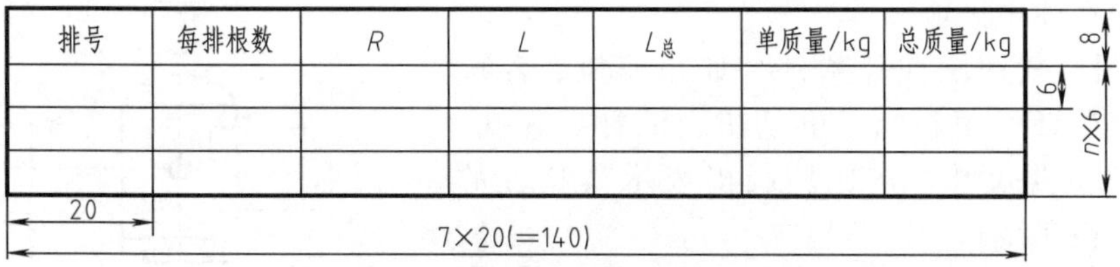

图 6-25　装配图中的 U 形管列表

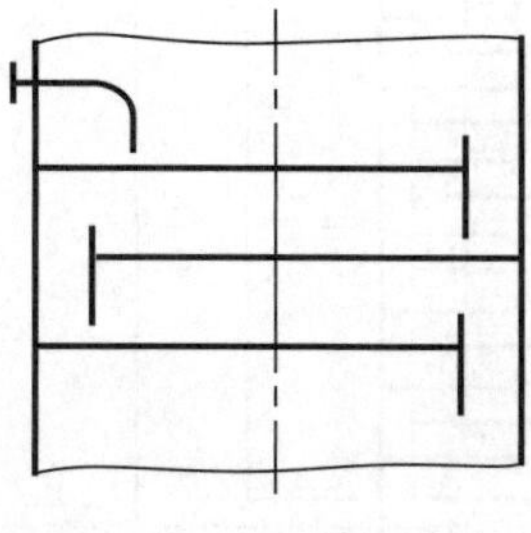

图 6-26　塔盘简化画法

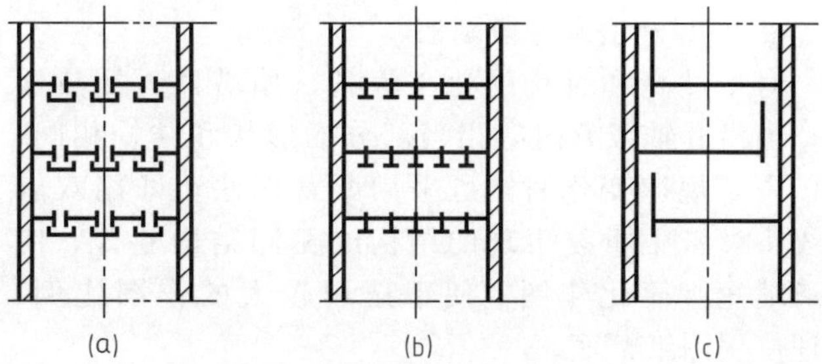

图 6-27　筛板、浮阀、泡罩示意

⑤ 塔器中的进料管可简化为图 6-28。梯子的单线图如图 6-29 所示。地脚螺栓座简化的单线图如图 6-30 所示。气囱的单线图如图 6-31 所示。塔底引出管及支撑筋简图如图 6-32 所示。

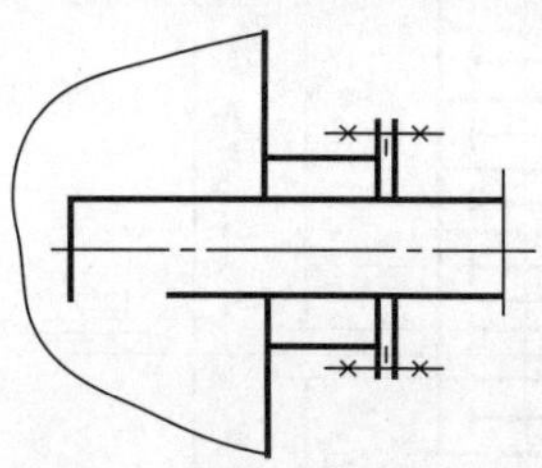

图 6-28　进料管的简化画法

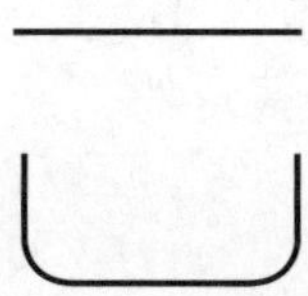

图 6-29　梯子的单线图

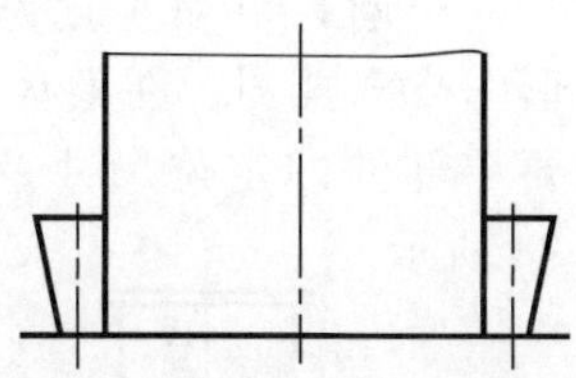

图 6-30　地脚螺栓座的单线图

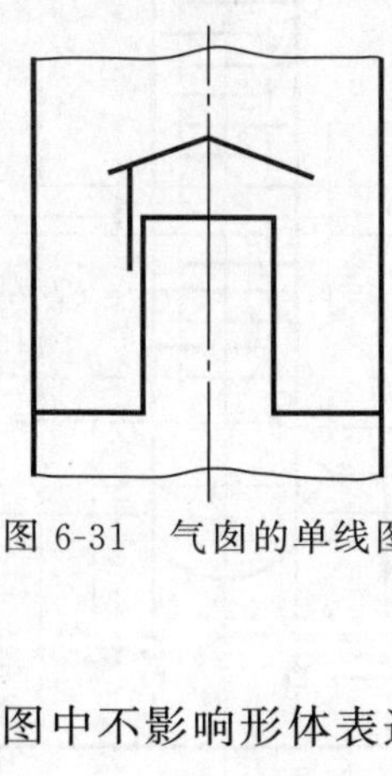

图 6-31　气囱的单线图

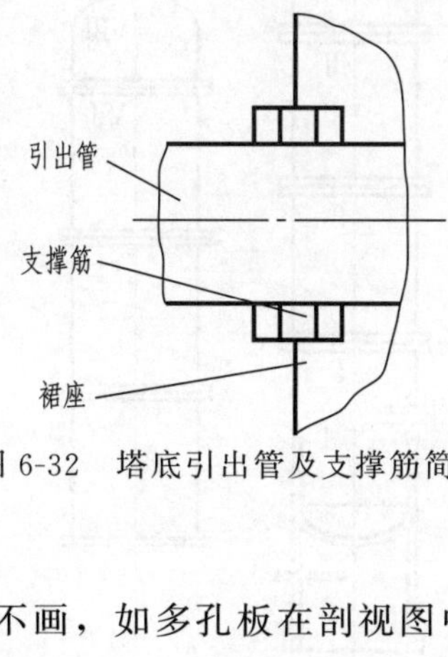

图 6-32　塔底引出管及支撑筋简图

8. 其他

① 剖视图中不影响形体表达的轮廓线，可省略不画，如多孔板在剖视图中孔眼的轮廓线常被省略。

② 表示设备某一部分的结构采用的剖视，允许只画出需要的部分，而省略一些多余的投影。

③ 装配图中，在已有一俯视图的情况下，如欲再用剖视图表示设备中间某一部分的结构时，允许只画出需要表示的部分，其余可以省略。例如，高塔设备已有一俯视图表示了各管口、人孔及支座等，而在另一剖视图中则可只画出欲表示的分布装置，而将按投影关系应绘出的管口、支座等省略。

④ 装配图中的小倒角、小圆角允许不画出。必要时，其尺寸在注中说明。

⑤ 标注图、复用图或外购件（如减速机、浮球液面计、搅拌桨叶、填料箱、电动机、油杯、人孔、手孔等）可按主要尺寸，按比例画出表示其特性的外形轮廓线（粗实线）。

二、其他画法

1. 断开画法和分段画法

对于过高和过长的化工设备，如塔器、换热器等，当沿其轴线方向有相当部分的形状和结构相同，或按一定规律变化时，可采用断开画法，即用双点画线将设备中重复出现的结构或相同结构断开，使图形缩短，简化作图，便于选用较大的作图比例，合理使用图纸幅面。

对于较高的塔设备，在不适于采用断开画法时，可采用分段的表达方法，即把整个塔体分成若干段，以利于绘图时的图面布置和比例选择，如图 6-33 所示。

若由于断开画法和分段画法造成设备总体形象表达不完整时，可缩小比例、单线条画出设备的整体外形图或剖视图。在整体图上，可标注总高尺寸、各主要零部件的定位尺寸及各管口的标高尺寸，如图 6-34 所示。

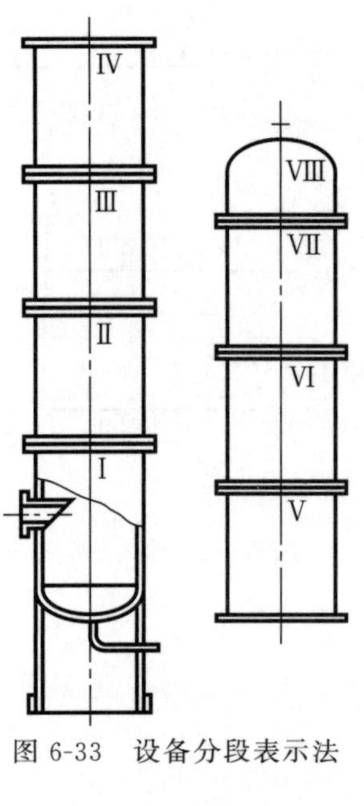

图 6-33　设备分段表示法

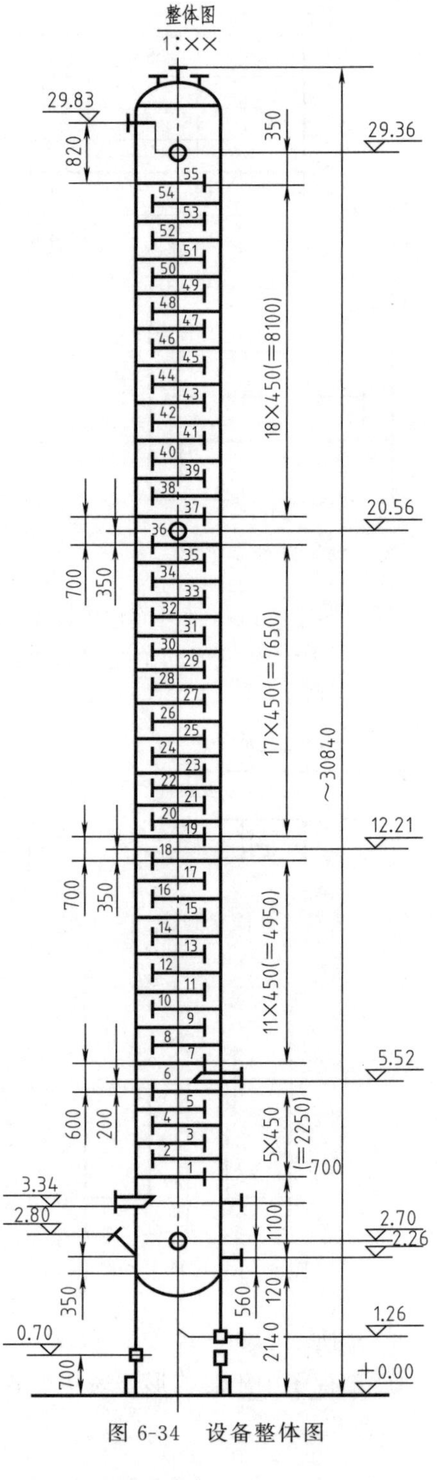

图 6-34　设备整体图

2. 多次旋转的表达方法

化工设备壳体上分布有众多的管口及其他附件，为了在主视图上表达它们的结构形状和位置高度，可使用多次旋转的表达方法，即假想将设备周向分布的接管及其他附件，按机械制图中规定的旋转法，分别按不同方向旋转到与主视图所在的投影面平行的位置，然后再进行投影，得到反映它们实形的视图或剖视图，如图 6-35 所示，图中液位计接管（LG_1、LG_2）是按顺时针方向旋转 45°、人孔 M 是按逆时针方向旋转 45°后画出的。

为了避免混乱，在不同的视图中，同一接管或附件应用相同的大写英文字母编号。对于规格、用途相同的接管或附件可共用同一字母，并用阿拉伯数字作角标，以示个数，如图中液位计接管用 LG_1、LG_2 表示。

在化工设备图中采用多次旋转的画法时，允许不作任何标注，但这些结构的周向方位要以俯视图或管口方位图为准。

3. 管口方位的表达方法

化工设备壳体上管口和附件方位的确定，在设备制造、安装等方面都是至关重要的，必须表达清楚。图 6-35 中俯视图已将各管口方位表达清楚，可不必画出管口方位图。有的化工设备仅用一基本视图和一些辅助视图，就可将其基本结构表达清楚，此时，往往用管口方位图来表达设备的管口及其他附件分布的情况。如图 6-36 所示，用中心线表明管口位置，用粗实线示意画出设备管口，在方位图上表明与主视图相同的英文大写字母。

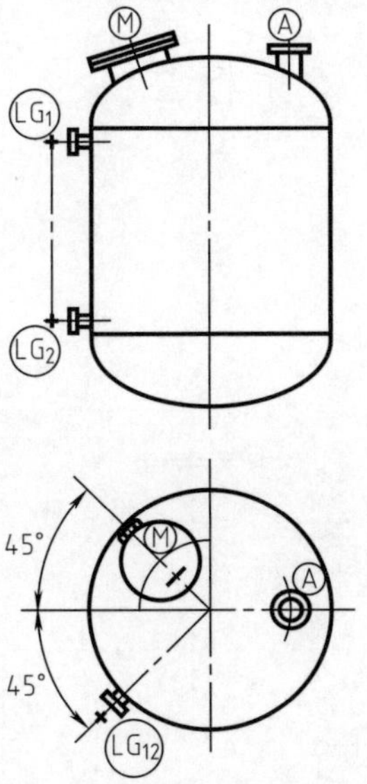

图 6-35 多次旋转的表达方法

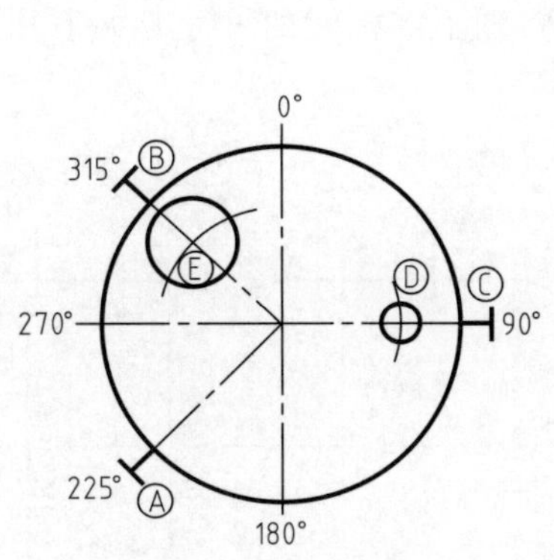

图 6-36 管口方位图

第四节 化工设备图的视图选择

在绘制化工设备图前，首先应确定其视图表达方案，包括选择主视图、确定视图数量和表达方法。在选择设备图的视图方案时，应考虑到化工设备的结构特点和表达特点。

一、选择主视图

拟定表达方案，首先应确定主视图。一般情况下主视图应按设备的工作位置选择，并使其充分表达设备的工作原理、主要装配关系及主要零部件的形状结构。主视图一般采用全剖视图，以表达设备上各零部件的装配关系。

图 6-2 中储罐的主视图依化工设备的图示特点，选择设备主体轴线水平放置，采用全剖视将筒体与封头、设备主体与各接管的内在装配关系及设备壁厚等情况表达清楚，在接管及人孔处保留局部外形以表达其外部结构。

二、确定其他基本视图

主视图确定后，应根据设备的结构特点，选定其他基本视图，以补充表达设备的主要装配关系、形状、结构。

图 6-2 中储罐设备图除主视图外，选用了左视图，以表达设备上各接管的周向方位、设备左端四个液面计接口的位置、支座的安装及支座的左视外部形状结构，补充了主视图上对这些部分表达的不足。

三、选择辅助视图和其他表达方法

根据化工设备的结构特点，多采用局部放大图、局部向视图、局部剖视及剖面等表达方法来补充基本视图表达的不足，将设备各部分的形状结构表达清楚。

图 6-2 中采用三个局部放大图和一个局部向视图分别表达几个接管与筒体连接情况及焊缝结构和接管拉筋结构，而支座的底板尺寸的安装孔的形状、尺寸、中心距等则采用剖（向）视图表达清楚。

第五节　化工设备装配图的尺寸标注

一、化工设备图上的尺寸类型

化工设备图上需标注的尺寸有如下几类，参见图 6-37。

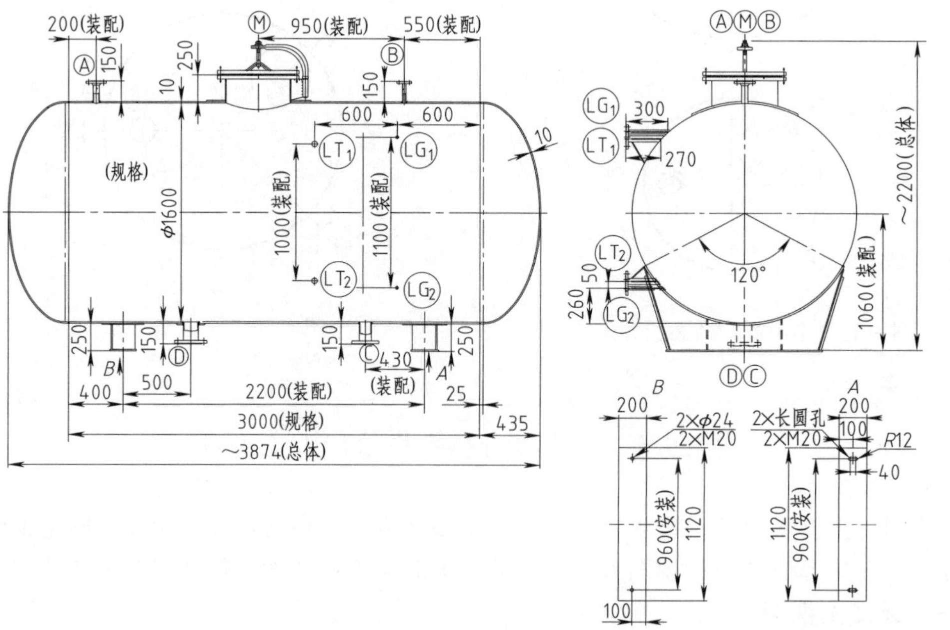

图 6-37　化工设备图尺寸主要类型

（1）特性尺寸　反映设备主要性能、规格的尺寸，如表示设备容积大小的内径和筒体长度。

（2）装配尺寸　表示各零部件间装配关系和相对位置的尺寸，如各管口伸出长度，在总装配图上的各零部件方位尺寸等。

（3）安装尺寸　设备整体与外部发生关系的尺寸，用以表明设备安装在基础上和其他构件上所需的尺寸，如支座上地脚螺栓孔的中心距及孔径尺寸。

（4）外形尺寸　外形尺寸也称总体尺寸，用以表示设备所占空间的“长×宽×高”。

（5）其他尺寸

① 零部件的主要规格尺寸，如接管尺寸。

② 不另行绘图的零部件的结构尺寸或某些重要尺寸。

③ 设计计算确定的尺寸，如筒体、封头厚度，搅拌桨尺寸，搅拌轴径大小，椭圆封头上的开孔等尺寸。

④ 焊缝的结构尺寸，一些重要焊缝在其局部放大图中，应标注横截面的形状尺寸。

化工设备图中所有尺寸单位，除另有说明外均为 mm，图中不标注。

二、化工设备上常用的尺寸基准

尺寸标注基准面一般从设计要求的结构基准面开始。尺寸基准选用的原则：既要保证设备在制造和安装时达到设计要求，又要便于测量和检验。常用尺寸基准有：设备筒体和封头的中心线；设备筒体和封头连接的环焊缝；封头切线；法兰的连接面或密封面；塔盘支持圈上表面；设备支座的底平面。

三、尺寸标注注意事项

接管在设备上伸出的长度一般标注接管法兰密封面至容器中心线之间的距离，除在管口表中已注明外均应在图中标注。封头上的接管伸出长度一般以封头切线为基准，标注封头切线至接管法兰密封面的距离，如图 6-38 所示。接管伸出长度也可标注管法兰密封面至接管中心线与相接壳体外表面交点间的距离，如图 6-39 所示。如果设备上大多数管口伸出长度相等时，除在图中注出不等处的尺寸外，其余相等处可在附注中说明即可，不必在图上注出。

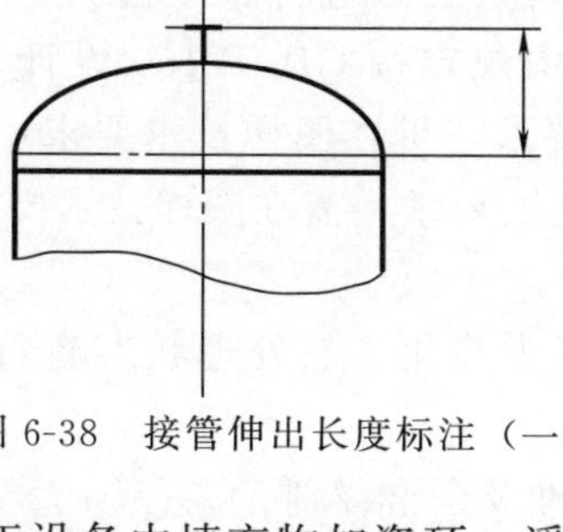

图 6-38　接管伸出长度标注（一）

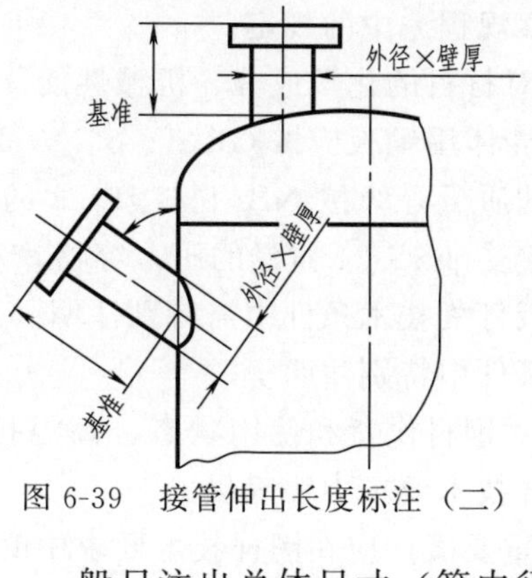

图 6-39　接管伸出长度标注（二）

① 对于设备中填充物如瓷环、浮球等尺寸标注，一般只注出总体尺寸（筒内径和堆放高度）和堆放方法以及填充物规格尺寸。

② 当个别尺寸数字与作图比例不符，且易引起错觉时，应在该尺寸数字的下方画一条细实线，以示区别。

③ 尺寸的标注顺序，按特性尺寸、装配尺寸、安装尺寸、其他必要尺寸、总体尺寸的顺序标注，对每类尺寸要先分清它有几个尺寸后再标注，才能达到使标注的尺寸不多不少。

第六节 化工设备装配图的技术要求

一、设计数据表和文字条款

化工设备装配图的技术要求通常由设计数据表和文字条款两部分组成。通用性技术要求在设计数据表中列出（详见第四章）。文字条款（或称图样技术要求）作为对设计数据表的补充，以文字形式来说明图样及数据表不能（或没有）表达出来的内容或特殊的技术要求。

二、常用技术要求

图样技术要求通常置于设计数据表的下方，主要包括以下内容。

① 通用性制造、检验程序和方法等技术要求。

② 主要受压元件选材依据的主要标准、热处理状态等。

③ 对已超出标准、规范范围的特殊要求，或具有一定特殊性，对工程设计、制造与检验有借鉴和指导作用的条款。

④ 各类设备在不同条件下，需要提出、选择和附加的技术要求。其条款内容应力求紧扣标准、简明准确、便于执行。

⑤ 对材料、制造、装配、验收、表面处理及涂饰、润滑、包装、保管、运输等方面的技术要求，它同样是制造、装配、验收等过程中的技术依据。

化工设备指导性技术文件 TCED 41002—2012《化工设备图样技术要求》，给出了各类化工设备的图样技术要求的具体条文。典型设备装配图技术要求要点整理如下，供参考。

1. 金属容器装配图技术要求

下列各项要求，应根据工程设计条件的实际需要进行选择。尚未包括的其他要求，设计者应另行提出，不受此限制。

（1）碳钢、低合金钢制压力容器

① 容器及受压元件采用新材料和进口材料，应按 TSG 21—2016《固定式压力容器安全技术监察规程》中的规定。

② 对材料的化学成分、机械性能（原材料或热处理后的性能）有要求时，需明确规定。

③ 壳体用钢板应按 GB/T 150.2—2011 中表 3 的规定逐张进行超声检测，钢板超声检测方法和质量等级按 NB/T 47013.3 的规定。凡图样中规定按 GB/T 150 设计、制造与检验，并接受 TSG 21 监督的压力容器，对超声检测的要求，可在图样技术要求中省略填写，但在钢板订货技术条件中需特别注明。当超出上述规定的要求，需在图样技术要求和钢板订货技术条件中特别注明。

④ 对钢材供货和使用状态、高温拉伸试验及抗回火脆化、热处理状态有特殊要求的，应在图样技术要求中明确提出。

⑤ 重要锻件应在图样技术要求中明确规定所按标准及合格级别。

⑥ 低温设备在图样技术要求中应增加材料低温冲击功值，数值按 GB/T 150.2—2011 中表 1 的规定。

⑦ 需分段、分片制造，现场组焊的容器，对其要求应在图样技术要求中简要说明。

（2）不锈钢制压力容器

① 高合金钢板的交货状态应按 GB/T 24511 的相应规定。

② 当需对奥氏体不锈钢、奥氏体-铁素体不锈钢进行焊后热处理时，应在图样技术要求中规定，否则可不进行热处理。

③ 钢材按 GB/T 4334 进行晶间腐蚀试验，或按有关标准进行应力腐蚀试验、点腐蚀试验，具体试验方法和合格指标应在图样技术要求中规定。

④ 不锈钢容器水压试验后应用干燥氮气彻底吹干，保证没有湿气，或控制水的氯离子含量不超过 25mg/L。

⑤ 有防腐蚀要求的不锈钢容器，在压力试验和气密性试验合格后，内表面需清除油污并做酸洗钝化处理，并对所形成的钝化膜进行蓝点检查，无蓝点为合格。

2. 搅拌设备装配图技术要求

① 本设备用×××钢板应符合 GB/T 713—2023 的规定；本设备用×××锻件应符合 NB/T 47008—2017 的规定（以及其他材料选用标准等）。

② 设备上减速机的机架凸缘和轴封底座凸缘与设备封头应在组焊后一起加工。减速机的机架和轴封底座两凸缘的轴线同轴度公差应不大于封头公称直径的 1‰；凸缘上减速机机架结合面、轴封底座密封面应与容器轴线垂直，其垂直度公差按 GB/T 1184《形状和位置公差 未注公差》8 级精度要求。

③ 搅拌轴（或传动轴）轴封处的径向摆动量和轴向窜动量等公差要求，应按 HG/T 20569《机械搅拌设备》的规定。

④ 夹套式搅拌设备，应根据容器和夹套的压力状况，对耐压试验和气密性试验的顺序和具体要求做出明确规定。

⑤ 组装完毕后，进行试运转。低于临界转速时，先空运转 15 分钟后，以水代料，并使设备内达到工作压力；超过临界转速时，直接以水代料，严禁空运转，并使设备内达到工作压力，试运转时间不少于 30 分钟。在试运转过程中，不得有不正常的噪声和振动等不良现象。

⑥ 轴封的密封性（泄漏量）要求，应符合 HG/T 20569《机械搅拌设备》和 HG/T 2269《釜用机械密封技术条件》的规定。

⑦ 搅拌轴旋转方向应和图示相符，不得反转。

3. 换热器装配图技术要求

① 本设备用×××钢板应符合 GB/T 713—2023 的规定；本设备用×××锻件应符合 NB/T 47008—2017 的规定（以及其他材料选用标准等）。

② 换热管材料碳钢和低合金钢采用 GB/T 5310—2017、GB/T 6479—2013 和 GB/T 9948—2013 标准管，不锈钢采用 GB/T 13296—2023、GB/T 21833—2020 和 GB/T 24593—2018 标准管。换热管外径及壁厚允许偏差按 GB/T 151 中的规定。

③ 管板密封面与壳体轴线垂直，其公差为 1mm。

④ 不允许泄漏的换热器，换热管与管板的焊接接头应按 NB/T 47015 进行表面检测或射线检测。

4. 塔设备装配图技术要求

(1) 板式塔装配图技术要求

① 本设备用×××钢板应符合 GB/T 713—2023 的规定；本设备用×××锻件应符合 NB/T 47008—2017 的规定（以及其他材料选用标准等）。

② 塔体直线度允差应不大于塔高（L）的1‰，当塔高>30m时，塔体直线度允差应不大于0.5L/1000+15。

③ 塔体安装垂直度公差为1‰L，且不大于30mm。

④ 裙座（或支座）螺栓孔中心圆公差±3mm，任意两孔间距公差±3mm。

⑤ 塔盘的制造、安装按JB/T 1205《塔盘技术条件》进行。

（2）填料塔装配图技术要求

① 本设备用×××钢板应符合GB/T 713—2023的规定；本设备用×××锻件应符合NB/T 47008—2017的规定（以及其他材料选用标准等）。

② 塔体直线度允差应不大于塔高（L）的1‰，当塔高>30m时，塔体直线度允差应不大于0.5L/1000+15。

③ 塔体安装垂直度公差为1‰L，且不大于30mm；对于丝网波纹式填料塔应不大于20mm。

④ 支承栅板应平整，安装后的平面度公差2‰D_i，且不大于4mm。

⑤ 裙座（或支座）螺栓孔中心圆直径和任意两孔间弦长极限偏差均为±3mm。

⑥ 喷淋装置的平面度公差为3mm，标高极限偏差为3mm，其中心线与塔体中心线同轴度公差为3mm。

此外，还应注明填料比面积、填料体积、气量和喷淋量等内容。

第七节　化工设备装配图的绘图步骤

一、图面安排基本格式

如图6-40所示，视图布置在图纸幅面中间偏左，右侧从下向上排列标题栏、签署栏、质量栏、明细栏、管口表、技术要求及设计数据表等内容，图纸目录栏布置在标题栏左侧。

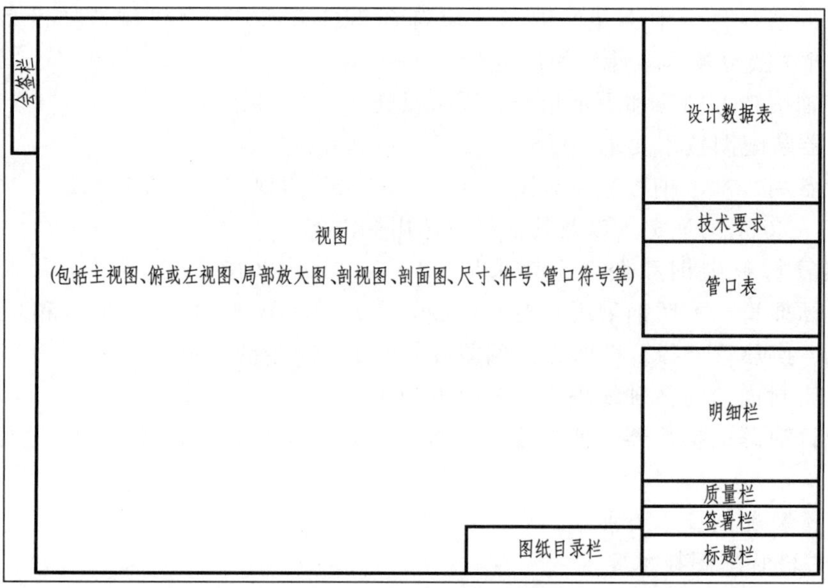

图6-40　装配图基本格式

图面布置充实、均匀，主视图放置在左上方的图面主要位置，俯（左）视图安排在相应的视图位置，如其位置不够，可以向视图的方式，安排在适当的位置。其他局部放大图、剖视图、剖面图等节点图按顺序依次安排在主视图的下方或右侧。当节点图较多，一张装配图布置过满时，可采用两张装配图，但主要视图应布置在第一张装配图中。

二、布置视图

绘制视图前，先在图幅上布置各视图位置。

首先布置好基本视图的位置，根据各视图大小范围，定出各视图主要轴线（如对称中心线）和绘图基准线的位置。做好这一步，必须注意除图形外，还要照顾到标注尺寸、编写件号等所需位置。视图间、视图与边框间要留有余地，避免图面疏密不均的现象。

局部放大图，应尽量布置在基本视图被放大的部位附近。当辅助视图的数量较多时，也可集中画在基本视图的右侧或下方，并按顺序整齐排列。特别要注意各个局部视图的范围，定出它们作图基准线位置。

三、画视图

一般按照：先画主视图，后画俯（左）视图；先画主体，后画附件；先画外件，后画内件；先定位置，后画形状的原则进行。

有时，当某些零部件在主视图上的投影取决于它在俯（左）视图上位置时，主、俯（左）视图要同时绘制。

本着先完成主体外件视图绘制后，再画内件，最后绘制几个局部视图的原则，初步完成基本视图的作图后，再绘制局部放大图等辅助视图，并画剖面、焊缝符号等。

四、视图绘制和校核

在完成视图的底稿后，再仔细校核，一经发现某些结构、装配关系等未表达清楚时，要立即补充视图，尽量做到视图表达完整齐全，绝不迁就错误。

五、其他

对于装配图，完成视图仅完成全部图样工作的1/5～1/3。后面的工作主要是按照第四章和本章介绍的方法，完成以下工作。

1. 标注

化工设备图要求尺寸标注应做到正确、完整、清晰、合理。此外，对化工设备图上的焊缝，除按需要在视图中画出接头图形外，还要注出焊缝代号，以表明焊缝型式、结构尺寸等。一般对于常低压设备，在视图中可只画它的焊缝接头型式，在技术要求中用文字说明焊接接头型式、结构等，不必逐一标注焊缝代号。

2. 编写零部件序号和填写明细栏

在图中按规定依次编写零部件序号，明细栏的零部件序号应与图中的零部件序号一致，并由下向上顺序填写。每一行按要求填写名称、规格、数量和材料等各项。图号或标准号栏中填写零部件的图号，无图零部件此栏不必填写，若为标准件，则填写标准号，若为组合件，应注明其部件装配图图号。备注栏用于填写必要的说明，若无说明则不必填写。关于明细栏的填写详见第四章内容。

3. 编写管口符号和填写管口表

根据化工设备设计条件，在所有视图中，按规定依次编写管口序号。同一管口各视图中的管口符号要一一对应，并与管口表中符号一致。

4. 填写设计数据表

设计数据表中应填写设计压力、设计温度、工作温度、工作压力、物料名称等。另依各专用设备填入所需的特殊技术性能。例如，塔器类设备需填写风压、地震烈度；容器类设备需填写全容积和操作容积；带搅拌的反应器应填写搅拌转数、电动机功率等。

5. 编写技术要求

设备图的技术要求一般注明设备在制造、检验、安装等方面的要求、方法和指标；设备的保温、防腐蚀等要求；设备制造中所需依据的通用技术条件等内容。

6. 填写标题栏

按规定在标题栏中填写设备名称、规格等内容。

第八节　化工设备装配图的阅读

通过阅读化工设备图样应达到以下基本目的。

① 了解设备的性能、作用和工作原理。

② 了解设备中各零部件之间的装配关系和装拆顺序。

③ 了解设备中各零部件的主要形状、结构和作用，进而了解整个设备的结构。

④ 了解设备在设计、制造、检验和安装等方面的技术要求。

一、阅读化工设备图的方法和步骤

阅读化工设备图，一般可按下列方法和步骤进行。

1. 概括了解

① 看标题栏。了解设备名称、规格、材料、重量、绘图比例等内容。

② 看明细栏、接管表、设计数据表及技术要求等。了解设备中各零部件和接管的名称、数量；了解设备的接管表、设计数据表及技术要求等基本情况。

2. 视图分析

分析表达设备所采用的基本视图和其他表达方法；找出各视图、剖视图的位置及各自的表达重点。

3. 零部件分析

从主视图入手，结合其他基本视图，按明细表中的序号，将零部件逐一从视图中找出，了解其主要结构、形状、尺寸，与主体或其他零部件的装配关系等。对组合件应从其部件装配图中了解相应内容。

4. 设备分析

在对视图和零部件分析的基础上，详细了解设备的装配关系、形状、结构、各接管及零部件方位，对设备形成一个总体的认识；再结合有关技术资料，进一步了解设备的结构特点、工作原理和操作过程等内容。

二、化工设备图阅读举例

阅读丁二烯成品冷凝器设备图，如图 6-41 所示。

1. 概括了解

从主标题栏中了解该图样为丁二烯成品冷凝器装配图；传热面积为 $227m^2$；图样采用 1∶10 的缩小比例绘制；整套图纸共 6 张，其中有零、部件图 5 张。

由明细表了解到该设备有 26 种零部件，其中 4 个组合件，另有部件图详细表达；由接管表了解到该设备有 4 个管口；由设计数据表了解到该设备工作压力为管程内

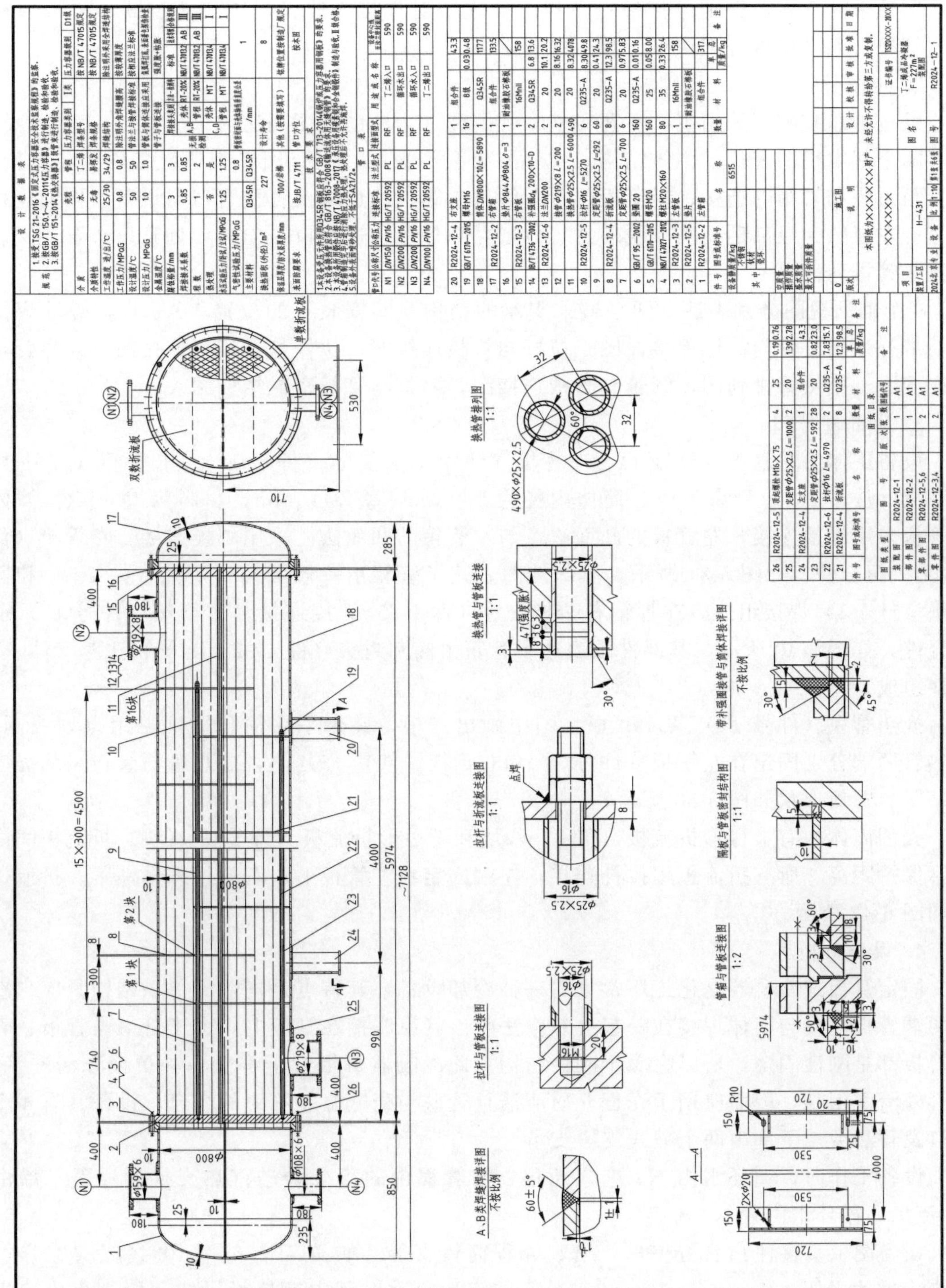

图 6-41　丁二烯成品冷凝器装配图

0.8MPa、壳程内 0.8MPa，工作温度为管程内不高于 30℃、壳程不高于 34℃，设备壳程内物料为水，管程内物料为气相丁二烯，另外还可以知道设备的设计压力、设计温度、焊缝系数、腐蚀裕度、容器类别等指标；在技术要求中对焊接方法、焊缝接头型式、焊缝检验要求、管板与列管连接等都注写了相应的要求。

2. 视图分析

设备的总装配图采用主、左两个基本视图和 9 个辅助视图表达。

两个基本视图表达了主体结构。主视图为全剖视图，主要用以表达设备内部各处壁厚、管板与封头和管箱的连接、折流板位置、管束与管板的连接及各接管口与设备主体的连接情况等；左视图为局部剖视图，既表达了设备左端外形、进油口、出油口处管口布置，又表达了换热管排列情况。

9 个辅助视图分别表达：两个鞍式支座的结构及其安装孔的位置，A、B 类焊缝焊接详图，带补强圈接管与筒体焊接详图，拉杆与管板连接图，拉杆与折流板连接图，换热管与管板连接图，换热管排列图，管箱与管板连接图，隔板与管板密封结构图。

3. 零部件分析

设备主体由左管箱（件号 1)、左管板（件号 3)、筒体（件号 18)、右管箱（件号 17)、右管板（件号 15)、管束组成。筒体内径为 800mm，壁厚 10mm，材料为 Q345R。筒体与左管板采用焊接连接，左管板的凸面法兰与左管箱的凹面法兰采用螺栓连接。左管箱（件号 1）是一组合件，如图 5-31 所示，其部件图表达了管箱由一段圆筒形短壳（件 1-5）和椭圆封头（件 1-1）焊接组成，在管箱右端与法兰（件 1-6）焊接连接。右管箱（件号 17）也是组合件，如图 5-40 所示，其部件图表达了管箱由椭圆封头（件 17-2）与管箱法兰（件 17-1）焊接组成。

换热管束（件号 11）共 490 根，图中画出一根，其余采用简化画法，用点划线画出。换热管两端分别固定在左管板（件号 3）和右管板（件号 15）上，换热管与管板采用强度胀与贴胀。管板形状如图 5-30 所示。

壳程筒体内有上弓形折流板（件 8）八块和下弓形折流板（件 21）八块。折流板间由定距管保持距离。所有折流板用拉杆连接，左端固定在左管板上，右端用螺母锁紧。折流板形状如图 6-42 所示。

4. 设备分析

固定管板式冷凝器是化工厂常见的一种冷却设备，其特点是构造简单、结构紧凑。冷凝器两端管板直接与筒体焊接在一起且兼作法兰。管束胀接在管板上，由于管束与管板、壳体与管板都是刚性固定，所以它属于刚性结构。此冷凝器每根管子都能单独更换和清洗管内，但管外清洗困难，因而应用于壳程介质清洁且管壁与壳壁温差不大的场合。设备共有 4 个接管口及管法兰，下部由两个鞍式支座支承。

设备工作时，循环水由 N3 进入壳程，与管程内的丁二烯进行热交换后，丁二烯由管 N4 流出，循环水由管 N2 流出。

设备图上直接注出各处壁厚，管、壳程筒体直径（如 $\phi159\times6$、$\phi108\times6$、$\phi219\times8$)，换热管尺寸（如 $\phi25\times2.5$、$L=6000$）等的定形尺寸（其中换热管尺寸在明细表中给出)，注出各管口相对管板位置尺寸（如 400）及各零部件之间定位尺寸（如 5974、740、300）等供设备装配使用，鞍式支座安装孔的定位尺寸在 A—A 视图中给出，供设备安装使用，另给出总长尺寸（如 7128）为设备总体尺寸。

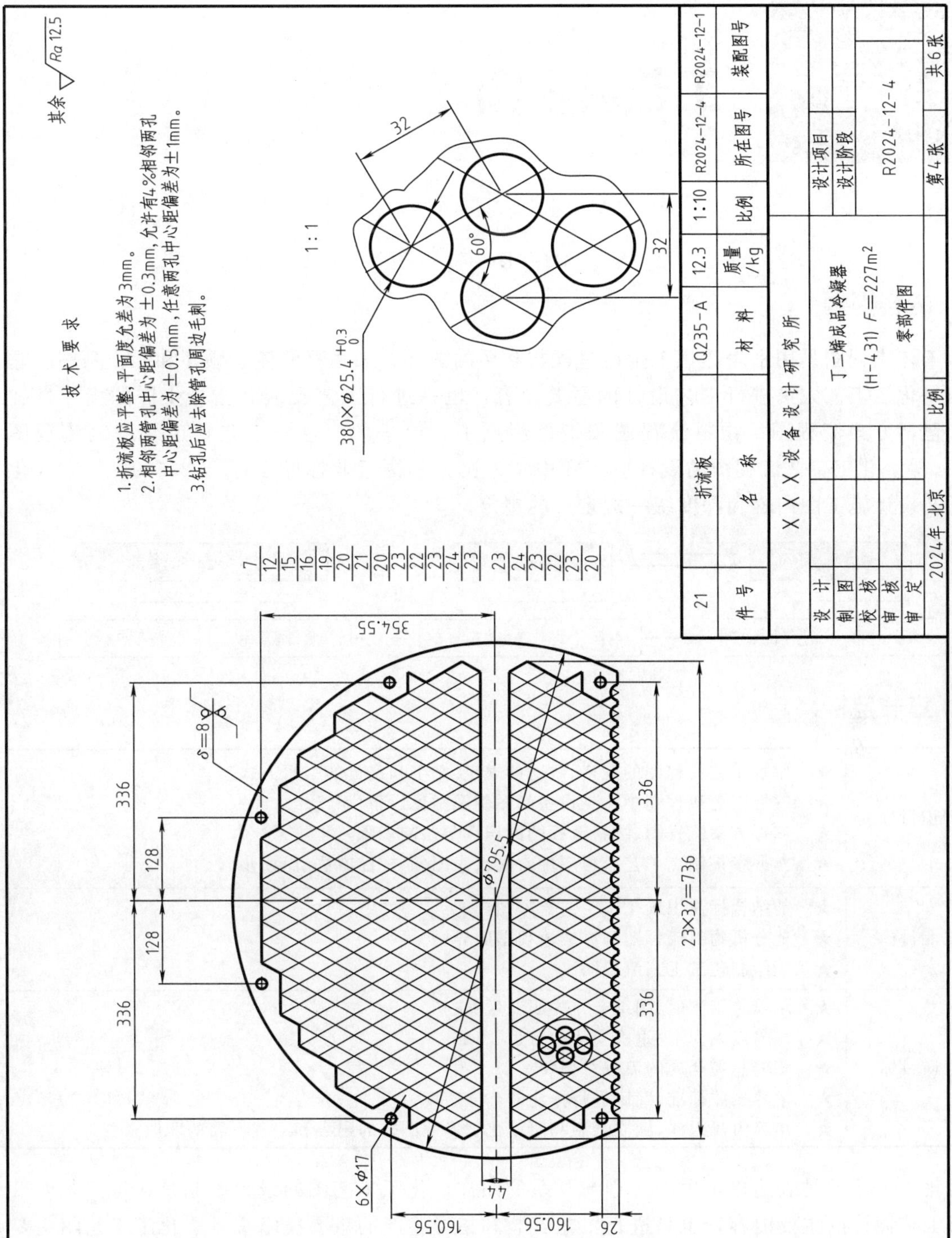
其余 Ra 12.5
技术要求
1.折流板应平整，平面度允差为3mm。
2.相邻两管孔中心距偏差为±0.3mm，允许有4%相邻两孔中心距偏差为±0.5mm，任意两孔中心距偏差为±1mm。
3.钻孔后应去除管孔周边毛刺。
1:1
380×Φ25.4 +0.3 0
32
60°
δ=8
6×Φ17
Φ795.5
23×32=736
354.55
336
128
160.56
44
26
21
折流板
Q235-A
12.3
1:10
R2024-12-4
R2024-12-1
件号
名称
材料
质量/kg
比例
所在图号
装配图号
×××设备设计研究所
设计
制图
校核
审核
审定
丁二烯成品冷凝器
(H-431) F=227m²
零部件图
设计项目
设计阶段
R2024-12-4
2024年 北京
比例
第4张
共6张

图 6-42　折流板零件图

第七章 工艺流程图

内容提要：

工艺流程图是用来表达化工生产过程与联系的图样，如物料的流程顺序和操作顺序。它不但是化工工艺人员进行工艺设计的主要内容，也是进行工艺安装和指导生产的指导性文件，包括方案流程图、物料流程图和带控制点工艺流程图（也称工艺管道及仪表流程图PID）等。化工工艺流程图的设计应遵守中华人民共和国行业标准 HG/T 20519—2009《化工工艺设计施工图内容和深度统一规定》的规定。

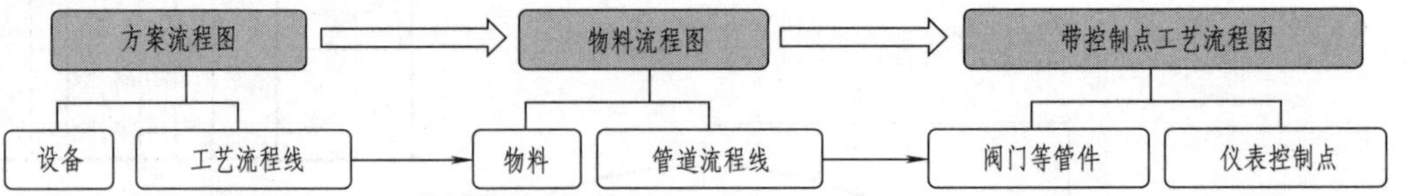

章节目标：

知识目标	★ 掌握工艺流程图的规格、线宽的规定、文字和字母的书写方式。 ★ 掌握工艺流程图中常见设备的图例及常见设备代号。 ★ 掌握方案流程图、物料流程图的识读与绘制步骤。 ★ 掌握带控制点工艺流程图中常见仪表图例、标注方法、识读步骤。
技能目标	★ 能结合标注识读化工工艺流程图。 ★ 能分析物料流程图和方案流程图的异同。 ★ 能绘制化工工艺流程图。
素质目标	★ 培养善于沟通、团结合作的职业素养。 ★ 培养以人为本、重视安全的意识。 ★ 培养总揽全局的流程意识。 ★ 培养按照标准，准确进行标注的严谨态度。 ★ 培养由浅入深，独立绘制和阅读化工专业图样的耐心和一丝不苟的职业素养。

化工工艺图是表达化工生产过程与联系的图样，化工工艺图的设计绘制是化工工艺人员进行工艺设计的主要内容，也是进行工艺安装和指导生产的重要技术文件。化工工艺图主要包括工艺流程图、设备布置图和管道布置图。本章主要介绍工艺流程图。

工艺流程图是用来表达化工生产工艺流程的，属于该性质的图样主要有方案流程图、物料流程图和带控制点工艺流程图（也称工艺管道及仪表流程图 PID）等。方案流程图是在工艺路线选定后，进行概念性设计时完成的一种流程图，不编入设计文件；物料流程图是在初步设计阶段中，完成物料衡算时绘制的；带控制点工艺流程图是在方案流程图的基础上绘制、内容较为详细的一种工艺流程图。这几种图由于它们的要求不同，其内容和表达的重点也不一致，但彼此之间却有着密切的联系。

第一节　方案流程图

一、方案流程图的作用及内容

方案流程图是在进行化工项目设计之初，针对某一工段或工序、车间或装置提出的一种示意性的工艺流程图，主要表达物料从原料到成品或半成品的工艺过程，及所使用的设备和主要管线的设置情况。方案流程图是方案设计讨论和初步设计的基本依据。

图 7-1 所示为某物料残液蒸馏处理系统的方案流程图。物料残液进入蒸馏釜 R0401 中，通过蒸汽加热后被蒸发汽化，汽化后的物料进入冷凝器 E0401 被冷凝为液态，该液态物料流经真空受槽 V0408 排出到物料储槽。

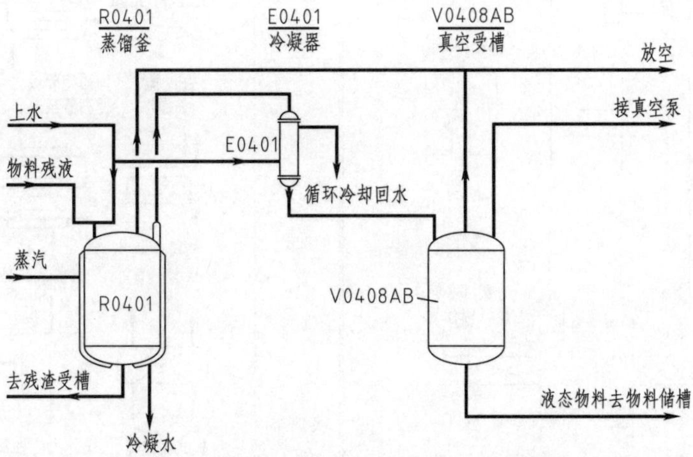

图 7-1　残液蒸馏处理系统的方案流程图

从图 7-1 中可知，方案流程图主要包括两方面内容。

① 设备——用示意图表示生产过程中所使用的机器、设备；用文字、字母、数字注写设备的名称和位号。

② 工艺流程——用工艺流程线及文字表达物料由原料到成品或半成品的工艺流程。

二、方案流程图的画法

方案流程图是一种示意性的展开图，它按照工艺流程的顺序，把设备和工艺流程线自左至右展开画在同一个平面上，并附以必要的标注和说明。方案流程图的绘制主要涉及：设备的画法；设备位号及名称的注写；工艺流程线的画法。

1. 设备的画法

在绘制方案流程图时，设备按流程顺序用细实线画出其大致轮廓或示意图，一般不按比例，但应保持它们的相对大小。常用设备图例见表 7-1。在同一工程项目中，同类设备的外形尺寸和比例一般应有一个定值或一规定范围。设备主体与其附属设备或内外附件要注意尺寸和比例的协调。对未规定的设备的图形可根据其实际外形和内部结构特征绘制。

表 7-1 常用设备分类代号及其图例（摘自 HG/T 20519.2—2009）

设备类别及代号	图例
塔 (T)	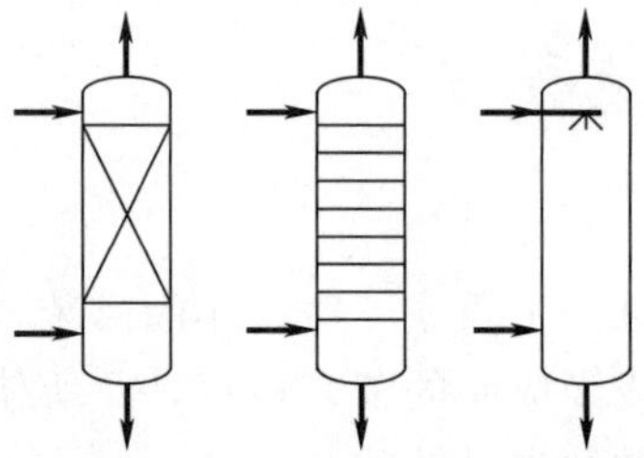 填料塔 板式塔 喷洒塔
塔内件	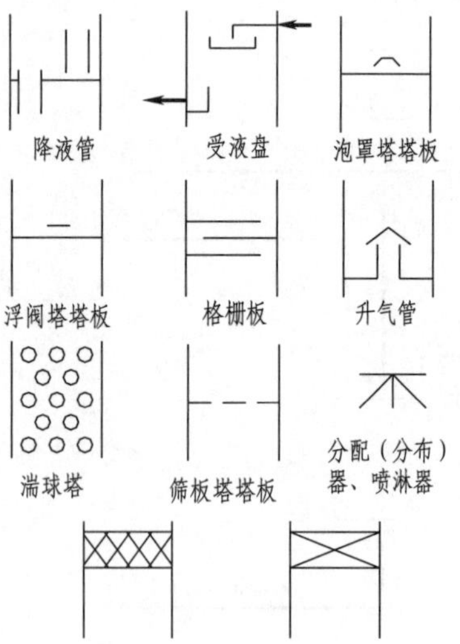 降液管 受液盘 泡罩塔塔板 浮阀塔塔板 格栅板 升气管 湍球塔 筛板塔塔板 分配（分布）器、喷淋器 丝网除沫层 填料除沫层
反应器 (R)	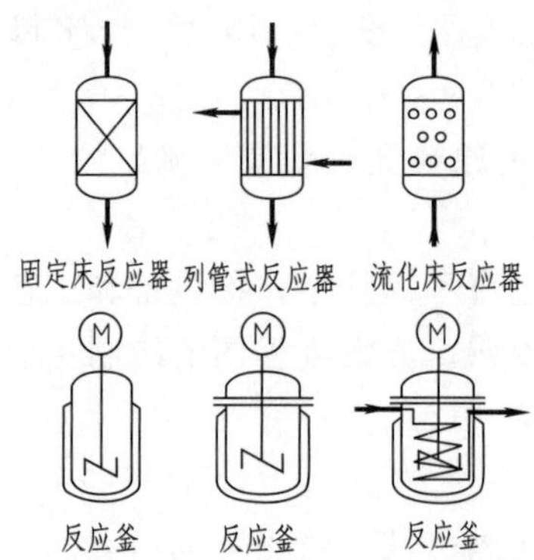 固定床反应器 列管式反应器 流化床反应器 反应釜（闭式，带搅拌、夹套） 反应釜（开式，带搅拌、夹套） 反应釜（开式，带搅拌、夹套、内盘管）
火炬 烟囱 (S)	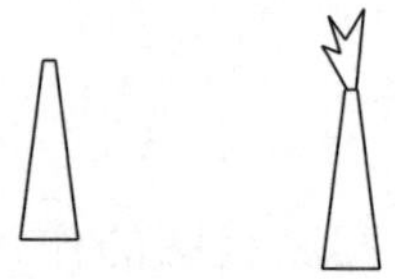 烟囱 火炬
换热器 (E)	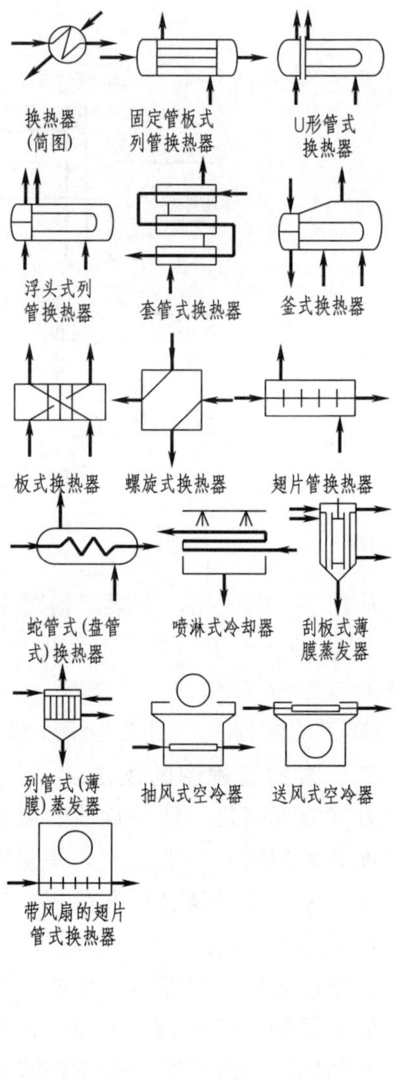 换热器（简图） 固定管板式列管换热器 U形管式换热器 浮头式列管换热器 套管式换热器 釜式换热器 板式换热器 螺旋式换热器 翅片管换热器 蛇管式（盘管式）换热器 喷淋式冷却器 刮板式薄膜蒸发器 列管式（薄膜）蒸发器 抽风式空冷器 送风式空冷器 带风扇的翅片管式换热器

续表

设备类别及代号	图　　例
工业炉（F）	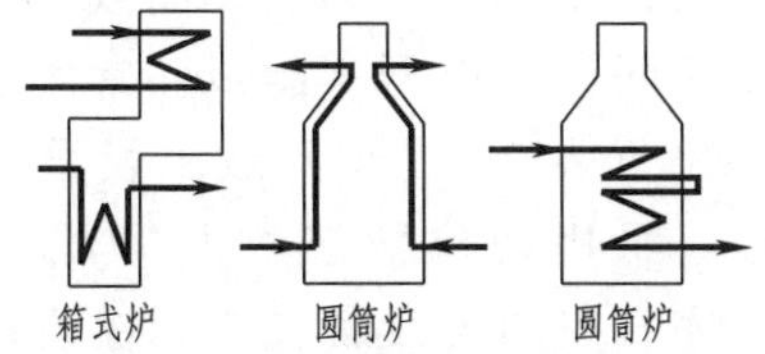
泵（P）	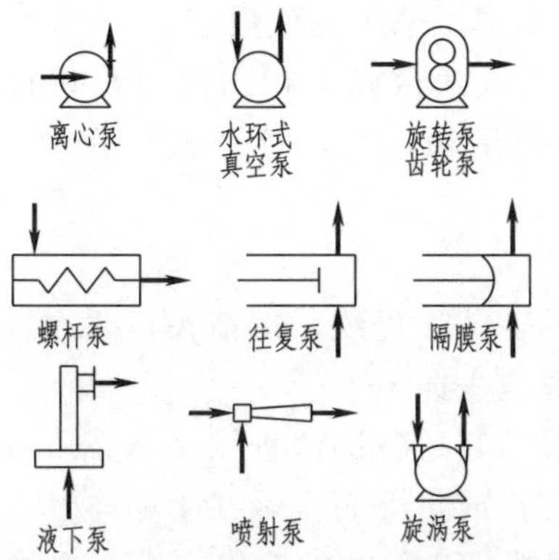
压缩机（C）	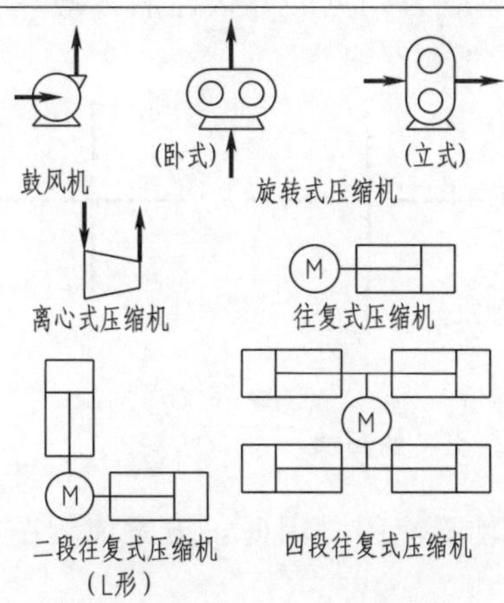
设备内件附件	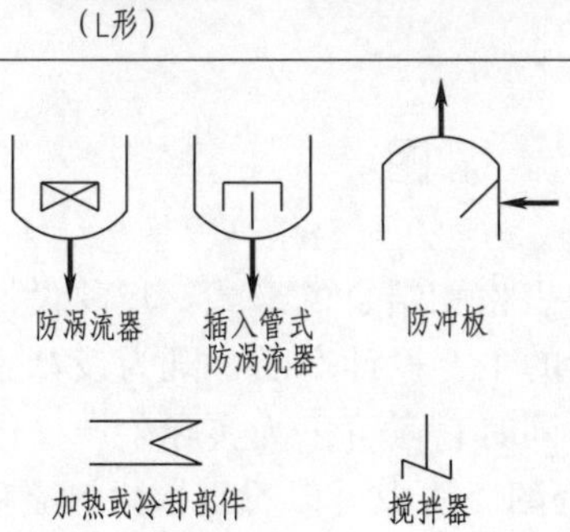

设备类别及代号	图　　例
容器（V）	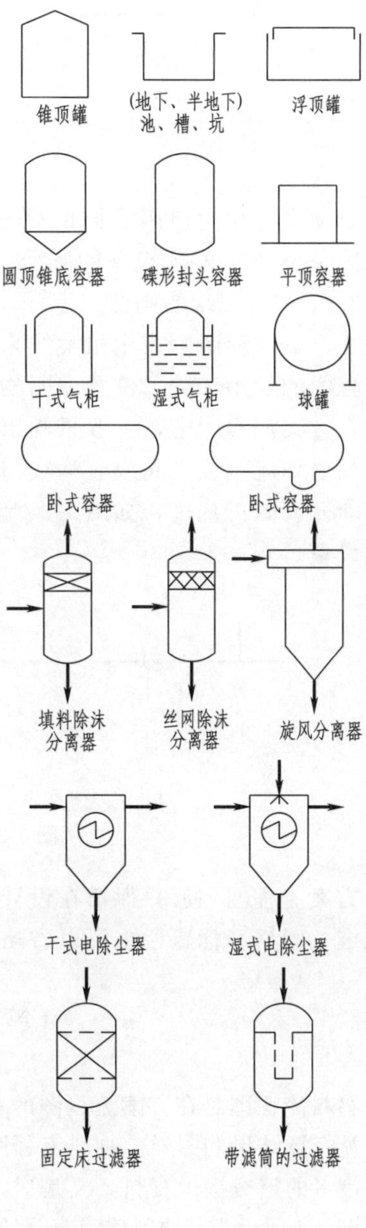

各设备的高低位置及设备上重要接管口的位置应基本符合实际情况，各设备之间应保留适当距离以布置流程线。

同样的设备可只画一套，备用设备可省略不画。

2. 设备位号及名称的注写

在流程图的上方或下方靠近设备图形处列出设备的位号和名称，并在设备图形中注写其位号，如图 7-1 所示。设备位号及名称的注写方法如图 7-2 所示，设备位号及名称分别书写在一条水平粗实线（设备位号线）的上、下方，设备位号由设备分类代号、车间或工段号、设备序号以及相同设备序号等组成。常用设备分类代号及其图例见表 7-1；车间或工段号由工程总负责人给定，采用两位数字，从 01 开始，最大为 99；设备序号按同类设备在工艺流程中流向的先后顺序编制，采用两位数字，从 01 开始，最大为 99；两台或两台以上相同设备并联时，它们的位号前三项完全相同，用不同的尾号予以区别，按数量和排列顺序依次以大写英文字母 A、B、C、……作为每台设备的尾号。

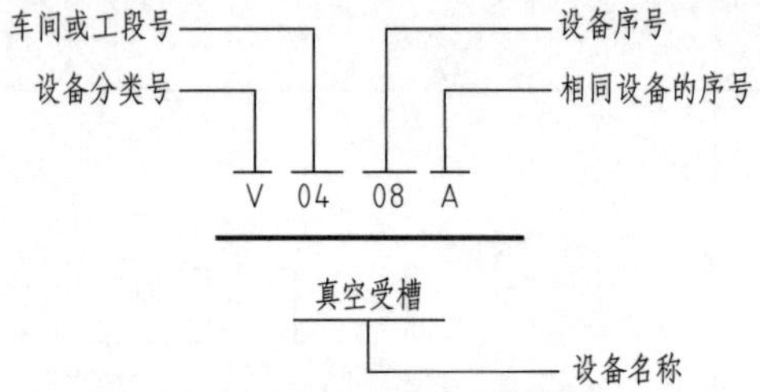

图 7-2　设备位号及名称的注写方法

3. 工艺流程线的画法

在方案流程图中，用粗实线来绘制主要物料的工艺流程线，用箭头标明物料的流向，并在流程线的起始和终了位置注明物料的名称、来源或去向。

在方案流程图中，一般只画出主要工艺流程线，其他辅助流程线则不必一一画出。

如遇到流程线之间或流程线与设备之间发生交错或重叠而实际并不相连时，应将其中的一线断开或曲折绕过，如图 7-3 所示，断开处的间隙应为线宽的 5 倍左右。应尽量避免管道穿过设备。

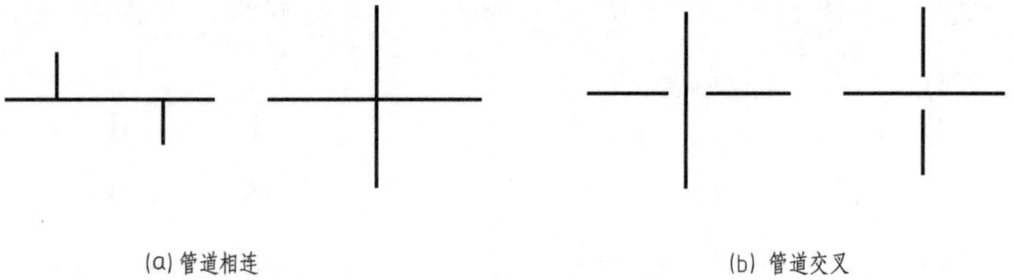

图 7-3　管道流程线相连和交叉的画法

方案流程图一般只保留在设计说明书中，施工时不使用，因此，方案流程图的图幅无统一规定，图框和标题栏也可以省略。

第二节　物料流程图

物料流程图是在方案流程图的基础上，用图形与表格相结合的形式，反映设计中物料衡算和热量衡算结果的图样。物料流程图是初步设计阶段的主要设计产品，既为设计主管部门和投资决策者的审查提供资料，又是进一步设计的依据，同时它还可以为实际生产操作提供参考。

图 7-4 所示为某物料残液蒸馏处理系统的物料流程图。从中可以看出，物料流程图中设备的画法、设备位号及名称的注写、流程线的画法与方案流程图基本一致。只是增加了以下内容。

① 在设备位号及名称的下方加注设备特性数据或参数，如换热设备的换热面积，塔设备的直径、高度，储罐的容积，机器的型号等。

② 在流程的起始处以及使物料产生变化的设备后，列表注明物料变化前后其组分的名称、流量（kg/h）、摩尔分率（%）等参数及各项的总和，实际书写项目依具体情况而定。表格线和指引线都用细实线绘制。物料名称及代号见表 7-2。

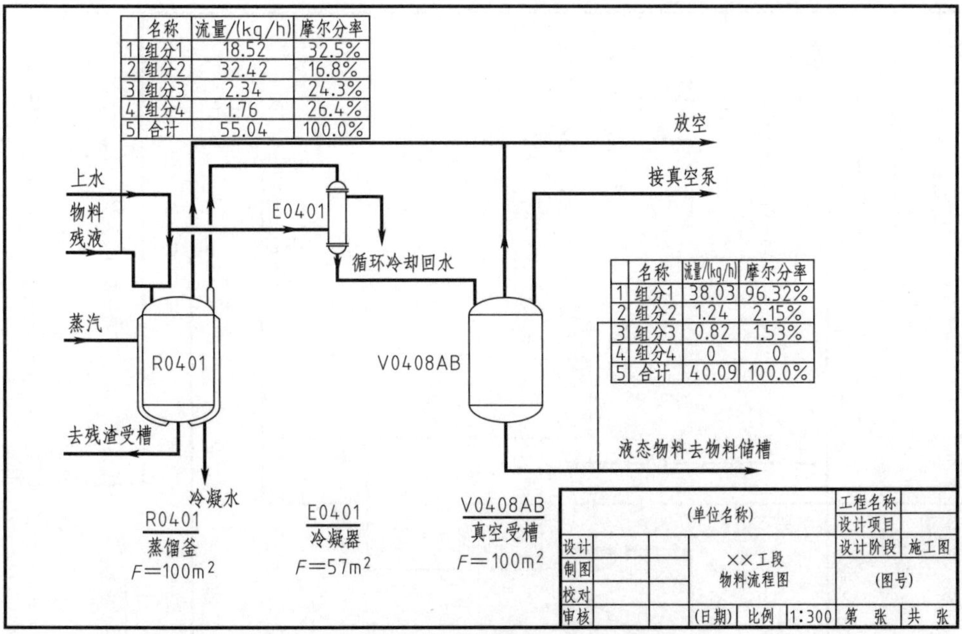

图 7-4　残液蒸馏处理系统的物料流程图

表 7-2　物料名称及代号（摘自 HG/T 20519.2—2009）

代号	物料名称	代号	物料名称	代号	物料名称	代号	物料名称
AG	气氨	FL	液体燃料	LS	低压蒸汽	PW	工艺水
AL	液氨	FG	燃料气	LUS	低压过热蒸汽	SC	蒸汽冷凝水
AR	空气	FRG	氟利昂气体	MS	中压蒸汽	SG	合成气
AW	氨水	FRL	氟利昂液体	MUS	中压过热蒸汽	SL	泥浆
BW	锅炉给水	FS	固体燃料	N	氮	SW	软水
CA	压缩空气	FSL	熔盐	NG	天然气	TG	尾气
CG	转化气	FV	火炬排放气	PA	工艺空气	TS	伴热蒸汽
CSW	化学污水	FW	消防水	PG	工艺气体	RW	原水、新鲜水
CWR	循环冷却水回水	H	氢	PGL	气液两相流工艺物料	RWR	冷冻盐水回水
CWS	循环冷却水上水	HS	高压蒸汽	PGS	气固两相流工艺物料	RWS	冷冻盐水上水
DNW	脱盐水	HUS	高压过热蒸汽	PL	工艺液体	VE	真空排放气
DR	排液、导淋	HWR	热水回水	PLS	液固两相流工艺物料	VT	放空
DW	饮用水、生活用水	HWS	热水上水	PRG	气体丙烯或丙烷	WW	生产废水
ERG	气体乙烯或乙烷	IA	仪表空气	PRL	液体丙烯或丙烷		
ERL	液体乙烯或乙烷	IG	惰性气	PS	工艺固体		

物料在流程中的一些工艺参数（如温度、压力等），可在流程线旁注写出。

物料流程图需画出图框和标题栏，图幅大小要符合《技术制图》相关标准。

第三节　带控制点工艺流程图

带控制点工艺流程图也称工艺管道及仪表流程图（PID）或施工流程图，它也是在方案流程图的基础上绘制的，内容较为详尽的一种工艺流程图。在带控制点工艺流程图中应把生产中涉及的所有设备、管道、阀门以及各种仪表控制点等都画出。它是设计、绘制设备布置图和管道布置图的基础，又是施工安装和生产操作时的主要参考依据。

图 7-5 所示为某物料残液蒸馏处理系统的带控制点工艺流程图。从中可知，带控制点工艺流程图的内容主要如下。

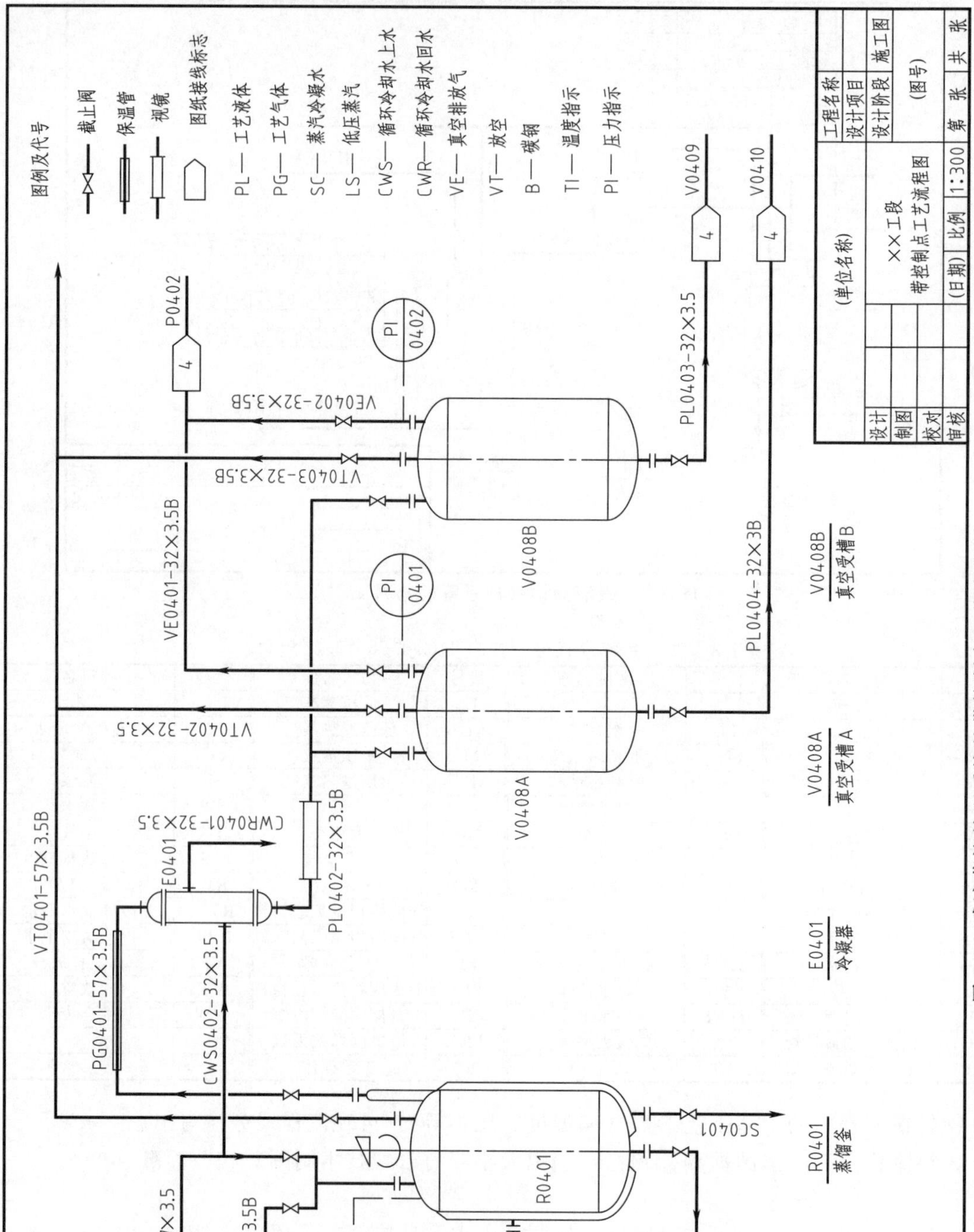

图 7-5　残液蒸馏处理系统的带控制点工艺流程图

① 设备示意图——带接管口的设备示意图，注写设备位号及名称。

② 管道流程线——带阀门等管件和仪表控制点（测温、测压、测流量及分析点等）的管道流程线，注写管道代号。

③ 对阀门等管件和仪表控制点的图例符号的说明以及标题栏等。

一、设备的画法与标注

1. 设备的画法

在带控制点工艺流程图中，设备的画法与方案流程图基本相同。不同的是对于两个或两个以上的相同设备一般应全部画出。

2. 设备的标注

带控制点工艺流程图中每个工艺设备都应编写设备位号并注写设备名称，标注方法和设备位号与方案流程图相同。

当一个系统中包括两个或两个以上完全相同的局部系统时，可以只画出一个系统的流程，其他系统用双点画线的方框表示，在框内注明系统名称及其编号。

二、管道流程线的画法及标注

1. 管道流程线的画法

在带控制点工艺流程图中，应画出所有管线，即各种物料的流程线。起不同作用的管道用不同规格的图线表示，如表 7-3 所示。管道流程线要用水平和垂直线表示，注意避免穿过设备或使管道交叉，在不可避免时，则将其中一管道断开一段，如图 7-3 所示，管道转弯处一般画成直角。

表 7-3　常用管道线路的表达方式

名　称	图　例		名　称	图　例
主要物料管道		粗实线 0.6～0.9mm	电伴热管道	
其他物料管道		中粗线 0.3～0.5mm	夹套管	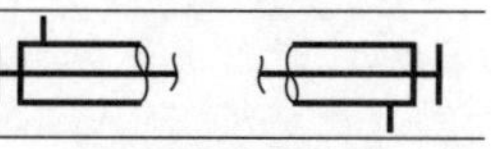
引线、设备、管件、阀门、仪表等		细实线 0.15～0.25mm	管道隔热层	
仪表管道		电动信号线	翅片管	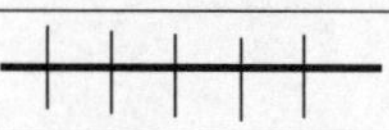
		气动信号线	柔性管	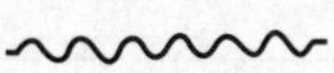
原有管线		管线宽度与其相接的新管线宽度相同	同心异径管	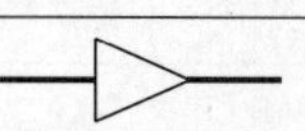
蒸汽伴热管道			喷淋管	

管道流程线上应用箭头表示物料的流向。图中的管道与其他图纸有关时，应将其端点绘制在图的左方或右方，并用空心箭头标出物料的流向（进或出），在空心箭头内注明与其相关图纸的图号或序号，在其上方注明来或去的设备位号或管道号或仪表位号。空心箭头的画法如图 7-6 所示。

2. 管道流程线的标注

带控制点工艺流程图中的每条管道都要标注管道代号。横向管道的管道代号一般注写在管道线的上方，竖向管道则一般注写在管道线左侧，字头向左。管道代号主要包括：物料代

图 7-6　进出装置或主项的管道或仪表信号线的图纸接续标记

号、工段号、管段序号、管径、壁厚和管道材料代号等内容，其格式如图 7-7（a）所示；对于有隔热（或隔声）要求的管道，将隔热（或隔声）代号注写在管径代号之后，其格式如图 7-7（b）所示。在管道代号中，物料代号按 HG/T 20519.2—2009 标准的规定，见表 7-2；工段号按工程规定填写，采用两位数字，从 01 开始，至 99 为止；管段序号采用两位数字，从 01 开始，至 99 为止，相同类别的物料在同一主项内以流向先后为序，顺序编号；管道尺寸一般标注公称通径，以 mm 为单位，只注数字，不注单位；管道等级详见 HG/T 20519.6—2009 标准的规定，见图 7-8、表 7-4、表 7-5；隔热及隔声代号详见 HG/T 20519.2—2009 标准的规定，见表 7-6。

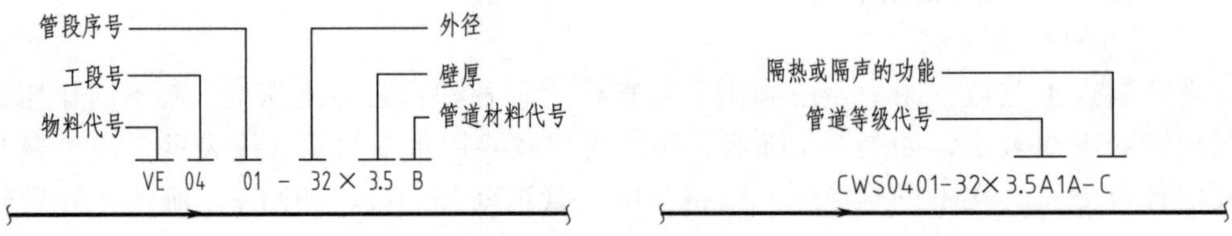

(a)　　(b)

图 7-7　管道代号的注写方法

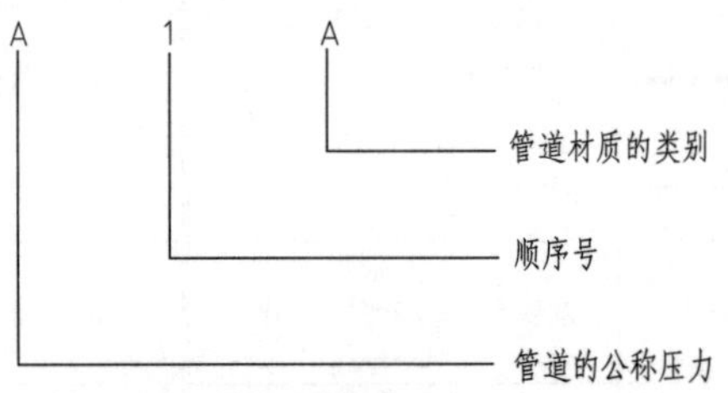

图 7-8　管道等级代号（摘自 HG/T 20519.6—2009）

表 7-4　管道材质类别（摘自 HG/T 20519.6—2009）

材料类别	铸铁	碳钢	普通低合金钢	合金钢	不锈钢	有色金属	非金属	衬里及内防腐
代 号	A	B	C	D	E	F	G	H

表 7-5　管道公称压力等级（摘自 HG/T 20519.6—2009）

压力等级(用于 ANSI 标准)				压力等级(用于国内标准)					
代号	公称压力	代号	公称压力	代号	公称压力	代号	公称压力	代号	公称压力
A	150LB	E	900LB	L	1.0MPa	Q	6.4MPa	U	22.0MPa
B	300LB	F	1500LB	M	1.6MPa	R	10.0MPa	V	25.0MPa
C	400LB	G	2500LB	N	2.5MPa	S	16.0MPa	W	32.0MPa
D	600LB			P	4.0MPa	T	20.0MPa		

表 7-6　隔热及隔声代号（摘自 HG/T 20519.2—2009）

代　号	功 能 类 别	备　注
H	保温	采用保温材料
C	保冷	采用保冷材料
P	人体防护	采用保温材料
D	防结露	采用保冷材料
E	电伴热	采用电热带和保温材料
S	蒸汽伴热	采用蒸汽伴管和保温材料
W	热水伴热	采用热水伴管和保温材料
O	热油伴热	采用热油伴管和保温材料
J	夹套伴热	采用夹管套和保温材料
N	隔声	采用隔声材料

三、阀门等管件的画法与标注

管道上的管道附件有阀门、管接头、异径管接头、弯头、三通、四通、法兰、盲板等。这些管件可以使管道改换方向、变化口径，可以连通和分流以及调节和切换管道中的流体。

在带控制点工艺流程图中，管道附件用细实线按规定的符号在相应处画出。常用阀门的图形符号见表 7-7，阀门图形符号尺寸一般长为 6mm、宽为 3mm 或长为 8mm、宽为 4mm。其他常用管件的图形符号见表 7-8。

表 7-7　常用阀门的图形符号

名　称	符　号	名　称	符　号
截止阀		升降式止回阀	
闸阀	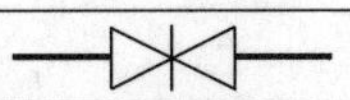	旋启式止回阀	
节流阀		蝶阀	
球阀	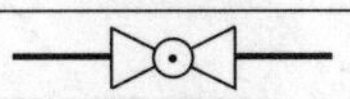	减压阀	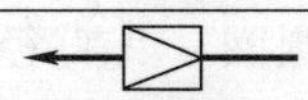
旋塞阀		疏水阀	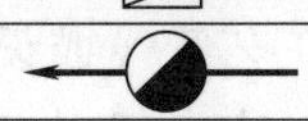
隔膜阀		底阀	
直流截止阀		呼吸阀	
角式截止阀		四通截止阀	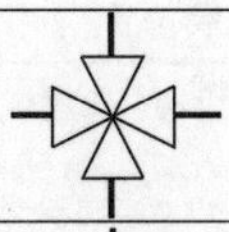
角式节流阀		四通球阀	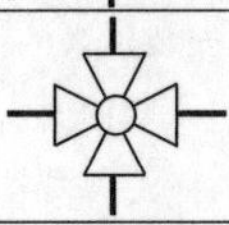
角式球阀		四通旋塞阀	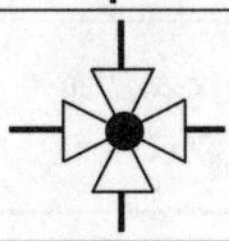
三通截止阀	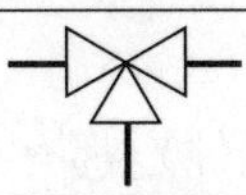	角式弹簧安全阀	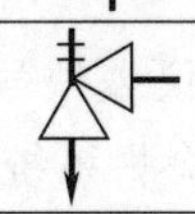
三通球阀		角式重锤安全法	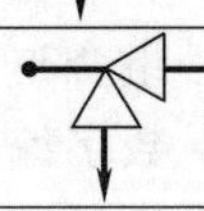
三通旋塞阀			

为了安装和检修等所加的法兰、螺纹连接件等也应在带控制点工艺流程图中画出。

管道上的阀门、管件要按需要进行标注。当它们的公称直径同所在管道通径不同时，要注出它们的尺寸。当阀门两端的管道等级不同时，应标出管道等级的分界线，阀门的等级应满足高等级管的要求。对于异径管应标注“大端公称通径×小端公称通径”。

表 7-8　管件的图形符号（摘自 HG/T 20519.2—2009）

名　称	符　号	名　称	符　号
螺纹管帽		法兰连接	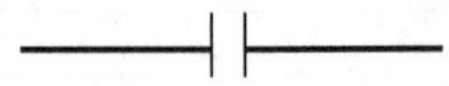
管端盲板		管端法兰(盖)	
管帽		鹤管	

四、仪表控制点的画法与标注

在带控制点工艺流程图上要画出所有与工艺有关的检测仪表、调节控制系统、分析取样点和取样阀（组），仪表控制点用符号表示，并从其安装位置引出。符号包括图形符号和仪表位号，它们组合起来表达仪表功能、被测变量、测量方法。

1. 图形符号

检测、显示、控制等仪表的图形符号是一个细实线圆圈，其直径约为 10mm。圈外用一条细实线指向工艺管线或设备轮廓线上的检测点，如图 7-9 所示。表示仪表安装位置的图形符号见表 7-9。

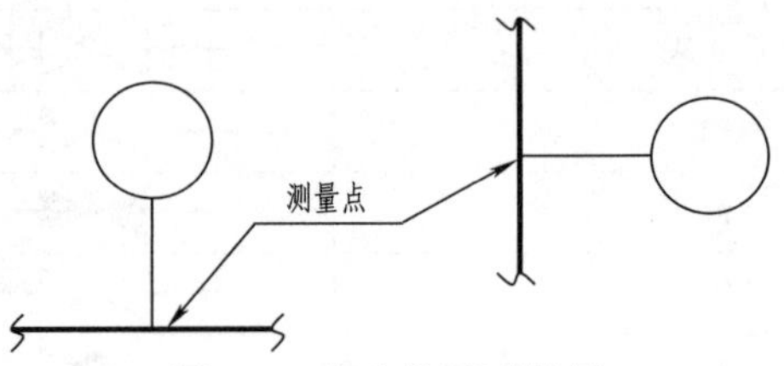

图 7-9　仪表的图形符号

表 7-9　仪表安装位置的图形符号

安装位置	图形符号	备注	安装位置	图形符号	备注
就地安装仪表	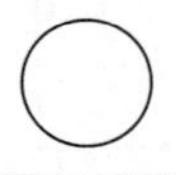		就地仪表盘面安装仪表		
	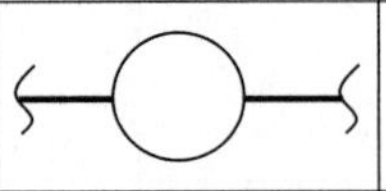	嵌在管道内	集中仪表盘面后安装仪表	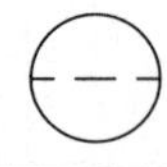	
集中仪表盘面安装仪表	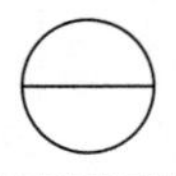		就地仪表盘面后安装仪表	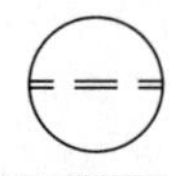	

2. 仪表位号

在检测系统中，构成一个回路的每个仪表（或元件）都有自己的仪表位号。仪表位号由字母代号组合与阿拉伯数字编号组成。其中，第一位字母表示被测变量，后继字母表示仪表的功能，数字编号表示工段号和回路顺序号，一般用三位或四位数字表示，如图 7-10 所示。

仪表位号的标注方法是把字母代号填写在圆圈的上半圆中，数字编号填写在圆圈的下半圆中，如图 7-11 所示。常见被测变量及仪表功能字母组合示例见表 7-10。

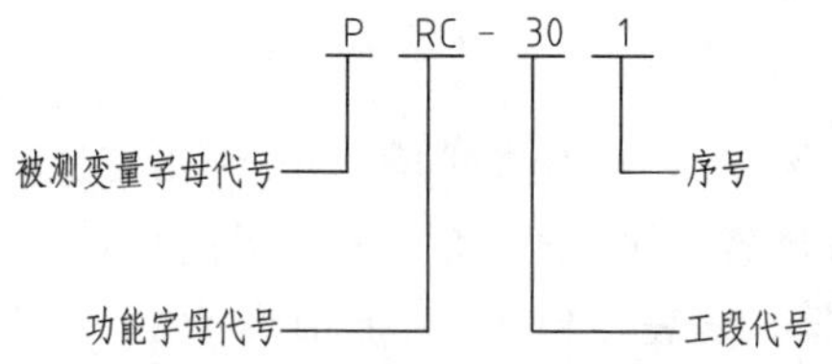

图 7-10　仪表位号的组成

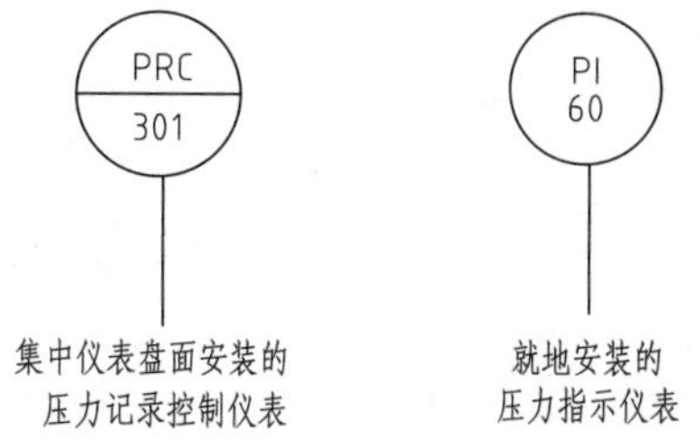

图 7-11　仪表位号的标注方式

表 7-10　常见被测变量及仪表功能字母组合示例

仪表功能	被测变量										
	温度	温差	压力或真空	压差	流量	流量比率	分析	密度	位置	速率或频率	黏度
指示	TI	TdI	PI	PdI	FI	FfI	AI	DI	ZI	SI	VI
指示、控制	TIC	TdIC	PIC	PdIC	FIC	FfIC	AIC	DIC	ZIC	SIC	VIC
指示、报警	TIA	TdIA	PIA	PdIA	FIA	FfIA	AIA	DIA	ZIA	SIA	VIA
指示、开关	TIS	TdIS	PIS	PdIS	FIS	FfIS	AIS	DIS	ZIS	SIS	VIS
记录	TR	TdR	PR	PdR	FR	FfR	AR	DR	ZR	SR	VR
记录、控制	TRC	TdRC	PRC	PdRC	FRC	FfRC	ARC	DRC	ZRC	SRC	VRC
记录、报警	TRA	TdRA	PRA	PdRA	FRA	FfRA	ARA	DRA	ZRA	SRA	VRA
记录开关	TRS	TdRS	PRS	PdRS	FRS	FfRS	ARS	DRS	ZRS	SRS	VRS
控制	TC	TdC	PC	PdC	FC	FfC	AC	DC	ZC	SC	VC
控制、变送	TCT	TdCT	PCT	PdCT	FCT	FfCT	ACT	DCT	ZCT	SCT	VCT
报警	TA	TdA	PA	PdA	FA	FfA	AA	DA	ZA	SA	VA
开关	TS	TdS	PS	PdS	FS	FfS	AS	DS	ZS	SS	VS
指示灯	TL	TdL	PL	PdL	FL	FfL	AL	DL	ZL	SL	VL

五、图幅和附注

带控制点工艺流程图一般采用 1 号图幅，横幅绘制，特别简单的用 2 号图幅，不宜加宽和加长。

附注的内容是对流程图上所采用的，除设备外的所有图例、符号、代号作出的说明。

六、带控制点工艺流程图的阅读

由于带控制点工艺流程图是设计绘制设备布置图和管道布置图的基础，又是施工安装和生产操作时的参考依据，因此读懂带控制点工艺流程图很重要。带控制点工艺流程图中给出了物料的工艺流程，以及为实现这一工艺流程所需设备的数量、名称、位号，管道的编号、规格以及阀门和控制点的部位、名称等。阅读带控制点工艺流程图的任务就是要把图中所给出的这些信息完全搞清楚，以便在管道安装和工艺操作中做到心中有数。

下面以图 7-5 所示的某物料残液蒸馏处理系统的带控制点工艺流程图为例，介绍阅读带控制点工艺流程图的一般方法和步骤。

1. 看标题栏和图例中的说明

了解所读图样的名称、各种图形符号、代号的意义及管道的标注等。

2. 掌握系统中设备的数量、名称及位号

从图 7-5 中可知，该系统共有 4 台设备，一台蒸馏釜 R0401，一台冷凝器 E0401，两台真空受槽 V0408A、V040B。

3. 了解主要物料的工艺施工流程线

从图 7-5 中可知，在该物料残液蒸馏处理系统中，物料残液从储残槽 V0406 沿 PL0401 管段进入蒸馏釜 R0401，通过夹套内的蒸汽加热，使物料蒸发成为蒸气。为了提高效率，蒸发器内装有搅拌装置；为了控制温度，釜上装有温度指示仪表 TI0401。釜中产生的气态物料沿 PG0401-57×3.5B 管进入冷凝器 E0401 冷凝为液体，液态物料沿管 PL0402-32×3.5B 进入真空受槽 V0408B 中，然后通过管 PL0403-32×3.5 到物料储槽 V0409 中。本系统为间断操作，蒸馏釜中蒸馏后留下的物料残渣加水（水由 CWS0401-57×3.5 进入）稀释后，进入蒸馏釜 R0401，再加热生成蒸气，进入冷凝器 E0401，冷凝后的物料经真空受槽 V0408A，进入物料储槽 V0410。

4. 了解其他物料的工艺施工流程线

从图 7-5 中可知，蒸馏釜 R0401 夹套内的加热蒸汽由蒸汽总管 LS0401 流入夹套内，把热量传递给物料后变成冷凝水从 SC0401 管流走。蒸馏釜 R0401、真空受槽 V0408A、V0408B 上分别装了放空气的管子 VT0401-57×3.5B、VT0402-32×3.5、VT0403-32×3.5B。真空受槽 V0408A、V0408B 的抽真空由 VE0401-32×3.5B、VE0402-32×3.5B 连接的真空泵 P0402 完成。为控制真空排放，在真空排放气管 VE0401-32×3.5B、VE0402-32×3.5B 上装有压力指示仪表 PI0401、PI0402。

在实际生产中，为了便于操作，常将各种管线按规定涂成不同颜色。因此，在生产车间实地了解工艺流程或进行操作时，应注意颜色的区别。

第八章　建筑制图

内容提要：

工艺流程设计所确定的全部设备，必须根据生产工艺的要求与场地的状况，以及不同设备的具体情况，在厂房建筑物的内外进行合理的布置，并安装固定，才能确保生产的顺利进行。厂房属于工业建筑，为了使建筑制图规格统一，便于设计、施工、管理、技术交流，制图时要严格遵守相关国家标准。关于建筑制图的国家标准有：《房屋建筑制图统一标准》（GB/T 50001—2007）、《建筑制图标准》（GB/T 50104—2010）、《建筑结构制图标准》（GB/T 50105—2010）、《建筑给水排水制图标准》（GB/T 50106—2010）、《建筑电气制图标准》（GB/T 50786—2012）。

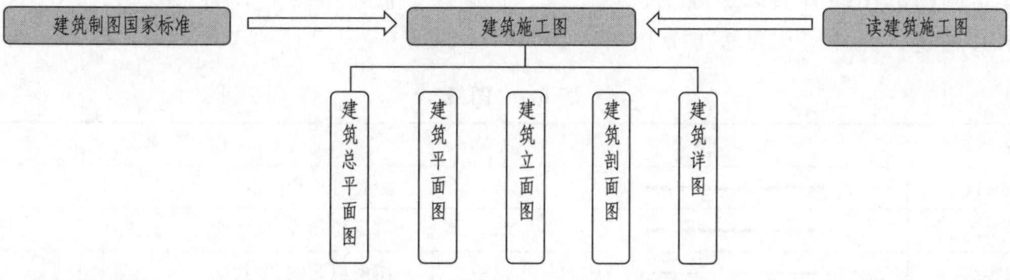

章节目标：

知识目标	★　了解建筑制图中国家标准的规定。
技能目标	★　认识化工车间厂房建筑工程图。 ★　能读懂房屋建筑的视图。
素质目标	★　培养严谨的学习态度。 ★　培养理论联系实际的习惯。 ★　培养科学的读图习惯和认真工作的习惯。 ★　培养持续专注的优秀品质。

现代化生产常常需要许多专业互相协作配合，如机件的制造和装配常常是在厂房内进行，这就需要厂房有足够的空间以保证厂房内可以安装起吊设备并能进行工作，除此之外厂房还应有适宜的采光和通风要求等；化工厂的化工设备也需要按其生产工艺流程规划错综复杂的管道等。因此，化学工程技术人员也需要具备一些有关房屋建筑工程图的知识。

房屋建筑工程图是用以指导建筑施工的成套图纸。它表示一幢拟建房屋的内外形状、大小及各部分的结构、构造、装修、设备等，是按照国家标准的规定，用正投影的方法画出的图样。

一套完整的房屋施工图按其专业内容或作用的不同，一般分为以下三种。

① 建筑施工图（简称“建施”）：包括建筑总平面图、建筑平面图、建筑立面图、建筑剖面图和建筑详图等。

② 结构施工图（简称“结施”）：包括结构平面布置图和各构件的结构详图等。

③ 设备施工图（简称“设施”）：包括给水排水施工图、采暖通风施工图、电气施工图、动力施工图等。

其中建筑施工图是化工专业经常接触和涉及的内容，本章只对建筑施工图作一简要介绍。

第一节　建筑制图国家标准

为了使房屋建筑制图规格统一，满足设计、施工、管理和技术交流等要求，制图时必须严格遵守相关的国家制图标准。有关建筑制图国家标准共有六种：《房屋建筑制图统一标准》《总图制图标准》《建筑制图标准》《建筑结构制图标准》《给水排水制图标准》《暖通空调制图标准》。

一、图线及用途

建筑制图的图线有实线、虚线、点画线、折断线、波浪线等，以各种线型并用不同的线宽表示其用途，具体应用见表 8-1 和图 8-1。

表 8-1　图线

名　称	线　　型	线宽	用　　途
粗实线		b	主要可见轮廓线
中实线		$0.5b$	可见轮廓线、尺寸线
细实线		$0.25b$	图例填充线、家具线
中虚线		$0.5b$	不可见轮廓线
细虚线		$0.25b$	不可见轮廓线、图例线等
粗单点长画线		b	见有关专业制图标准，如起重机轨道线
细单点长画线		$0.25b$	中心线、对称线、定位轴线
折断线	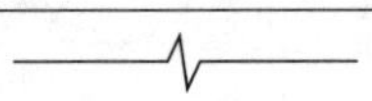	$0.25b$	不需画全的断开界线
波浪线		$0.25b$	不需画全的断开界线、构造层次的断开界线

注：地平线的线宽可用 $1.4b$。

二、比例

建筑制图选用的绘图比例，应符合表 8-2 规定。

表 8-2　比例

图　　名	比　　例
建筑物或构筑物的平面图、立面图、剖面图	1∶50、1∶100、1∶150、1∶200、1∶300
建筑物或构筑物的局部放大图	1∶10、1∶20、1∶25、1∶30、1∶50

续表

图　名	比　例
配件及构造详图	1∶1、1∶2、1∶5、1∶10、1∶15、1∶20、1∶25、1∶30、1∶50
总平面图	1∶500、1∶1000、1∶2000

三、尺寸标注

建筑制图的尺寸标注由尺寸界线、尺寸线、尺寸起止符号、尺寸数字组成，如图 8-2 所示。

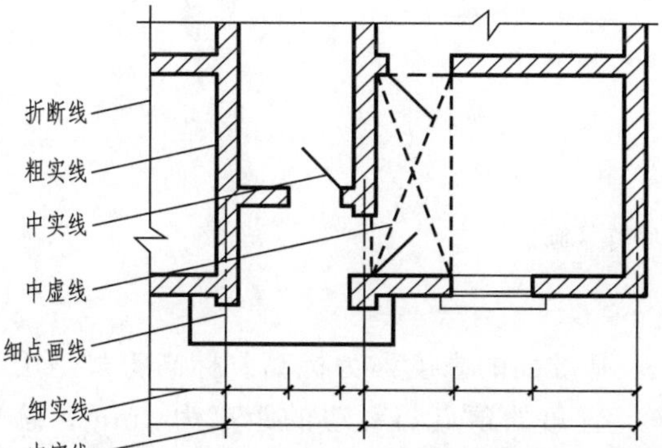

图 8-1　图线的应用

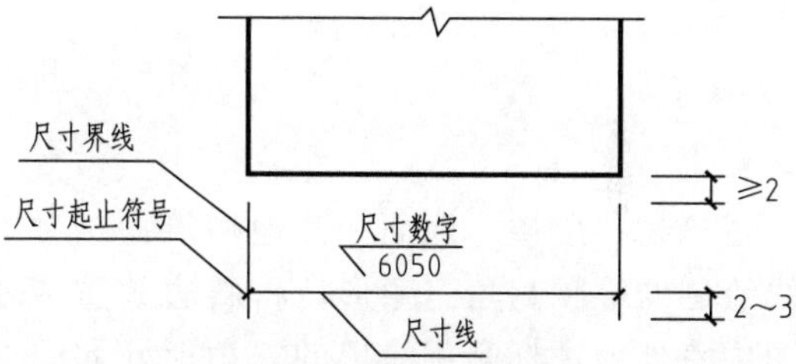

图 8-2　尺寸标注

尺寸起止符号一般用中粗斜短线绘制，其倾斜方向应与尺寸界线成顺时针 45°角，长度宜为 2～3mm。半径、直径、角度及弧长的尺寸起止符号，宜用箭头表示。

四、定位轴线及编号

定位轴线是用来确定建筑物主要承重构件位置的基准，是施工定位、放线以及设备安装定位的重要依据。凡是承重构件如墙、柱子等都用细单点画线画出定位轴线，并进行编号。平面图上定位轴线的横向编号用阿拉伯数字从左至右顺序编写，竖向编号用大写拉丁字母从下至上顺序编写，见图 8-9 中的①、②、③及Ⓐ、Ⓑ、Ⓒ轴线。

五、符号

1. 索引符号

图样中的某一部位，如需另见详图，用索引符号注明。它是用细实线绘制直径为 10mm 的圆，并用引出线索引，可注明详图所在位置和详图编号，如图 8-3（a）所示。

2. 详图符号

详图符号是详图的标志，它是用粗实线绘制直径为 14mm 的圆，可注明详图编号及被索引图纸编号，如图 8-3（b）所示。

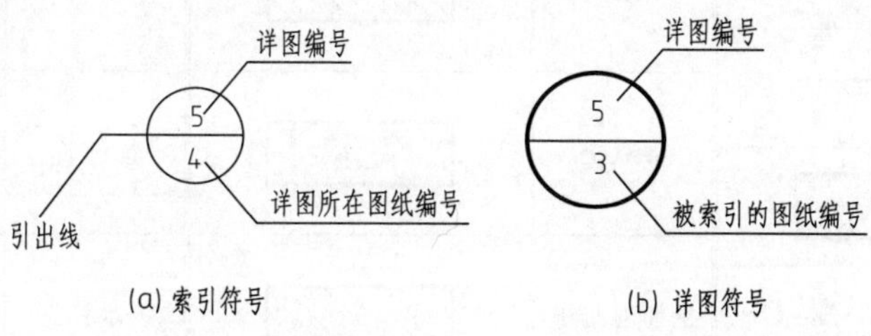

图 8-3　索引符号及详图符号画法

3. 其他符号

对称符号、连接符号、指北针（细实线绘制 24mm 的圆）、风向频率玫瑰图（表示一年中的风向频率）如图 8-4 所示。

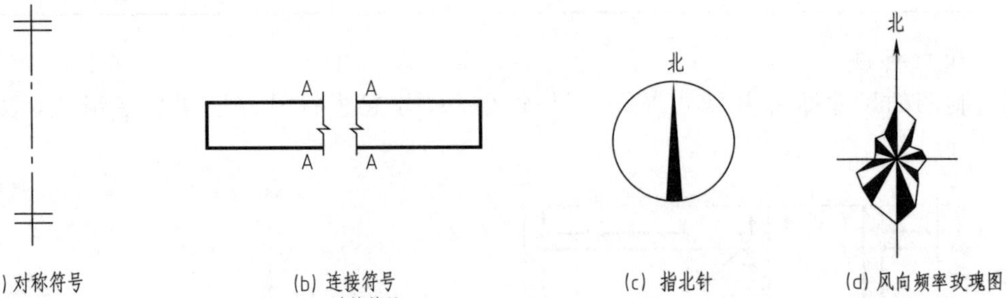

图 8-4　其他常用符号画法

4. 标高符号

建筑物各层楼、地面和其他构筑物相对于某一基准面的高度称为标高。标高符号是用细实线绘制的等腰直角三角形，将斜边放置成水平，直角的顶点与对边的距离为 3mm；总平面图中室外地坪标高用涂黑的三角形，如图 8-5（a）所示。标高数值以 m 为单位，一般标注至小数点后第三位。零点标高注为±0.000，正标高前可不加正号（+），负标高前必须加注负号（—）。标高数值的注写方法如图 8-5（b）所示。

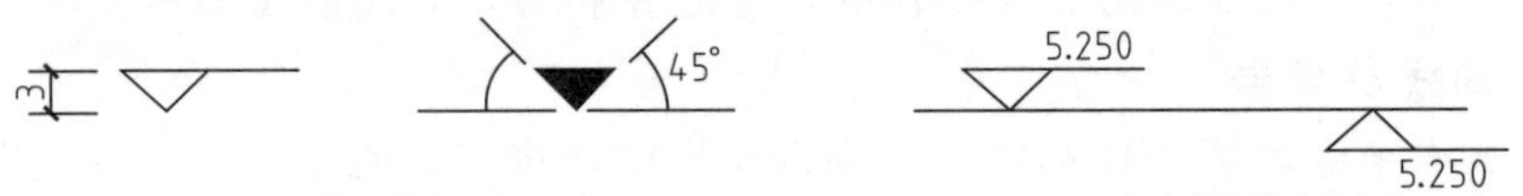

图 8-5　标高符号

六、图例

由于房屋建筑的材料和构造、配件种类较多，为作图简便，国家标准规定了一系列的图形符号来代表建筑物的材料和构造及配件等。常用建筑材料及构造、配件图例见表 8-3 及表 8-4。

表 8-3　常用建筑材料图例（部分）

名称	图　例	名称	图　例	名称	图　例
自然土壤		普通砖	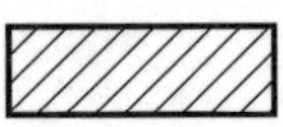	毛石	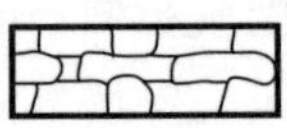
夯实土壤					
砂、灰土	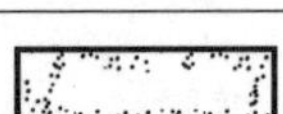	混凝土	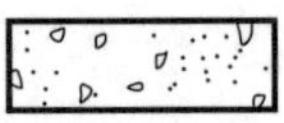	饰面砖	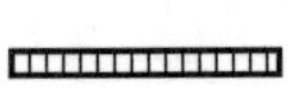
粉刷	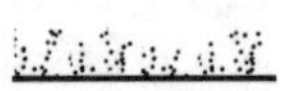	钢筋混凝土	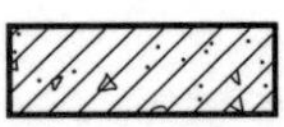	木材	

表 8-4　构造及配件图例（部分）

图　例	名　称	图　例	名　称	图　例	名　称
	墙体	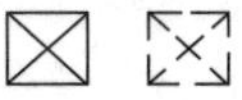	检查孔	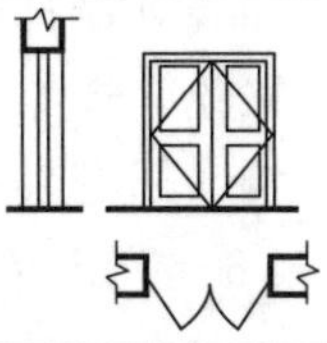	双扇门（包括平开或单面弹簧门）
	烟道		孔洞		
	通风道		坑槽	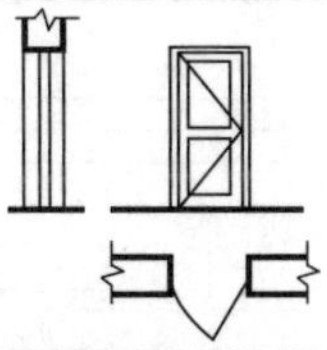	单扇门（包括平开或单面弹簧门）
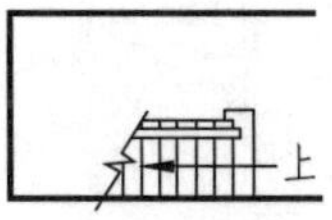	底层楼梯	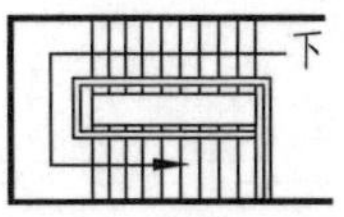	顶层楼梯		
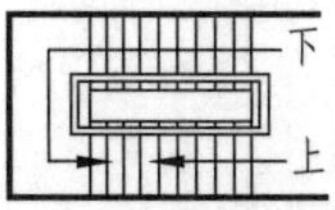	中间层楼梯	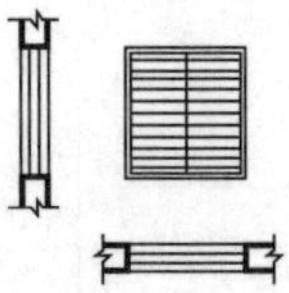	百叶窗	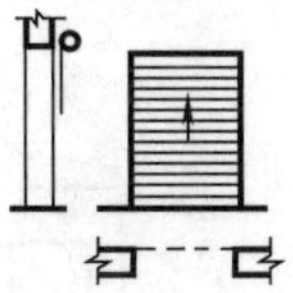	竖向卷帘门

第二节　建筑施工图的基本内容

房屋建筑物按其使用性质一般分为民用建筑和工业建筑，但各种不同的建筑物其构造组成大致相似，主要由基础、墙、柱子、楼面、地面、屋顶（屋面）、楼梯、门窗等组成。房屋的主要组成要素如图 8-6 所示，它们处于房屋不同的部位，起着不同的作用，如基础、墙起着承重作用，楼梯、门起着交通联络作用，窗起着通风、采光等作用。

房屋建筑施工图包括建筑总平面图、建筑平面图、建筑立面图、建筑剖面图和建筑详图等。

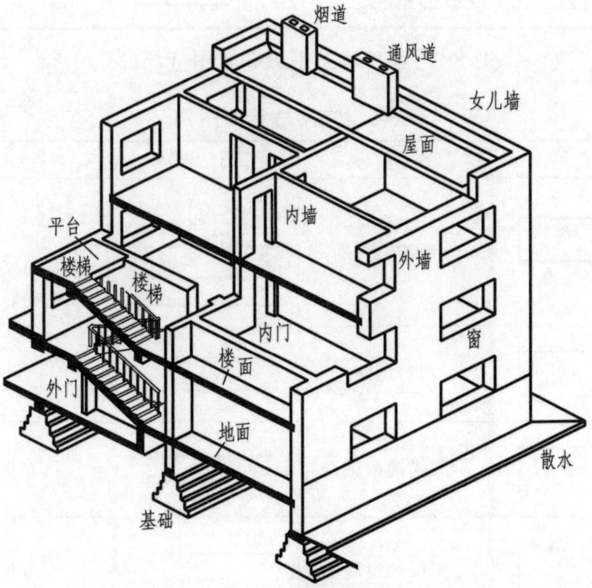

图 8-6　房屋的组成

一、建筑总平面图

建筑总平面图是新建房屋所在地域的一定范围内的水平投影图。它主要表明建筑工程地域内的自然环境和规划设计的总体布局。它表示新建建筑及构造物与原有建筑及构造物、周边环境（地形、绿化、道路等）的关系与总体布局。总平面图的图示内容为：新建建筑、原有建筑，拆除建筑、周围环境、附近的地形及地物、指北针等。图 8-7 为某厂区的总平面布置图（局部）。表 8-5 列出了常用总平面图例。

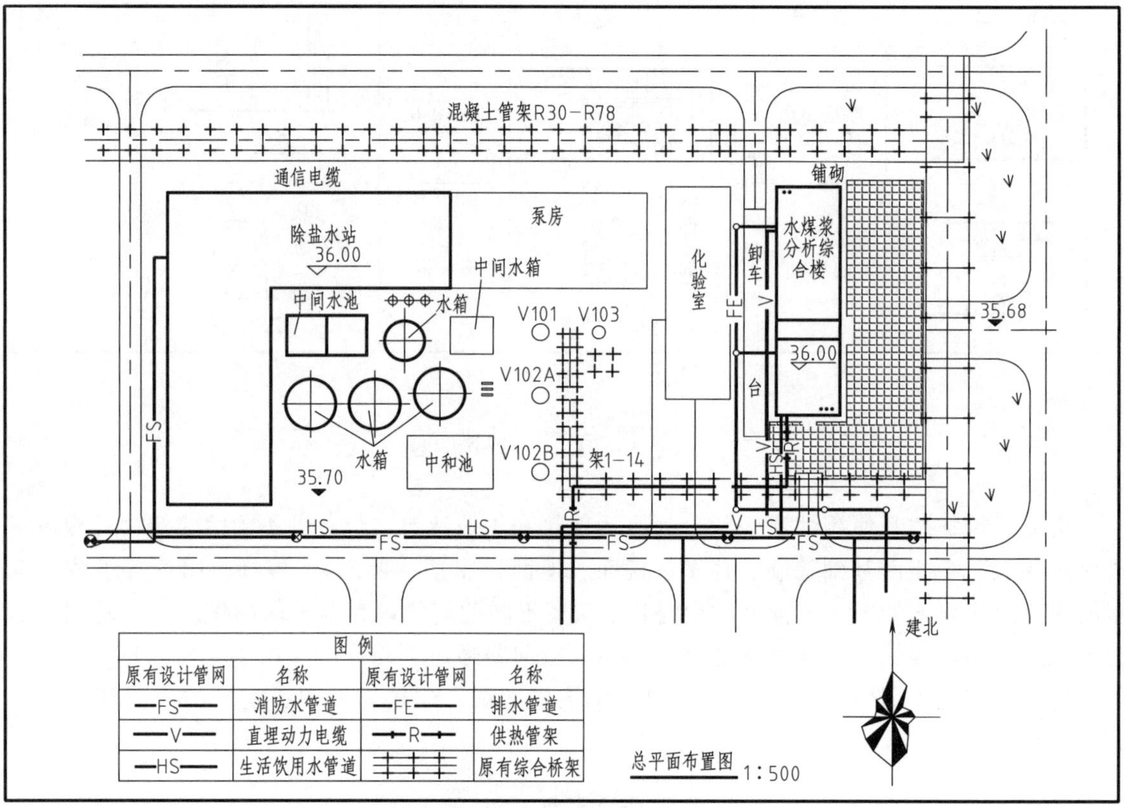

图 8-7 某厂区总平面布置图（局部）

表 8-5 常用总平面图例

名 称	图 例	名 称	图 例	名 称	图 例
新建建筑物(用▲表示出入口;数字或点数表示层数)	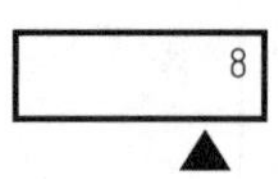	新建道路	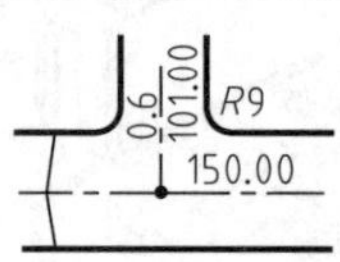	围墙或大门	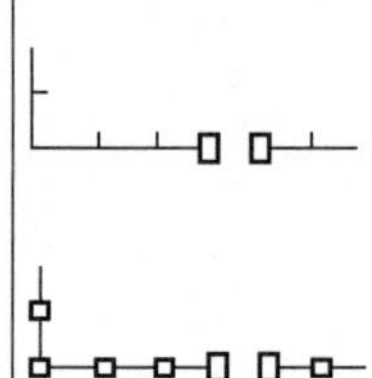
原有建筑物	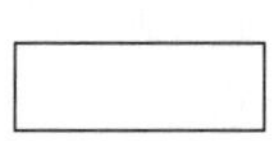	原有道路			
计划扩建的预留地或建筑物		计划扩建的道路	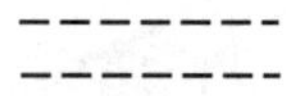	花坛	
拆除的建筑物	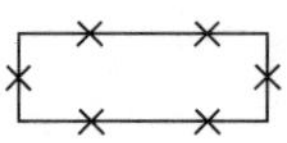	拆除的道路	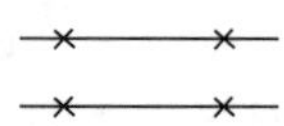	草坪	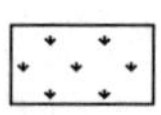

二、建筑平面图

建筑平面图是假想用水平的剖切平面经建筑物的门、窗洞口处将房屋剖开，再将剖切平面以下的部分向下投射而得到的水平投影图，如图 8-8 所示。一般情况下，房屋建筑物的每一层都有平面图，如首层平面图、顶层平面图；此外还有屋面（屋顶）平面图等。

建筑平面图用于表达建筑物水平方向的房屋内、外部的结构及房间的布局、联络等，包括以下基本内容（参见图 8-9 中的一层、二层平面图）。

① 表示建筑物某一层的平面形状，标出承重和非承重墙、柱子（壁柱）的定位轴线和编号。

② 表示内外门窗的位置、编号及门的开启方向。

③ 表示各种房间的形状、大小、位置及相互关系，并注明各房间的名称或编号及房间的特殊设计要求。

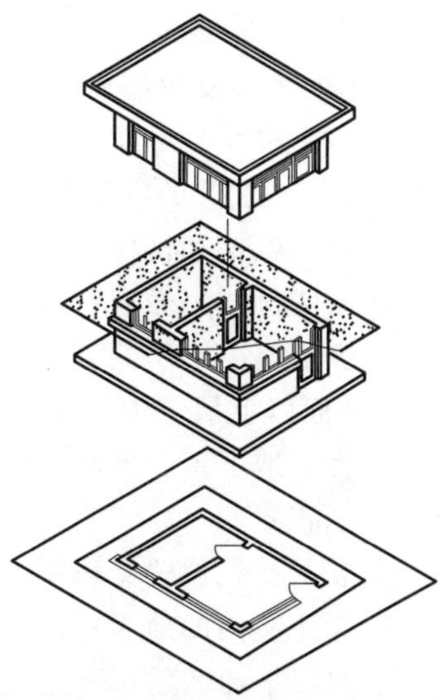

图 8-8　平面图的形成

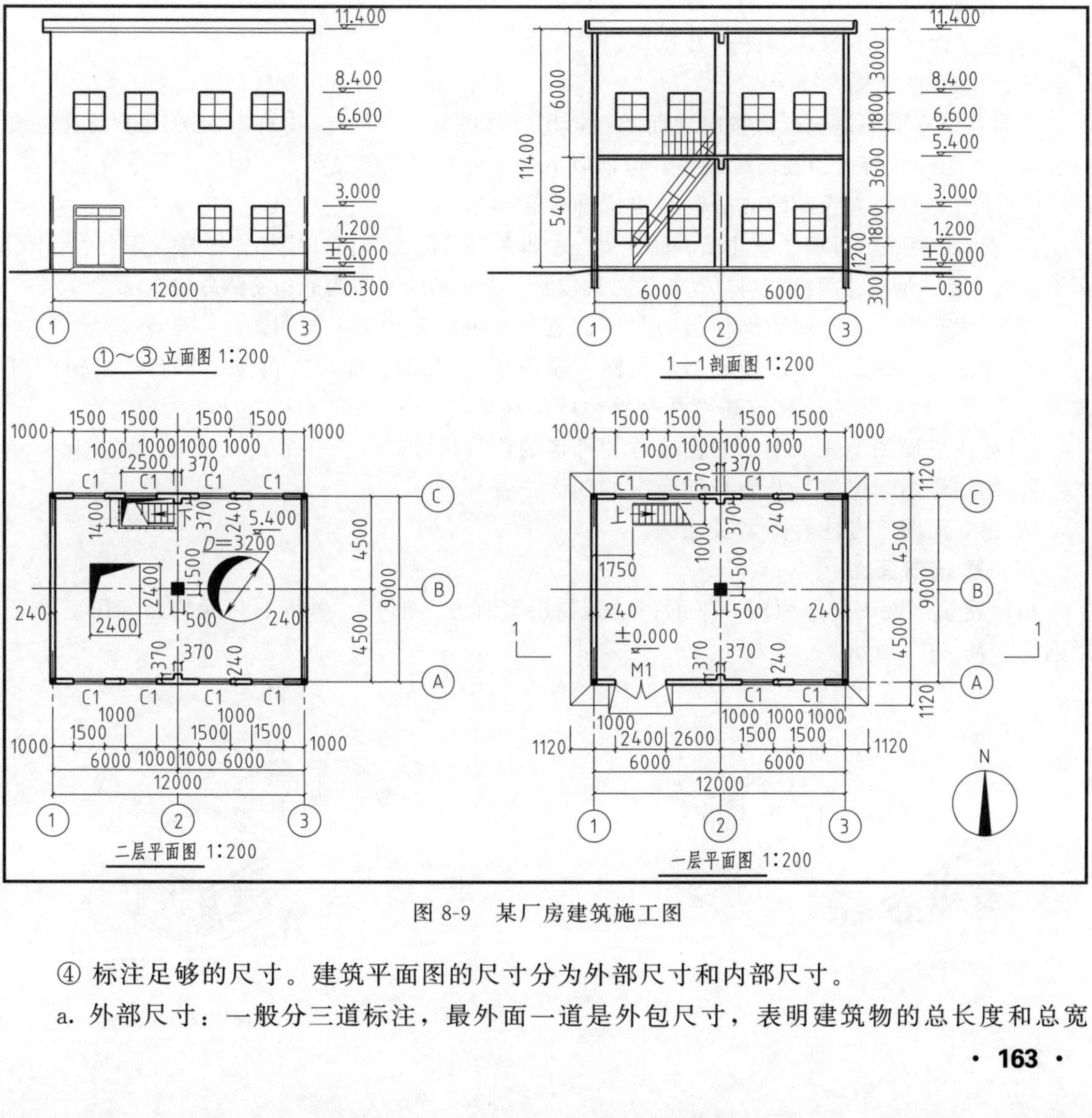

图 8-9　某厂房建筑施工图

④ 标注足够的尺寸。建筑平面图的尺寸分为外部尺寸和内部尺寸。

a. 外部尺寸：一般分三道标注，最外面一道是外包尺寸，表明建筑物的总长度和总宽度；中间一道是轴线尺寸，为定位轴线间尺寸，表明开间和进深尺寸；最里边一道是细部尺寸，表示外墙厚度及门窗洞口、墙垛、柱等详细尺寸和定位尺寸。

b. 内部尺寸：房间的净尺寸，内墙厚度及墙上门窗洞口宽度和定位尺寸，机座、楼梯等其他设备、设施的定形及定位尺寸。

⑤ 表示电梯和楼梯、走道及门厅的位置，楼梯的形式和上下方向。

⑥ 用图例或编号表明构造及配件的名称和位置，如卫生洁具、水池、橱、柜等。

⑦ 表示属于本层的固定设施的位置，如阳台、雨篷、散水、台阶、管道竖井、烟囱等；在剖切平面以上属于本层的设施用虚线表示，如吊柜、吊车等。

⑧ 表示地下室、地沟、地坑及必要的机座、各种平台、夹层、墙上预留洞等重要设备及设施的位置。

⑨ 表示铁轨位置、轨距，吊车类型、吨位、跨距、行驶范围等。

⑩ 标注室内的地面标高、楼层及设备位置标高。

⑪ 首层平面图需标有指北针，标明建筑物的朝向，还应注明剖面图的剖切位置、投射方向和编号。

⑫ 用索引符号表明详图的位置及其编号。

⑬ 在平面图的下方注写图名及比例。

三、建筑立面图

房屋建筑立面图是建筑物竖向立面的投影图，如图 8-10 所示。建筑立面图用于表示建筑物竖向立面的外貌特征和装饰风格等，包括以下基本内容（可参见图 8-9 中的①～③立面图）。

① 标出建筑物立面两端或分段的定位轴线和编号。

② 表示地坪线、外墙、女儿墙、柱、梁、勒脚等外形轮廓和室外楼梯、栏杆、阳台、台阶、雨篷、雨水管、烟囱、门窗、洞口等的轮廓及位置，表示其他装饰构造和粉刷分格线示意等。

③ 表明建筑外墙所用装饰材料的名称、色彩及做法等的文字说明。

④ 标注平、剖面图未能表示出的屋面（屋顶）、女儿墙、檐口、雨篷、窗台、门窗洞口顶面、阳台、台阶等的标高或高度及室外地坪标高等。

⑤ 标注平面图上表示不出的窗编号和外墙的留洞尺寸。

⑥ 标注详图索引符号及墙身剖面图的剖面位置等。

⑦ 在立面图下方注写图名及比例。

四、建筑剖面图

房屋建筑剖面图是假想用一平面把建筑物沿竖直方向剖开，再将剖开后的部分作正立投影图，如图 8-11 所示。

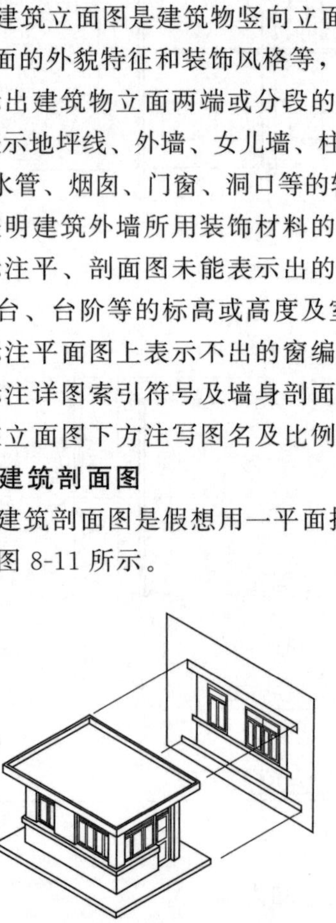

图 8-10　立面图的形成

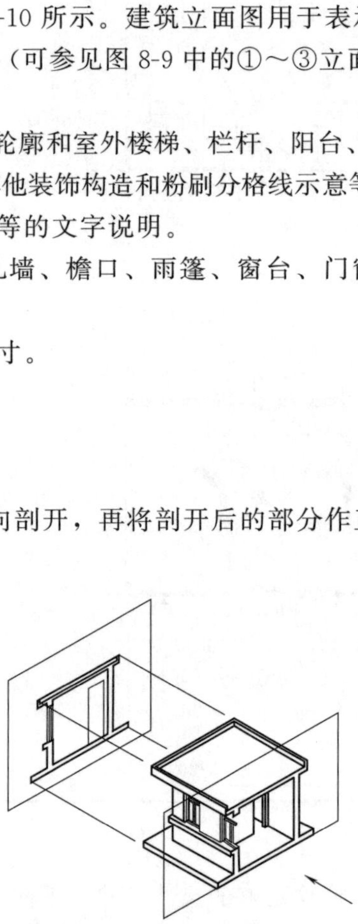

图 8-11　剖面图的形成

剖面图的剖切位置及编号，应在首层平面图上标注，如图 8-12 所示。

建筑剖面图用于表示建筑物竖直方向的房屋内部及外部的结构、分层情况及各部分的联系等，包括以下基本内容，可参见图 8-9 中的 1—1 剖面图。

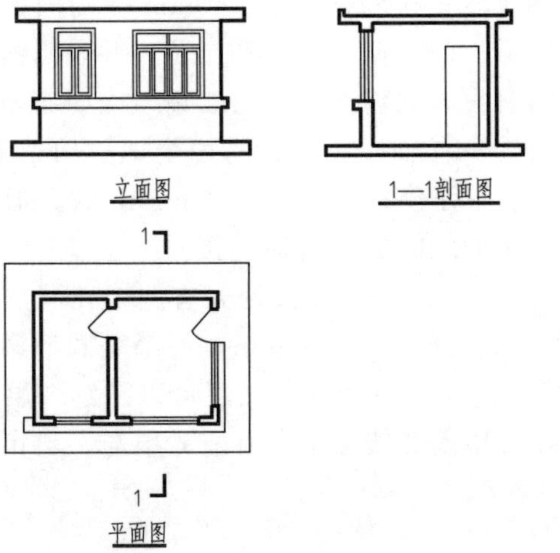

图 8-12　剖面图的标注

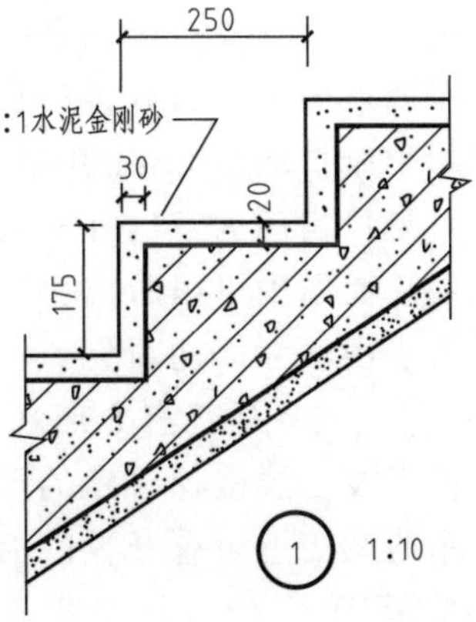

图 8-13　楼梯踏步详图

① 标注被剖切到的墙、柱之间的尺寸及定位轴线和编号。

② 表示室外地坪、室内首层地面、地坑、地沟、各层楼面、顶棚或吊顶、屋面（屋顶)、檐口、女儿墙、隔热层、天窗、烟囱、门、窗、洞口、楼梯、平台、台阶、阳台、雨篷、墙裙、踢脚板、散水、排水沟、雨水管、机座、吊车、吊车梁、铁轨及其他装修等能剖切到或能见到的内容。

③ 标出各部位的高度：门窗高度、洞口高度、层间高度及总高度和地坑高度、隔断高度等。

④ 标注剖切到的各部位的标高：室外地坪、首层地面、各层楼面、屋面、楼梯平台、阳台、台阶、轨面、檐口、女儿墙顶、烟囱顶及高出屋面的水箱间、楼梯间和首层以下的地下室各层标高等。

⑤ 用文字注明地坪层、楼板层、屋面层等各层的构造和工程做法。

⑥ 标注索引符号表明详图所在位置。

⑦ 在剖面图的下方注写图名及比例等。

五、建筑详图

建筑详图是将建筑平面图、立面图、剖面图中表达不清楚的建筑细部单独用较大的比例详细绘制出的图样。详图有节点详图、房间详图及构造、配件详图等，图 8-13 所示为一楼梯踏步详图。

第三节　房屋建筑施工图的阅读

一套完整的房屋建筑施工图包括多种图样，但其中最基本、最重要的图样是建筑平面图、立面图、剖面图。现以图 8-9 所示某厂房的建筑施工图为例，简要介绍建筑施工图的阅读及其表达的内容。

一、平面图

从图 8-9 中的一层平面图可以看出：根据指北针方向，表明厂房按正南正北方向建造；车间平面为一矩形，长为 12m、宽为 9m，面积为 108m^2；横向和纵向均有三条定位轴线①、②、③及Ⓐ、Ⓑ、Ⓒ，用以确定承重构件的位置；车间四周有 240mm 厚的围护墙，室外四周设置散水；从图中所标尺寸还可以了解楼梯、门、窗的尺寸和定位，并表明楼梯的走向；一层南墙面上开有 1 扇门和 2 扇相同规格的窗户，北墙面上开有 4 扇与南墙面相同规格的窗户，东西墙面上没有开设门窗；在轴线②与Ⓐ、Ⓒ轴线相交处有两个壁柱用于支撑梁，壁柱尺寸超出维护墙 370mm、厚 370mm；车间中间处建有 500mm×500mm 的方形断面的柱子；另可见厂房门为双门外开启方向，门和地平面之间靠一坡道连接。

从二层平面图中可以看出：二层地面标高为 5.4m；二层楼板处开有两个孔洞，用于设备安装，大小由尺寸标注可知，一个是矩形洞口 2400mm×2400mm，一个是圆形洞口 $D=$ 3200mm；与一层一样仍有方形断面的柱子及壁柱；从图中所标尺寸还可以了解二层窗户的尺寸和定位以及二层楼梯口处的尺寸和定位；在二层南北墙面上各开有 4 扇与一层相同规格的窗户，东西墙面上没有开设门窗。

二、立面图

从图 8-9 中①～③立面图可以了解南墙面门窗的分布和位置，地面、屋顶及各门窗洞口上下的标高等。

三、剖面图

从图 8-9 中 1—1 剖面图可以看出：该建筑物为二层建筑；图中表明了楼的梁、中间柱子、壁柱、楼板和墙体之间的结构关系及屋顶的结构，即二层和顶层楼板中部有梁，并与柱子和壁柱构成框架结构；屋顶设有女儿墙；图中表示了楼梯的走向及护栏的结构；标注了屋面的高度是 11.4m，一层、二层的层高分别为 5.4m 和 6m，还标注了窗洞口的高度及窗口上下缘及各层楼板的标高等。

M8-1 课程思政

第九章　设备布置图

内容提要：

在工艺流程图中确定的全部设备，必须根据生产工艺的要求合理地布置与安装。在设备布置设计中，一般提供下列图样：设备布置图、分区索引图、设备安装详图、管口方位图等。

章节目标：

知识目标	★　掌握设备布置图的图示特点。 ★　掌握设备布置图的标注方法,掌握典型设备的标注方法。 ★　掌握设备布置图的内容、方法和读图步骤。
技能目标	★　能根据设备布置图的相关规定,读懂设备布置图标注的内容。 ★　能准确识读设备布置图。 ★　能绘制简单的设备布置图。
素质目标	★　培养严谨的学习态度。 ★　培养理论联系实际的习惯。 ★　培养科学的读图习惯和认真工作的习惯。 ★　培养持续专注的优秀品质。

在工艺流程图中所确定的全部设备，必须根据生产工艺的要求合理地布置与安装。在设备布置设计中，一般提供下列图样：设备布置图，分区索引图，设备安装详图，管口方位图等。本章将重点介绍设备布置图。

第一节　设备布置图的作用与内容

设备布置图是根据工艺流程、安全间距、安装操作、经济合理等要求将工艺装置内所需的所有设备排布在适当图幅中。它是指导管道设计和设备安装的重要依据，用以表示设备与建筑物、设备与设备之间的相对位置，并能直接指导设备的安装。设备布置图是化工设计与施工、设备安装、绘制管道布置图的重要技术文件，也是其他专业开展设计的主要依据。

图 9-1 所示为某物料残液蒸馏处理系统的设备布置图。从中可以看出，设备布置图一般

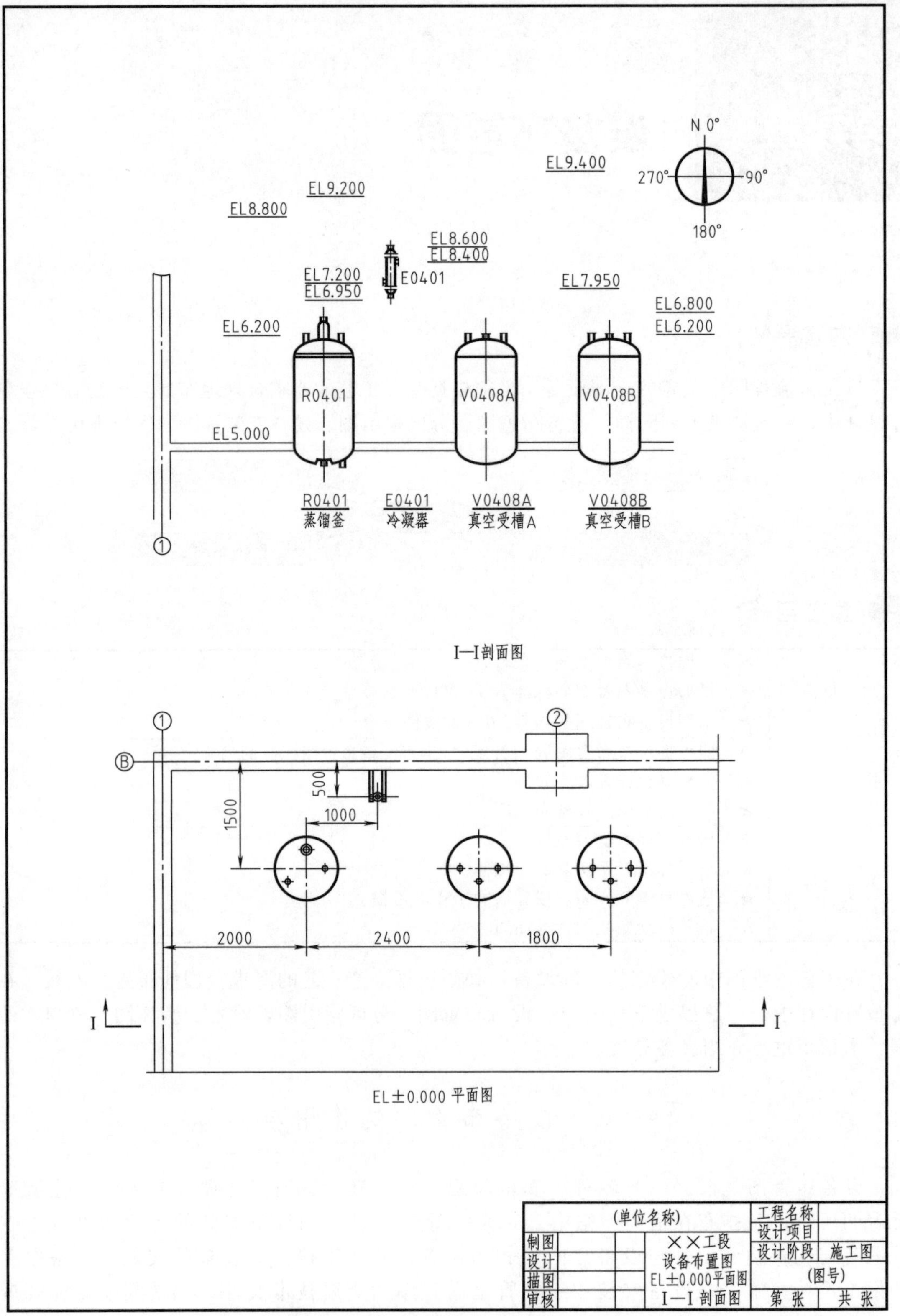

图 9-1　残液蒸馏处理系统的设备布置图

包括以下几方面内容。

① 一组视图：视图按正投影法绘制，一般包括平面图和剖面图，用以表示厂房建筑的基本结构和设备在厂房内外的布置情况。

② 尺寸和标注：设备布置图中，一般要在平面图中标注与设备定位有关的建筑物尺寸，建筑物与设备之间、设备与设备之间的定位尺寸（不注设备的外形尺寸）；设备的支承点（POS）标高（若有剖面图，可在其剖面图中标注设备支承点或基础的标高）；要在剖面图中标注设备、管口以及设备基础的标高；还要注写厂房建筑定位轴线的编号、设备的名称与位号，以及必要的说明等。

③ 安装方位标：安装方位标是确定设备安装方位的基准，一般画在图纸的右上方。

④ 标题栏：要注写单位名称、图名、图号、比例、设计者、日期等内容。

第二节 设备布置图的图示特点

设备布置图应以管道及仪表流程图、土建图、设备表、设备图、管道走向和管道图研究版及制造厂提供的有关产品资料为依据绘制。设备布置图的内容表达应遵守化工设备布置设计的有关规定（HG/T 20546—2009）。

一、设备布置图的图示方法

1．分区

设备布置图是按工艺主项绘制的，当装置界区范围较大而其中需要布置的设备较多时，设备布置图可以分为若干个小区绘制。可利用装置总图制作分区索引图。分区索引图中表明各区的相对位置，分区范围线用粗双点画线表示。对各个小区的设备布置图（首层），应在图纸的右下方（一般在标题栏上方）放置缩制的分区索引图，将所在区域用阴影线表示出来。

2．图幅和比例

设备布置图一般采用 1 号图，需要时也可采用 0 号图或其他图幅。宜避免采用加长和加宽的图幅。

绘图比例视装置界区的大小和规模而定，常采用 1：100，也可采用 1：200 或 1：50。在各种图面信息表示清晰的前提下，不得任意选用大比例。对各个小区的设备布置图应采用相同的比例。

3．视图的配置

设备布置图包括平面图和剖面图，如图 9-1 所示。

平面图是表达装置（或厂房）某层上设备布置情况的水平剖视图，它还能表示出建、构筑物的方位，占地大小，分隔情况及与设备安装、定位有关的建、构筑物的结构形状和相对位置。当厂房、框架为多层时，应按楼层或框架不同的标高分别绘制平面图。各层平面图是以上一层的楼板底面水平剖切的俯视图。平面图可以绘制在一张图纸上，或分区绘在不同的图纸上。在同一张图纸上绘制几层平面图时，应从最底层平面图开始，在图中由下至上或由左至右按层次顺序排列，并在图形下方注明“EL××.×××平面”等。

当平面图可以清楚地表示出设备和建、构筑物等的位置、标高时，可不需再绘制剖面图。但对于比较复杂的装置或有多层构筑物的装置，则应绘制设备布置剖面图。剖面图是假想用一平面将厂房建筑物沿垂直方向剖开后投影得到的立面剖面图，用来表达设备沿垂直方向的布置安装情况。画剖面图时，规定设备按不剖绘制，其剖切位置及投影方向应按《建筑制图标准》规定在平面图上标注清楚，并在剖面图的下方注明相应的剖面名称。

平面图和剖面图可以绘制在同一张图上，也可以单独绘制。平面图与剖面图画在同一张图上时，应按剖切顺序从左到右、由上而下排列；若分别画在不同图纸上，可利用剖切符号的编号和剖面图名称是相同的阿拉伯数字、罗马数字或拉丁字母这一关系找到剖切位置及剖面图。

4. 图面布置

设备布置图图面应布局合理、整洁、美观。整个图形应尽量布置在图纸中心位置，详图表示在周围空间。一般情况下，图形应与图纸左侧及顶部边框线留有70mm净空距离。在标题栏的上方不宜绘制图形，应依次布置缩制的分区索引图、设计说明、设备一览表等，如图9-2所示。

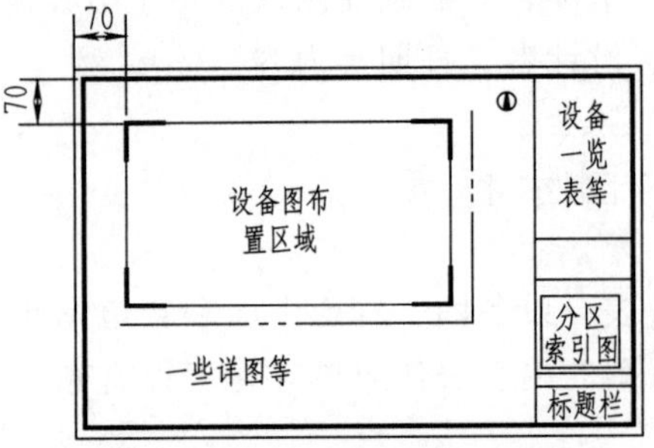

图9-2 设备布置图的图面布置

5. 设备、建筑物及其构件的图示方法

(1) 建筑物及其构件 在设备布置图中，一般只画出厂房建筑的空间大小、内部分隔及与设备安装定位有关的基本结构，如墙、柱、地面、地坑、地沟、安装孔洞、楼板、平台、栏杆、楼梯、吊车、吊装梁及设备基础等。与设备定位关系不大的门、窗等构件，一般只在平面图上画出它们位置、门的开启方向等，在剖面图上一般可不予表示。

设备布置图中的承重墙、梁、柱等结构用细点画线画出其建筑定位轴线，建筑物及其构件的轮廓用细实线绘出。设备布置图中建、构筑物的简化画法及图例见第八章。

(2) 设备 在设备布置图中，设备的外形轮廓及其安装基础用中粗实线绘制。对于外形比较复杂的设备，如机、泵，可以只画出基础外形。对于同一位号的设备多于三台的情况，在图上可以只画出首末两台设备的外形，中间的可以只画出基础或用双点画线的方框表示。

非定型设备可适当简化画出其外形，包括附属的操作台、梯子和支架（注出支架图号）。卧式设备，应画出其特征管口或标注固定端支座。

动设备可只画基础，表示出特征管口和驱动机的位置，如图9-3所示。

一个设备穿过多层建、构筑物时，在每层平面上均需画出设备的平面位置，并标注设备位号。各层平面图是以上一层的楼板底面水平剖切的俯视图。

设备布置图中的线型和线宽可参见标准HG/T 20519—2009。

二、设备布置图的标注

设备布置图的标注包括厂房建筑定位轴线的编号，建、构筑物及其构件的尺寸；设备的定位尺寸和标高，设备的位号、名称及其他说明等。

1. 厂房建筑的标注

参见有关建筑制图相关规定，按土建专业图纸标注建筑物和构筑物的轴线号及轴线间尺寸，并标注室内外的地坪标高。

2. 设备的标注

(1) 设备定位尺寸的标注 设备布置图中一般不注设备定形尺寸，只注定位尺寸，如设备与建筑物之间、设备与设备之间的定位尺寸等。设备的定位尺寸标注在平面图上。设备的

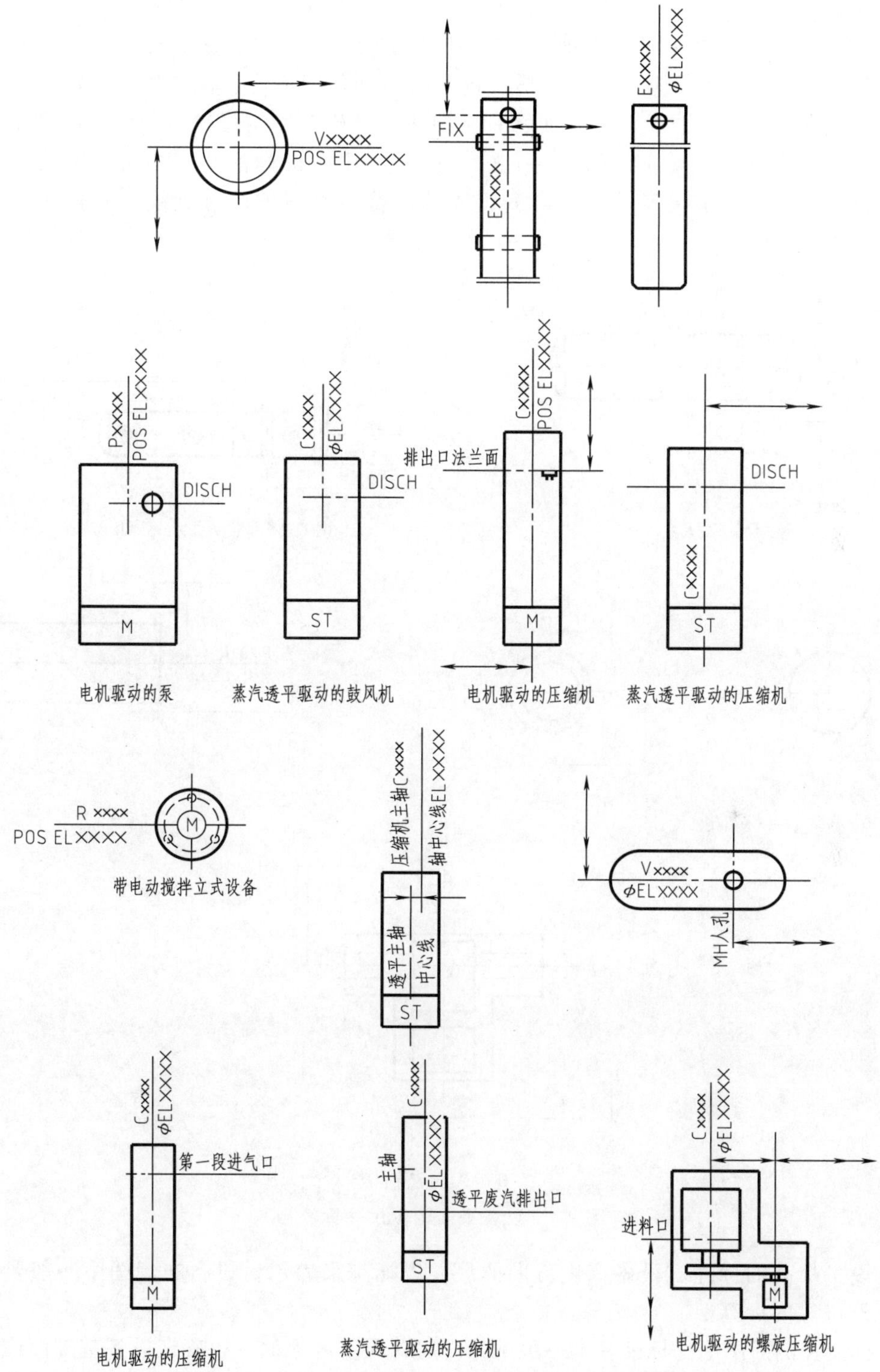

图 9-3 动设备的绘制格式（摘自 HG/T 20546—2009）

平面定位基准尽量以建、构筑物的轴线或管架、管廊的柱中心线为基准进行标注。要尽量避免以区的分界线为基准标注尺寸。可采用坐标系进行标注定位尺寸。

对于卧式容器，标注建、构筑物定位轴线与容器的中心线和建筑定位轴线与设备的固定支座（如果需要，也可以为设备封头切线）的两个尺寸为定位尺寸，如图 9-4（a）所示；当换热器等设备的管束、内件等需要抽出时，用双点画线表示出设备安装、检修空间，如图 9-4（b）所示；对于立式反应器、塔、槽、罐和换热器，标注建、构筑物定位轴线与中心线间的距离为定位尺寸，如图 9-4（c）所示；泵标注建、构筑物定位轴线与中心线和出口法兰中心线的两个尺寸为定位尺寸，如图 9-4（d）所示；压缩机标注建、构筑物定位轴线与主机中心线的两个尺寸为定位尺寸，当活塞需要抽芯检修时，用双点画线及对角线表示其范围，如图 9-4（e）所示。

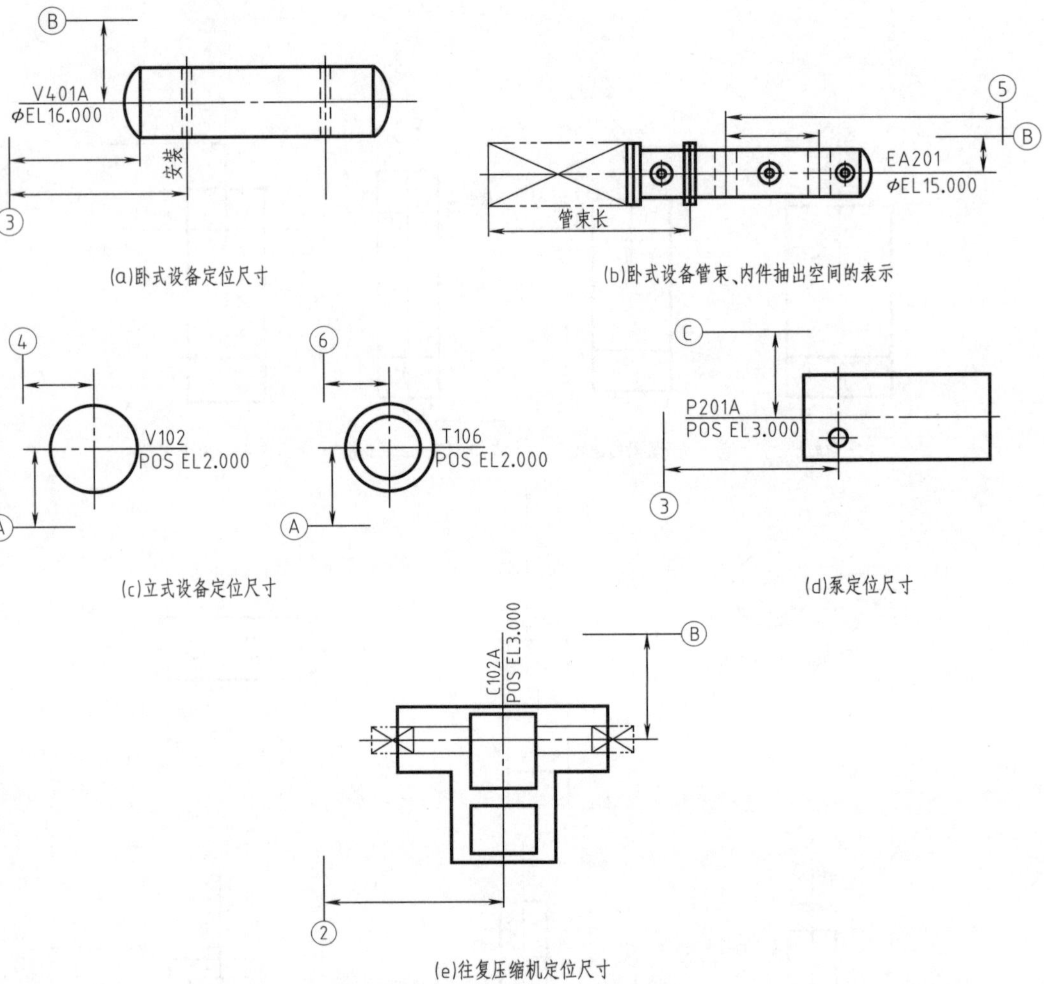

图 9-4　设备平面定位尺寸标注

（2）设备标高的标注　设备高度方向的尺寸以标高来表示。设备布置图中一般要注出设备、设备管口等的标高。

标高标注在剖面图上。标高基准一般选择厂房首层室内地面，以确定设备基础面或设备中心线的高度尺寸。标高以 m 为单位，数值取至小数点后三位。地面设计标高为 EL±0.000。

通常，卧式换热器、卧式罐槽以中心线标高表示（ϕEL××××）；立式换热器、板式换热器以支承点标高表示（POS EL××××）；反应器、塔和立式罐槽以支承点标高表示（POS EL××××）；泵、压缩机以主轴中心线标高（ϕEL××××）或底盘底面标高或（BBP-EL××××）（即基础顶面标高）（POS EL××××）；对管廊、管架则应注出架顶的标高（TOS EL××××）；对于一些特殊设备，如有支耳的以支承点标高表示，无支耳的卧式设备以中心线标高表示，无支耳的立式设备以某一管口的中心线标高表示。

（3）设备名称及位号的标注 设备布置图中的所有设备均应标注名称及位号，且该名称及位号与工艺流程图均应一致。设备名称及位号的注写格式与工艺流程图中的相同。注写方法一般有两种，一种方法是注在设备图形的上方或下方；另一种方法是注在设备图形附近，用指引线指引或注在设备图形内。

三、安装方位标

安装方位标也称设计北向标志，是确定设备安装方位的基准。一般将其画在图纸的右上方。方位标的画法目前各单位有自己统一的规定，应按其严格执行。

本教材所规定的方位标是用粗实线画出的直径为 20mm 的圆和水平、垂直两轴线构成，并分别注以 0°、90°、180°、270°等字样，如图 9-1 中右上角所示。一般采用建筑北向（以“N”表示）作为零度方位基准。该方位一经确定，凡必须表示方位的图样（如管口方位图等）均应统一。

方位标一般北向朝上，如果需要，允许北向的方向标旋转±90°，但不得北向朝下。

四、设备一览表

设备一览表应将设备的位号、名称、规格、图号（或标准号）等列表说明，应单独制表在设计文件中附出，一般设备布置图中可不列出，见表 9-1。

表 9-1 设备一览表

序号	设备位号	设备名称	技术规格	图号或标准号	材料	数量	质量/kg		备注
							单	总	
1	R0401	蒸馏釜	立式 ϕ1400×2706			1			
2	E0401	冷凝器	立式 ϕ1400×2706			1			
3	V0408A	真空受槽 A	立式 ϕ1000×1936			1			
4	V0408B	真空受槽 B	立式 ϕ1000×1936			1			

当装置的设备数量、种类及楼层较多，在图中直接查找设备不方便时可在设备布置图中设置简单的设备一览表。此表一般布置在图中右上角，以设备位号的字母顺序、数字顺序自上而下进行排列。参考格式见表 9-2。

表 9-2 在设备布置图中的设备一览表

设备位号	设备名称	支承点标高	设备位号	设备名称	支承点标高
C1001	氢气压缩机	300	E1010	一段气体换热器	600
T1001	二氧化碳吸收塔	300	E1050	T1001 塔顶分馏器换热器	300
V1001	氮气缓冲罐	300	P1001AB	T1001 塔釜液泵	300

第三节 设备布置图的绘制

一、绘图前的准备工作

1. 了解有关图纸和资料

绘制设备布置图时，应以工艺流程图、厂房建筑图、设备设计条件单等原始资料为依据。通过这些图纸资料，充分了解工艺过程的特点和要求、厂房建筑的基本结构等。

2. 考虑设备布置的合理性

设备布置设计是化工工程设计的一个重要阶段。设备平面布置必须满足工艺、经济及用户要求，还要满足操作、维修、安装、安全、外观等方面的要求。

（1）满足生产工艺要求　设备布置设计中要考虑工艺流程和工艺要求。应按照生产流程顺序和同类设备适当集中的原则进行布置。例如，由工艺流程图中物料流动顺序来确定设备的平面位置，在真空下操作的设备、必须满足重力位差的设备、有催化剂需要置换等要求必须抬高的设备，必须按管道仪表说明图的标高要求布置，与主体设备密切相关的设备，可直接连接或靠近布置等。

（2）符合经济原则　设备布置在满足工艺要求的基础上，应尽可能做到合理布置、节约投资。例如，在满足相关规范的要求下要尽量缩小占地面积，避免管道不必要的往返，减少能耗及操作费用，对贵重及大口径管道要尽可能短，以节省材料和投资费用。应尽量采用经济合理的典型线性布置方式，即装置中央设架空的管廊，管廊下布置泵及检修通道，管廊上方布置空冷器，管廊两侧按流程顺序布置塔、储罐、换热器等，压缩机或泵房宜集中布置。

（3）便于操作、安装和检修　设备布置应为操作人员提供良好的操作条件，如操作及检修通道，合理的设备通道和净空高度，必要的平台、楼梯和安全出入口等。设备布置应考虑在安装或维修时有足够的场地、拆卸区及通道。为满足大型设备的吊装需求，建、构筑物在必要时设置活梁或活墙。设备的端头和侧面与建、构筑物的间距、设备之间的间距应考虑拆卸和设备维修的需要。建、构筑物内吊装孔的尺寸应满足最大设备外形尺寸（包括设备支耳或支架外缘尺寸）的要求。要考虑吊装孔的共用性，建、构筑物各层楼面的开孔位置要尽量相互对应。要考虑换热器、加热炉等管束抽芯的区域和场地，此区域不应布置管道或设置其他障碍物。应考虑对压缩机等转动设备的零部件的堆放和检修场地。压缩机厂房、泵房应设置起重设备如桥式吊车或单轨吊等。对塔板或塔内部件、填料以及人孔盖应设置吊柱等。

（4）符合安全、卫生的生产要求　设备布置应考虑安全生产要求。在化工生产中，易燃、易爆、高温、有毒的物品较多，其设备、建筑物、构筑物之间距离应符合安全规范要求；火灾危险性分类相近的设备宜集中布置在一起；若场地受到限制，则要求在危险设备的周围设置防火或防爆的混凝土墙，需要泄压的敞开口一侧应对着空地；高温设备与管道应布置在操作人员不能触及的地方或采用保温措施；明火设备要远离泄漏可燃气体的设备，集中布置在装置一侧的上风处（全年最小频率风向的下风向）；较重及振动较大的设备应布置在建、构筑物底层；建筑物的安全疏散门，应向外开启；对承重的钢结构如管廊、框架等应设置耐火保护；装置周围应设置必要的消防和安全疏散通道。

注意环境保护，防止污染物扩散，有毒、易燃、易爆物料不应随意放空、排净，应密闭排放。对生产和事故状态下的污染物排放要有收集和处理装置或设施。对含有腐蚀性物料的设备应布置在有防腐地面，带有围堰或隔堤的区域。要防止噪声污染，对产生噪声的设备要有隔声、防噪设施，并布置在远离人员密集的区域。

（5）其他　在满足以上要求的前提下，设备布置应尽可能整齐、美观、协调：泵、换热器群排列要整齐；成排布置的塔，人孔方位应一致，人孔的标高尽可能取齐；所有容器或储罐，在基本符合流程的前提下，尽量以直径大小分组排列。

（6）举例　如图 9-1 所示，工艺要求冷凝器 E0401 至真空受液槽 V0408A 和 V0408B 的管线不得有低袋出现，物料应自流到 V0408A 和 V0408B 中，就需要将 E0401 架空，其物料出口的管口高于 V0408A 和 V0408B 的进料口。为便于 E0401 的支承和避免遮挡窗户，将其靠墙并靠近建筑轴线②附件布置。为满足操作维修要求，各设备之间留有必要的间距。

二、绘图方法与步骤

① 确定视图配置：详见本章第一节相应内容的介绍。

② 选定比例与图幅：详见本章第一节相应内容的介绍。

③ 绘制设备布置平面图。

a. 用细点画线画出建筑定位轴线，再用细实线画出厂房平面图，表示厂房的基本结构，如墙、柱、门、窗、楼梯等。注写厂房定位轴线编号。

b. 用细点画线画出设备的中心线，用粗实线画出设备、支架、基础、操作平台等基本轮廓（手工绘图时若有多台规格相同的通用设备，可只画出一台，其余则用粗实线简化画出其基础的矩形轮廓）。

c. 标注厂房定位轴线间的尺寸；标注设备基础的定形和定位尺寸。

d. 标注设备编号及支承点标高。

④ 绘制设备布置剖面图。

剖面图应完全、清楚地反映设备与厂房高度方向的关系，在充分表达的前提下，剖面图的数量应尽可能少。

a. 用细实线画出厂房剖面图。与设备安装定位关系不大的门窗等构件和表示墙体材料的图例，在剖面图上则一概不予表示。注写厂房定位轴线编号。

b. 用粗实线按比例画出设备立面示意图，被遮挡的设备轮廓一般不予画出，并加注位号及名称（应与工艺流程图中一致）。

c. 标注厂房定位轴线间的尺寸；标注厂房室内外地面标高；标注厂房各层标高；标注设备基础标高；标注操作平台或设备上各层平台的标高（必要时，标注主要管口中心线、设备最高点等标高）。

⑤ 绘制方位标：详见本章第一节相应内容的介绍。

⑥ 制作设备一览表，注出必要的说明。

⑦ 完成图样：填写标题栏；检查、校核，最后完成图样。

第四节　设备布置图的阅读

设备布置图主要关联两方面的知识：一是厂房建筑图的知识，二是与化工设备布置有关的知识。它与化工设备不同，阅读设备布置图不需要对设备的零部件投影进行分析，也不需要对设备定形尺寸进行分析。它主要是解决设备与建筑物结构、设备间的定位问题。阅读设备布置图的步骤如下。

一、明确视图关系

设备布置图是由一组平面图和剖面图组成，这些图样又不一定在一张图纸上，看图时要首先清点设备布置图的张数，明确各张图上平面图和剖面图的配置，进一步分析各剖面图在平面图上的剖切位置，弄清各个视图之间的关系。

如图 9-1 所示，蒸馏系统设备布置图包括一平面图和一剖面图。平面图表达了各个设备的平面布置情况：蒸馏釜 R0401 和真空受槽 V0408A、V0408B 布置在距Ⓑ轴 1500mm，距①轴分别串联为 2000mm、2400mm、1800mm 的位置上；冷凝器 E0401 位置距Ⓑ轴 500mm，距蒸馏釜 1000mm。剖面图表达了室内设备在立面上的位置关系，剖面图的剖切位置很容易在平面图上找到（Ⅰ—Ⅰ处），蒸馏釜和真空受槽 A 和 B 布置在标高为 5m 的楼面上，冷凝器布置在标高为 6.95m 处。

二、看懂建筑结构

阅读设备布置图中的建筑结构主要是以平面图、剖面图分析建筑物的层次，了解各层厂房建筑的标高，每层中的楼板、墙、柱、梁、楼梯、门、窗及操作平台、坑、沟等结构情况，以及它们之间的相对位置。由厂房的定位轴线间距可得厂房大小。

从图 9-1 中可以看出，厂房轴线间距为 4400～6200mm 总长超过 6200mm，总宽大于 1500mm。

三、分析设备位置

先从设备一览表了解设备的种类、名称、位号和数量等内容，再从平面图、剖面图中分析设备与建筑结构、设备与设备的相对位置及设备的标高。

读图的方法是根据设备在平面图和剖面图中的投影关系、设备的位号，明确其定位尺寸，即在平面图中查阅设备的平面定位尺寸，在剖面图中查阅设备高度方向的定位尺寸。平面定位尺寸基准一般是建筑定位轴线，高度方向的定位尺寸基准一般是厂房室内地面，从而确定了设备与建筑结构、设备与设备的相对位置。

如图 9-1 所示，设备蒸馏釜 R0401 布置在平面图的左前方，平面定位尺寸是 2000mm 和 1500mm。根据投影关系和设备位号很容易在Ⅰ—Ⅰ剖面图的左下方找到相应的投影。蒸馏釜 R0401 与真空受槽 V0408A、V0408B 并排安装在标高为 5m 的楼面基础上。

其他各层平面图中的设备都可按此方法进行阅读。在阅读过程中，可参考有关建筑施工图、工艺流程图、管道布置图以及其他的设备布置图以确认读图的准确性。

第十章 管道布置图

内容提要：

管道布置设计是在施工图设计阶段进行的，其最终文件就是管道布置图。管道布置图是化工装置现场安装施工的重要依据和化工工艺技术人员掌握现场设备和管道配置情况的主要文件。

章节目标：

知识目标	★ 掌握管道布置图的内容、作用。 ★ 掌握管道布置图的绘图规范、标注方法。 ★ 掌握识读和绘制管道布置图的步骤和方法。
技能目标	★ 能绘制管道、常用管件、阀门和控制点。 ★ 能规范绘制管道布置图。 ★ 能独立阅读管道布置图。
素质目标	★ 培养规范绘图、规范标注的职业精神。 ★ 培养重视安全生产的意识。 ★ 培养理论与实际相结合、多方面考虑问题的意识。

管道的布置和设计是以管道仪表流程图、设备布置图及有关土建、仪表、电气、机泵等方面的图纸和资料为依据的。设计应首先满足工艺要求，使管道便于安装、操作及维修，另外应合理、整齐和美观。管道布置设计的图样包括：管道平面设计图、管道平面布置图（即管道布置图）、管道轴测图、蒸汽伴管系统布置图、管件图和管架图。本章重点介绍管道布置图和管道轴测图。

第一节 管道布置图的作用和内容

管道布置图又称管道安装图或配管图，主要表达车间或装置内管道和管件、阀、仪表控制点的空间位置、尺寸和规格，以及与有关机器、设备的连接关系。管道布置图是管道安装施工的重要依据。图 10-1 所示为某工段管道布置图。管道布置图一般包括以下内容。

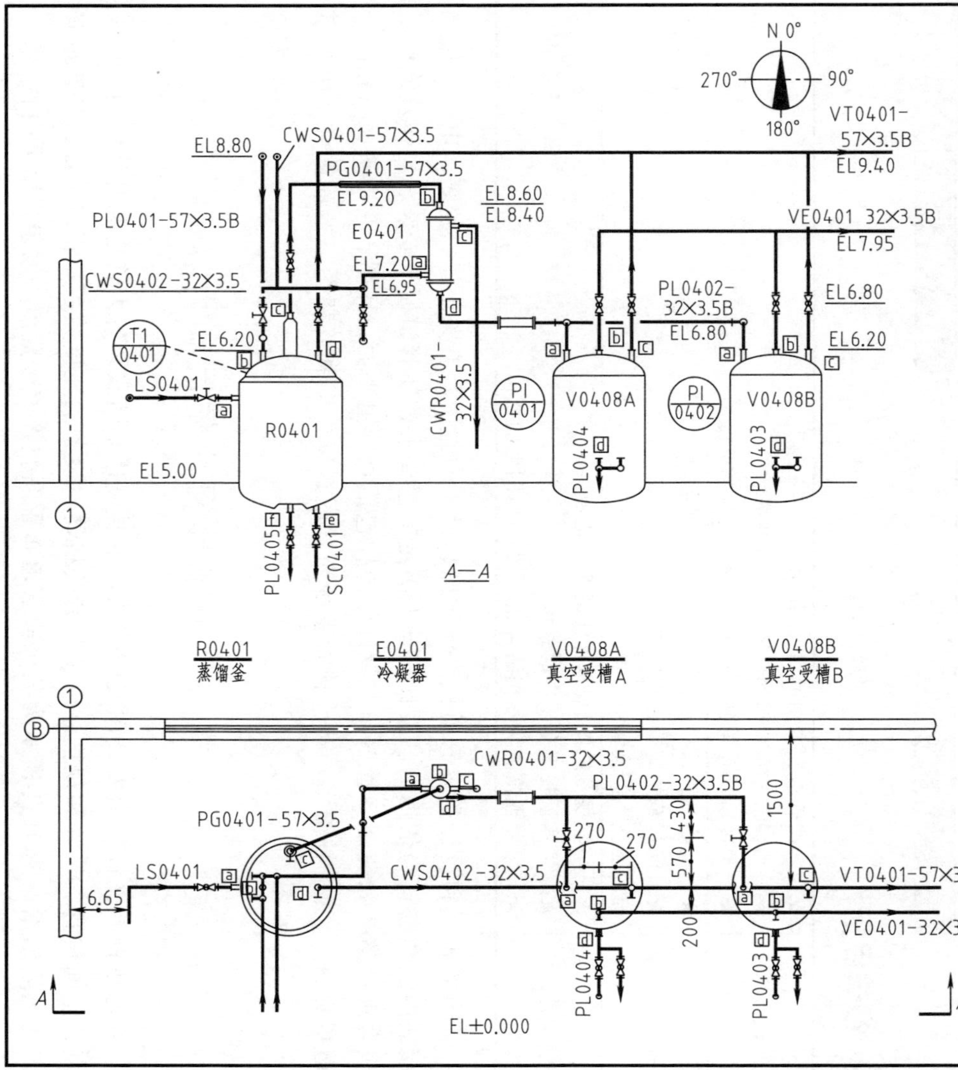

管口表

设备位号	管口符号	公称直径 DN	公称压力 PN	密封面型式	连接法兰标准号	长度	标高	坐标 N	坐标 E(W)	方位 垂直角	方位 水平角
R0401	a	65	1.0	RF	HG/T 20592		105.80				
	b	65	1.0	RF	HG/T 20592		106.20				
	c	65	1.0	RF	HG/T 20592	100	106.50				
	d	65	1.0	RF	HG/T 20592		106.20				
	e	50	1.0	RF	HG/T 20592		104.50				
	f	50	1.0	RF	HG/T 20592		104.50				

(单位名称)		工程名称	
		设计项目	
设计	××工段管道布置图	设计阶段	施工图
制图	EL±0.000平面	(图号)	
校对	A—A剖面		
审核		第　张	共　张

图 10-1　某工段管道布置图

① 一组视图：视图按正投影法绘制，包括一组平面图和剖面图，用以表达整个车间（装置）的建筑物和设备的基本结构以及管道、管件、阀门、仪表控制点等的安装、布置情况。

② 尺寸和标注：管道布置图中，一般要标注出管道以及有关管件、阀、仪表控制点等的平面位置尺寸和标高；并标注建筑物的定位轴线编号、设备名称及位号、管段序号、仪表控制点代号等。

③ 管口表：位于管道布置图的右上角，填写该管道布置图中的设备管口。

④ 分区索引图：在标题栏上方画出缩小的分区索引图，并用阴影线在其上表示本图所在的位置。

⑤ 方向标：表示管道安装方位基准的图标，一般放在图面的右上角。

⑥ 标题栏：注写图名、图号、比例、设计阶段等。

不同设计单位绘制的管道布置图其内容差别不大，但难易程度及表示方法会有所不同。本章叙述的内容是按一般的行业标准的要求，具体应用时可根据实际情况变通处理。

第二节　管道布置图的图示特点

一、管道布置图的图示方法

1. 图幅和比例

管道布置图的图幅应尽量采用 A0，比较简单的也可采用 A1 或 A2。同区的图应采用同一种图幅。图幅不宜加长或加宽。

管道布置图一般采用的比例为 1∶30，也可采用 1∶25 或 1∶50，但同区的或各分层的平面图，应采用同一比例。

在管道布置图中，除了按比例绘制时图形过小之外，原则上均应按比例绘制，这样可正确表达管道所占据的空间，避免碰撞或间距过小。

2. 视图的配置

管道布置图一般只绘制平面图。当平面图中局部表示不够清楚时，可绘制剖视图或轴测图，此剖视图或轴测图可画在管道平面布置图边界线以外的空白处（不允许在管道平面布置图的空白处再画小的剖视图或轴测图）或绘在单独的图纸上。绘制剖视图时要按比例画，可根据需要标注尺寸。轴测图可不按比例，但应标注尺寸。剖视符号规定用 *A—A*、*B—B* 等大写英文字母表示，在同一小区内符号不得重复。平面图上要表示出所剖截面的剖切位置、方向及编号。

对于多层建、构筑物的管道平面布置图应按层次绘制。各层的平面图可以绘制在一张图纸上，也可分画在几张图纸上。若各层平面的绘图范围较大而图幅有限时，也可将各层平面上的管道布置情况分区绘制。如在同一张图纸上绘制几层平面图时，应从最低层起，在图纸上由下至上或由左至右依次排列，并在各平面图的下方注明“EL±0.000 平面”或“EL××.×××平面”。

3. 管道及附件的图示方法

(1) 管道画法　管道是管道布置图表达的主要内容，公称通径（*DN*）大于或等于 400mm 或 16in 的管道用双线表示，小于或等于 350mm 或 14in 的管道用单线表示。如果管道布置图中，大口径的管道不多时，则公称通径（*DN*）大于或等于 250mm 或 10in 的管道用双线表示，小于或等于 200mm 或 8in 的管道用单线表示，如图 10-2（a)、(b）所示。

在管道的中断处画上断裂符号，当地下管道与地上管道合画一张图时，地下管道用虚线（粗线）表示，如图 10-2（c）所示。预定要设置的管道和原有的管道用双点画线表示。

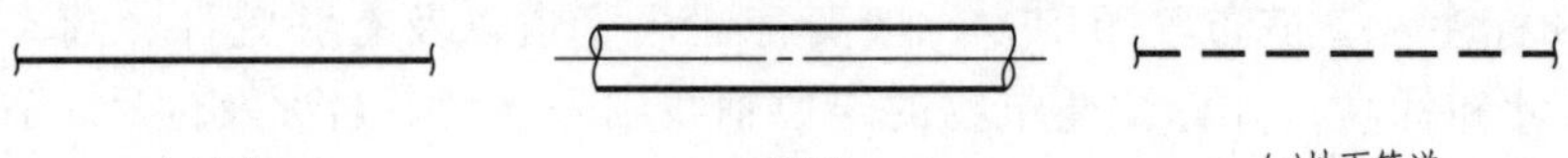

(a)单线　(b)双线　(c)地下管道

图 10-2　管道的画法

在适当位置用箭头表示物料的流向（双线管道箭头画在中心线上）。

（2）管道转折画法　管道转折的一般表示方法如图 10-3 所示。管道公称通径小于或等于 40mm 或 1½in 的转折一律用直角表示。

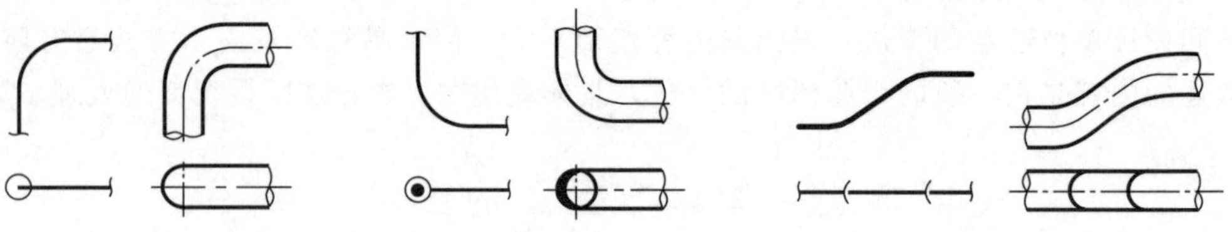

(a)向下弯折90°　(b)向上弯折90°　(c)大于90°弯折

图 10-3　管道转折的画法

（3）管道交叉画法　管道交叉时，可把被遮住的管道的投影断开，如图 10-4（a）所示，也可将上面的管道的投影断开表示，以便看见下面的管道，如图 10-4（b）所示。

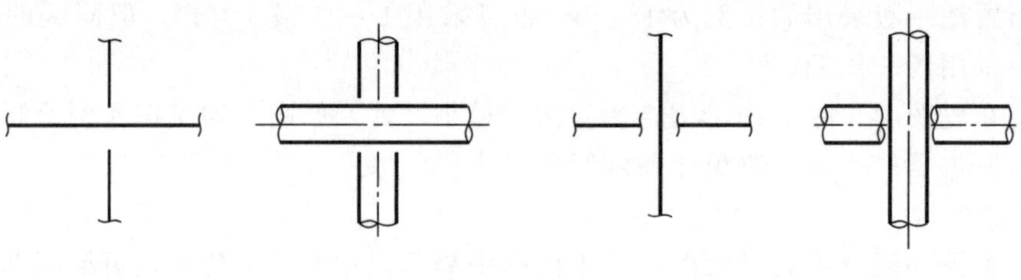

(a)　(b)

图 10-4　管道交叉的画法

（4）管道重叠画法　管道投影重叠时，将上面（或前面）管道的投影断开表示，下面管道的投影画至重影处，稍留间隙断开，如图 10-5（a）所示；当多条管道投影重叠时，可将

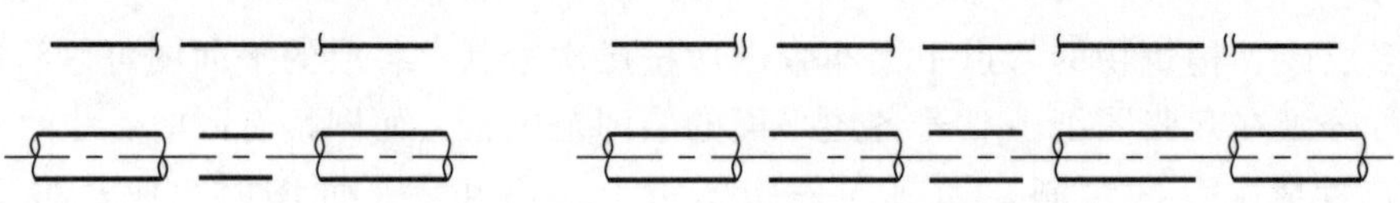

(a)　(b)

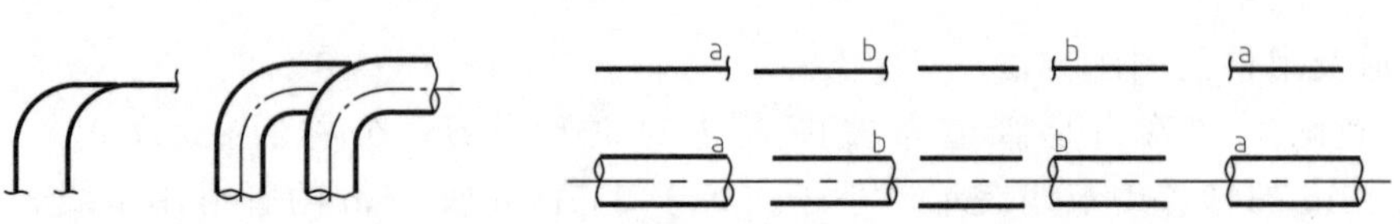

(c)　(d)

图 10-5　管道重叠的画法

最上（或最前）的一条用“双重断开”符号表示，如图 10-5（b）所示；也可在投影断开处注上 a、a 和 b、b 等小写字母，如图 10-5（d）所示；当管道转折后投影重叠时，将下面的管道画至重影处，稍留间隙断开，如图 10-5（c）所示。

（5）管件及阀门画法　管道中的其他附件，如弯头、三通、四通、异径管、法兰、软管等管道连接件，简称管件。各种管件的连接类型一般有法兰连接、承插焊连接、螺纹连接和对焊连接，如图 10-6 所示。当管道用三通连接时，可能形成三个不同方向的视图，其画法如图 10-7 所示。

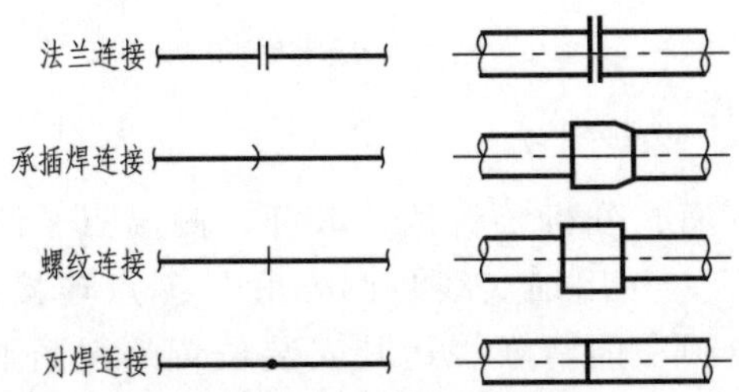

图 10-6　各管道连接类型

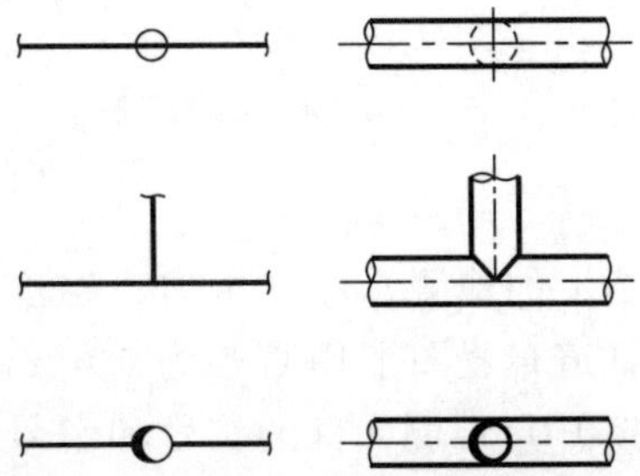

图 10-7　管道用三通连接的画法

阀门在管道中用来调节流量，切断或切换管道，并对管道起安全控制作用。管道中的阀门可用简单的图形和符号表示，其规定符号与工艺流程图的画法相同。

在管道布置图中应按比例画出管道上的管件和阀门，表 10-1 所示为几种常用管件及阀门在管道布置图中的表达方法。

表 10-1　常用管件及阀门的表达图例（摘自 HG/T 20519—2009）

名称	螺纹或承插焊连接	对焊连接	法兰连接
法兰盖			
90°弯头			
同心异径管（举例）	C.R40×25	C.R80×50　C.R80×50	C.R80×50　C.R80×50
三通			
闸阀			
截止阀			

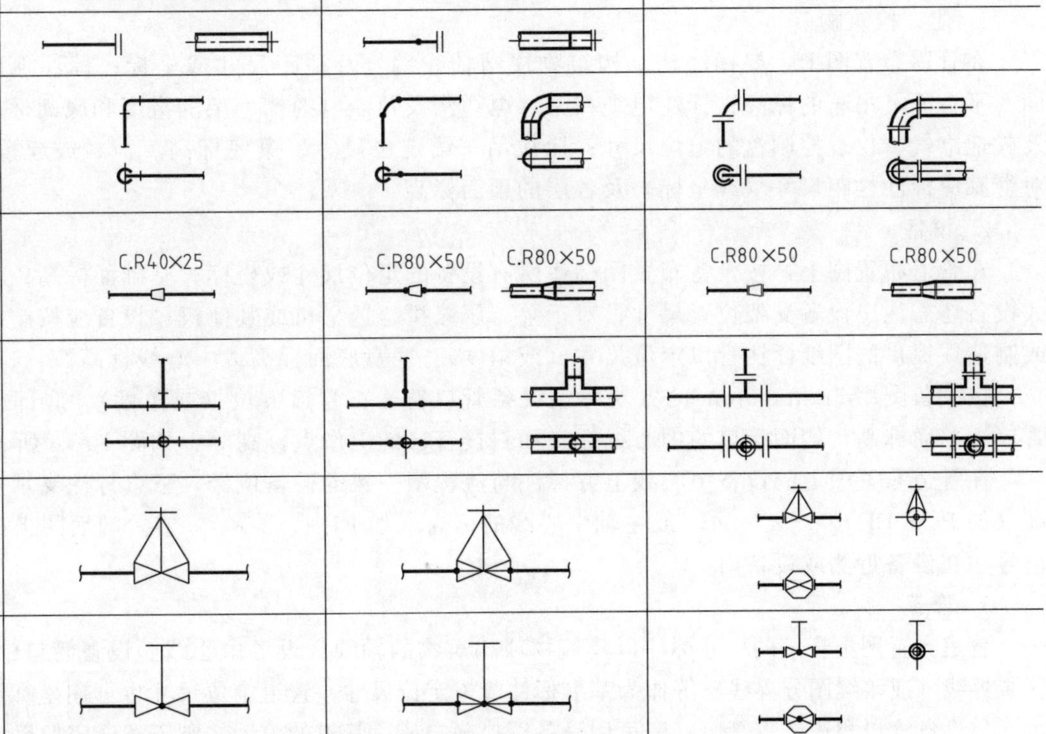

（6）传动结构和控制点画法　传动结构一般有电动式、气动式、液压或气压缸式等，适合于各种类型的阀门，传动结构应按实物的尺寸比例画出，以免与管道或其他附件相碰，如图 10-8 所示。

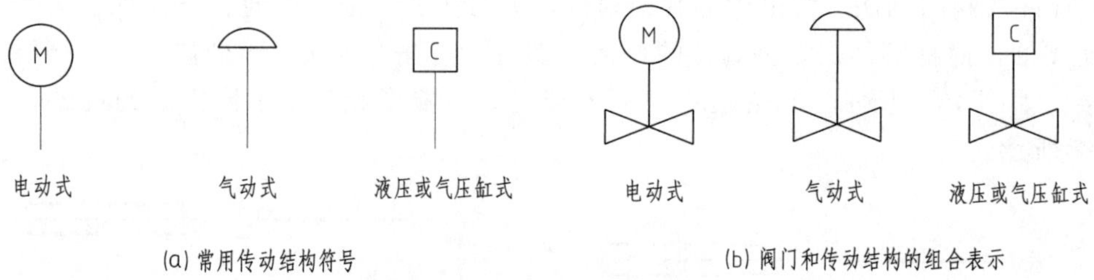

图 10-8　传动结构的画法

管道上的检测元件（压力、温度、流量、液面、分析、料位、取样、测温点、测压点等）在管道布置图上用直径为 10mm 的圆圈表示，并用细实线将圆圈和检测点连接起来。圆圈内按 PID 检测元件的符号和编号填写。一般画在能清晰表达其安装位置的视图上。其规定符号与工艺流程图中的画法相同。

（7）支吊架画法　支吊架是用来支承和固定管道的，其位置一般在平面图上用符号表示，如图 10-9 所示。

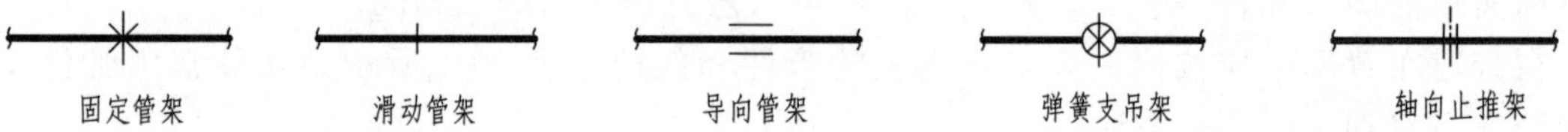

图 10-9　支吊架的画法

二、管道布置图的标注

1. 建、构筑物

在管道布置图上，要标注建、构筑物柱网轴线编号及柱距尺寸或坐标；标注地面、楼面、平台面、吊车的标高；标注电缆托架、电缆沟及仪表电缆槽、架的宽度和底面标高，以及就地电气、仪表控制盘的定位尺寸；标注吊车梁定位尺寸、梁底标高、荷载或起重能力；对管廊应标注柱距尺寸（或坐标）及各层的顶面标高。

2. 设备

在管道布置图上，按设备布置图标注所有设备的定位尺寸或坐标、基础面标高；对于卧式设备还需注出设备支架位置尺寸；对于泵、压缩机、透平机或其他机械设备应按产品样本或制造厂提供的图纸标注管口定位尺寸（或角度）、底盘底面标高或中心线标高。

按设备图用 5mm×5mm 的方块标注设备管口符号、管口方位（或角度）、底部或顶部管口法兰面标高、侧面管口的中心线标高和斜接管口的工作点标高等，如图 10-10 所示。

在管道布置图上的设备中心线上方标注与流程图一致的设备位号，下方标注支承点的标高（如 POS EL××.×××）或主轴中心线的标高（如 EL××.×××）。剖面图上的设备位号注在设备近侧或设备内。

3. 管道

管道布置图上管道的尺寸标注以建筑物或构筑物的轴线、设备中心线、设备管口中心线、区域界线（或接续图分界线）等作为基准标注管道定位尺寸，管道定位尺寸也可用坐标形式表示。与设备管口相连的直管段，因可用设备管口确定该段管道的位置，则不需注定位尺寸。

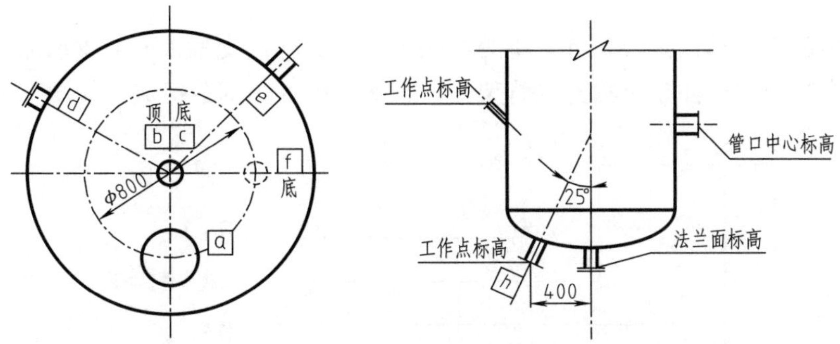

图 10-10　管口方位标注

管道布置图上应标注出所有管道的定位尺寸及标高，物料的流动方向和管号。在剖面图上，则应注出所有的标高。与设备布置图相同，定位尺寸以 mm 为单位，而标高以 m 为单位。

管道安装标高均以 m 为单位，以室内地面±0.00 为基准，管道一般注管中心线标高加上标高符号。与带控制点工艺流程图一致，管道布置图上的所有管道都需要标注出公称通径、物料代号及管道编号。

对于异径管，应标出前后端管子的公称通径，如“*DN*80/50”或“80×50”。非 90°的弯管和非 90°的支管连接，应标注角度。

要求有坡度的管道，应标注坡度（代号为 *i*）和坡向，如图 10-11 所示。

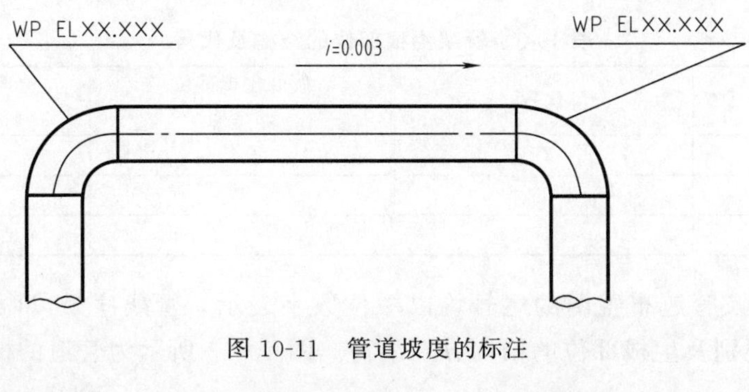

图 10-11　管道坡度的标注

在管道平面布置图上，不标注管段的长度尺寸，只标注管子、管件、阀门、过滤器、限流孔板等元件的中心定位尺寸或以一端法兰面定位。

4. 管件及阀门

应按规定符号画出管件，一般不标注定位尺寸。本区域内的管道改变方向，支管和在管道上的管件位置尺寸应按轴线、设备或邻近管道的中心线来标注。对某些有特殊要求的管件，应标注出某些要求与说明。

管道布置图上的阀门按规定符号画出，一般不注定位尺寸，但要在剖面图上注出安装标高。当管道中阀门类型较多时，应在阀门符号旁注明其编号及公称尺寸。

5. 仪表控制点

仪表控制点的标注要与工艺流程图中的一致。仪表控制点用指引线指引在安装位置处，也可在水平线上写出规定符号。对于安全阀、疏水阀、分析取样点、特殊管件有标记时，应在 ϕ10mm 圆内标注它们的符号。

6. 管道支架

水平向管道的支架标注定位尺寸，垂直向管道的支架标注支架顶面或支承面的标高。在管道布置图中每个管架应标注一个独立的管架号。管架号由五个部分组成，如图 10-12 所示。

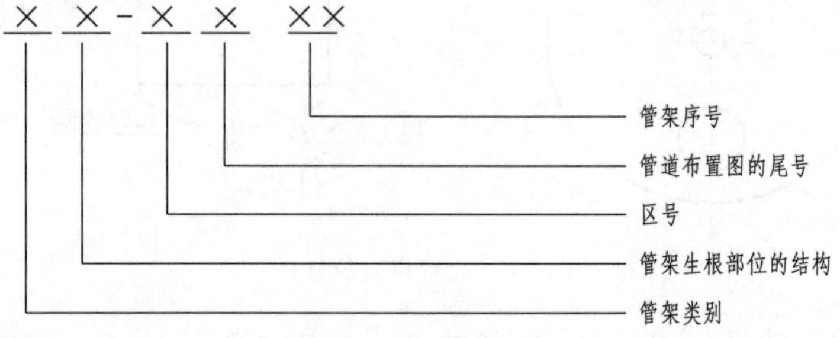

图 10-12　管架号的组成

其中管架类别及代号见表 10-2。管架生根部位的结构及代号见表 10-3。

表 10-2　管架类别及代号

管架类别	代号	管架类别	代号
固定架	A	弹簧吊架	S
导向架	G	弹簧支座	P
滑动架	R	特殊架	E
吊架	H	轴向限位架	T

表 10-3　管架生根部位的结构及代号

管架生根部位的结构	代号	管架生根部位的结构	代号
混凝土结构	C	设备	V
地面基础	F	墙	W
钢结构	S		

编号中的区号及管道布置图的尾号均以一位数字表示，管架序号以两位数字表示，从 01 开始，按管架类别及生根部位的结构分别编写。图 10-13 所示为管道的标注示例。

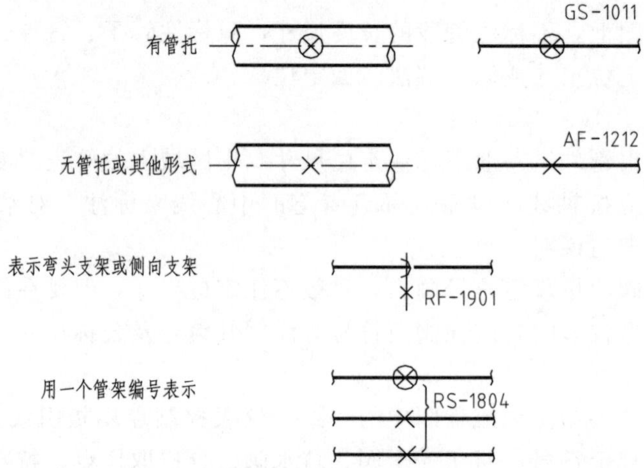

图 10-13　管架在管道布置图中的标注示例

三、管道布置图分区简图

当管道布置图所画区域较大而图幅有限时，应按设备布置图或按分区索引图所划分的区域绘制。区域分界线用粗双点画线表示，用 B. L 表示装置或工序的边界，在边界以内的分区线或接续线用 M. L 表示，COD 表示接续图，在区域分界线的外侧标注分界线的代号、坐标和与该图标高相同的相邻部分的管道布置图的图号，如图 10-14 所示。

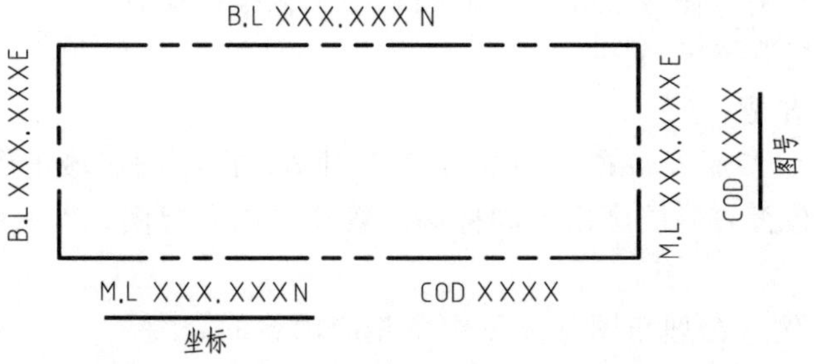

图 10-14　区域分界线的表示方法

B. L—装置边界；M. L—接续线；COD—接续图

分区索引图中应表明区域号，分区号用大写罗马数字表示在索引图上，如图 10-15 所示。整个图面布置如图 10-16 所示。

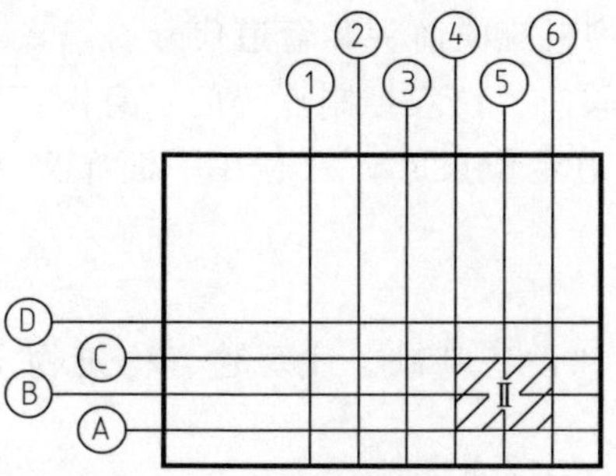

图 10-15　分区索引图

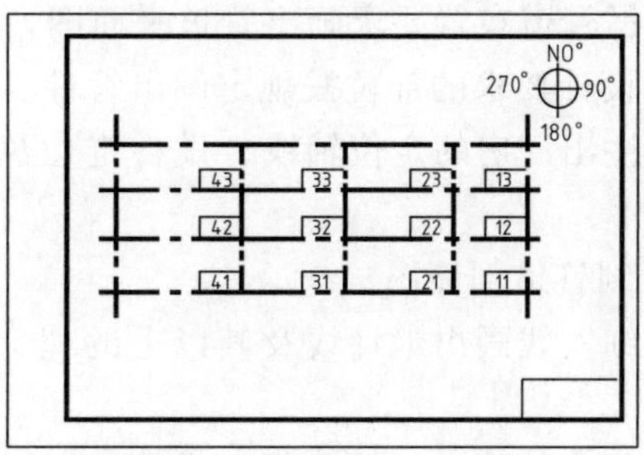

图 10-16　整个图面布置

四、管口表

管口表在管道布置图的右上角，填写该管道布置图中的设备管口，如表 10-4 所示。管口符号应与本布置图中设备上标注的符号一致。

表 10-4　管口表格式

管　口　表											
设备位号	管口符号	公称通径 *DN* /mm	公称压力 *PN* /MPa	密封面型式	连接法兰标准号	长度 /mm	标高 /m	坐标/m		方位/℃	
								N	E(W)	垂直角	水平角

第三节 管道布置图的绘制

一、绘图前的准备

在绘制管道布置图之前，应先从有关图纸资料中了解设计说明、本项目工程对管道布置的要求以及管道设计的基本任务，充分了解和掌握工艺生产流程、厂房建筑的基本结构、设备布置情况及管口的配置情况。

二、绘图方法与步骤

① 拟定表达方案。参照设备布置图或分区索引图，由绘图区域的大小来确定绘图的张数。根据需要来确定是否需分层画出不同标高的管道平面布置图，并根据其复杂程度来确定是否需要画剖面图。

② 确定图幅与比例，合理布图。详见本章相应内容的介绍。

③ 绘制管道平面布置图。管道平面图的布置一般应与设备布置图中的平面图一致。

a. 用细实线画出厂房平面图，其表达要求和画法基本与设备布置图中的相同，对于与管道布置无关的内容可以简化。注写厂房建筑的柱轴线编号。

b. 用细实线按比例画出带有管口方位的设备平面布置图，此处所画的设备形状与设备布置图中的应基本相同。注写设备位号及名称。

c. 根据管道布置要求画出管道平面图，并标注物料流向箭头和管道代号。

d. 在设计要求的部位按规定画出管件、管架、阀门、仪表控制点等的示意图。

e. 标注出厂房的定位轴线、设备定位尺寸、管道定位尺寸，有时在平面布置图上也注出标高尺寸。

④ 绘制管道剖面图。

a. 用细实线画出地坪线及其以上的建、构筑物和设备基础。注写建、构筑物定位轴线编号。

b. 用细实线按比例画出设备及管口，并加注位号及名称。

c. 画出管道剖面图，并标注物料流向箭头和管道代号。

d. 在设计要求的部位按规定画出管件、管架、阀门、仪表控制点等示意图。

e. 注出地面、设备基础、管道和阀门的标高尺寸。

⑤ 绘制方向标。详见本章相应内容的介绍。

⑥ 填写管口表。详见本章相应内容的介绍。

⑦ 绘制附表、标题栏，注写说明。

⑧ 校核与审定。

第四节 管道布置图的阅读

管道布置图是在设备布置图上增加了管道布置情况的图样。管道布置图中所解决的主要问题是如何用管道把设备连接起来，阅读管道布置图应抓住这个主要问题弄清管道布置情况。

一、明确视图数量及关系

阅读管道布置图首先要明确视图关系，了解平面图的分区情况，平面图、剖面图的数量及配置情况。在此基础上进一步弄清各剖面图在平面图上的剖切位置及各个视图之间的对应关系。

从图 10-1 所示的某工段管道布置图可以看出，该图有一平面图和一剖面图。

二、看懂管道的来龙去脉

根据带控制点工艺流程图，从起点设备开始按流程顺序、管道编号，对照平面图和剖面图，逐条弄清其投影关系，并在图中找出管件、阀门、控制点、管架等的位置。

三、分析管道位置

看懂管道走向后，在平面图上，以建筑定位轴线、设备中心线、设备管口法兰等为尺寸基准，阅读管道的水平定位尺寸；在剖面图上，以首层地面为基准，阅读管道的安装标高，进而逐条查明管道位置。

由图 10-1 中的平面图和 *A*—*A* 剖面图可知：PL0401-57×3.5B 物料管道从标高 8.8m 由南向北拐弯向下进入蒸馏釜。另一根水管 CWS0401-57×3.5 也由南向北拐弯向下，然后分为两路，一路向西拐弯向下再拐弯向南与 PL0401-57×3.5B 管相交；另一路向东再向北转弯向下，然后又向北，转弯向上再向东接冷凝器。物料管与水管在蒸馏釜、冷凝器的进口处都装有截止阀。

PL0402-32×3.5B 管是从冷凝器下部连至真空受槽 A、B 上部的管道，它先从出口向下至标高 6.8m 处，向东分出一路向南再转弯向下进入真空受槽 A，原管线继续向东又转弯向南再向下进入真空受槽 B，此管在两个真空受槽的入口处都装有截止阀。

VE0401-32×3.5B 管是连接真空受槽 A、B 与真空泵的管道，由真空受槽 A 顶部向上至标高 7.95m 的管道拐弯向东与真空受槽 B 顶部来的管道汇合，汇合后继续向东与真空泵相接。

VT0401-57×3.5B 管是与蒸馏釜、真空受槽 A、B 相连接的放空管，标高 9.4m，在连接各设备的立管上都装有截止阀。

设备上的其他管道的走向、转弯、分支及位置情况，也可按同样的方法进行分析。

在阅读过程中，还可参考设备布置图、带控制点工艺流程图、管道轴测图等，以全面了解设备、管道、管件、控制点的布置情况。

第五节　管道轴测图

一、管道轴测图的作用与内容

管道轴测图又称管段图，是表达一段管道及其所附管件、阀门、控制点等布置情况的立体图样。管段图按正等轴测投影绘制，立体感强，便于阅读，利于管道的预制和安装。

图 10-17 为与图 10-1 对应的某物料残液蒸馏处理系统的管段图。管段图一般包括以下内容。

① 图形：用正等轴测投影画出管段及其所附管件、阀门、控制点等图形和符号。

② 标注：注出管段代号及标高、管段所连接设备的位号及名称和安装尺寸等。

③ 方向标：表示安装方位的基准，北（N）向与管道布置图上的方向标的北向一致。

④ 材料表：列表说明管段所需要的材料、尺寸、规格、数量等。

⑤ 标题栏：标明图名、图号、比例、设计阶段、签名及日期等。

二、管道轴测图的画法

绘制管道轴测图可不按比例，但各种阀门、管件之间比例要协调，它们在管段中位置的相对比例也要协调。

1. 图形

管段图中的管道一律用单线表示。在管道的适当位置上画流向箭头。管道号和管径注在管道的上方。水平向管道的标高“EL”注在管道的下方。不需注管道号和管径仅需注标高时，标高可注在管道的上方或下方。

管段图中所有管子、管件、阀门均用规定图例符号表示，除弯头和三通外，其他管件和阀门等用细实线绘制。

2. 标注

在管段图中，应标注管段编号，管段所连接的设备位号，管口号或其他管段号以及管子、管件、阀门等有关安装所需的全部尺寸。垂直管道不注长度尺寸，而以标高“EL”表示。方位标应与设备布置图的方向一致。图 10-17 所示的立体轴测图见 M10-1。

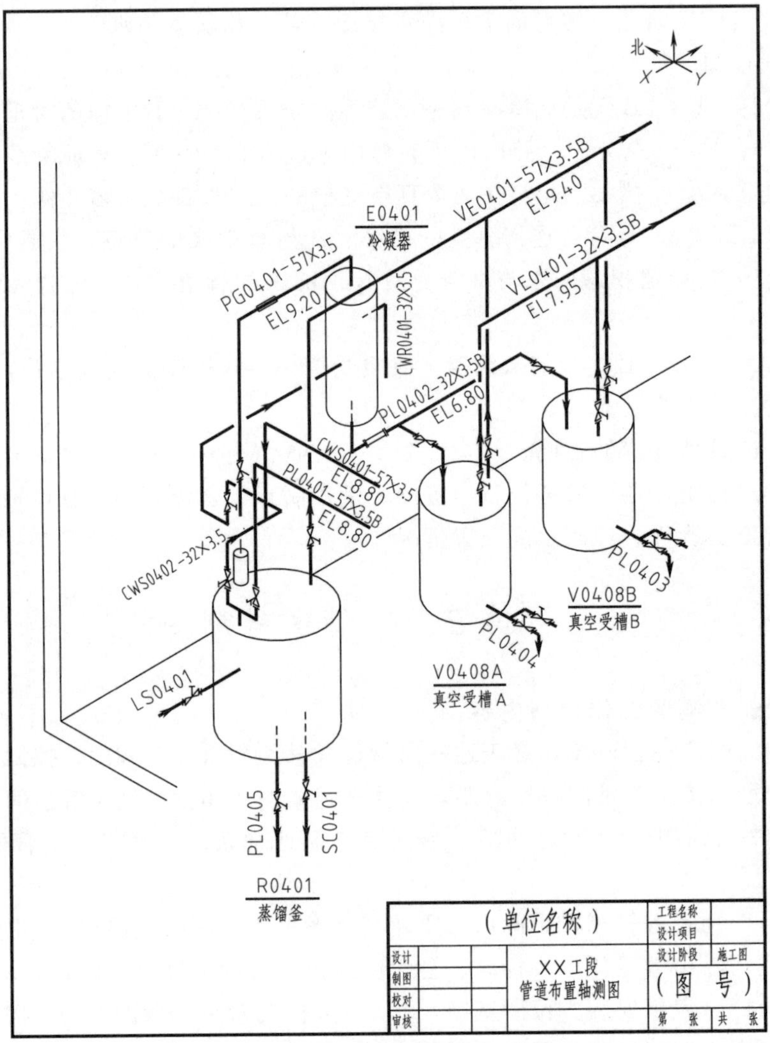

M10-1 管道立体轴测图

图 10-17　某物料残液蒸馏处理系统管道轴测图

附 录

一、常用螺纹及螺纹紧固件

1. 普通螺纹（摘自 GB/T 193—2003、GB/T 196—2003）

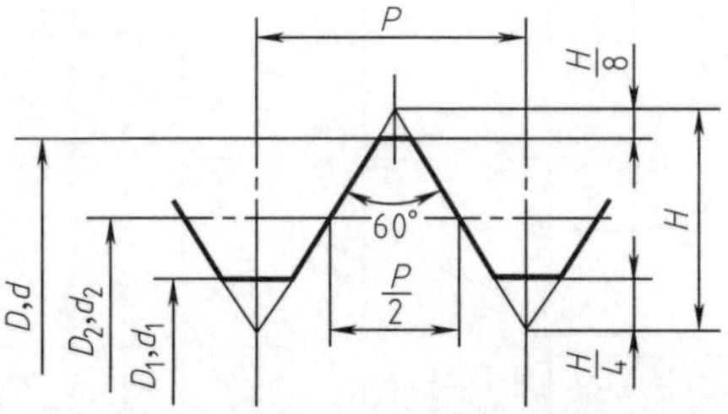

$$H=\frac{\sqrt{3}}{2}P$$

附表 1-1　直径与螺距系列、基本尺寸　　mm

公称直径 D、d		螺距 P		粗牙小径
第一系列	第二系列	粗牙	细牙	D_1、d_1
3		0.5	0.35	2.459
	3.5	(0.6)		2.850
4		0.7	0.5	3.242
	4.5	(0.75)		3.688
5		0.8		4.134
6		1	0.75,(0.5)	4.917
8		1.25	1,0.75,(0.5)	6.647
10		1.5	1.25,1,0.75,(0.5)	8.376
12		1.75	1.5,1.25,1,(0.75),(0.5)	10.106
	14	2	1.5,(1.25),1,(0.75),(0.5)	11.835
16		2	1.5,1,(0.75),(0.5)	13.835
	18	2.5	2,1.5,1,(0.75),(0.5)	15.294
20		2.5		17.294

公称直径 D、d		螺距 P		粗牙小径
第一系列	第二系列	粗牙	细牙	D_1、d_1
	22	2.5	2,1.5,1,(0.75),(0.5)	19.294
24		3	2,1.5,1,(0.75)	20.752
	27	3	2,1.5,1,(0.75)	23.752
30		3.5	(3),2,1.5,1,(0.75)	26.211
	33	3.5	(3),2,1.5,(1),(0.75)	29.211
36		4	3,2,1.5,(1)	31.670
	39	4		34.670
42		4.5	(4),3,2,1.5,(1)	37.129
	45	4.5		40.129
48		5		42.587
	52	5		46.587
56		5.5	4,3,2,1.5,(1)	50.046

注：1. 优先选用第一系列，括号内尺寸尽可能不用。第三系列未列入。
2. 中径 D_2、d_2 未列入。

附表 1-2　细牙普通螺纹螺距与小径的关系　　mm

螺距 P	小径 D_1、d_1	螺距 P	小径 D_1、d_1	螺距 P	小径 D_1、d_1
0.35	$d-1+0.621$	1	$d-2+0.918$	2	$d-3+0.835$
0.5	$d-1+0.459$	1.25	$d-2+0.647$	3	$d-4+0.752$
0.75	$d-1+0.188$	1.5	$d-2+0.376$	4	$d-5+0.670$

注：表中的小径按 $D_1=d_1=d-2\times\frac{5}{8}H$，$H=\frac{\sqrt{3}}{2}P$ 计算得出。

2. 梯形螺纹（摘自 GB/T 5796.2—2005、GB/T 5796.3—2005）

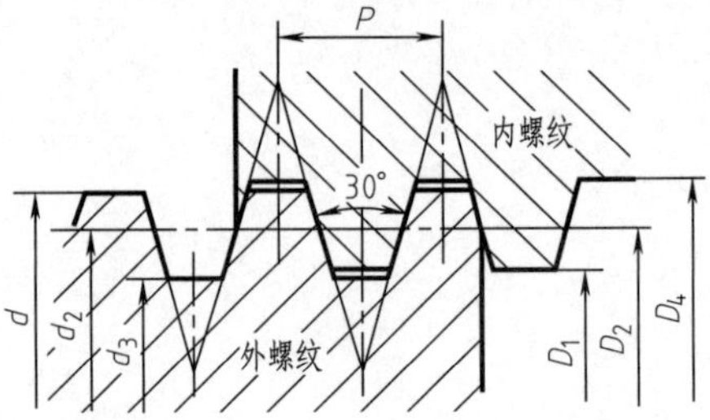

附表 1-3 直径与螺距系列、基本尺寸 mm

公称直径 d 第一系列	公称直径 d 第二系列	螺距 P	中径 $d_2=D_2$	大径 D_4	小径 d_3	小径 D_1
8		1.5	7.25	8.30	6.20	6.50
	9	1.5	8.25	9.30	7.20	7.50
		2	8.00	9.50	6.50	7.00
10		1.5	9.25	10.30	8.20	8.50
		2	9.00	10.50	7.50	8.00
	11	2	10.00	11.50	8.50	9.00
		3	9.50	11.50	7.50	8.00
12		2	11.00	12.50	9.50	10.00
		3	10.50	12.50	8.50	9.00
	14	2	13.00	14.50	11.50	12.00
		3	12.50	14.50	10.50	11.00
16		2	15.00	16.50	13.50	14.00
		4	14.00	16.50	11.50	12.00
	18	2	17.00	18.50	15.50	16.00
		4	16.00	18.50	13.50	14.00
20		2	19.00	20.50	17.50	18.00
		4	18.00	20.50	15.50	16.00
	22	3	20.50	22.50	18.50	19.00
		5	19.50	22.50	16.50	17.00
		8	18.00	23.00	13.00	14.00
24		3	22.50	24.50	20.50	21.00
		5	21.50	24.50	18.50	19.00
		8	20.00	25.00	15.00	16.00

公称直径 d 第一系列	公称直径 d 第二系列	螺距 P	中径 $d_2=D_2$	大径 D_4	小径 d_3	小径 D_1
	26	3	24.50	26.50	22.50	23.00
		5	23.50	26.50	20.50	21.00
		8	22.00	27.00	17.00	18.00
28		3	26.50	28.50	24.50	25.00
		5	25.50	28.50	22.50	23.00
		8	24.00	29.00	19.00	20.00
	30	3	28.50	30.50	26.50	29.00
		6	27.00	31.00	23.00	24.00
		10	25.00	31.00	19.00	20.00
32		3	30.50	32.50	28.50	29.00
		6	29.00	33.00	25.00	26.00
		10	27.00	33.00	21.00	22.00
	34	3	32.50	34.50	30.50	31.00
		6	31.00	35.00	27.00	28.00
		10	29.00	35.00	23.00	24.00
36		3	34.50	36.50	32.50	33.00
		6	33.00	37.00	29.00	30.00
		10	31.00	37.00	25.00	26.00
	38	3	36.50	38.50	34.50	35.00
		7	34.50	39.00	30.00	31.00
		10	33.00	39.00	27.00	28.00
40		3	38.50	40.50	36.50	37.00
		7	36.50	41.00	32.00	33.00
		10	35.00	41.00	29.00	30.00

3. 非螺纹密封的管螺纹（摘自 GB/T 7307—2001）

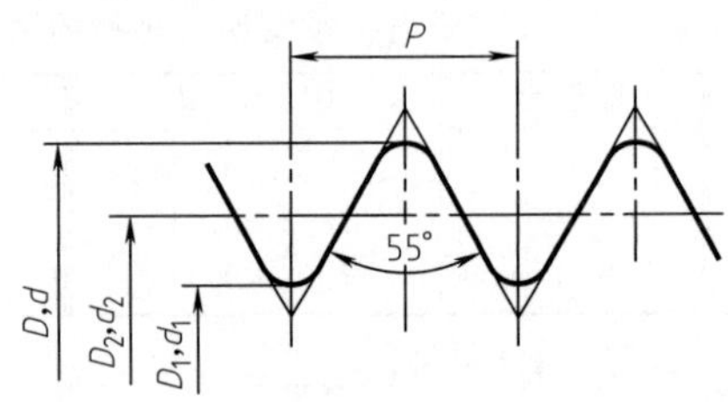

附表 1-4 非螺纹密封的管螺纹 mm

尺寸代号	每25.4mm内的牙数 n	螺距 P	基本直径	
			大径 D、d	小径 D_1、d_1
$\frac{1}{8}$	28	0.907	9.728	8.566
$\frac{1}{4}$	19	1.337	13.157	11.445
$\frac{3}{8}$	19	1.337	16.662	14.950
$\frac{1}{2}$	14	1.814	20.955	18.631
$\frac{5}{8}$	14	1.814	22.911	20.587
$\frac{3}{4}$	14	1.814	26.441	24.117
$\frac{7}{8}$	14	1.814	30.201	27.877
1	11	2.309	33.249	30.291
$1\frac{1}{8}$	11	2.309	37.897	34.939
$1\frac{1}{4}$	11	2.309	41.910	38.952
$1\frac{1}{2}$	11	2.309	47.803	44.845
$1\frac{3}{4}$	11	2.309	53.746	50.788
2	11	2.309	59.614	56.656
$2\frac{1}{4}$	11	2.309	65.710	62.752
$2\frac{1}{2}$	11	2.309	75.184	72.226
$2\frac{3}{4}$	11	2.309	81.534	78.576
3	11	2.309	87.884	84.926

4. 螺栓

六角头螺栓—C级（GB/T 5780—2016）、六角头螺栓—A和B级（GB/T 5782—2016）。

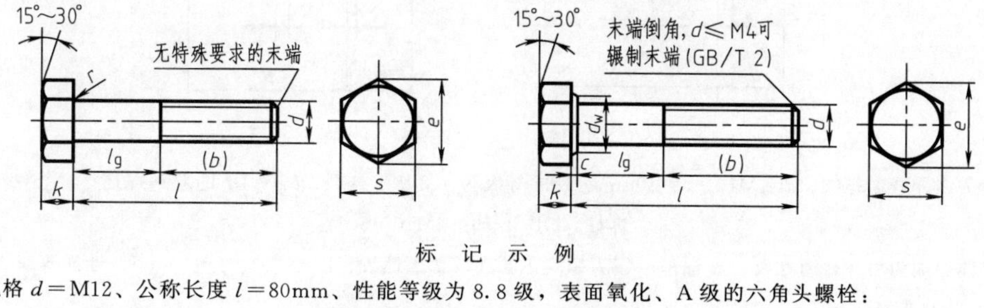

标 记 示 例

螺纹规格 d=M12、公称长度 l=80mm、性能等级为8.8级，表面氧化、A级的六角头螺栓：

螺栓 GB/T 5782 M12×80

附表 1-5　六角头螺栓　mm

螺纹规格 d			M3	M4	M5	M6	M8	M10	M12	M16	M20	M24	M30	M36	M42
b（参考）	$l \leqslant 125$		12	14	16	18	22	26	30	38	46	54	66	—	—
	$125 < l \leqslant 200$		18	20	22	24	28	32	36	44	52	60	72	84	96
	$l > 200$		31	33	35	37	41	45	49	57	65	73	85	97	109
c			0.4	0.4	0.5	0.5	0.6	0.6	0.6	0.8	0.8	0.8	0.8	0.8	1
d_w	产品等级	A	4.57	5.88	6.88	8.88	11.63	14.63	16.63	22.49	28.19	33.61	—	—	—
		B、C	4.45	5.74	6.74	8.74	11.47	14.47	16.47	22	27.7	33.25	42.75	51.11	59.95
e	产品等级	A	6.01	7.66	8.79	11.05	14.38	17.77	20.03	26.75	33.53	39.98	—	—	—
		B、C	5.88	7.50	8.63	10.89	14.20	17.59	19.85	26.17	32.95	39.55	50.85	60.79	72.02
k（公称）			2	2.8	3.5	4	5.3	6.4	7.5	10	12.5	15	18.7	22.5	26
r			0.1	0.2	0.2	0.25	0.4	0.4	0.6	0.6	0.8	0.8	1	1	1.2
s（公称）			5.5	7	8	10	13	16	18	24	30	36	46	55	65
l（商品规格范围）			20～30	25～40	25～50	30～60	40～80	45～100	50～120	65～160	80～200	90～240	110～300	140～360	160～440
l 系列			12,16,20,25,30,35,40,45,50,55,60,65,70,80,90,100,110,120,130,140,150,160,180,200,220,240,260,280,300,320,340,360,380,400,420,440,460,480,500												

注：1. A 级用于 $d \leqslant$ M24 和 $l \leqslant 10d$ 或 $\leqslant$ 150mm 的螺栓；
B 级用于 $d >$ M24 和 $l > 10d$ 或 $>$ 150mm 的螺栓。
2. 螺纹规格 d 范围：GB/T 5780 为 M5～M64；GB/T 5782 为 M1.6～M64。
3. 公称长度范围：GB/T 5780 为 25～500mm；GB/T 5782 为 12～500mm。

5. 双头螺栓

双头螺栓—$b_m = 1d$（GB/T 897—1988）。

双头螺栓—$b_m = 1.25d$（GB/T 898—1988）。

双头螺栓—$b_m = 1.5d$（GB/T 899—1988）。

双头螺栓—$b_m = 2d$（GB/T 900—1988）。

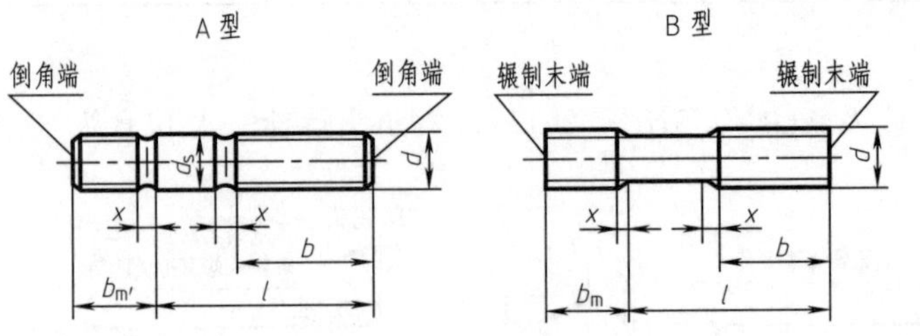

标　记　示　例

两端均为粗牙普通螺纹、d=M10、l=50mm、性能等级为 4.8 级、B 型、$b_m = 1d$ 的双头螺柱：

螺柱　GB/T 897　M10×50

旋入机体一端为粗牙普通螺纹、旋螺母一端为螺距 1 的细牙普通螺纹、d=M10、l=50mm、性能等级为 4.8 级、A 型、$b_m = 1d$ 的双头螺柱：

螺柱　GB/T 897　AM10-M10×1×50

附表 1-6　双头螺栓　　mm

螺纹规格		M5	M6	M8	M10	M12	M16	M20	M24	M30	M36	M42
b_m（公称）	GB/T 897	5	6	8	10	12	16	20	24	30	36	42
	GB/T 898	6	8	10	12	15	20	25	30	38	45	52
	GB/T 899	8	10	12	15	18	24	30	36	45	54	65
	GB/T 900	10	12	16	20	24	32	40	48	60	72	84
d_s（最大）		5	6	8	10	12	16	20	24	30	36	42
x（最大）		2.5P										
$\frac{l}{b}$		$\frac{16\sim22}{10}$ $\frac{25\sim50}{16}$	$\frac{20\sim22}{10}$ $\frac{25\sim30}{14}$ $\frac{32\sim75}{18}$	$\frac{20\sim22}{12}$ $\frac{25\sim30}{16}$ $\frac{32\sim90}{22}$	$\frac{25\sim28}{14}$ $\frac{30\sim38}{16}$ $\frac{40\sim120}{26}$ $\frac{130}{32}$	$\frac{25\sim30}{16}$ $\frac{32\sim40}{20}$ $\frac{45\sim120}{30}$ $\frac{130\sim180}{36}$	$\frac{30\sim38}{20}$ $\frac{40\sim55}{30}$ $\frac{60\sim120}{38}$ $\frac{130\sim200}{44}$	$\frac{35\sim40}{25}$ $\frac{45\sim65}{35}$ $\frac{70\sim120}{46}$ $\frac{130\sim200}{52}$	$\frac{45\sim50}{30}$ $\frac{55\sim75}{45}$ $\frac{80\sim120}{54}$ $\frac{130\sim200}{60}$	$\frac{60\sim65}{40}$ $\frac{70\sim90}{50}$ $\frac{95\sim120}{60}$ $\frac{130\sim200}{72}$ $\frac{210\sim250}{85}$	$\frac{65\sim75}{45}$ $\frac{80\sim110}{60}$ $\frac{120}{78}$ $\frac{130\sim200}{84}$ $\frac{210\sim300}{91}$	$\frac{65\sim80}{50}$ $\frac{85\sim110}{70}$ $\frac{120}{90}$ $\frac{130\sim200}{96}$ $\frac{210\sim300}{109}$
l 系列		16,(18),20,(22),25,(28),30,(32),35,(38),40,45,50,(55),60,(65),70,(75),80,(85),90,(95),100,110,120,130,140,150,160,170,180,190,200,210,220,230,240,250,260,280,300										

注：P 为粗牙螺纹的螺距。

6. 螺钉

(1) 开槽圆柱头螺钉（摘自 GB/T 65—2016）

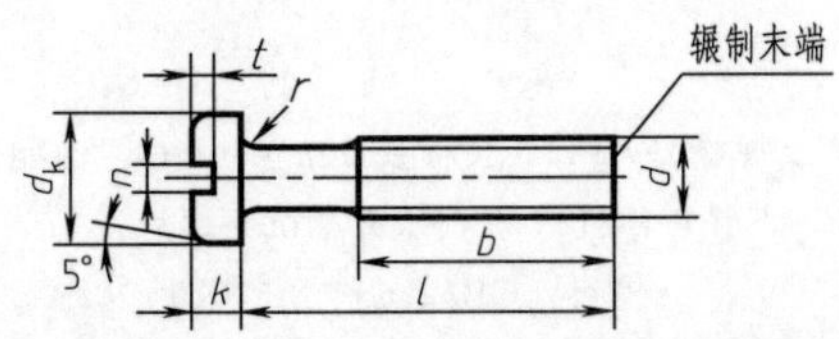

标　记　示　例

螺纹规格 d=M5、公称长度 l=20mm、性能等级为 4.8 级、不经表面处理的 A 级开槽圆柱头螺钉：

螺钉　GB/T 65　M5×20

附表 1-7　开槽圆柱头螺钉　　mm

螺纹规格 d	M4	M5	M6	M8	M10
P（螺距）	0.7	0.8	1	1.25	1.5
b	38	38	38	38	38
d_k	7	8.5	10	13	16
k	2.6	3.3	3.9	5	6
n	1.2	1.2	1.6	2	2.5
r	0.2	0.2	0.25	0.4	0.4
t	1.1	1.3	1.6	2	2.4
公称长度 l	5～40	6～50	8～60	10～80	12～80
l 系列	5,6,8,10,12,(14),16,20,25,30,35,40,45,50,(55),60,(65),70,(75),80				

注：1. 公称长度 l≤40mm 的螺钉，制出全螺纹。

2. 括号内的规格尽可能不采用。

3. 螺纹规格 d=M1.6～M10；公称长度 l=10～80mm。

(2) 开槽盘头螺钉（摘自 GB/T 67—2016）

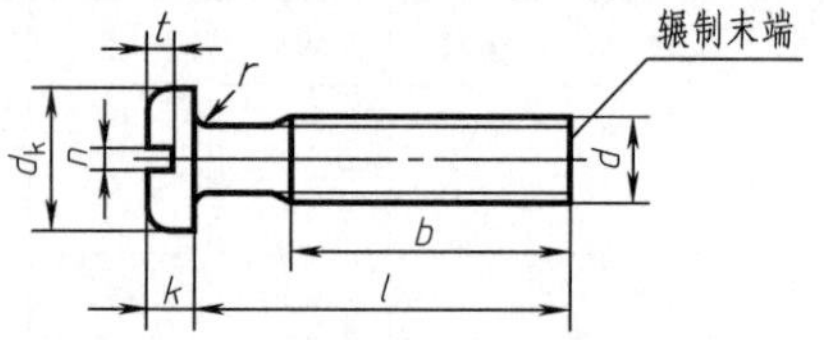

标　记　示　例

螺纹规格 d=M5、公称长度 l=20mm、性能等级为 4.8 级、不经表面处理的 A 级开槽盘头螺钉：

螺钉　GB/T 67　M5×20

附表 1-8　开槽盘头螺钉　　mm

螺纹规格 d	M1.6	M2	M2.5	M3	M4	M5	M6	M8	M10
P(螺距)	0.35	0.4	0.45	0.5	0.7	0.8	1	1.25	1.5
b	25	25	25	25	38	38	38	38	38
d_k	3.2	4	5	5.6	8	9.5	12	16	20
k	1	1.3	1.5	1.8	2.4	3	3.6	4.8	6
n	0.4	0.5	0.6	0.8	1.2	1.2	1.6	2	2.5
r	0.1	0.1	0.1	0.1	0.2	0.2	0.25	0.4	0.4
t	0.35	0.5	0.6	0.7	1	1.2	1.4	1.9	2.4
公称长度 l	2～16	2.5～20	3～25	4～30	5～40	6～50	8～60	10～80	12～80
l 系列	2,2.5,3,4,5,6,8,10,12,(14),16,20,25,30,35,40,45,50,(55),60,(65),70,(75),80								

注：1. 括号内的规格尽可能不采用。

2. M1.6～M3 的螺钉，公称长度 l≤30mm 的，制出全螺纹；M4～M10 的螺钉，公称长度 l≤40mm 的，制出全螺纹。

(3) 开槽沉头螺钉（摘自 GB/T 68—2016）

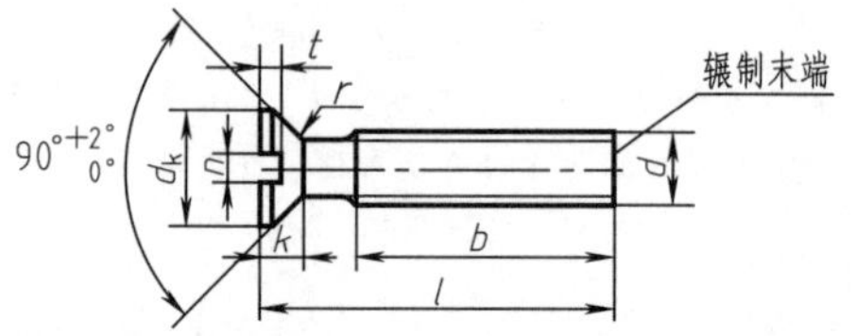

标　记　示　例

螺纹规格 d=M5、公称长度 l=20mm、性能等级为 4.8 级，不经表面处理的 A 级开槽沉头螺钉：

螺钉　GB/T 68　M5×20

附表 1-9　开槽沉头螺钉　　mm

螺纹规格 d	M1.6	M2	M2.5	M3	M4	M5	M6	M8	M10
P(螺距)	0.35	0.4	0.45	0.5	0.7	0.8	1	1.25	1.5
b	25	25	25	25	38	38	38	38	38
d_k	3.6	4.4	5.5	6.3	9.4	10.4	12.6	17.3	20
k	1	1.2	1.5	1.65	2.7	2.7	3.3	4.65	5
n	0.4	0.5	0.6	0.8	1.2	1.2	1.6	2	2.5
r	0.4	0.5	0.6	0.8	1	1.3	1.5	2	2.5
t	0.5	0.6	0.75	0.85	1.3	1.4	1.6	2.3	2.6
公称长度 l	2.5～16	3～20	4～25	5～30	6～40	8～50	8～60	10～80	12～80
l 系列	2.5,3,4,5,6,8,10,12,(14),16,20,25,30,35,40,45,50,(55),60,(65),70,(75),80								

注：1. 括号内的规格尽可能不采用。

2. M1.6～M3 的螺钉，公称长度 l≤30mm 的，制出全螺纹；M4～M10 的螺钉，公称长度 l≤45mm 的，制出全螺纹。

(4) 内六角圆柱头螺钉(摘自 GB/T 70.1—2016)

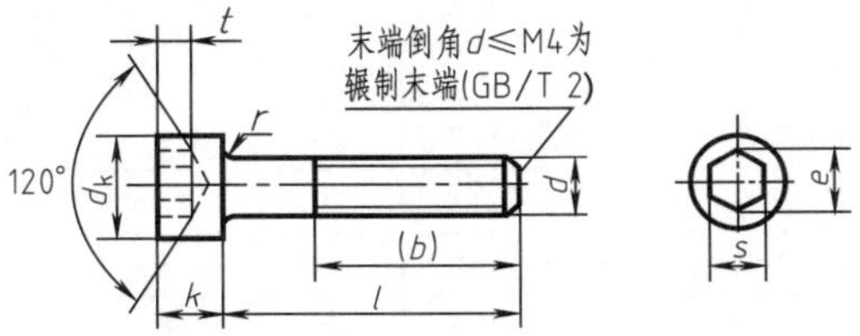

标 记 示 例

螺纹规格 d=M5,公称长度 l=20mm、性能等级为 8.8 级、表面氧化的内六角圆柱头螺钉:

螺钉 GB/T 70.1 M5×20

附表 1-10 内六角圆柱头螺钉 mm

螺纹规格 d	M3	M4	M5	M6	M8	M10	M12	M14	M16	M20
P(螺距)	0.5	0.7	0.8	1	1.25	1.5	1.75	2	2	2.5
b(参考)	18	20	22	24	28	32	36	40	44	52
d_k	5.5	7	8.5	10	13	16	18	21	24	30
k	3	4	5	6	8	10	12	14	16	20
t	1.3	2	2.5	3	4	5	6	7	8	10
s	2.5	3	4	5	6	8	10	12	14	17
e	2.87	3.44	4.58	5.72	6.86	9.15	11.43	13.72	16.00	19.44
r	0.1	0.2	0.2	0.25	0.4	0.4	0.6	0.6	0.6	0.8
公称长度 l	5~30	6~40	8~50	10~60	12~80	16~100	20~120	25~140	25~160	30~200
l≤表中数值时,制出全螺纹	20	25	25	30	35	40	45	55	55	65
l 系列	2.5,3,4,5,6,8,10,12,16,20,25,30,35,40,45,50,55,60,65,70,80,90,100,110,120,130,140,150,160,180,200,220,240,260,280,300									

注:螺纹规格 d=M1.6~M64。

(5) 十字槽沉头螺钉(摘自 GB/T 819.1—2016)

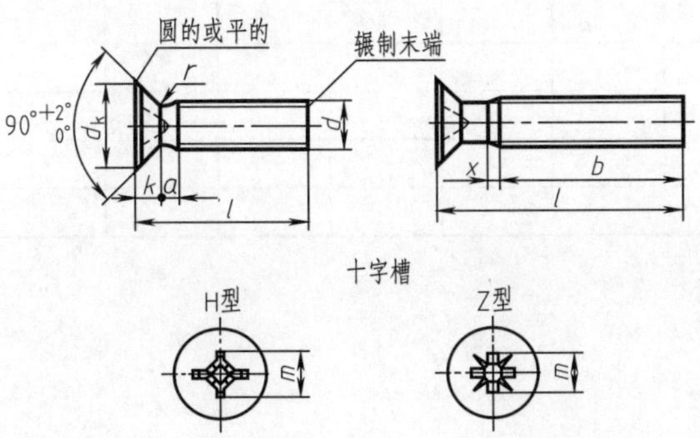

标 记 示 例

螺纹规格 d=M5,公称长度 l=20mm,性能等级为 4.8 级、不经表面处理的 H 型十字槽沉头螺钉的标记:

螺钉 GB/T 819.1 M5×20

附表 1-11 十字槽沉头螺钉 mm

螺纹规格 d			M1.6	M2	M2.5	M3	M4	M5	M6	M8	M10
P			0.35	0.4	0.45	0.5	0.7	0.8	1	1.25	1.5
a		最大	0.7	0.8	0.9	1	1.4	1.6	2	2.5	3
b		最小	25	25	25	25	38	38	38	38	38
d_k	理论值	最大	3.6	4.4	5.5	6.3	9.4	10.4	12.6	17.3	20
	实际值	最大	3	3.8	4.7	5.5	8.4	9.3	11.3	15.8	18.3
		最小	2.7	3.5	4.4	5.2	8	8.9	10.9	15.4	17.8
k		最大	1	1.2	1.5	1.65	2.7	2.7	3.3	4.65	5
r		最大	0.4	0.5	0.6	0.8	1	1.3	1.5	2	2.5
x		最大	0.9	1	1.1	1.25	1.75	2	2.5	3.2	3.8

续表

螺纹规格 d				M1.6	M2	M2.5	M3	M4	M5	M6	M8	M10
十字槽	槽号 No.			0		1		2		3	4	
	H 型	m 参考		1.6	1.9	2.9	3.2	4.6	5.2	6.8	8.9	10
		插入深度	最小	0.6	0.9	1.4	1.7	2.1	2.7	3	4	5.1
			最大	0.9	1.2	1.8	2.1	2.6	3.2	3.5	4.6	5.7
	Z 型	m 参考		1.6	1.9	2.8	3	4.4	4.9	6.6	8.8	9.8
		插入深度	最小	0.7	0.95	1.45	1.6	2.05	2.6	3	4.15	5.2
			最大	0.95	1.2	1.75	2	2.5	3.05	3.45	4.6	5.65
l												
公称	最小	最大										
3	2.8	3.2										
4	3.7	4.3										
5	4.7	5.3										
6	5.7	6.3										
8	7.7	8.3										
10	9.7	10.3										
12	11.6	12.4										
(14)	13.6	14.4										
16	15.6	16.4						规格				
20	19.6	20.4										
25	24.6	25.4										
30	29.6	30.4								范围		
35	34.5	35.5										
40	39.5	40.5										
45	44.5	45.5										
50	49.5	50.5										
(55)	54.4	55.6										
60	59.4	60.6										

注：1. 尽可能不采用括号内的规格。

2. P 为螺距。

3. d_k 的理论值按 GB/T 5279 规定。

4. 公称长度在虚线以上的螺钉，制出全螺纹 $[b=l-(k+a)]$。

（6）紧定螺钉

开槽锥端紧定螺钉（GB/T 71—2018）　开槽平端紧定螺钉（GB/T 73—2017）　开槽长圆柱端紧定螺钉（GB/T 75—2018）

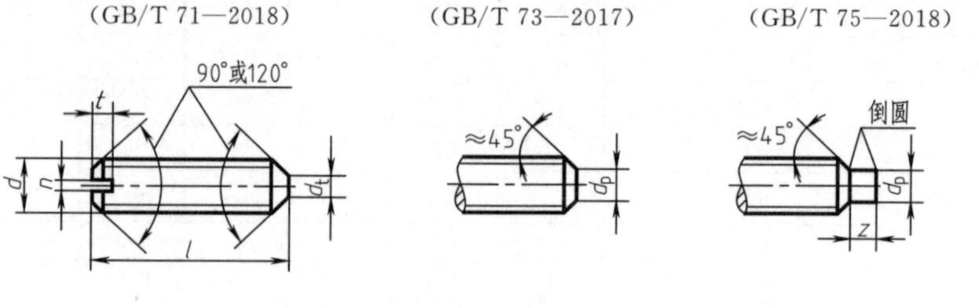

标　记　示　例

螺纹规格 d＝M5、公称长度 l＝12mm、性能等级为 14H 级、表面氧化的开槽长圆柱端紧定螺钉：

螺钉　GB/T 75　M5×12

附表 1-12　紧定螺钉　　mm

螺纹规格 d		M1.6	M2	M2.5	M3	M4	M5	M6	M8	M10	M12
P（螺距）		0.35	0.4	0.45	0.5	0.7	0.8	1	1.25	1.5	1.75
n		0.25	0.25	0.4	0.4	0.6	0.8	1	1.2	1.6	2
t		0.74	0.84	0.95	1.05	1.42	1.63	2	2.5	3	3.6
d_t		0.16	0.2	0.25	0.3	0.4	0.5	1.5	2	2.5	3
d_p		0.8	1	1.5	2	2.5	3.5	4	5.5	7	8.5
z		1.05	1.25	1.5	1.75	2.25	2.75	3.25	4.3	5.3	6.3
l	GB/T 71—1985	2～8	3～10	3～12	4～16	6～20	8～25	8～30	10～40	12～50	14～60
	GB/T 73—2017	2～8	2～10	2.5～12	3～16	4～20	5～25	6～30	8～40	10～50	12～60
	GB/T 75—1985	2.5～8	3～10	4～12	5～16	6～20	8～25	10～30	10～40	12～50	14～60
l 系列		2,2.5,3,4,5,6,8,10,12,(14),16,20,25,30,35,40,45,50,(55),60									

注：1. l 为公称长度。

2. 括号内的规格尽可能不采用。

7. 螺母

六角螺母—C级（GB/T 41—2016）　　1型六角螺母—A和B级（GB/T 6170—2015）　　六角薄螺母（GB/T 6172.1—2016）

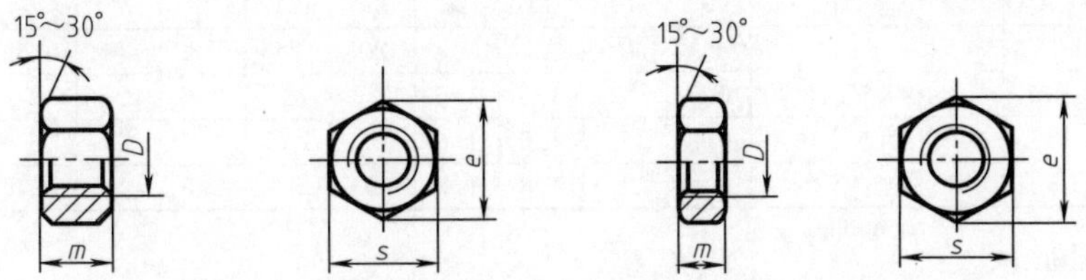

标　记　示　例

螺纹规格 D=M12、性能等级为5级、不经表面处理、C级的六角螺母：

螺母　GB/T 41　M12

螺纹规格 D=M12、性能等级为8级、不经表面处理、A级的1型六角螺母：

螺母　GB/T 6170　M12

附表 1-13　螺母　　mm

螺纹规格 D		M3	M4	M5	M6	M8	M10	M12	M16	M20	M24	M30	M36	M42
e	GB/T 41	—	—	8.63	10.89	14.20	17.59	19.85	26.17	32.95	39.55	50.85	60.79	72.02
	GB/T 6170	6.01	7.66	8.79	11.05	14.38	17.77	20.03	26.75	32.95	39.55	50.85	60.79	72.02
	GB/T 6172.1	6.01	7.66	8.79	11.05	14.38	17.77	20.03	26.75	32.95	39.55	50.85	60.79	72.02
s	GB/T 41	—	—	8	10	13	16	18	24	30	36	46	55	65
	GB/T 6170	5.5	7	8	10	13	16	18	24	30	36	46	55	65
	GB/T 6172.1	5.5	7	8	10	13	16	18	24	30	36	46	55	65
m	GB/T 41	—	—	5.6	6.1	7.9	9.5	12.2	15.9	18.7	22.3	26.4	31.5	34.9
	GB/T 6170	2.4	3.2	4.7	5.2	6.8	8.4	10.8	14.8	18	21.5	25.6	31	34
	GB/T 6172.1	1.8	2.2	2.7	3.2	4	5	6	8	10	12	15	18	21

注：A级用于 $D \leqslant$ M16；B级用于 $D >$ M16。

8. 垫圈

(1) 平垫圈

小垫圈—A级（GB/T 848—2002）　　平垫圈—A级（GB/T 97.1—2002）　　平垫圈 倒角型—A级（GB/T 97.2—2002）

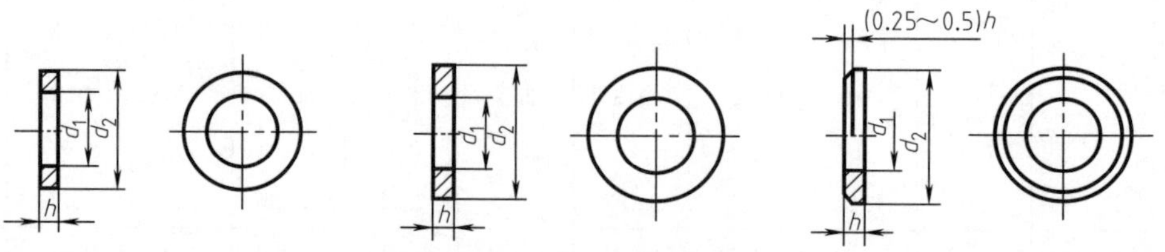

标 记 示 例

标准系列、公称规格8mm、性能等级为200HV级、不经表面处理、产品等级为A级的平垫圈：

垫圈 GB/T 97.1 8

附表 1-14 平垫圈

mm

公称规格（螺纹大径 d）		1.6	2	2.5	3	4	5	6	8	10	12	14	16	20	24	30	36
d_1	GB/T 848	1.7	2.2	2.7	3.2	4.3	5.3	6.4	8.4	10.5	13	15	17	21	25	31	37
	GB/T 97.1	1.7	2.2	2.7	3.2	4.3	5.3	6.4	8.4	10.5	13	15	17	21	25	31	37
	GB/T 97.2	—	—	—	—	—	5.3	6.4	8.4	10.5	13	15	17	21	25	31	37
d_2	GB/T 848	3.5	4.5	5	6	8	9	11	15	18	20	24	28	34	39	50	60
	GB/T 97.1	4	5	6	7	9	10	12	16	20	24	28	30	37	44	56	66
	GB/T 97.2	—	—	—	—	—	10	12	16	20	24	28	30	37	44	56	66
h	GB/T 848	0.3	0.3	0.5	0.5	0.5	1	1.6	1.6	1.6	2	2.5	2.5	3	4	4	5
	GB/T 97.1	0.3	0.3	0.5	0.5	0.8	1	1.6	1.6	2	2.5	2.5	3	3	4	4	5
	GB/T 97.2	—	—	—	—	—	1	1.6	1.6	2	2.5	2.5	3	3	4	4	5

(2) 弹簧垫圈

标准型弹簧垫圈（GB/T 93—1987）　　轻型弹簧垫圈（GB/T 859—1987）

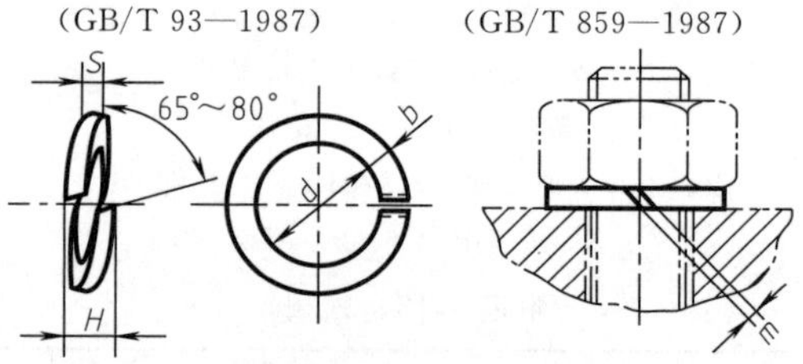

标 记 示 例

规格16mm、材料为65Mn、表面氧化的标准型弹簧垫圈：

垫圈 GB/T 93 16

附表 1-15 弹簧垫圈

mm

规格(螺纹大径)		3	4	5	6	8	10	12	(14)	16	(18)	20	(22)	24	(27)	30
d		3.1	4.1	5.1	6.1	8.1	10.2	12.2	14.2	16.2	18.2	20.2	22.5	24.5	27.5	30.5
H	GB/T 93	1.6	2.2	2.6	3.2	4.2	5.2	6.2	7.2	8.2	9	10	11	12	13.6	15
	GB/T 859	1.2	1.6	2.2	2.6	3.2	4	5	6	6.4	7.2	8	9	10	11	12
$S(b)$	GB/T 93	0.8	1.1	1.3	1.6	2.1	2.6	3.1	3.6	4.1	4.5	5	5.5	6	6.8	7.5
S	GB/T 859	0.6	0.8	1.1	1.3	1.6	2	2.5	3	3.2	3.6	4	4.5	5	5.5	6
$m\leqslant$	GB/T 93	0.4	0.55	0.65	0.8	1.05	1.3	1.55	1.8	2.05	2.25	2.5	2.75	3	3.4	3.75
	GB/T 859	0.3	0.4	0.55	0.65	0.8	1	1.25	1.5	1.6	1.8	2	2.25	2.5	2.75	3
b	GB/T 859	1	1.2	1.5	2	2.5	3	3.5	4	4.5	5	5.5	6	7	8	9

注：1. 括号内的规格尽可能不采用。

2. m 应大于零。

二、极限与配合

1. 基本尺寸至 500mm 的轴、孔公差带（摘自 GB/T 1801—2009）

附表 2-1 基本尺寸至 500mm 的轴、孔公差带

基本尺寸至500mm的轴公差带规定如下，选择时，应优先选用圆圈中的公差带，其次选用方框中的公差带，最后选用其他的公差带

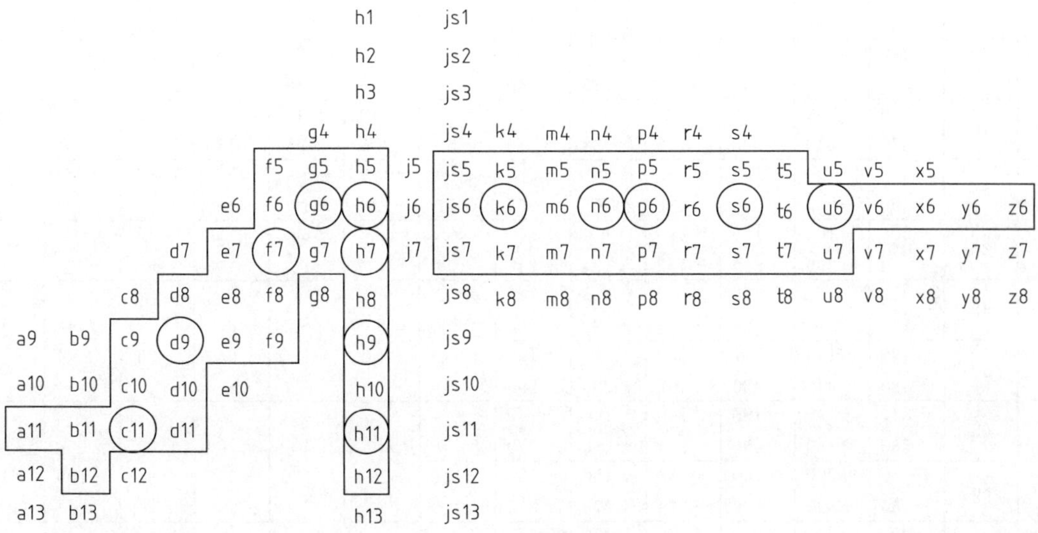

基本尺寸至500mm的孔公差带规定如下，选择时，应优先选用圆圈中的公差带，其次选用方框中的公差带，最后选用其他的公差带

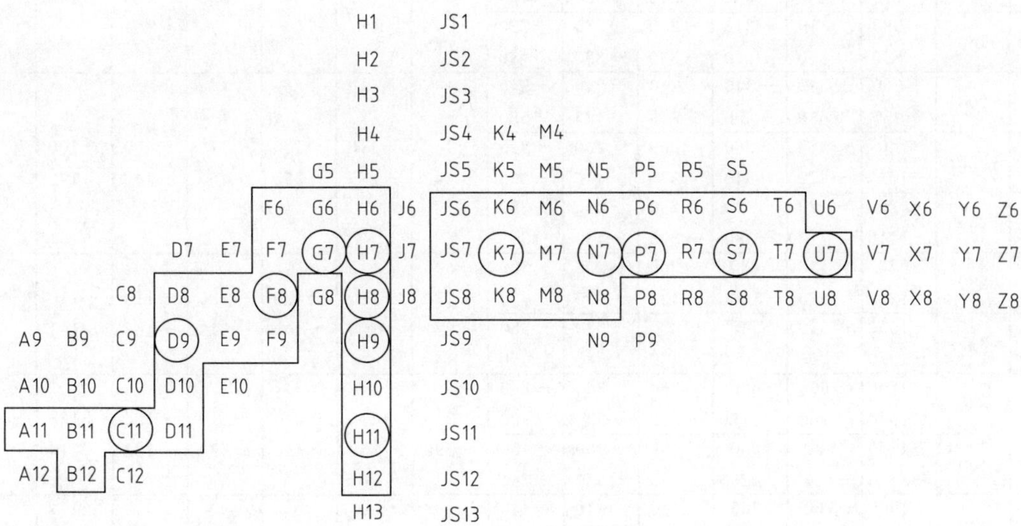

2. 优先选用及其次选用（常用）公差带极限偏差数值表（摘自 GB/T 1800.2—2020）

（1）轴

附表 2-2 常用及优先轴公差带极限偏差 μm

基本尺寸/mm		常用及优先公差带(带圈者为优先公差带)												
		a[b]	b[b]		c			d				e		
大于	至	11	11	12	9	10	11	8	9	10	11	7	8	9
—	3	−270 −330	−140 −200	−140 −240	−60 −85	−60 −100	−60 −120	−20 −34	−20 −45	−20 −60	−20 −80	−14 −24	−14 −28	−14 −39
3	6	−270 −345	−140 −215	−140 −260	−70 −100	−70 −118	−70 −145	−30 −48	−30 −60	−30 −78	−30 −105	−20 −32	−20 −38	−20 −50
6	10	−280 −370	−150 −240	−150 −300	−80 −116	−80 −138	−80 −170	−40 −62	−40 −76	−40 −98	−40 −130	−25 −40	−25 −47	−25 −61
10	18	−290 −400	−150 −260	−150 −330	−95 −138	−95 −165	−95 −205	−50 −77	−50 −93	−50 −120	−50 −160	−32 −50	−32 −59	−32 −75
18	30	−300 −430	−160 −290	−160 −370	−110 −162	−110 −194	−110 −240	−65 −98	−65 −117	−65 −149	−65 −195	−40 −61	−40 −73	−40 −92
30	40	−310 −470	−170 −330	−170 −420	−120 −182	−120 −220	−120 −280	−80 −119	−80 −142	−80 −180	−80 −240	−50 −75	−50 −89	−50 −112
40	50	−320 −480	−180 −340	−180 −430	−130 −192	−130 −230	−130 −290							
50	65	−340 −530	−190 −380	−190 −490	−140 −214	−140 −260	−140 −330	−100 −146	−100 −174	−100 −220	−100 −290	−60 −90	−60 −106	−60 −134
65	80	−360 −550	−200 −390	−200 −500	−150 −224	−150 −270	−150 −340							
80	100	−380 −600	−220 −440	−220 −570	−170 −257	−170 −310	−170 −390	−120 −174	−120 −207	−120 −260	−120 −340	−72 −107	−72 −126	−72 −159
100	120	−410 −630	−240 −460	−240 −590	−180 −267	−180 −320	−180 −400							
120	140	−460 −710	−260 −510	−260 −660	−200 −300	−200 −360	−200 −450	−145 −208	−145 −245	−145 −305	−145 −395	−85 −125	−85 −148	−85 −185
140	160	−520 −770	−280 −530	−280 −680	−210 −310	−210 −370	−210 −460							
160	180	−580 −830	−310 −560	−310 −710	−230 −330	−230 −390	−230 −480							
180	200	−660 −950	−340 −630	−340 −800	−240 −355	−240 −425	−240 −530	−170 −242	−170 −285	−170 −355	−170 −460	−100 −146	−100 −172	−100 −215
200	225	−740 −1030	−380 −670	−380 −840	−260 −375	−260 −445	−260 −550							
225	250	−820 −1110	−420 −710	−420 −880	−280 −395	−280 −465	−280 −570							
250	280	−920 −1240	−480 −800	−480 −1000	−300 −430	−300 −510	−300 −620	−190 −271	−190 −320	−190 −400	−190 −510	−110 −162	−110 −191	−110 −240
280	315	−1050 −1370	−540 −860	−540 −1060	−330 −460	−330 −540	−330 −650							
315	355	−1200 −1560	−600 −960	−600 −1170	−360 −500	−360 −590	−360 −720	−210 −299	−210 −350	−210 −440	−210 −570	−125 −182	−125 −214	−125 −265
355	400	−1350 −1710	−680 −1040	−680 −1250	−400 −540	−400 −630	−400 −760							
400	450	−1500 −1900	−760 −1160	−760 −1390	−440 −595	−440 −690	−440 −840	−230 −327	−230 −385	−230 −480	−230 −630	−135 −198	−135 −232	−135 −290
450	500	−1650 −2050	−840 −1240	−840 −1470	−480 −635	−480 −730	−480 −880							

续表

基本尺寸/mm		常用及优先公差带(带圈者为优先公差带)															
		f					g			h							
大于	至	5	6	7	8	9	5	6	7	5	6	7	8	9	10	11	12
—	3	−6 −10	−6 −12	−6 −16	−6 −20	−6 −31	−2 −6	−2 −8	−2 −12	0 −4	0 −6	0 −10	0 −14	0 −25	0 −40	0 −60	0 −100
3	6	−10 −15	−10 −18	−10 −22	−10 −28	−10 −40	−4 −9	−4 −12	−4 −16	0 −5	0 −8	0 −12	0 −18	0 −30	0 −48	0 −75	0 −120
6	10	−13 −19	−13 −22	−13 −28	−13 −35	−13 −49	−5 −11	−5 −14	−5 −20	0 −6	0 −9	0 −15	0 −22	0 −36	0 −58	0 −90	0 −150
10	18	−16 −24	−16 −27	−16 −34	−16 −43	−16 −59	−6 −14	−6 −17	−6 −24	0 −8	0 −11	0 −18	0 −27	0 −43	0 −70	0 −110	0 −180
18	30	−20 −29	−20 −33	−20 −41	−20 −53	−20 −72	−7 −16	−7 −20	−7 −28	0 −9	0 −13	0 −21	0 −33	0 −52	0 −84	0 −130	0 −210
30	40	−25 −36	−25 −41	−25 −50	−25 −64	−25 −87	−9 −20	−9 −25	−9 −34	0 −11	0 −16	0 −25	0 −39	0 −62	0 −100	0 −160	0 −250
40	50																
50	65	−30 −43	−30 −49	−30 −60	−30 −76	−30 −104	−10 −23	−10 −29	−10 −40	0 −13	0 −19	0 −30	0 −46	0 −74	0 −120	0 −190	0 −300
65	80																
80	100	−36 −51	−36 −58	−36 −71	−36 −90	−36 −123	−12 −27	−12 −34	−12 −47	0 −15	0 −22	0 −35	0 −54	0 −87	0 −140	0 −220	0 −350
100	120																
120	140	−43 −61	−43 −68	−43 −83	−43 −106	−43 −143	−14 −32	−14 −39	−14 −54	0 −18	0 −25	0 −40	0 −63	0 −100	0 −160	0 −250	0 −400
140	160																
160	180																
180	200	−50 −70	−50 −79	−50 −96	−50 −122	−50 −165	−15 −35	−15 −44	−15 −61	0 −20	0 −29	0 −46	0 −72	0 −115	0 −185	0 −290	0 −460
200	225																
225	250																
250	280	−56 −79	−56 −88	−56 −108	−56 −137	−56 −186	−17 −40	−17 −49	−17 −69	0 −23	0 −32	0 −52	0 −81	0 −130	0 −210	0 −320	0 −520
280	315																
315	355	−62 −87	−62 −98	−62 −119	−62 −151	−62 −202	−18 −43	−18 −54	−18 −75	0 −25	0 −36	0 −57	0 −89	0 −140	0 −230	0 −360	0 −570
355	400																
400	450	−68 −95	−68 −108	−68 −131	−68 −165	−68 −223	−20 −47	−20 −60	−20 −83	0 −27	0 −40	0 −63	0 −97	0 −155	0 −250	0 −400	0 −630
450	500																

续表

基本尺寸/mm		常用及优先公差带(带圈者为优先公差带)														
		js			k			m			n			p		
大于	至	5	6	7	5	6	7	5	6	7	5	6	7	5	6	7
—	3	±2	±3	±5	+4 0	+6 0	+10 0	+6 +2	+8 +2	+12 +2	+8 +4	+10 +4	+14 +4	+10 +6	+12 +6	+16 +6
3	6	±2.5	±4	±6	+6 +1	+9 +1	+13 +1	+9 +4	+12 +4	+16 +4	+13 +8	+16 +8	+20 +8	+17 +12	+20 +12	+24 +12
6	10	±3	±4.5	±7.5	+7 +1	+10 +1	+16 +1	+12 +6	+15 +6	+21 +6	+16 +10	+19 +10	+25 +10	+21 +15	+24 +15	+30 +15
10	18	±4	±5.5	±9	+9 +1	+12 +1	+19 +1	+15 +7	+18 +7	+25 +7	+20 +12	+23 +12	+30 +12	+26 +18	+29 +18	+36 +18
18	30	±4.5	±6.5	±10.5	+11 +2	+15 +2	+23 +2	+17 +8	+21 +8	+29 +8	+24 +15	+28 +15	+36 +15	+31 +22	+35 +22	+43 +22
30 40	40 50	±5.5	±8	±12.5	+13 +2	+18 +2	+27 +2	+20 +9	+25 +9	+34 +9	+28 +17	+33 +17	+42 +17	+37 +26	+42 +26	+51 +26
50 65	65 80	±6.5	±9.5	±15	+15 +2	+21 +2	+32 +2	+24 +11	+30 +11	+41 +11	+33 +20	+39 +20	+50 +20	+45 +32	+51 +32	+62 +32
80 100	100 120	±7.5	±11	±17.5	+18 +3	+25 +3	+38 +3	+28 +13	+35 +13	+48 +13	+38 +23	+45 +23	+58 +23	+52 +37	+59 +37	+72 +37
120 140 160	140 160 180	±9	±12.5	±20	+21 +3	+28 +3	+43 +3	+33 +15	+40 +15	+55 +15	+45 +27	+52 +27	+67 +27	+61 +43	+68 +43	+83 +43
180 200 225	200 225 250	±10	±14.5	±23	+24 +4	+33 +4	+50 +4	+37 +17	+46 +17	+63 +17	+54 +31	+60 +31	+77 +31	+70 +50	+79 +50	+96 +50
250 280	280 315	±11.5	±16	±26	+27 +4	+36 +4	+56 +4	+43 +20	+52 +20	+72 +20	+57 +34	+66 +34	+86 +34	+79 +56	+88 +56	+108 +56
315 355	355 400	±12.5	±18	±28.5	+29 +4	+40 +4	+61 +4	+46 +21	+57 +21	+78 +21	+62 +37	+73 +37	+94 +37	+87 +62	+98 +62	+119 +62
400 450	450 500	±13.5	±20	±31.5	+32 +5	+45 +5	+68 +5	+50 +23	+63 +23	+86 +23	+67 +40	+80 +40	+103 +40	+95 +68	+108 +68	+131 +68

续表

基本尺寸/mm		常用及优先公差带(带圈者为优先公差带)														
		r			s			t[a]			u		v[b]	x	y[c]	z
大于	至	5	6	7	5	6	7	5	6	7	6	7	6	6	6	6
—	3	+14 +10	+16 +10	+20 +10	+18 +14	+20 +14	+24 +14	—	—	—	+24 +18	+28 +18	—	+26 +20	—	+32 +26
3	6	+20 +15	+23 +15	+27 +15	+24 +19	+27 +19	+31 +19	—	—	—	+31 +23	+35 +23	—	+36 +28	—	+43 +35
6	10	+25 +19	+28 +19	+34 +19	+29 +23	+32 +23	+38 +23	—	—	—	+37 +28	+43 +28	—	+43 +34	—	+51 +42
10	18	+31 +23	+34 +23	+41 +23	+36 +28	+39 +28	+46 +28	— —	— —	— —	+44 +33	+51 +33	— +50 +39	+51 +40 +56 +45	— —	+61 +50 +71 +60
18	24	+37 +28	+41 +28	+49 +28	+44 +35	+48 +35	+56 +35	—	—	—	+54 +41	+62 +41	+60 +47	+67 +54	+76 +63	+86 +73
24	30							+50 +41	+54 +41	+62 +41	+61 +43	+69 +48	+68 +55	+77 +64	+88 +75	+101 +88
30	40	+45 +34	+50 +34	+59 +34	+54 +43	+59 +43	+68 +43	+59 +48	+64 +48	+73 +48	+76 +60	+85 +60	+84 +68	+96 +80	+110 +94	+128 +112
40	50							+65 +54	+70 +54	+79 +54	+86 +70	+95 +70	+97 +81	+113 +97	+130 +114	+152 +136
50	65	+54 +41	+60 +41	+71 +41	+66 +53	+72 +53	+83 +53	+79 +66	+85 +66	+96 +66	+106 +87	+117 +87	+121 +102	+141 +122	+163 +144	+191 +172
65	80	+56 +43	+62 +43	+73 +43	+72 +59	+78 +59	+89 +59	+88 +75	+94 +75	+105 +75	+121 +102	+132 +102	+139 +120	+165 +146	+193 +174	+229 +210
80	100	+66 +51	+73 +51	+86 +51	+86 +71	+93 +71	+106 +71	+106 +91	+113 +91	+126 +91	+146 +124	+159 +124	+168 +146	+200 +178	+236 +214	+280 +258
100	120	+69 +54	+76 +54	+89 +54	+94 +79	+101 +79	+114 +79	+110 +104	+126 +104	+136 +104	+166 +144	+179 +144	+194 +172	+232 +210	+276 +254	+332 +310
120	140	+81 +63	+88 +63	+103 +63	+110 +92	+117 +92	+132 +92	+140 +122	+147 +122	+162 +122	+195 +170	+210 +170	+227 +202	+273 +248	+325 +300	+390 +365
140	160	+83 +65	+90 +65	+105 +65	+118 +100	+125 +100	+140 +100	+152 +134	+159 +134	+174 +134	+215 +190	+230 +190	+253 +228	+305 +280	+365 +340	+440 +415
160	180	+86 +68	+93 +68	+108 +68	+126 +108	+133 +108	+148 +108	+164 +146	+171 +146	+186 +146	+235 +210	+250 +210	+277 +252	+335 +310	+405 +380	+490 +465
180	200	+97 +77	+106 +77	+123 +77	+142 +122	+151 +122	+168 +122	+186 +166	+195 +166	+212 +166	+265 +236	+282 +236	+313 +284	+379 +350	+454 +425	+549 +520
200	225	+100 +80	+109 +80	+126 +80	+150 +130	+159 +130	+176 +130	+200 +180	+209 +180	+226 +180	+287 +258	+304 +258	+339 +310	+414 +385	+499 +470	+604 +575
225	250	+104 +84	+113 +84	+130 +84	+160 +140	+169 +140	+186 +140	+216 +196	+225 +196	+242 +196	+313 +284	+330 +284	+369 +340	+454 +425	+549 +520	+669 +640
250	280	+117 +94	+126 +94	+146 +94	+181 +158	+190 +158	+210 +158	+241 +218	+250 +218	+270 +218	+347 +315	+367 +315	+417 +385	+507 +475	+612 +580	+742 +710
280	315	+121 +98	+130 +98	+150 +98	+193 +170	+202 +170	+222 +170	+263 +240	+272 +240	+292 +240	+382 +350	+402 +350	+457 +425	+557 +525	+682 +650	+822 +790
315	355	+133 +108	+144 +108	+165 +108	+215 +190	+226 +190	+247 +190	+293 +268	+304 +268	+325 +268	+426 +390	+447 +390	+511 +475	+626 +590	+766 +730	+936 +900
355	400	+139 +114	+150 +114	+171 +114	+233 +208	+244 +208	+265 +208	+319 +294	+330 +294	+351 +294	+471 +435	+492 +435	+566 +530	+696 +660	+856 +820	+1036 +1000
400	450	+153 +126	+166 +126	+189 +126	+259 +232	+272 +232	+295 +232	+357 +330	+370 +330	+393 +330	+530 +490	+553 +490	+635 +595	+780 +740	+960 +920	+1140 +1100
450	500	+159 +132	+172 +132	+195 +132	+279 +252	+292 +252	+315 +252	+387 +360	+400 +360	+423 +360	+580 +540	+603 +540	+700 +660	+860 +820	+1040 +1000	+1290 +1250

注：基本尺寸小于1mm时，各级的a和b均不采用。

（2）孔

附表 2-3　常用及优先孔公差带的极限偏差　μm

基本尺寸/mm		常用及优先公差带（带圈者为优先公差带）													
		A^b	B^b		C	D				E		F			
大于	至	11	11	12	11	8	9	10	11	8	9	6	7	8	9
—	3	+330 +270	+200 +140	+240 +140	+120 +60	+34 +20	+45 +20	+60 +20	+80 +20	+28 +14	+39 +14	+12 +6	+16 +6	+20 +6	+31 +6
3	6	+345 +270	+215 +140	+260 +140	+145 +70	+48 +30	+60 +30	+78 +30	+105 +30	+38 +20	+50 +20	+18 +10	+22 +10	+28 +10	+40 +10
6	10	+370 +280	+240 +150	+300 +150	+170 +80	+62 +40	+76 +40	+98 +40	+130 +40	+47 +25	+61 +25	+22 +13	+28 +13	+35 +13	+49 +13
10	18	+400 +290	+260 +150	+330 +150	+205 +95	+77 +50	+93 +50	+120 +50	+160 +50	+59 +32	+75 +32	+27 +16	+34 +16	+43 +16	+59 +16
18	30	+430 +300	+290 +160	+370 +160	+240 +110	+98 +65	+117 +65	+149 +65	+195 +65	+73 +40	+92 +40	+33 +20	+41 +20	+53 +20	+72 +20
30	40	+470 +310	+330 +170	+420 +170	+280 +120	+119 +80	+142 +80	+180 +80	+240 +80	+89 +50	+112 +50	+41 +25	+50 +25	+64 +25	+87 +25
40	50	+480 +320	+340 +180	+430 +180	+290 +130										
50	65	+530 +340	+380 +190	+490 +190	+330 +140	+146 +100	+170 +100	+220 +100	+290 +100	+106 +60	+134 +60	+49 +30	+60 +30	+76 +30	+104 +30
65	80	+550 +360	+390 +200	+500 +200	+340 +150										
80	100	+600 +380	+440 +220	+570 +220	+390 +170	+174 +120	+207 +120	+260 +120	+340 +120	+126 +72	+159 +72	+58 +36	+71 +36	+90 +36	+123 +36
100	120	+630 +410	+460 +240	+590 +240	+400 +180										
120	140	+710 +460	+510 +260	+660 +260	+450 +200	+208 +145	+245 +145	+305 +145	+395 +145	+148 +85	+185 +85	+68 +43	+83 +43	+106 +43	+143 +43
140	160	+770 +520	+530 +280	+680 +280	+460 +210										
160	180	+830 +580	+560 +310	+710 +310	+480 +230										
180	200	+950 +660	+630 +340	+800 +340	+530 +240	+242 +170	+285 +170	+355 +170	+460 +170	+172 +100	+215 +100	+79 +50	+96 +50	+122 +50	+165 +50
200	225	+1030 +740	+670 +380	+840 +380	+550 +260										
225	250	+1110 +820	+710 +420	+880 +420	+570 +280										
250	280	+1240 +920	+800 +480	+1000 +480	+620 +300	+271 +190	+320 +190	+400 +190	+510 +190	+191 +110	+240 +110	+88 +56	+108 +56	+137 +56	+186 +56
280	315	+1370 +1050	+860 +540	+1060 +540	+650 +330										
315	355	+1560 +1200	+960 +600	+1170 +600	+720 +360	+299 +210	+350 +210	+440 +210	+570 +210	+214 +125	+265 +125	+98 +62	+119 +62	+151 +62	+202 +62
355	400	+1710 +1350	+1040 +680	+1250 +680	+760 +400										
400	450	+1900 +1500	+1160 +760	+1390 +760	+840 +440	+327 +230	+385 +230	+480 +230	+630 +230	+232 +135	+290 +135	+108 +68	+131 +68	+165 +68	+223 +68
450	500	+2050 +1650	+1240 +840	+1470 +840	+880 +480										

续表

基本尺寸/mm		常用及优先公差带(带圈者为优先公差带)																	
		G		H							JS			K			M		
大于	至	6	7	6	7	8	9	10	11	12	6	7	8	6	7	8	6	7	8
—	3	+8 +2	+12 +2	+6 0	+10 0	+14 0	+25 0	+40 0	+60 0	+100 0	±3	±5	±7	0 −6	0 −10	0 −14	−2 −8	−2 −12	−2 −16
3	6	+12 +4	+16 +4	+8 0	+12 0	+18 0	+30 0	+48 0	+75 0	+120 0	±4	±6	±9	+2 −6	+3 −9	+5 −13	−1 −9	0 −12	+2 −16
6	10	+14 +5	+20 +5	+9 0	+15 0	+22 0	+36 0	+58 0	+90 0	+150 0	±4.5	±7.5	±11	+2 −7	+5 −10	+6 −16	−3 −12	0 −15	+1 −21
10	18	+17 +6	+24 +6	+11 0	+18 0	+27 0	+43 0	+70 0	+110 0	+180 0	±5.5	±9	±13.5	+2 −9	+6 −12	+8 −19	−4 −15	0 −18	+2 −25
18	30	+20 +7	+28 +7	+13 0	+21 0	+33 0	+52 0	+84 0	+130 0	+210 0	±6.5	±10.5	±16.5	+2 −11	+6 −15	+10 −23	−4 −17	0 −21	+4 −29
30	40	+25 +9	+34 +9	+16 0	+25 0	+39 0	+62 0	+100 0	+160 0	+250 0	±8	±12.5	±19.5	+3 −13	+7 −18	+12 −27	−4 −20	0 −25	+5 −34
40	50																		
50	65	+29 +10	+40 +10	+19 0	+30 0	+46 0	+74 0	+120 0	+190 0	+300 0	±9.5	±15	±23	+4 −15	+9 −21	+14 −32	−5 −24	0 −30	+5 −41
65	80																		
80	100	+34 +12	+47 +12	+22 0	+35 0	+54 0	+87 0	+140 0	+220 0	+350 0	±11	±17.5	±27	+4 −18	+10 −25	+16 −38	−6 −28	0 −35	+6 −48
100	120																		
120	140	+39 +14	+54 +14	+25 0	+40 0	+63 0	+100 0	+160 0	+250 0	+400 0	±12.5	±20	±31.5	+4 −21	+12 −28	+20 −43	−8 −33	0 −40	+8 −55
140	160																		
160	180																		
180	200	+44 +15	+61 +15	+29 0	+46 0	+72 0	+115 0	+185 0	+290 0	+460 0	±14.5	±23	±36	+5 −24	+13 −33	+22 −50	−8 −37	0 −46	+9 −63
200	225																		
225	250																		
250	280	+49 +17	+69 +17	+32 0	+52 0	+81 0	+130 0	+210 0	+320 0	+520 0	±16	±26	±40.5	+5 −27	+16 −36	+25 −56	−9 −41	0 −52	+9 −72
280	315																		
315	355	+54 +18	+75 +18	+36 0	+57 0	+89 0	+140 0	+230 0	+360 0	+570 0	±18	±28.5	±44.5	+7 −29	+17 −40	+28 −61	−10 −46	0 −57	+11 −78
355	400																		
400	450	+60 +20	+83 +20	+40 0	+63 0	+97 0	+155 0	+250 0	+400 0	+630 0	±20	±31.5	±48.5	+8 −32	+18 −45	+29 −68	−10 −50	0 −63	+11 −86
450	500																		

续表

基本尺寸/mm		常用及优先公差带(带圈者为优先公差带)											
		N			P		R		S		T[a]		U
大于	至	6	7	8	6	7	6	7	6	7	6	7	7
—	3	-4 -10	-4 -14	-4 -18	-6 -12	-6 -16	-10 -16	-10 -20	-14 -20	-14 -24	—	—	-18 -28
3	6	-5 -13	-4 -16	-2 -20	-9 -17	-8 -20	-12 -20	-11 -23	-16 -24	-15 -27	—	—	-19 -31
6	10	-7 -16	-4 -19	-3 -25	-12 -21	-9 -24	-16 -25	-13 -28	-20 -29	-17 -32	—	—	-22 -37
10	18	-9 -20	-5 -23	-3 -30	-15 -26	-11 -29	-20 -31	-16 -34	-25 -36	-21 -39	—	—	-26 -44
18	24	-11 -24	-7 -28	-3 -36	-18 -31	-14 -35	-24 -37	-20 -41	-31 -44	-27 -48	—	—	-33 -54
24	30										-37 -50	-33 -54	-40 -61
30	40	-12 -28	-8 -33	-3 -42	-21 -37	-17 -42	-29 -45	-25 -50	-38 -54	-34 -59	-43 -59	-39 -64	-51 -76
40	50										-49 -65	-45 -70	-61 -86
50	65	-14 -33	-9 -39	-4 -50	-26 -45	-21 -51	-35 -54	-30 -60	-47 -66	-42 -72	-60 -79	-55 -85	-76 -106
65	80						-37 -56	-32 -62	-53 -72	-48 -78	-69 -88	-64 -94	-91 -121
80	100	-16 -38	-10 -45	-4 -58	-30 -52	-24 -59	-44 -66	-38 -73	-64 -86	-58 -93	-84 -106	-78 -113	-111 -146
100	120						-47 -69	-41 -76	-72 -94	-66 -101	-97 -119	-91 -126	-131 -166
120	140	-20 -45	-12 -52	-4 -67	-36 -61	-28 -68	-56 -81	-48 -88	-85 -110	-77 -117	-115 -140	-107 -147	-155 -195
140	160						-58 -83	-50 -90	-93 -118	-85 -125	-127 -152	-119 -159	-175 -215
160	180						-61 -86	-53 -93	-101 -126	-93 -133	-139 -164	-131 -171	-195 -235
180	200	-22 -51	-14 -60	-5 -77	-41 -70	-33 -79	-68 -97	-60 -106	-113 -142	-105 -151	-157 -186	-149 -195	-219 -265
200	225						-71 -100	-63 -109	-121 -150	-113 -159	-171 -200	-163 -209	-241 -287
225	250						-75 -104	-67 -113	-131 -160	-123 -169	-187 -216	-179 -225	-267 -313
250	280	-25 -57	-14 -66	-5 -86	-47 -79	-36 -88	-85 -117	-74 -126	-149 -181	-138 -190	-209 -241	-198 -250	-295 -347
280	315						-89 -121	-78 -130	-161 -193	-150 -202	-231 -263	-220 -272	-330 -382
315	355	-26 -62	-16 -73	-5 -94	-51 -87	-41 -98	-97 -133	-87 -144	-179 -215	-169 -226	-257 -293	-247 -304	-369 -426
355	400						-103 -139	-93 -150	-197 -233	-187 -244	-283 -319	-273 -330	-414 -471
400	450	-27 -67	-17 -80	-6 -103	-55 -95	-45 -108	-113 -153	-103 -166	-219 -259	-209 -272	-317 -357	-307 -370	-467 -530
450	500						-119 -159	-109 -172	-239 -279	-229 -292	-347 -387	-337 -400	-517 -580

注：基本尺寸小于 1mm 时，各级的 A 和 B 均不采用。

3. 优先和常用配合（摘自 GB/T 1801—2009）

（1）基本尺寸至 500mm 的基孔制优先和常用配合

附表 2-4 基孔制优先和常用配合

基准孔	轴																				
	a	b	c	d	e	f	g	h	js	k	m	n	p	r	s	t	u	v	x	y	z
	间隙配合								过渡配合			过盈配合									
H6						$\frac{H6}{f5}$	$\frac{H6}{g5}$	$\frac{H6}{h5}$	$\frac{H6}{js5}$	$\frac{H6}{k5}$	$\frac{H6}{m5}$	$\frac{H6}{n5}$	$\frac{H6}{p5}$	$\frac{H6}{r5}$	$\frac{H6}{s5}$	$\frac{H6}{t5}$					
H7						$\frac{H7}{f6}$	◤$\frac{H7}{g6}$	◤$\frac{H7}{h6}$	$\frac{H7}{js6}$	◤$\frac{H7}{k6}$	$\frac{H7}{m6}$	◤$\frac{H7}{n6}$	◤$\frac{H7}{p6}$	$\frac{H7}{r6}$	◤$\frac{H7}{s6}$	$\frac{H7}{t6}$	◤$\frac{H7}{u6}$	$\frac{H7}{v6}$	$\frac{H7}{x6}$	$\frac{H7}{y6}$	$\frac{H7}{z6}$
H8					$\frac{H8}{e7}$	◤$\frac{H8}{f7}$	$\frac{H8}{g7}$	◤$\frac{H8}{h7}$	$\frac{H8}{js7}$	$\frac{H8}{k7}$	$\frac{H8}{m7}$	$\frac{H8}{n7}$	$\frac{H8}{p7}$	$\frac{H8}{r7}$	$\frac{H8}{s7}$	$\frac{H8}{t7}$	$\frac{H8}{u7}$				
				$\frac{H8}{d8}$	$\frac{H8}{e8}$	$\frac{H8}{f8}$		$\frac{H8}{h8}$													
H9			$\frac{H9}{c9}$	◤$\frac{H9}{d9}$	$\frac{H9}{e9}$	$\frac{H9}{f9}$		◤$\frac{H9}{h9}$													
H10			$\frac{H10}{c10}$	$\frac{H10}{d10}$				$\frac{H10}{h10}$													
H11	$\frac{H11}{a11}$	$\frac{H11}{b11}$	◤$\frac{H11}{c11}$	$\frac{H11}{d11}$				◤$\frac{H11}{h11}$													
H12		$\frac{H12}{b12}$						$\frac{H12}{h12}$													

注：1. $\frac{H6}{n5}$、$\frac{H7}{p6}$在基本尺寸小于或等于 3mm 和$\frac{H8}{r7}$在基本尺寸小于或等于 100mm 时，为过渡配合。

2. 标注◤的配合为优先配合。

（2）基本尺寸至 500mm 的基轴制优先和常用配合

附表 2-5 基轴制优先和常用配合

基准轴	孔																				
	A	B	C	D	E	F	G	H	JS	K	M	N	P	R	S	T	U	V	X	Y	Z
	间隙配合								过渡配合			过盈配合									
h5						$\frac{F6}{h5}$	$\frac{G6}{h5}$	$\frac{H6}{h5}$	$\frac{JS6}{h5}$	$\frac{K6}{h5}$	$\frac{M6}{h5}$	$\frac{N6}{h5}$	$\frac{P6}{h5}$	$\frac{R6}{h5}$	$\frac{S6}{h5}$	$\frac{T6}{h5}$					
h6						$\frac{F7}{h6}$	◤$\frac{G7}{h6}$	◤$\frac{H7}{h6}$	$\frac{JS7}{h6}$	◤$\frac{K7}{h6}$	$\frac{M7}{h6}$	◤$\frac{N7}{h6}$	◤$\frac{P7}{h6}$	$\frac{R7}{h6}$	◤$\frac{S7}{h6}$	$\frac{T7}{h6}$	◤$\frac{U7}{h6}$				
h7					$\frac{E8}{h7}$	◤$\frac{F8}{h7}$		◤$\frac{H8}{h7}$	$\frac{JS8}{h7}$	$\frac{K8}{h7}$	$\frac{M8}{h7}$	$\frac{N8}{h7}$									
h8				$\frac{D8}{h8}$	$\frac{E8}{h8}$	$\frac{F8}{h8}$		$\frac{H8}{h8}$													
h9				◤$\frac{D9}{h9}$	$\frac{E9}{h9}$	$\frac{F9}{h9}$		◤$\frac{H9}{h9}$													
h10				$\frac{D10}{h10}$				$\frac{H10}{h10}$													
h11	$\frac{A11}{h11}$	$\frac{B11}{h11}$	◤$\frac{C11}{h11}$	$\frac{D11}{h11}$				◤$\frac{H11}{h11}$													
h12		$\frac{B12}{h12}$						$\frac{H12}{h12}$													

注：标注◤的配合为优先配合。

(3) 配合的应用

附表 2-6 优先配合特性及应用举例

基孔制	基轴制	优先配合特性及应用举例
$\frac{H11}{c11}$	$\frac{C11}{h11}$	间隙非常大，用于很松的、转动很慢的动配合，或要求大公差与大间隙的外露组件，或要求装配方便的、很松的配合
$\frac{H9}{d9}$	$\frac{D9}{h9}$	间隙很大的自由转动配合，用于精度非主要要求时，或有大的温度变动、高转速或大的轴颈压力时
$\frac{H8}{f7}$	$\frac{F8}{h7}$	间隙不大的转动配合，用于中等转速与中等轴颈压力的精确转动，也用于装配较易的中等定位配合
$\frac{H7}{g6}$	$\frac{G7}{h6}$	间隙很小的滑动配合，用于不希望自由转动，但可自由移动和滑动并精密定位时，也可用于要求明确的定位配合
$\frac{H7}{h6}$ $\frac{H8}{h7}$ $\frac{H9}{h9}$ $\frac{H11}{h11}$	$\frac{H7}{h6}$ $\frac{H8}{h7}$ $\frac{H9}{h9}$ $\frac{H11}{h11}$	均为间隙定位配合，零件可自由装拆，而工作时一般相对静止不动。在最大实体条件下的间隙为零，在最小实体条件下的间隙由公差等级决定
$\frac{H7}{k6}$	$\frac{K7}{h6}$	过渡配合，用于精密定位
$\frac{H7}{n6}$	$\frac{N7}{h6}$	过渡配合，允许有较大过盈的更精密定位
$\frac{H7^{①}}{p6}$	$\frac{P7}{h6}$	过盈定位配合，即小过盈配合，用于定位精度特别重要时，能以最好的定位精度达到部件的刚性及对中性要求，而对内孔承受压力无特殊要求，不依靠配合的紧固性传递摩擦负荷
$\frac{H7}{s6}$	$\frac{S7}{h6}$	中等压入配合，适用于一般钢件，或用于薄壁件的冷缩配合，用于铸铁件可得到最紧的配合
$\frac{H7}{u6}$	$\frac{U7}{h6}$	压入配合，适用于可以承受大压入力的零件或不宜承受大压入力的冷缩配合

① 基本尺寸小于或等于 3mm 为过渡配合。

4. 公差等级与加工方法的关系

附表 2-7 公差等级与加工方法的关系

加工方法	公差等级 (IT)																	
	01	0	1	2	3	4	5	6	7	8	9	10	11	12	13	14	15	16
研磨	—	—	—	—	—	—	—											
珩						—	—	—	—									
圆磨、平磨							—	—	—	—								
金刚石车、金刚石镗							—	—	—									
拉削							—	—	—	—								
铰孔								—	—	—	—	—						
车、镗									—	—	—	—	—					
铣										—	—	—	—					
刨、插												—	—					
钻孔												—	—	—	—			
滚压、挤压												—	—					
冲压												—	—	—	—	—		
压铸													—	—	—	—		
粉末冶金成型								—	—	—								
粉末冶金烧结									—	—	—	—						
砂型铸造、气割																		—
锻造																	—	

三、化工设备零部件标准摘录

1. 椭圆形封头（摘自 GB/T 25198—2023）

公称直径 1000mm、名义厚度 12mm、材质 Q345、以内径为基准的椭圆形封头标记如下：EHA1000×12-Q345　GB/T 25198

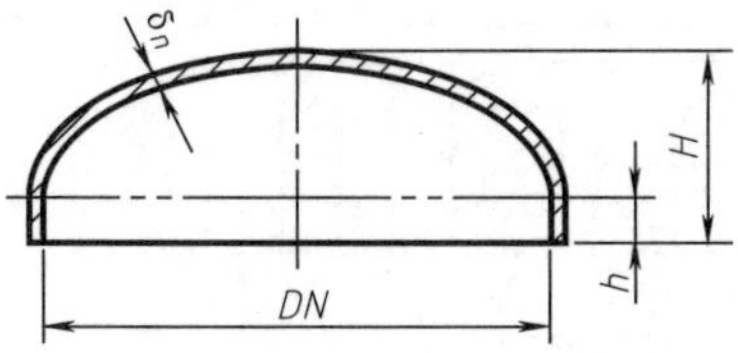

EHA

$$\frac{D_i}{2(H-h)}=2$$

$$DN=D_i$$

附表 3-1　EHA 椭圆形封头内表面积、容积

序　号	公称直径 DN/mm	总深度 H/mm	内表面积 A/m²	容积 V/m³	序　号	公称直径 DN/mm	总深度 H/mm	内表面积 A/m²	容积 V/m³
1	300	100	0.1211	0.0053	34	2900	765	9.4807	3.4567
2	350	113	0.1603	0.0080	35	3000	790	10.1329	3.8170
3	400	125	0.2049	0.0115	36	3100	815	10.8067	4.2015
4	450	138	0.2548	0.0159	37	3200	840	11.5021	4.6110
5	500	150	0.3103	0.0213	38	3300	865	12.2193	5.0463
6	550	163	0.3711	0.0277	39	3400	890	12.9581	5.5080
7	600	175	0.4374	0.0353	40	3500	915	13.7186	5.9972
8	650	188	0.5090	0.0442	41	3600	940	14.5008	6.5144
9	700	200	0.5861	0.0545	42	3700	965	15.3047	7.0605
10	750	213	0.6686	0.0663	43	3800	990	16.1303	7.6364
11	800	225	0.7566	0.0796	44	3900	1015	16.9775	8.2427
12	850	238	0.8499	0.0946	45	4000	1040	17.8464	8.8802
13	900	250	0.9487	0.1113	46	4100	1065	18.7370	9.5498
14	950	263	1.0529	0.1300	47	4200	1090	19.6493	10.2523
15	1000	275	1.1625	0.1505	48	4300	1115	20.5832	10.9883
16	1100	300	1.3980	0.1980	49	4400	1140	21.5389	11.7588
17	1200	325	1.6552	0.2545	50	4500	1165	22.5162	12.5644
18	1300	350	1.9340	0.3208	51	4600	1190	23.5152	13.4060
19	1400	375	2.2346	0.3977	52	4700	1215	24.5359	14.2844
20	1500	400	2.5568	0.4860	53	4800	1240	25.5782	15.2003
21	1600	425	2.9007	0.5864	54	4900	1265	26.6422	16.1545
22	1700	450	3.2662	0.6999	55	5000	1290	27.7280	17.1479
23	1800	475	3.6535	0.8270	56	5100	1315	28.8353	18.1811
24	1900	500	4.0624	0.9687	57	5200	1340	29.9644	19.2550
25	2000	525	4.4930	1.1257	58	5300	1365	31.1152	20.3704
26	2100	565	5.0443	1.3508	59	5400	1390	32.2876	21.5281
27	2200	590	5.5229	1.5459	60	5500	1415	33.4817	22.7288
28	2300	615	6.0233	1.7588	61	5600	1440	34.6975	23.9733
29	2400	640	6.5453	1.9905	62	5700	1465	35.9350	25.2624
30	2500	665	7.0891	2.2417	63	5800	1490	37.1941	26.5969
31	2600	690	7.6545	2.5131	64	5900	1515	38.4750	27.9776
32	2700	715	8.2415	2.8055	65	6000	1540	39.7775	29.4053
33	2800	740	8.8503	3.1198					

2. 压力容器用甲型平焊法兰（摘自 NB/T 47021—2012）

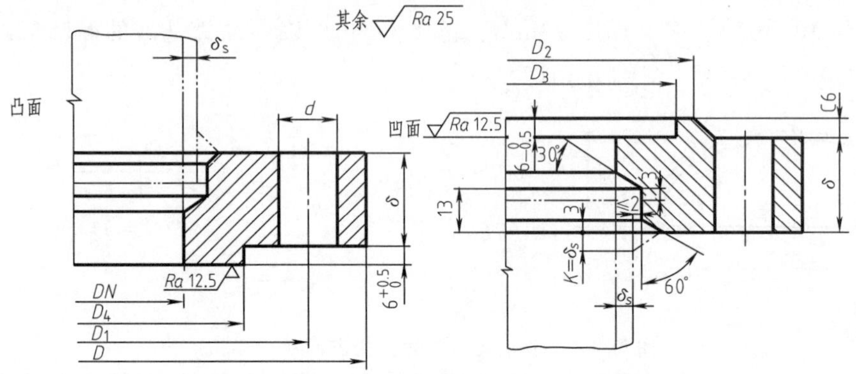

凹凸密封面

附表 3-2 甲型平焊法兰系列尺寸

公称直径 DN/mm	法兰/mm							螺柱	
	D	D_1	D_2	D_3	D_4	δ	d	规格	数量
PN=0.25MPa									
700	815	780	750	740	737	36	18	M16	28
800	915	880	850	840	837	36	18	M16	32
900	1015	980	950	940	937	40	18	M16	36
1000	1130	1090	1055	1045	1042	40	23	M20	32
1100	1230	1190	1155	1141	1138	40	23	M20	32
1200	1330	1290	1255	1241	1238	44	23	M20	36
1300	1430	1390	1355	1341	1338	46	23	M20	40
1400	1530	1490	1455	1441	1438	46	23	M20	40
1500	1630	1590	1555	1541	1538	48	23	M20	44
1600	1730	1690	1655	1641	1638	50	23	M20	48
1700	1830	1790	1755	1741	1738	52	23	M20	52
1800	1930	1890	1855	1841	1838	56	23	M20	52
1900	2030	1990	1955	1941	1938	56	23	M20	56
2000	2130	2090	2055	2041	2038	60	23	M20	60
PN=0.60MPa									
450	565	530	500	490	487	30	18	M16	20
500	615	580	550	540	537	30	18	M16	20
550	665	630	600	590	587	32	18	M16	24
600	715	680	650	640	637	32	18	M16	24
650	765	730	700	690	687	36	18	M16	28

续表

公称直径 DN/mm	法兰/mm							螺柱	
	D	D_1	D_2	D_3	D_4	δ	d	规格	数量
PN=0.60MPa									
700	830	790	755	745	742	36	23	M20	24
800	930	890	855	845	842	40	23	M20	24
900	1030	990	955	945	942	44	23	M20	32
1000	1130	1090	1055	1045	1042	48	23	M20	36
1100	1230	1190	1155	1141	1138	55	23	M20	44
1200	1300	1290	1255	1241	1238	60	23	M20	52
PN=1.0MPa									
300	415	380	350	340	337	26	18	M16	16
350	465	430	400	390	387	26	18	M16	16
400	515	480	450	440	437	30	18	M16	20
450	565	530	500	490	487	34	18	M16	24
500	630	590	555	545	542	34	23	M20	20
550	680	640	605	595	592	38	23	M20	24

3. 耳式支座（摘自 NB/T 47065.3—2018）

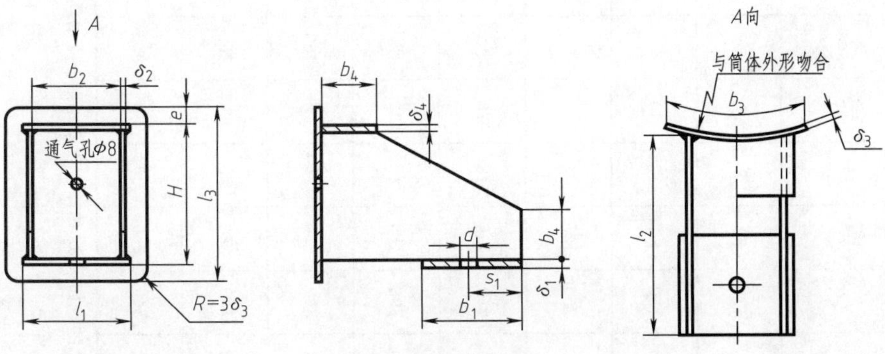

C 型（支座号 1～3）

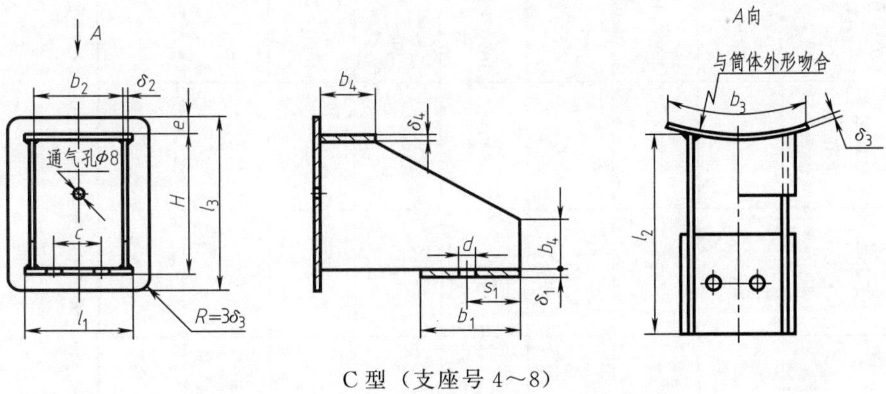

C 型（支座号 4～8）

附表 3-3 C 型支座系列参数

mm

支座号	支座允许载荷[Q]/kN		适用容器公称直径 DN	高度 H	底板					筋板			垫板				盖板		地脚螺栓		支座质量 /kg
	Q235A 0Cr18Ni9	Q345R 15CrMoR			l_1	b_1	δ_1	s_1	c	l_2	b_2	δ_2	l_3	b_3	δ_3	e	b_4	δ_4	d	规格	
1	30	40	300～600	200	130	80	8	40	—	250	80	6	260	170	6	30	50	8	24	M20	6.2
2	45	55	500～1000	250	160	80	12	40	—	280	100	6	310	210	6	30	50	10	30	M24	9.0
3	65	85	700～1400	300	200	105	14	50	—	300	130	8	370	260	8	35	50	12	30	M24	16.1
4	120	150	1000～2000	360	250	140	18	70	90	390	170	10	430	320	8	35	70	12	30	M24	28.9
5	170	210	1300～2600	430	300	180	22	90	120	430	210	12	510	380	10	40	70	14	30	M24	47.8
6	220	270	1500～3000	480	360	230	24	115	160	480	260	14	570	450	12	45	100	14	36	M30	74.8
7	280	330	1700～3400	540	440	280	28	130	200	530	310	16	630	540	14	45	100	16	36	M30	114.6
8	340	400	2000～4000	650	540	360	30	140	280	600	400	18	750	650	16	50	100	18	36	M30	181.3

注：表中支座质量是以表中的垫板厚度为 δ_3 计算的，如果 δ_3 的厚度改变，则支座的质量应相应改变。

4. 鞍式支座（摘自 NB/T 47065.1—2018）

DN 1000～2000适用

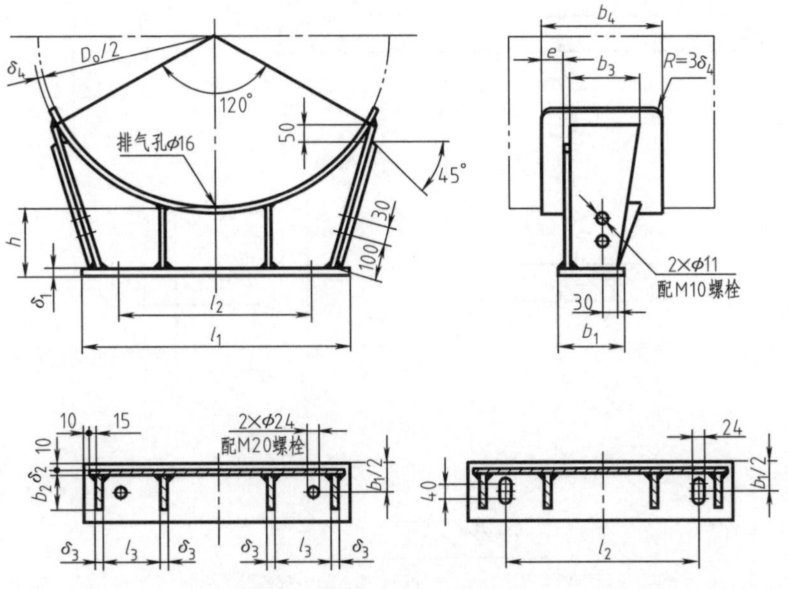

F型　　　　S型

附表 3-4　鞍式支座尺寸　　mm

公称直径 DN	允许载荷 [Q] /kN	鞍座高度 h	底板 l_1	底板 b_1	底板 δ_1	腹板 δ_2	筋板 l_3	筋板 b_2	筋板 b_3	筋板 δ_3	垫板 弧长	垫板 b_4	垫板 δ_4	垫板 e	螺栓间距 l_2	鞍座质量 /kg	增加 100mm 高度增加的质量/kg
1000	140		760				170				1180				600	47	7
1100	145		820			6	185				1290	320	6	55	660	51	7
1200	145	200	880	170	10		200	140	200	6	1410				720	56	7
1300	155		940				215				1520	350			780	74	9
1400	160		1000				230				1640				840	80	9
1500	270		1060			8	240				1760		8	70	900	109	12
1600	275		1120	200			255	170	240		1870	390			960	116	12
1700	275		1200				275				1990				1040	122	12
1800	295	250	1280		12		295			8	2100				1120	162	16
1900	295		1360	220		10	315	190	260		2220	430	10	80	1200	171	16
2000	300		1420				330				2330				1260	160	17

5. 补强圈（摘自 JB/T 4736—2002）

各种坡口型式的适用条件：A 型适用于壳体为内坡口的填角焊结构；B 型适用于壳体为内坡口的局部焊透结构；C 型适用于壳体为外坡口的全焊透结构；D 型适用于壳体为内坡口

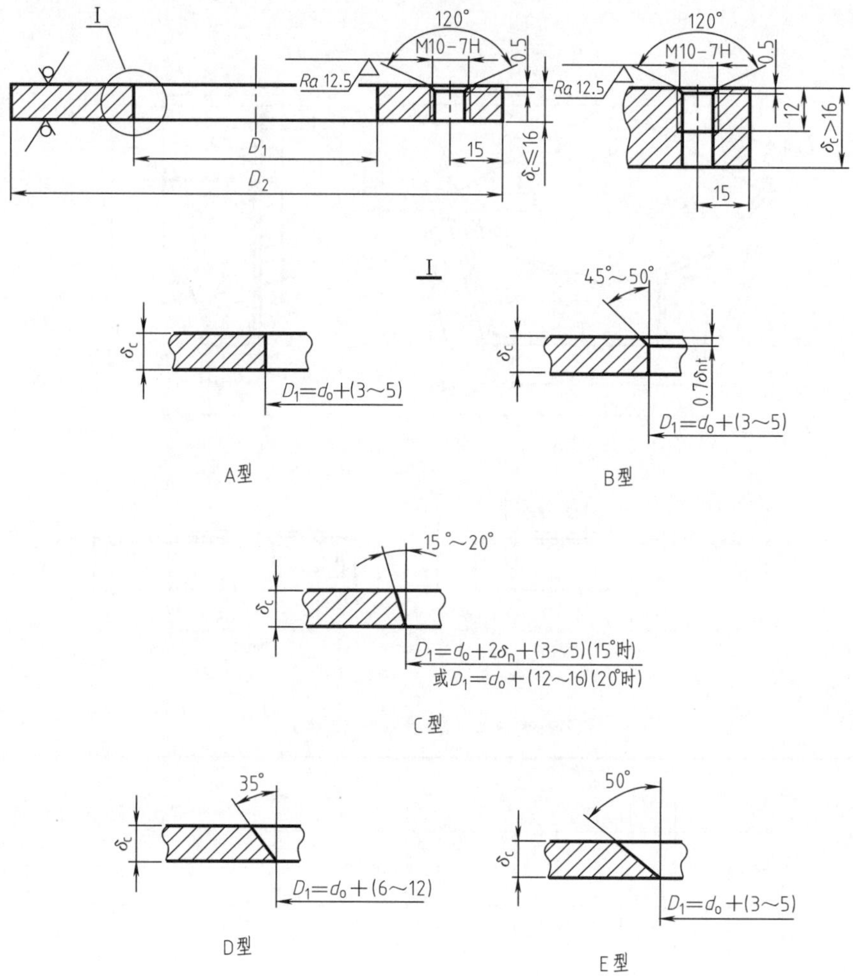

的全焊透结构；E 型适用于壳体为内坡口的全焊透结构。

附表 3-5　补强圈尺寸系列

接管公称直径 d_N	外径 D_2	内径 D_1	厚度 δ_c(mm)													
			4	6	8	10	12	14	16	18	20	22	24	26	28	30
尺寸/m			质量/kg													
50	130	按图中的型式确定	0.32	0.48	0.64	0.80	0.96	1.12	1.28	1.43	1.59	1.75	1.91	2.07	2.23	2.57
65	160		0.47	0.71	0.95	1.18	1.42	1.66	1.89	2.13	2.37	2.60	2.84	3.08	3.31	3.55
80	180		0.59	0.88	1.17	1.46	1.75	2.04	2.34	2.63	2.92	3.22	3.51	3.81	4.10	4.38
100	200		0.68	1.02	1.35	1.69	2.03	2.37	2.71	3.05	3.38	3.72	4.06	4.40	4.74	5.08
125	250		1.08	1.62	2.16	2.70	3.24	3.77	4.31	4.85	5.39	5.93	6.47	7.01	7.55	8.09
150	300		1.56	2.35	3.13	3.91	4.69	5.48	6.26	7.04	7.82	8.60	9.38	10.2	10.9	11.7
175	350		2.23	3.34	4.46	5.57	6.69	7.80	8.92	10.0	11.1	12.3	13.4	14.5	15.6	16.6
200	400		2.72	4.08	5.44	6.80	8.16	9.52	10.9	12.2	13.6	14.9	16.3	17.7	19.0	20.4
225	440		3.24	4.87	6.49	8.11	9.74	11.4	13.0	14.6	16.2	17.8	19.5	21.1	22.7	24.3

续表

接管公称直径 d_N	外径 D_2	内径 D_1	厚度 δ_c(mm)													
			4	6	8	10	12	14	16	18	20	22	24	26	28	30
尺寸/m			质量/kg													
250	480	按图中的型式确定	3.79	5.68	7.58	9.47	11.4	13.3	15.2	17.0	18.9	20.8	22.7	24.6	26.5	28.4
300	550		4.79	7.18	9.58	12.0	14.4	16.8	19.2	21.6	24.0	26.3	28.7	31.1	33.5	36.0
350	620		5.90	8.85	11.8	14.8	17.7	20.6	23.6	26.6	29.5	32.4	35.4	38.3	41.3	44.2
400	680		6.84	10.3	13.7	17.1	20.5	24.0	27.4	31.0	34.2	37.6	41.0	44.5	48.0	51.4
450	760		8.47	12.7	16.9	21.2	25.4	29.6	33.9	38.1	42.3	46.5	50.8	55.0	59.2	63.5
500	840		10.4	15.6	20.7	25.9	31.1	36.3	41.5	46.7	51.8	57.0	62.2	67.4	72.5	77.7
600	980		13.8	20.6	27.5	34.4	41.3	48.2	55.1	62.0	68.9	75.7	82.6	89.5	96.4	103.3

注：1. 内径 D_1 为补强圈成形后的尺寸。

2. 表中质量为 A 型补强圈按接管公称直径计算所得的值。

6. 人孔型式、基本参数和尺寸（摘自 HG/T 21515—2014）

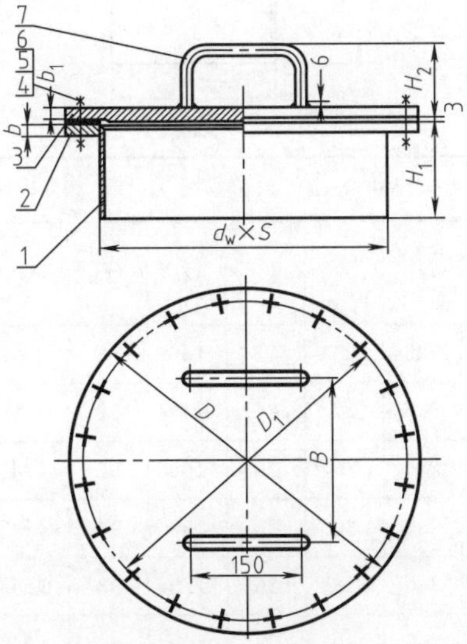

附表 3-6 明细表

序号	标准号	名称	数量	材料
1		筒节	1	不锈钢
2		法兰	1	不锈钢
3		盖	1	不锈钢
4	GB/T 5781	螺栓	见数据表	4.6 级
5	GB/T 41	螺母	见数据表	5 级
6		垫片 $\delta=3$	1	橡胶板
7		把手	2	Q235-A・F

注：垫片的材料允许改变，但应在容器装配图中注明。

附表 3-7　工作温度下的最高无冲击工作压力

公称压力 PN/MPa	工作温度/℃
	0～100
	最高无冲击工作压力/MPa
常压	≤0.07

附表 3-8　数据表

公称直径 DN/mm	尺寸/mm								螺栓		质量/kg		
	$d_w \times S$	b	b_1	D	D_1	H_1	H_2	B	直径×长度	数量	碳钢	不锈钢	总质量
450	480×4	14	10	570	535	160	90	250	M16×50	20	3.86	37.3	42
500	530×4	14	10	620	585	160	90	300	M16×50	20	3.86	44.3	49
600	630×4	16	12	720	685	180	92	300	M16×55	24	4.54	65	70

注：人孔高度 H_1 如有特殊要求允许改变，但应注明改变后 H_1 尺寸，并修改人孔的不锈钢质量及总质量。

7. 手孔型式、基本参数和尺寸（摘自 HG/T 21530—2014）

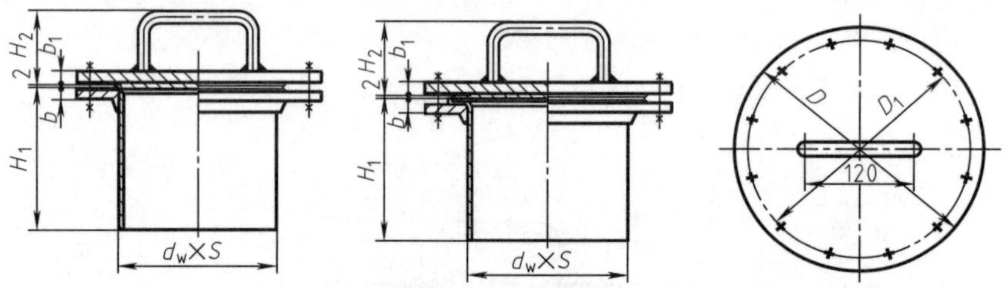

附表 3-9　数据表

密封面型式	公称压力 PN/MPa	公称直径 DN/mm	尺寸/mm							螺栓(螺柱)		螺母数量	质量/kg		
			$d_w \times S$	D	D_1	b	b_1	H_1	H_2	直径×长度	数量		碳钢	不锈钢	总质量
突面 RF	0.6	150	159×4	265	225	23	22	160	88	M16×70	8	8	15	3.5	19
		250	273×4	375	335	27	26	190	92	M16×80	12	12	31.5	7.7	39
	1.0	150	159×4.5	285	240	28	26	160	92	(M20×105)	8	16	23.3	4	28
		250	273×6	395	350	30	28	190	94	(M20×110)	12	24	42	10.5	53
	1.6	150	159×4.5	285	240	28	26	170	93	(M20×105)	8	16	23.3	4.2	28
		250	273×6	405	355	30	28	200	94	(M24×120)	12	24	46	10.9	57
凹凸面 MFM	1.0	150	159×4.5	285	240	32	29.5	160	95.5	(M20×110)	8	16	23.4	6	30
		250	273×6	395	350	34	31.5	190	97.5	(M20×115)	12	24	42	14.6	57
	1.6	150	159×4.5	285	240	32	29.5	170	95.5	(M20×110)	8	16	23.4	6.2	30
		250	273×6	405	355	34	31.5	200	97.5	(M20×120)	12	24	46	15	61
突面 RF	2.5	150	159×6	300	250	32	30	108	96	(M24×120)	8	16	31.3	5.4	37
		250	273×6	425	370	36	34	210	100	(M27×130)	12	24	64.8	11.7	77
	4.0	150	159×6	300	250	32	30	190	96	(M24×120)	8	16	31.4	5.6	37
凹凸面 MFM	2.5	150	159×6	300	250	36	33.5	180	99.5	(M24×125)	8	16	31.4	7.6	39
		250	273×6	425	370	40	37.5	210	103.5	(M27×140)	12	24	65.2	16.3	82
	4.0	150	159×6	300	250	36	33.5	190	99.5	(M24×130)	8	16	32.5	7.9	40

注：手孔高度 H_1 尺寸可以改变，但应注明改变后的 H_1 尺寸并修改手孔的不锈钢质量及总质量。

参 考 文 献

[1] 刘朝儒，等. 机械制图. 5 版. 北京：高等教育出版社，2006.

[2] 赵惠清. 工程制图（附习题集）. 2 版. 北京：化学工业出版社，2010.

[3] 郑晓梅. 化工制图. 北京：化学工业出版社，2001.

[4] 王桂梅，等. 土木工程图读绘基础. 3 版. 北京：高等教育出版社，2013.

[5] 邓学雄，等. 建筑图学. 2 版. 北京：高等教育出版社，2015.

[6] HG/T 20519—2009.

[7] HG/T 20546—2009.

[8] HG/T 20549—1998.

[9] HG/T 20688—2000.

[10] 压力容器相关标准汇编. 北京：中国标准出版社，2007.